トロウ化学入門

NIVALDO TRO 著

狩野直和・佐藤守俊 訳

東京化学同人

CHEMISTRY in FOCUS
A Molecular View of Our World
Fifth Edition

NIVALDO J. TRO
Westmont College

with special contributions by
DON NEU
St. Cloud State University

© 2013, 2009 Brooks/Cole, Cengage Learning

ALL RIGHTS RESERVED. No part of this work covered by the copyright herein may be reproduced, transmitted, stored, or used in any form or by any means graphic, electronic, or mechanical, including but not limited to photocopying, recording, scanning, digitizing, taping, Web distribution, information networks, or information storage and retrieval systems, except as permitted under Section 107 or 108 of the 1976 United States Copyright Act, without the prior written permission of the publisher.

まえがき

教師の皆さんへ

本書は,自然科学を専門としない大学生を対象とする化学の教科書である.1学期間の授業に適した構成となっている.本書の目標は主として二つある.第一に,分子の世界と日常生活で分子が果たす基本的な役割を学生が正しく理解するようになることだ.第二に,現代社会に影響を与える主要な科学技術の問題を学生が正しく理解するようになることだ.

分子の世界からの観点

本書の第一の目標は,"分子の世界を学生が理解するようになること"である.これこそが本書を学ぶうえで最も重要なことだ.1学期間の授業を終えた段階で,この世界は原子や分子で構成されていて,水の沸騰,鉛筆での筆記,石けんでの洗浄といった日常の出来事には原子や分子が関係していることを学生が理解していなければならない.本書を使った授業期間が終わるころには,水滴,食塩の結晶,教科書の紙とインクですら,以前と違って見えてくる学生もいるだろう.たとえば,1滴の水の表面の内側や1粒の砂の中には,水や砂がそれぞれ示す性質の理由が秘められていることがわかるようになる.本書では最初から最後まで一貫して,分子の世界という観点からマクロな世界を説明することを重視している.

本書の特徴は,目に見えるマクロな世界と目に見えない分子の世界の間の結びつきを図や写真で際立たせてあることだ.全体を通じて日常的な物事の写真が載せてあり,そのおおもとである分子や原子を拡大して載せてある.分子を拡大して載せる場合には,学生が分子の世界を正確に理解できるように,空間充填モデルを使って分子を表記した.分子式を載せる場合にも,その多くは構造式だけでなく空間充填モデルも一緒に掲載した.学生は科学者ではなく,また分子の細部まで理解する必要もないので,細かいところまでは理解しなくても構わない.むしろ,分子の世界の美しさや様式に気づいてもらいたい.自然科学や科学教育を職業として選んだわれわれ教師は,分子の世界の美しさや様式を理解することで人生が豊かになったと思う.それらに気づくことは,学生にとっても人生を豊かにする一助になるだろう.

社会と環境における化学

本書のもう一つの目標は,"市民および消費者として直面する科学技術問題や環境問題を学生が理解するようになること"である.1学期間の授業を終えるころには,化学が社会に及ぼす影響や,人間が人間をどのように見るかという考えに化学が及ぼす影響を,学生が理解していなければならない.本書では,地球温暖化,オゾン層破壊,酸性雨,医薬品,医療革命,消費材といった話題も詳しく説明する.特にBoxではその応用や社会問題について紹介する.

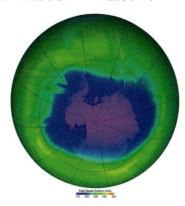

関連づけ

本書全体を通じて,学生が分子のミクロな世界とマクロな世界を関連づけられるように,そして原理と応用を関連づけられるように工夫した.特に"章のまとめ"ではそのような関連性を強調し,化学的な概念と社会に及ぼす影響の関連性を特に強調するような構成にした.2段組みとし,左段に各章の分子の概念がお

もにまとめてあり，右段にはその概念が社会に及ぼす影響がまとめてある．各章の2通りのまとめを並べて配置することで，両方の関連性を学生が明確に理解できるようにしてある．

本書の概要
章の内容の構成

各章は短い段落で始まるが，その中で章の主題の紹介と，学生向けにその課題が生活と関連する理由の説明が書いてある．冒頭には，その課題の重要性を学生が理解しやすくなるような問いが投げかけてある．たとえば第1章の冒頭では，"近代科学の手法について考えてほしい．数百年前に始まった近代科学的な手法は人間社会の文明に変革をもたらした．その変革とは何だったのか？科学的手法は私たちの生き方にどのような影響を及ぼしたのか？"

また各章のタイトルの下には，その章の内容に直接関係した"考えるための質問"が載せてある．質問の答えは，その章の本文中に書いてある．質問を最初に提示することで，各章のトピックスの前後関係がわかるようにしてある．

多くの章では，必要に応じて日常的な出来事に関する記述や，思考実験の記述がその後に続く．思考実験で得た所見は，つぎに分子に関する専門用語で説明される．たとえば，油汚れのついた皿を洗剤と水で洗うことは，日頃から経験しているだろう．ただの水はなぜ油を溶かさないのだろうか？その理由が分子的観点から示され，石けんのついた皿の写真と，分子に何

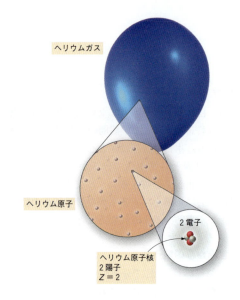

が起こっているかを示す拡大図を合わせた挿絵によって，さらに理解が深まるようにしてある．

主題に引き続き，各章の本文では日常的に見聞きすることの裏にある分子的な原因を見つけ出すことと関連づけて，化学的な原理を紹介する．たとえば，ヘリウム風船の中にあるヘリウムガスは少量であれば吸い込んでも有害な副作用はひき起こさない．ヘリウム原子のどのような性質からその安全性が生じるのだろうか？塩素ガスを吸い込むと危険だが，塩素原子のどのような性質からその危険性が生じるのだろうか？水が沸騰するときには，水分子に何が起こっているのだろうか？このような質問には分子の観点からの答

---

3 原子と元素

> 原子と空間以外は何も存在しない —— 他にあるのは意見だけだ．
> —— *Democritus*

目　次
- 3・1　海辺の化学
- 3・2　元素を決める陽子
- 3・3　電　子
- 3・4　中 性 子
- 3・5　原子の特定
- 3・6　原 子 量
- 3・7　周 期 律
- 3・8　周期律を説明する理論：ボーアのモデル
- 3・9　原子の量子力学モデル
- 3・10　元素の族
- 3・11　1ダースの釘と1 molの原子

考えるための質問
- すべての物質を構成しているものは何だろうか？
- 元素の種類の違いを決めているものは何だろうか？元素が違うとなぜ原子も違うのだろうか？
- 原子は何からできているのだろうか？
- 原子を特定するにはどうしたらよいだろうか？
- 原子が似ていれば元素も似ているだろうか？似ている点は何だろうか？
- 元素の相違点を説明する原子モデルをつくるにはどうしたらよいだろうか？
- ある物体にどれだけの原子が含まれているかを知るにはどうしたらよいだろうか？たとえば，1セント硬貨にはいくつの原子が含まれているかを計算できるだろうか？

えがあり，その答えから化学的な原理が導き出される．本書では化学的な原理や考え方を展開し，マクロな世界で見聞きすることを分子的な観点から理解できるようにしてある．

基本的な概念を紹介した後は，消費財への応用や環境問題の記述が続く．しかし，本書では基本原理と応用をとりたてて分けることはしない．基本原理を主とする初めの方の章では，その応用についても書いてある．後の方の章では基本原理を活かして展開したうえで，さらに応用を強調する．

"例題"と"解いてみよう"

本書では全体を通じて"例題"があり，続いて学生向けの練習問題として"解いてみよう"がある．本書では，勉強する量に重点を置く教師にも配慮した構成にしてある．化学が専門ではない学生向けの授業では通常は量に重点を置かないものだが，量に重点を置くことを好む教師もいるだろう．各教師の好みに合わせて，"例題"や"解いてみよう"を含む問題部分は省略して構わない．問題の多くは省略しやすいように各セクションの終わりの方に配置してある．同様に，勉強量が十分になるように各章の終わりに章末問題を配置したが，この問題も省略して構わない．勉強する量に重点を置く教師はこの部分を含めた授業を行えばよいし，量よりも質に重点を置く教師はこの部分を省略すれば

例題 4・6　モル質量を使った試料中の分子数の決定

0.100 g の重量の雨滴に含まれる水分子の数を計算しよう．

[解　答]

まず与えられた量を書き，つぎに求めるべき量を書こう．

　　　与えられた量: 0.100 g H$_2$O
　　　求めるべき量: 水分子の数

水分子のモル質量（計算は前述）を水について mol と g の間で換算する際の変換係数として使用しよう．つぎに，水分子の数を求めるために，アボガドロ定数を使用しよう．

$$0.100\,g \times \frac{1\,mol}{18.01\,g} \times \frac{6.02 \times 10^{23}\,個}{mol} = 3.34 \times 10^{21}\,個$$

[解いてみよう]

四塩化炭素（CCl$_4$）3.82 g に含まれる四塩化炭素分子の数を計算しよう．

よい．"解いてみよう"の解答は巻末付録 3 にある．

Box と復習問題

Box では物質や出来事との関連を提示し，学生が物質や出来事とふれあうようにしてある．

Box の"分子の視点"では，各章で扱う化合物に関連して日常的に見聞きする現象を記述した．原子がどのように振舞うかに基づいてその現象を説明するよう

章のまとめ

分子の概念

この章では，人間の身体を含むすべての物質は深い所まで掘り下げれば原子から構成されるということと，物質のマクロな性質はその物質を構成する原子のミクロな性質に依存することを見てきた（§3・1）．つぎの各要素を示せば原子を完全に特定できる（§3・2〜3・5）．

- 原子核の中の陽子の数を表す原子番号（Z）
- 原子核の中の陽子と中性子の数の和を表す質量数（A）
- 陽子と電子の相対的な数によって決まる電荷（C）

質量数と電荷は同じ元素でも違う場合があるが，原子番号は元素を定義するものなので原子番号が同じで元素が違うということはない．原子番号が同じで質量数が異なる原子のことを同位体とよび，電子を失うか受取ることで電荷が生じたものをイオンとよぶ．正電荷を帯びたイオンを陽イオンとよび，負電荷を帯びたイオンを陰イオンとよぶ．

元素の性質の一つとして原子量があり，その元素の天然に存在する同位体の質量の加重平均で決まる（§3・6）．原子量は，元素 1 mol の質量をグラム単位で表したモル質量と，数字の上では同じだ．モル質量はグラム単位の重量と物質量の間の換算の際に変換係数として使う．

社会との結びつき

すべての物質は原子から構成されているので，原子を理解すれば物質の理解が深まる．どんなときも身の回りの出来事は物質を構成する原子の変化によってひき起こされている（§3・1）．核反応という特殊な事例を除いて，元素自体は変化しない．いつまでたっても炭素原子は炭素原子のままだ．そして，環境汚染とは，単に原子が間違った場所にあるということだ．人間の活動によって，原子が本来あるべきではない場所に入り込んでしまったのだ．しかし，原子自体は変化しないので，環境汚染問題は解決困難だ．汚染の原因となる原子を元の場所へどうにかして戻すか，少なくとも害を及ぼさない別の場所へ移さないといけない．

モル質量がわかれば，任意の物体中に含まれる原子の個数を計算するためには物体を単に計量するだけでよい（§3・11）．

に求める問題が，最後に配置してある．たとえば，第 4 章では化学反応式と燃焼反応について取上げていて，"分子の視点"ではどうして風が吹くと炎が強く燃えるのかということが記述してある．その記述に続いて，化学反応式と燃焼について学んだばかりのことに基づいて，その現象の分子的な理由の説明を求める問題が配置してある．

Box の "この分子に注目" では，各章の内容に関連する有名な化合物に注目し，ハイライトとして取上げた．化合物の物理的性質や構造を示したうえで，化合物の用途が記述してある．たとえば，炭酸カルシウム，過酸化水素，アンモニア，レチナール，二酸化硫黄などの化合物を取上げた．

Box の "新しいテクノロジー" では，各章の内容と関連する最近の研究や，最新の技術を取上げた．たとえば，地球の気温の測定，走査型トンネル顕微鏡を用いた原子の可視化，燃料電池の開発，ハイブリッドカーの開発などを取上げた．

Box の "考えてみよう" では，社会的，政治的，または倫理的影響を及ぼす事柄を扱う．議論の最後には，グループで議論するために，答えを設けていない問題を配置した．たとえば，マンハッタン計画，代替燃料開発向けの政府の補助金などを取上げた．

"復習" は，学生が折にふれて理解度を確認できるような問題である．問題を解くことで，各章の本文の鍵となる概念を確固たるものにし，学生が批判的に考える能力を養い，物質と身の回りの世界を関連づけられるようにする．

> 復習 3・1 友人が新聞で読んだ記事について話しかけてきた．その記事によると，原子核に 8 個の陽子を含む炭素の新しい形が発見され，それはすぐにダイヤモンドへと変化するらしい．友人にどのように答えるのがよいだろうか？

章のまとめ

各章の最後は，その章の本文で提示された考えや知識を 2 段組みでまとめた．おもに分子的な考え方と社会的な影響がまとめてある．左段は分子的な考え方の観点からまとめてあり，同時に右段は社会的な影響の観点からまとめてあるので，並んで載せてある各章の 2 通りのまとめを見比べて復習できる．このまとめがあることで，学生は各章の全体像を把握し，原理と応用の結びつきを強固なものとすることができる．

キーワード

復習や勉強がしやすいように，各章の本文中に出てくるキーワードを章の終わりにまとめた．

章末問題

すべての章に章末問題がついている．おもにその章

の鍵となる考えの多くを思い出させることを意図した基礎的な問題と，章の中に出てきた例題や"解いてみよう"の問題と類似の応用問題である．

謝　辞

　本書を執筆する場所を提供してくれたウェストモント大学の同僚に感謝する．なかでもサポートしてくれた Richard Pointer, Allan Nishimura, David Marten, Kristi Lazar, Steven Contakes に，特に感謝する．Don Neu にはナノテクノロジーの章（日本語版には含まれない）の執筆で大変お世話になった．改訂を通じてとても親切で協力的だった，編集者の Chris Simpson, Elizabeth Woods に感謝する．Mary Stone をはじめとする PreMediaGlobal の皆さんにも感謝する．彼女たちは細かな点についても常に注意深く，一緒に仕事をするのに素晴らしい人たちだった．Lisa Weber は本文に付随するメディアを処理してくれた．

　本書の執筆をしている間，私を個人的にサポートしてくれたすべての人々にも感謝する．妻の Ann には特にお礼を言いたい．私が失意の状態にあるときに，彼女の愛情で私はとても癒された．Michael, Ali, Kyle, Kaden の 4 人の子供たちは私の生き甲斐だ．私は近親者からなるキューバ人の大家族の中で育ったが，あらゆる面で困難な状況においても，家族は私を支援し続けてくれた．両親の Nivaldo と Sara，そして兄弟の Sarita, Mary, Jorge に感謝する．Pam にも感謝しつつ，彼女の魂が安らかに眠ることを祈る．

　本書の各版の校閲者を右に列記したが，本書が出来上がったのは間違いなく彼らのおかげだ．彼らは皆，読者諸君が手に取っている本書に影響を与えた．最後に，私の学生たちに感謝する．学生たちと過ごす日々は私に活力を吹き込んでくれたし，学生たちの視点のおかげで世界を絶えず新しい見方で見られるようになった．特に，第 5 版の原稿の準備と校正作業を手伝ってくれた，Michael Tro, Catherine Olson, Rose Corcoran には，特に感謝する．

ウェストモント大学
Nivaldo J. Tro

第 5 版 校閲者

Christine Seppanen, Riverland Community College
Gail Buckenmeyer, SUNY College at Cortland
Alton Hassel, Baylor University
James Marshall, University of North Texas
Matthew Wise, University of Colorado, Boulder
David Maynard, California State University, San Bernadino
Marilyn Hurst, University of Southern Indiana
Gregory Oswald, North Dakota State University
Katina Hall-Patrick, Norfolk State University
Rafael Alicea-Maldonado, Genesee Community College
David Smith, New Mexico State University

第 4 版 校閲者

Holly Bevsek, The Citadel
Michael J. Dorko, The Citadel
Jeannine Eddleton, Virginia Polytechnic Institute and State University
Konstantinos Kavallieratos, Florida International University
Swadeshmukul Santra, University of Central Florida
James Schreck, University of Northern Colorado
Joseph W. Shane, Shippensburg University
Christopher L. Truitt, Texas Tech University

第 3 版 校閲者

Jeannine Eddleton, Virginia Polytechnic Institute and State University
Stephen J. Glueckert, University of Southern Indiana
Michael Hampton, University of Central Florida
Karen Hanner, Washington State Community College
Eileen Hinks, Virginia Military Institute
Richard H. Jarman, College of DuPage
Gregory A. Oswald, North Dakota State University
Vicki Berger Paulissen, Eastern Michigan University
Albert Plaush, Saginaw Valley State University
Anne Marie Sokol, Buffalo State College
Nhu-Y Stessman, California State University, Stanislaus

著者について

Nivaldo J. Tro はウェストモント大学を卒業後，スタンフォード大学で Ph.D. の学位を取得した．カリフォルニア大学バークレー校博士研究員を経て，1990 年にカリフォルニア州サンタバーバラのウェストモント大学化学科助教に着任し，准教授を経て，2001 年より同大学教授．トロウ教授はウェストモント大学の年間優秀教員に3度（1994 年, 2001 年, 2008 年）選ばれ，1996 年にウェストモント大学の年間優秀研究者に選ばれた．Ann 夫人と 4 人の子供（Michael, Alicia, Kyle, Kaden）と一緒に，サンタバーバラの丘陵地帯で暮らしている．好きな余暇の過ごし方は，家族と一緒にアウトドアを楽しむこと．趣味はランニング，サイクリング，サーフィン，スノーボード．

訳者まえがき

　化学とは物質に関係する学問であるが，純粋な基礎学問の分野としての一面と，社会と密接に関連する学問としての一面の両方の側面をもつ．理学，工学，薬学，医学，農学といった多くの学部で化学を学ぶことからもわかるように，化学は多くの学問の基礎となっていて，あらゆる方面と関連している．社会とのかかわりについていえば，化学という学問は天然物や化成品をはじめとする身の回りのさまざまな物質，自然現象，産業と切っても切れないほど結びついている．本書では，環境，食品，資源，エネルギー，薬品，医療，環境，工業といった話題はもとより，哲学，音楽，経済，政策といった化学とは関係のないようにも思える幅広い事柄と化学の結びつきについても記述されている．

　本書は化学の教科書でありながら，ベートーベンやデカルトも話題にのぼる．原著の題名は，"Chemistry in Focus: A Molecular View of Our World" であり，化学の基礎を教えることだけでなく，化学を学びつつ "分子の視点から世界を見る" ことに重点が置かれている．本書を読み，その内容を学ぶことで，化学が世の中でどのように役立っているかがわかるようになるだろう．将来的に化学者にならない学生にとって，そのような化学的な視点から社会を見られるようになることはとても大切であり，それこそが大学の一般教養課程で化学を学ぶ意義であろう．

　本書は，化学を専門的に学ぼうとする学生の基礎学習向けというよりも，それ以外の学生向けの一般教養課程の授業での教科書として書かれている．原著は全部で19章あるが，翻訳版ではその中から重要な14の章を厳選しつつ，基礎的なところから説明してあるので，高校で化学を履修していない学生でも十分に理解できるだろう．化学グランプリを目指している高校生や，化学部に所属していて発展的な内容を学びたい高校生にも勧められる．

　一昔前の大学の化学の教科書は，白黒印刷で図も少なくてとっつきにくいものが多かったが，本書はそのようなことはなく，高校の化学の授業で使う資料集のようにカラー写真や図がふんだんに使用され，視覚的な印象が残りやすくしてある．かつて化学を学んだ大人にとっても，化学を学び直すための取掛かりとして読むのによいのではないだろうか．また，化学を専門とする研究者は，専門分野に傾倒するあまり，化学という学問と社会との関連を忘れてしまいがちかもしれない．化学者である訳者が原著を読んだときに，その関連について本書の目の付け所にきらりと光るものを感じた．教える側にとっても，本書は化学と社会の関連を再認識するための一助となるだろう．

　2013年9月に依頼されて以来，本書の翻訳作業および出版にあたって東京化学同人の井野未央子氏にご尽力いただいた．本書の出版は同氏の力強い行動力の賜であり，ここに深く感謝申し上げたい．

　2014年12月

狩野直和・佐藤守俊

目 次

第1章 分子のことを考えればわかる …………… 1
  1・1 火のついた棒 ………………………………… 1
  1・2 分子に要因がある …………………………… 2
  1・3 科学者と芸術家 ……………………………… 2
  1・4 分子に思いをはせた先人たち ……………… 4
  1・5 不死と限りない富 …………………………… 4
  1・6 近代科学のはじまり ………………………… 6
  1・7 物質の分類 …………………………………… 6
  1・8 物質の性質 …………………………………… 9
  1・9 原子論の発展 ………………………………… 10
  1・10 核をもつ原子 ………………………………… 11
  Box 1・1 なぜ科学を専攻していないのに
           科学を学ぶのか？ …………………… 5
  Box 1・2 観察と理性 …………………………… 6
  Box 1・3 原子を見る …………………………… 12

第2章 化学者の七つ道具 …………………………… 16
  2・1 オレンジについて知りたい ………………… 16
  2・2 測 定 ………………………………………… 17
  2・3 科学的な表記法 ……………………………… 18
  2・4 測定の単位 …………………………………… 19
  2・5 単位を変換する ……………………………… 20
  2・6 グラフを読む ………………………………… 21
  2・7 問題を解く …………………………………… 23
  2・8 密度: 密集度の指標 ………………………… 24
  Box 2・1 地球の平均気温を測定する ………… 18

第3章 原子と元素 …………………………………… 27
  3・1 海辺の化学 …………………………………… 27
  3・2 元素を決める陽子 …………………………… 28
  3・3 電 子 ………………………………………… 30
  3・4 中性子 ………………………………………… 31
  3・5 原子の特定 …………………………………… 33
  3・6 原子量 ………………………………………… 33
  3・7 周期律 ………………………………………… 34
  3・8 周期律を説明する理論: ボーアのモデル … 35
  3・9 原子の量子力学モデル ……………………… 37
  3・10 元素の族 ……………………………………… 39
  3・11 1ダースの釘と1 molの原子 ……………… 41
  Box 3・1 単純から複雑へ ……………………… 32
  Box 3・2 哲学, 決定論, 量子力学 …………… 38
  Box 3・3 塩素の反応性とオゾン層の破壊 …… 41
  Box 3・4 ヘリウムを吸うのは危険？ ………… 42

第4章 分子, 化合物, 化学反応 …………………… 46
  4・1 分子が物質の性質を決める ………………… 46
  4・2 化学物質と化学式 …………………………… 47
  4・3 イオン性化合物と分子性化合物 …………… 48
  4・4 化合物の命名 ………………………………… 50
  4・5 化合物の式量とモル質量 …………………… 52
  4・6 化合物の組成: 変換係数としての化学式 … 53
  4・7 化合物の生成と変換: 化学反応 …………… 54
  4・8 反応の化学量論:
        変換係数としての化学反応式 ………… 55
  Box 4・1 有害な分子 …………………………… 50
  Box 4・2 炭酸カルシウム ……………………… 51
  Box 4・3 動物に合成をさせる遺伝子工学 …… 56
  Box 4・4 キャンプファイヤー ………………… 58

第5章 化 学 結 合 …………………………………… 61
  5・1 毒から調味料へ ……………………………… 61
  5・2 化学結合とルイス …………………………… 62
  5・3 イオンのルイス構造式 ……………………… 63
  5・4 共有結合化合物のルイス構造式 …………… 64
  5・5 オゾンの化学結合 …………………………… 68
  5・6 分子の形 ……………………………………… 68
  5・7 水: 極性結合と極性分子 …………………… 72
  Box 5・1 フッ化物イオン ……………………… 63
  Box 5・2 アンモニア …………………………… 67
  Box 5・3 AIDS治療薬 ………………………… 70

第6章 有 機 化 学 …………………………………… 77
  6・1 炭 素 ………………………………………… 77
  6・2 生命力 ………………………………………… 78
  6・3 単純な有機化合物: 炭化水素 ……………… 80
  6・4 異性体 ………………………………………… 84
  6・5 炭化水素の命名法 …………………………… 86
  6・6 芳香族炭化水素とケクレの夢 ……………… 87
  6・7 官能基をもつ炭化水素 ……………………… 88
  6・8 塩素化炭化水素: 農薬と溶媒 ……………… 89
  6・9 アルコール: 飲料と消毒 …………………… 90
  6・10 アルデヒドとケトン: 煙草とラズベリー … 92
  6・11 カルボン酸: 酢とハチ刺され ……………… 93
  6・12 エステルとエーテル: 果物と麻酔 ………… 94
  6・13 アミン: 腐った魚の臭い …………………… 96
  6・14 ラベルを見ると ……………………………… 96
  Box 6・1 生命の起源 …………………………… 79

Box 6・2　有機化合物の構造決定 …………… 88	9・8　私たちの社会のエネルギー ……………… 143
Box 6・3　アルコールと社会 ………………… 91	9・9　化石燃料からの電力 ……………………… 145
Box 6・4　カルボン …………………………… 92	9・10　スモッグ ………………………………… 145
Box 6・5　においを嗅ぐときに起こること … 95	9・11　酸性雨 …………………………………… 147
	9・12　化石燃料の利用による環境問題:
第7章　光と色　99	地球温暖化 …………………………… 148
7・1　ニューイングランド地方の秋 …………… 99	Box 9・1　キャンプファイヤーの煙 ………… 145
7・2　光 ………………………………………… 101	Box 9・2　二酸化硫黄 ………………………… 148
7・3　電磁波スペクトル ……………………… 102	Box 9・3　どの化石燃料が良いのか？ ……… 149
7・4　電子の励起 ……………………………… 104	Box 9・4　炭素を閉じ込める ………………… 151
7・5　光を使って分子や原子を同定する …… 106	
7・6　核磁気共鳴画像法: 人間の身体の分光法 … 107	**第10章　未来のエネルギー:**
7・7　レーザー ………………………………… 109	**太陽などの再生可能エネルギー源　155**
7・8　レーザーの医療応用 …………………… 112	10・1　究極のエネルギー源: 太陽 …………… 155
Box 7・1　変　色 ……………………………… 100	10・2　水力発電: 世界で最も使われている
Box 7・2　X線: 危険なのか，有用なのか？ … 105	太陽エネルギー源 …………………… 156
Box 7・3　技術のコスト ……………………… 109	10・3　風力発電 ………………………………… 157
Box 7・4　心とからだの問題 ………………… 110	10・4　太陽熱エネルギー: 太陽光の集光と貯蔵 … 157
Box 7・5　分子のダンスを鑑賞する ………… 112	10・5　太陽光発電エネルギー:
Box 7・6　レチナール ………………………… 113	光から直接，電力へ ………………… 160
	10・6　エネルギーの貯蔵:
第8章　核化学　116	太陽エネルギーの悩みの種 ………… 161
8・1　悲　劇 …………………………………… 116	10・7　バイオマス: 植物からエネルギー …… 162
8・2　偶然の発見 ……………………………… 117	10・8　地熱発電 ………………………………… 163
8・3　放射能 …………………………………… 118	10・9　原子力発電 ……………………………… 163
8・4　半減期 …………………………………… 121	10・10　効率と節約 …………………………… 164
8・5　核分裂 …………………………………… 122	10・11　2050年の未来予想図 ………………… 166
8・6　マンハッタン計画 ……………………… 123	Box 10・1　水　素 …………………………… 162
8・7　原子力発電 ……………………………… 125	Box 10・2　再生可能エネルギーの法制化 … 163
8・8　質量欠損と原子核の結合エネルギー … 127	Box 10・3　燃料電池自動車と
8・9　核融合 …………………………………… 128	ハイブリッド電気自動車 ……… 166
8・10　放射線が私たちの生活に与える影響 … 129	Box 10・4　エネルギーの未来予想図 ……… 167
8・11　炭素年代測定とトリノの聖骸布 ……… 130	
8・12　ウランと地球の年齢 …………………… 132	**第11章　私たちを取巻く空気　170**
8・13　核医学 …………………………………… 132	11・1　エアバッグ ……………………………… 170
Box 8・1　科学の倫理 ………………………… 125	11・2　気体は粒子の群れである ……………… 171
Box 8・2　核融合研究 ………………………… 128	11・3　気　圧 …………………………………… 172
Box 8・3　放射線と火災検知器 ……………… 131	11・4　気体の特性どうしの関係 ……………… 173
Box 8・4　放射線: 殺し屋なのか,治療師なのか？ … 133	11・5　大気圏: その中には何があるのか？ … 176
	11・6　大気圏: その層構造 …………………… 177
第9章　現代のエネルギー　136	11・7　大気汚染: 対流圏の環境問題 ………… 178
9・1　動き回る分子 …………………………… 136	11・8　大気汚染を浄化する: 大気浄化法 …… 179
9・2　エネルギーへの全幅の信頼 …………… 137	11・9　オゾン層の破壊: 成層圏の環境問題 … 181
9・3　エネルギーとその変換:	11・10　モントリオール議定書:
無からは何も得られない …………… 138	クロロフルオロカーボンの全廃 …… 183
9・4　自然の熱税: エネルギーは分散する … 139	11・11　オゾン層破壊に関する迷信 ………… 184
9・5　エネルギーの単位 ……………………… 140	Box 11・1　ストローで飲む ………………… 173
9・6　温度と熱容量 …………………………… 142	Box 11・2　オゾン ……………………………… 181
9・7　化学とエネルギー ……………………… 143	Box 11・3　オゾンの測定 …………………… 183

- 第12章　身の回りの液体と固体：特に水 …………… **188**
  - 12・1　重力がなければ，こぼれない ………… 188
  - 12・2　液体と固体 …………………………… 189
  - 12・3　分子の解離：融解と沸騰 …………… 190
  - 12・4　すべてを束ねる力 …………………… 191
  - 12・5　分子の匂い：香水の化学 …………… 194
  - 12・6　溶　　液 ……………………………… 195
  - 12・7　水：変わり者の分子 ………………… 196
  - 12・8　水：どこにあるのか？
          なぜそこにあるのか？ ……………… 198
  - 12・9　水：純粋なのか？汚染されているのか？ …… 198
  - 12・10　硬水：健康には良いが配管には悪い ……… 199
  - 12・11　生物学的汚染 ………………………… 200
  - 12・12　化学的汚染 …………………………… 200
  - 12・13　水質を保証する：飲料水安全法 …… 201
  - 12・14　公共の水処理 ………………………… 202
  - 12・15　家庭での水処理 ……………………… 202
  - Box 12・1　アイスクリームを作ってみよう ……… 190
  - Box 12・2　石けん：調整役の分子 ………………… 193
  - Box 12・3　ガソリンの劣化 ………………………… 195
  - Box 12・4　トリクロロエチレン（TCE） …………… 199
  - Box 12・5　米国環境保護庁の批判 ………………… 203

- 第13章　酸と塩基：酸味と苦みにかかわる分子 …… **207**
  - 13・1　酸っぱいと感じるものには
          酸が含まれている ………………… 207
  - 13・2　酸の性質：酸味と金属の溶解 ……… 208
  - 13・3　塩基の性質：苦みと滑りやすい感覚 ……… 209
  - 13・4　酸と塩基：分子としての定義 ……… 209
  - 13・5　強酸と弱酸，強塩基と弱塩基 ……… 211
  - 13・6　酸と塩基の濃度を求める：pHという尺度 …… 211
  - 13・7　一般的な酸 …………………………… 212
  - 13・8　一般的な塩基 ………………………… 214
  - 13・9　酸性雨：
          化石燃料の燃焼による余分な酸性度 ……… 216
  - 13・10　酸性雨：その影響 …………………… 216
  - 13・11　酸性雨の浄化：1990年の改正大気浄化法 …… 217
  - Box 13・1　コカイン ………………………………… 210
  - Box 13・2　ハチ刺されと重曹 ……………………… 215
  - Box 13・3　実際に役立つ環境保護 ………………… 218
  - Box 13・4　酸性雨の影響を中和する ……………… 218

- 第14章　酸化と還元 …………………………………… **220**
  - 14・1　さ　　び ……………………………… 220
  - 14・2　酸化と還元の定義 …………………… 221
  - 14・3　一般的な酸化剤と還元剤 …………… 223
  - 14・4　呼吸と光合成 ………………………… 224
  - 14・5　電池：化学でつくる電気 …………… 224
  - 14・6　燃料電池 ……………………………… 226
  - 14・7　腐食：さびの化学 …………………… 228
  - 14・8　酸化，老化，酸化防止剤 …………… 229
  - Box 14・1　自動車の塗装の色あせ ………………… 222
  - Box 14・2　過酸化水素 ……………………………… 223
  - Box 14・3　燃料電池自動車 ………………………… 227
  - Box 14・4　新テクノロジーの経済学と企業助成 …… 229

付録1．有効数字 ……………………………………… 233
付録2．章末問題の解答 ……………………………… 235
付録3．例題［解いてみよう］の解答 ……………… 253
索　　引 ……………………………………………… 255

To Annie

To Annie

1 分子のことを考えればわかる

> 科学は芸術のように楽しい．それは真実との戯れなのだ…
> —— W. H. Auden

目　次
- 1・1　火のついた棒
- 1・2　分子に要因がある
- 1・3　科学者と芸術家
- 1・4　分子に思いをはせた先人たち
- 1・5　不死と限りない富
- 1・6　近代科学のはじまり
- 1・7　物質の分類
- 1・8　物質の性質
- 1・9　原子論の発展
- 1・10　核をもつ原子

考えるための質問
- 化学とは何か？
- 科学者はどのように世界を理解するのか？
- 科学と化学はどのように発展するのか？
- 物質とは何か？どのようにそれを分類するのか？
- 物質は何からできているのか？
- 原子の構造はどうなっているのか？

　本書では化学について学ぶ．化学は，大なるものを理解するために小なるもののことを調べる科学である．身の回りで起こっていることはすべて分子のことを考えればわかる．この単純な事実を理解できれば，本書による教育の目的は達したことになるだろう．日々の生活の背後にある分子の世界を理解できれば，世界はさらに広く，豊かなものになる．

　この章ではまず，化学者が分子の世界を探索するために用いる科学的な方法について学ぶ．世間の常識とは対照的に，科学的な方法は創造的であり，科学者の仕事は芸術家と似ているところがある．近代科学の手法について考えてほしい．数百年前に始まった近代科学的な手法は人間社会の文明に変革をもたらした．その変革とは何だったのか？ 科学的手法は私たちの生き方にどのような影響を及ぼしたのか？

　つぎに，世界に存在する多種多様な物質について理解するために，いくつかの基本的な化学原理について述べる．原子や元素，化合物や混合物について学ぶにあたって，化学が今日の社会で果たしている中心的な役割について理解してほしい．しかし同時に，化学を理解するためには，必ずしも実験室に立ち入ったり，技術について勉強する必要がないことを覚えておいてほしい．なぜなら，座って本書を勉強しているときでさえ"身の回りで起こっていることはすべて分子のことを考えればわかる"からである．

1・1　火のついた棒

　炎は魅惑的である．小さく揺らめくロウソクの炎も，キャンプファイヤーの大きな炎も．子どもも大人も，何時間でも炎を見つめていられるだろう．その美しさと危険は私たちの興味を引きつける．私の子どもたちは "firesticks" と名付けたキャンプファイヤーの儀式を楽しんでいる．乾燥した木の枝を見つけ，その先端にキャンプファイヤーで火をつける．そして，火のついた枝を取出し，それを空中で振り回すのだ．そうすると，光と煙が尾を引くように見える．私が危険だと注意しても，その火のついた枝は，すぐに，好奇心に満ちた小さな手に戻っている．

　炎が魅惑的であるのと同様に，炎の根底にある見えない世界もまた魅惑的である．この見えない世界とは分子の世

図 1・1　炎は新しく生み出された分子でできている．そのような分子は，木を構成する分子と空気分子の間の反応によってつくられる．分子は上昇して木から飛び去り，やがて熱と光を失う．

界のことであり，本章でみなさんに理解していただきたい世界のことである．分子のことはのちほど定義するとして，差し当たり，物質を構成する小さな粒子のようなものと考えていただきたい．分子は非常に小さいので，ひとかけらの灰の中に 10^{18} 個も含まれている．子どもたちが持っている棒の炎やキャンプファイヤーの炎は分子からできている．膨大な数の分子が舞い上がり，光を発しているのだ（図1・1）．

炎の中の分子は，**化学反応**とよばれる途方もない変化によって生み出される．木の中の分子が空気の中のある分子と結合し，新しい分子が生成する．新しくできた分子は，過剰なエネルギーをもつので，熱と光を発散し，炎の中で動き回る．そのような分子のいくつかが，炎の周りにいる人々の鼻まで達し，炎のにおいを届けるのだ．ただし，そのときには，分子は冷却されていると願いたい．

燃え盛る木の中の分子が目に見えたら，慌ただしい光景を目にすることになるだろう．それに比べれば，ラッシュアワーの真っ最中の都市などは穏やかなものだ．燃える木の中の分子は，毎秒当たり1兆回程度，振動したりぶつかり合ったりしながら，空気の中で，ものすごいスピードで反応している．ある分子は別の分子とほんの一瞬で反応し，新しくできた分子は熱と光を放ちながら飛び去る．そして，次に反応する分子が木の中で待っている．燃え盛る木の中では，このような過程が1秒間に何兆回も繰返されている．しかし，私たちが見ているような巨視的なスケールでは，そのような過程は穏やかに見えるのだ．木はゆっくりと燃え尽き，その炎は数時間続く．

1・2 分子に要因がある

身の回りで起こっていることはすべて，分子のことを考えればわかる．ものを書くとき，食べるとき，考えるとき，動くとき，あるいは息をするとき，そのような行為をひき起こすべく，分子ははたらいている．見ることができる世界，つまり日常の世界は，見ることができない世界，つまり原子の世界や分子の世界，およびその相互作用の世界に支配されている．**化学**とは，"目で見える巨視的な世界で起こっている現象を，分子の立場で明らかにする科学"である．なぜ葉は緑なのか？ なぜ色の付いた生地が日光を浴び続けると色あせていくのか？ 水を沸騰させると何が起こるのか？ なぜ鉛筆で紙に印を書くとそれが残るのか？ 原子や分子，そしてその相互作用を考えることにより，このような基本的な疑問に答えることができる．

たとえば，赤いシャツを日光に当てておくと，しだいに色あせてくるのがわかるだろう．その原因を分子の立場で考えてみると，シャツを赤くしている分子が太陽光のエネルギーによって分解しているのだ．マニキュアの除光液が手の上にこぼれて蒸発すると，皮膚が冷たく感じることがあるだろう．その原因は，皮膚に含まれる分子がマニキュアの除光液に含まれる揮発性分子とぶつかってエネルギーを失い，冷たい感覚が生み出されるのだ．砂糖をコーヒーの中でかき混ぜると，容易に溶けるのを見たことがあるだろう（図1・2）．このとき，砂糖は消えたように見える．

図1・2 砂糖がコーヒーの中で溶けるとき，砂糖の分子は水分子と混ざっている．

しかし，その甘くなったコーヒーを飲むと，砂糖がまだそこに残っていることがわかるだろう．なぜか？ 砂糖分子は水分子との間で強い引力を示すので，砂糖分子同士の引力によって固体の砂糖の中に残るよりも，水と混ざり合うほうが，砂糖分子にとって有利なのである．固体の砂糖は，まさに消えたように見えるが，実際にはそうではなく，分子のレベルでは単に混ざっただけだ．化学者は，このような科学的な方法を使って，分子の世界を明らかにし，目で見える現象に対して，分子レベルの説明を与える．

1・3 科学者と芸術家

科学と芸術はしばしば異なった分野と受取られ，異なったタイプの人々を魅了してきた．芸術家はしばしばきわめて創造的で，かつ事実や数字に興味のない人たちと思われている．それとは対照的に，科学者は非創造的で，事実や数字にしか興味をもたない人たちと思われている．これらはいずれも間違ったイメージだ．科学者と芸術家という2

化学者は物理的な現象を分子の視点で追究する

1・3 科学者と芸術家

種類の専門家は，一般に想像されているよりも数多くの共通点をもっている．

図1・3にあるような**科学的方法**を学ぶことによって，科学者の仕事の本質を理解することから始めよう．科学的方法の最初のステップは，自然のいくつかの特徴を**観察**したり，測定することである．このとき，たった一人の人間の目視観察で行われることもあれば，複数の科学者が複雑かつ高価な装置を用いて働くような大きな研究チームが必要なこともある．そのようにして得られた観察結果や測定結果は統合され，一般性の高い**科学法則**として定式化される．一例として，**ラボアジェ**（Antoine Lavoisier, 1763〜1794）の研究を見てみよう．彼はフランスの化学者で，化学反応の一つである燃焼を研究した．ラボアジェは，閉じた容器の中で物質を燃焼させ，その重量を燃焼の前後で注意深く計測した．そして，燃焼前の物質の重量と燃焼後に生成した物質の重量が常に等しいことに気づいた．この観察の結果，ラボアジェは以下のような**質量保存の法則**を打ち立てた．

"化学反応の前後で質量の総和は変わらない"

残念ながら，ラボアジェは彼の業績が高く評価される前に亡くなった．（彼は1794年，フランスの革命政府によってギロチンにかけられて処刑された．）しかし，ラボアジェが行った実験は，燃焼のみならず，いかなる化学反応にも当てはまる一般的な自然法則につながった．たとえば，本

近代化学の父，ラボアジェ

書のはじめに述べた燃え盛る木は，消えてなくなったのではない．灰と気体に形を変えたのだ．つまり，燃焼によって失われた木の重量と反応に使われた酸素の重量の総和は，生成した灰と気体の総重量とまったく同じなのである．このような法則は，一連の測定を行ったからといって，自然に生まれてくるわけではない．もちろん測定は注意深く行われなければならない．それと同時に，科学者は，人々が見逃してしまうような規則性に気づいたり，それを科学法則として定式化できるような創造力をもっていなくてはならない．

科学法則は現象をわかりやすく説明したり，それを予測するために役立つが，現象の根底にある要因については教えてくれない．そのような観察結果や法則の根底にある要因を理解するために，まず**仮説**を立てることになる．仮説は暫定的なモデルであり，**実験**によって検証されることになる．一つもしくは複数の仮説が検証されると，それが**理論**とよばれる包括的なモデルへと発展することもある．良い理論はしばしば，観察結果や定式化された法則をはるかに越えて，現象を予測することがある．たとえば英国の化学者ドルトンは，原子論（すべての物質は原子とよばれる小さな粒子からできているとする理論．§1・9で詳述）を打ち立てるために質量保存の法則を利用している．質量保存の法則は，ドルトンにより，原子論への創造的な飛躍を遂げたといえる．ドルトンの創造力こそが，すべての物質を構成する小さな粒子の存在を予測し，それにより，質量保存の法則に説明を与える理論をつくったのである．

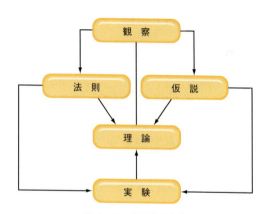

図1・3 科学的な方法

仮説と同様に，理論にも実験による検証が重要である．もし理論と実験結果が一致したり，理論から実験結果を予想できれば，理論の正しさは実証される．もし実験結果が理論と一致しなければ，その理論は修正されなければならないし，修正された理論の検証のためにも，新しい実験が必要になる．理論はけっして"証明される"ことはない．実験によって，その妥当性が確認されるだけだ．理論と実験の絶え間ない相互作用が，科学に興奮と力を与える．

さまざまな観察を行って現実のモデルをつくる行為が科学的方法である．それは，ある意味では，世界を観察して壮大な絵を書く行為に似ている．芸術家と同じように，科学者は，創造的でなければならない．同様に，人々がカオスとしか見えないものに対して，科学者は秩序を見いださなくてはならない．同じく，万物を模倣するように，科学者の仕事は洗練されていなくてはならない．ただ，科学者と芸術家の違いは模倣の厳密さの違いにほかならない．科学者は自身のアイディアが正しいのかどうかについて，常に実験に基づいて確かめなくてはならないのである．

> **例題 1・1　科学的な方法**
>
> あなたが初めて銀河の地図を作る天文学者だとしよう．すべての銀河が速い速度で地球から遠ざかるように動くのを発見する．あなたの研究の一部として，その速度，および地球と多くの銀河との距離を測定する．結果は以下のようになるとしよう．
>
> | 地球からの距離 | 地球に対する速度 |
> |---|---|
> | 5.0 万光年 | 960 km/ 秒 |
> | 8.4 万光年 | 1600 km/ 秒 |
> | 12.3 万光年 | 2400 km/ 秒 |
> | 20.8 万光年 | 4000 km/ 秒 |
>
> [観察結果をもとに法則を導き出す]
>
> 法則は多くの観察結果を集約したものなので，上述の架空の結果から，以下の法則を導き出せる．
>
> "銀河は，地球から離れるほど，その速度が速くなる"
>
> [法則を説明できる仮説や理論を考えてみる]
>
> あなたは上述の法則と一致する仮説や理論をいくつも思いつくかもしれない．しかし，その仮説は法則の根拠を説明するものでなくてはならない．仮説として可能なものの一つは以下の通りである．
>
> "地球はすべての銀河に対して，その動きを遅くする影響を及ぼしている．地球に近い銀河は遠い銀河よりもこの影響をより強く受ける．したがって，近い銀河は遠い銀河よりもゆっくりと動く"
>
> [もう一つの仮説]
>
> 銀河は過去のある時点で始まった膨張の中で形成される．したがって，銀河は互いの分離に依存した速度で互いに離れてゆく．
>
> [どのような実験をすれば，この二つの仮説を検証したり反証できるのか？]
>
> 最初の仮説に対しては，地球が銀河に及ぼしている遅速効果について，その性質を測定するような実験を設計できるかもしれない．たとえば，遅速効果にかかわる力は月の動きにも影響を与えるかもしれない．それは実験で測定できるかもしれない．二つ目の仮説に対しては，膨張に関する別の証拠を探すための実験が有効かもしれない．たとえば，膨張によって発せられた熱や光の名残を探そうとするのかもしれない．あなたの仮説を実験的に確かめることは，仮説を進化させ，宇宙はいかにして現在の姿になったのかを説明する理論につながるかもしれない．

復習 1・1　化学者は風船に気体を入れて，その体積をさまざまな温度で測定することによって，その気体の振舞いを観察する．多くの測定を行った後，気体の体積は常に温度とともに増加すると化学者は結論づける．これは法則や理論の例になるか？

1・4　分子に思いをはせた先人たち

物質の本質について最初に深く考えたのはギリシャの哲学者たちであったことを示す記録が残っている．紀元前600 年頃，彼らは万物の本質を理解したいと思っていた．しかし，彼らは哲学的な思考に没頭し，物理的な実体とはより完全なる実体の不完全な描像であると考えた．結果として，彼らは，不完全な物理的世界を理解するための実験を重視しなかったのである．**プラトン**（紀元前 428～348 年）は，理性だけが自然の謎を解く最良の方法であると考えた．注目すべきは，ギリシャ人が自然ついて考えたことが近代的な考えにつながっていったことである．

たとえば，**デモクリトス**（紀元前 460～370 年）は，物質は究極的には小さな不可分の粒子から構成されることを理論づけ，この粒子を原子（atomos もしくは atom）と名づけている．デモクリトスは，物質をどんどん分割して小さくしていけば，やがて小さな粒子となり，それ以上は分割できなくなるだろうと考えた．彼は "原子と空間以外は何もない，意見を除いては" と言ったと伝えられている．デモクリトスは近代から見れば正しかったが，アリストテレスやプラトンのような多くのギリシャの思想家たちは，デモクリトスの原子論を拒絶した．

タレス（紀元前 624～546 年）は，どんな物質も他の物質に変えることができるので，すべての物質は実際には一つの要素からなると考えた．彼は，水こそがそのような要素だと考えた．"水は本質であり，万物の根源である．すべては水なのだ" とタレスは言った．一方，**エンペドクレス**（紀元前 490～430 年）は，すべての物質は四つの基本的な要素からできており，それは空気，水，火，土であると考えた．この考えは**アリストテレス**（紀元前 384～321 年）に受入れられ，彼はさらに五つ目の要素として，完全かつ永遠，不変のエーテルを考えた．アリストテレスはこの五つの基本的な要素がすべての物質を構成していると考えた．この考えは，その後 2000 年もの間，信じられたのである．

1・5　不死と限りない富

中世ヨーロッパで，**錬金術**とよばれる化学の前身となるものが栄えた．錬金術は，半経験的で，半ば魔法のようで，非常に秘密に満ちていて，目的はおもに二つだった．それは，何の変哲もない物質を金に変えることと，不老不死の

1・5 不死と限りない富

薬となる物質を見つけることであった．今日の常識から考えれば，その目的は的外れだが，錬金術師は化学の世界についての私たちの理解を前進させたといえる．彼らが金属を金に変えようと熱中することを通して，金属について多くを学んだのだ．錬金術たちは，ユニークな特徴をもつ合金，つまり金属の混合物をつくることができた．彼らは，現在でも使われるような実験室での分離や精製の技術も考え出した．さらに錬金術師たちは，天然物を単離し，それを使って病気を治療することによって，薬理学の分野を進歩させた．しかし，錬金術は神秘主義であり，秘密主義でもあったため，知識が効率的には広がらず，16世紀まで，その進歩はゆっくりとしていた．

錬金術師は何の変哲もない物質を金に変えたり，不老不死の薬となる物質をつくろうとした．

考えてみよう

Box 1・1　なぜ科学を専攻していないのに科学を学ぶのか？

あなたは，受講科目での必要性のため，この本を読んでいるのかもしれない．おそらくあなたは科学の専攻ではなく，なぜ科学を勉強しくてはならないのかと思っているかもしれない．なぜ科学を勉強した方がよいのか，三つの理由をあげたいと思う．

まず第一に，現代の科学は文化や社会に大きな影響を与え，社会全体だけでしか解決しえない倫理的な問題をひき起こす．たとえば，今世紀の初期に，マサチューセッツにあるバイオテクノロジー関連企業の科学者が，初めてヒトの胚のクローン化（生物学的なクローンをつくること）に成功した．彼らが胚のクローン化を行った理由は人間を複製することではなく（彼らは自身のクローンをつくるために競争しているわけではない），病気を治療するためであった．このようなクローン化は治療目的のクローン化（その反対語は生殖的クローン化）とよばれている．これは，たとえば糖尿病を治療したり，損傷した脊椎を修復するために利用される特殊な細胞（幹細胞とよばれている）をつくることを目標としている．この研究が実現すれば大きな恩恵を与えるが，同時に，道徳的なリスクもある．重篤な疾患を治療できるという恩恵は，ヒトの胚をつくることによるリスクよりも重いことなのだろうか？　そのような疑問に答えを出せるのは社会全体だけである．もし社会がこのような問題に対して賢明な判断を下すことになるとすれば，私たちは，その社会の市民として，その問題の科学的本質に関して基本的な理解をもっていなくてはならないはずだ．

二つ目として，科学的本質に関する決定はしばしば科学者以外によって下されることである．政治家は一般に科学のトレーニングを受けていないし，政治家を選ぶ人でもない．しかし，政治家は科学政策や科学研究費，環境政策についての決定を下す．巧妙な政治家が，情報をもたない有権者に対して，適切でない科学政策を強いる場合がある．たとえば，アドルフ・ヒトラーは，ドイツ国民に対して，遺伝学に関する独自のナチス優生政策を訴えた．ヒトラーは，アーリア人種は他の人種と交わらないほうがよいのだという間違った主張を繰広げたのだ．ヒトラーいわく，アーリア人はより優れた人間を生み出すために，アーリア人とのみ生殖するべき．しかし，遺伝学に関する一般的な知識をもっている人なら誰でも，ヒトラーの主張は間違っていると気づくだろう．行き過ぎた同系交配は，ある集団において，実際に遺伝的脆弱性の原因になる．たとえば，純血種の犬はさまざまな遺伝的な問題を抱えている．また，家族内での婚姻については社会的なタブーとなっている．歴史をひも解けば，ほかにもこのような悪い例はある．かつてのソビエト連邦では，農作物の栽培に関する間違った政策のために，農業がうまくいかなかった．南アフリカでは，科学的にお粗末な土地利用政策が行われた．もし，みなさんが，私たちの惑星を持続可能なものしたいと思うならば，科学に関して基礎的な理解をもつ必要がある．そうすれば，私たちの未来について，賢明な判断を下すことができるはずだ．

三つ目に，科学は身の回りの世界を理解するための基本的な方法であり，他の方法では得られない知見を与えてくれる．そのような知見はみなさんの人生をより深く豊かなものにしてくれる．たとえば，夜空を見上げる人がもし何の知識ももっていなかったとしたらどうなるだろう．その人は，夜空の美しさに驚嘆するかもしれない．しかし，最も近い星ですら1.6兆 km も離れていることや，その星が 100 万℃を超える温度ではじめて起こる過程を経て光を放っているという事実を知らないと，星空に畏敬の念を感じるという経験はできないだろう．何も知識をもたない人にとって，世界は二次元的で，奥行きのないものなのである．知識をもっていると，世界はより深く，豊かで，複雑な場所になっていく．化学においては，私たちが見ている世界の背後にある世界について学ぶ．そのまだ見ぬ世界は，私たちの周りのどこにでもあるし，私たちの中にさえ存在している．化学を学ぶことにより，世界よりよく理解できるし，私たち自身に対する理解を深めることもできる．

1・6　近代科学のはじまり

1543年に出版された2冊の本が，今日**科学革命**とよばれているものの始まりとなっている．1冊目は，太陽が宇宙の中心であると主張したポーランドの天文学者，**コペルニクス**（Nicholas Copernicus, 1472～1543）によって書かれた．かつてギリシャ人は，地球が宇宙の中心であり，太陽を含めたすべての天体が地球の周りを回っていると考えた．この天動説では，恒星と惑星の動きを説明するためには複雑な軌道が必要であったが，創造された秩序の中心が人間であると考えたのだ．コペルニクスは，明解な数学的議論と天文に関する膨大なデータによって，ギリシャ人たちとはまさしく逆のことを述べた．つまり，太陽こそが静止していて，地球がその周りを回っていると．2冊目は，かつてない正確さで人体解剖図を描いたフラマン人の解剖学者，**ヴェサリウス**（Andreas Vesalius, 1514～1564）によって書かれた．

この2冊の独自性は，自然を理解する方法として，観察と実験を最重要視したことにある．この2冊は革命的であり，コペルニクスとヴェサリウスは世界を理解するための基礎を築いたといえる．にもかかわらず，進歩はゆっくりとしていた．コペルニクスの考えは，宗教勢力の間で認められることはなかった．コペルニクスの考えに裏付けを与え，それを広めた**ガリレオ**（Galileo Galilei, 1564～1642）は，ローマ・カトリック教会によって罰せられた．ガリレオの地動説では，神が創造した秩序の幾何学的な中心の外側に人間を置いて考えた．そのことは，アリストテレスや教会の教えとは矛盾するように思われた．その結果，ローマ教皇庁の審問所は，ガリレオに彼の考えを撤回するように求めたのである．ガリレオは，拷問されることはなかったが，死ぬまで自宅監禁されることになった．

それにもかかわらず，科学的な方法は進歩し，錬金術は化学へと形を変えた．化学者は"何が基本的要素なのか" "どの物質が純粋で，どの物質が純粋でないのか"といった基本的な疑問に答えるために，実験を行うことを始めたのである．**ボイル**（Robert Boyle, 1627～1691）は，1661年に"懐疑的化学者"という著書を出版し，ギリシャ人の四元素説を批評した．ボイルは，元素が本当に単一のものなのか検証されなければならないと提唱した．もし，ある物質を分解していくつかの単一の物質にすることができるならば，その物質は元素ではないのだ．

ガリレオ・ガリレイは，天動説ではなく，コペルニクスの地動説をさらに発展させた．

1・7　物質の分類

物質はその組成（何からできているのか）やその状態（固体，液体，気体）によって分類できる．それぞれについて考えてみよう．

組成によって物質を分類する

ボイルの方法は，今日われわれが物質を分類するために使う図1・4に示したスキームにつながった．このスキームでは，まず最初に，すべての物質を**純粋物質**なのか**混合物**なのかによって分類する．

> **考えてみよう**
>
> ### Box 1・2　観察と理性
>
> 本書を通じて，みなさんがじっくりと考えたり議論できるような，結論のない問いを数多く投げかけるつもりである．そのいくつかには明確な答えがあるが，いずれも一つの答えしかないわけではない．それでは最初の質問．
>
> 科学の分野は，哲学や歴史学，芸術のような分野に比べると，比較的歴史が浅い．しかし，科学は急速に進歩した．科学革命以来の450年間で，科学とその応用は私たちの生活を劇的に変えた．一方，1543年以前の1000年間は，科学的進歩がほとんどないまま過ぎた．1543年以前に科学的発見が少なかった大きな要因は，知恵の生命線として，ギリシャ人が観察よりも理性を重んじたからである．アリストテレスのような，何人かのギリシャの哲学者たちは，自然界を観察しそれを記述することで時間を過ごしたが，彼らは実験や実験の結果に基づいて考えを修正することに重きを置かなかった．もしギリシャ人たちが実験に重きを置いていたら，どうなっていたのだろう？　もしデモクリトスが，彼の原子論を実験で確かめようとしていたら，どうなっていたのだろう？　科学は今どこにあるだろうか？

1・7 物質の分類

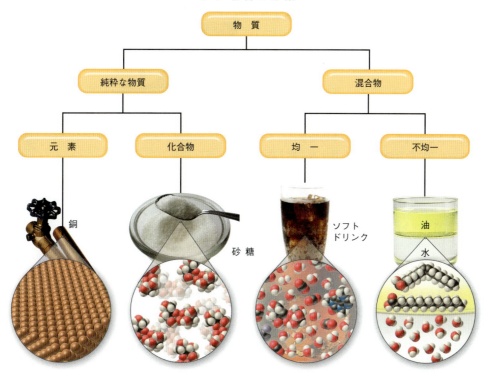

図 1・4　物質の分類のやり方．物質は純粋な物質か混合物かで分類できる．純粋な物質は，元素と化合物に分類できる．混合物は均一な混合物と不均一な混合物に分類できる．

純粋な物質

　ある純粋な物質があったとして，それは元素であるかもしれないし，化合物であるかもしれない．**元素**とは，それ以上純粋な物質へと分解することができない物質のことである．鉛筆のグラファイト（図1・5）は，元素（炭素）の一例である．どんな化学的な変換を行っても，グラファイトを分解してより単純な物質にすることはできない．グラファイトは純粋な炭素なのだ．他の例として，空気を構成する酸素や，ヘリウム気球に含まれるヘリウム，配管や硬貨のコーティングに使われる銅がある．元素の最小かつ識別可能な単位は**原子**である．自然界には約90種類の元素があるので，原子も約90種類，自然界に存在することになる．

　化合物は二つかそれ以上の元素が一定の決まった割合で含まれる物質である．多くの元素は他の元素と結びついて化合物をつくる傾向があるので，元素よりも化合物の方が自然界ではありふれている．水（図1・6）や食塩，砂糖は化合物の例であり，いずれもより単純な物質に分解することができる*1．水と食塩は分解するのが難しいが，砂糖は簡単に分解できる．みなさん自身も調理をしている間に砂糖を分解したことがあるかもしれない．砂糖を焦がし

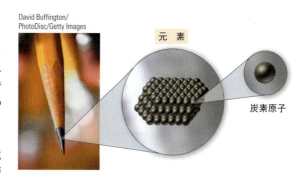

図 1・5　鉛筆のグラファイトは元素である炭素でできている．

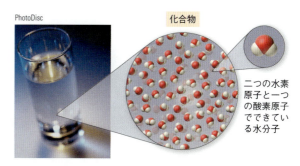

図 1・6　水はその分子が二つの水素原子(白)と一つの酸素原子(赤)でできている化合物である．

---

*1　第4章で学ぶイオン性の化合物は，分子ではなく，三次元的に繰返し並んだ構成元素でできている．

た後に,フライパンの上に黒い物質が残ることがあるが,そこには砂糖の構成元素の一つである炭素が含まれている.化合物の最小かつ同一と見なせる単位が**分子**であり,二つかそれ以上の原子が互いに結びついてできている.

混合物

混合物とは,割合が変化しうる二つかそれ以上の純粋な物質の組合わせのことである.混合物の中の物質は,それ自身が元素であったり,化合物であったりする.燃え盛る木から出る炎は混合物のよい例だ.それはさまざまな気体を含んでおり,その割合は,火炎によりかなり異なっている.実際に,身の回りの物質は,その多くが混合物である.吸い込む空気,海水(図1・7),食べ物は混合物である.私たち自身のことも,非常に複雑な混合物であると考えることさえできる.

混合物は二つかそれ以上の元素,化合物,あるいはその両方の組合わせの場合がある.混合物は,どの程度一様に物質が混ざっているのかによって,分類できる.油と水のような**不均一な混合物**は,異なった組成をもつ二つかそれ以上の部位に分けることができる.塩水のように**均一な混合物**は,全体として同一の組成をもっている.

状態によって物質を分類する

物質を分類するためのもう一つの方法は,その状態に従うことである.物質は,**固体,液体,気体**のいずれかとして存在しうる(図1・8).固体物質では,原子や分子は互いに密に接触しており,動かない.結果として,固体物質

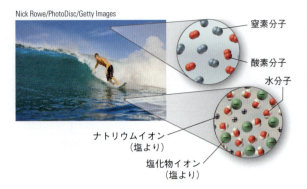

図1・7 空気は主として窒素(青)と酸素(赤)からなる混合物である.海水は主として水と塩からなる混合物である.

は固く,形状が一定で,圧縮できない.氷や金属銅,ダイヤモンドは,固体物質のよい例だ.液体物質についても,原子や分子は互いに密に接触しているが,その場所は固定されておらず,自由に動いている.結果として,液体は一定の体積をもっており,圧縮できない.しかし,一定の形状をもつわけではない.その代わり,液体は入れ物の形に合うように流れ込むことができる.水や消毒用アルコール,サラダ油がよい例だ.

気体物質では,原子や分子は密に接触しているわけではなく,互いに遠く離れている.原子や分子は定常的に動いており,しばしば気体物質同士や入れ物の壁と衝突している.結果として,気体物質の形や体積は一定ではなく,入れ物の形や体積とに合うように振舞う.さらに,気体物質

図1・8 物質の状態.物質には固体,液体,気体がある.

は圧縮できる．蒸気やヘリウム，空気がそのよい例だ．表1・1に物質の状態とそれぞれの状態の性質をまとめる．

表1・1　物質の状態

固体	圧縮不可	体積が一定	形状が一定
液体	圧縮不可	体積が一定	形状が可変
気体	圧縮可能	体積が可変	形状が可変

復習1・2　一杯のコーヒーは何の例？
(a) 液体の純粋物質　　(d) 液体の混合物
(b) 気体の混合物　　　(e) 固体の混合物
(c) 固体の純粋物質

例題1・2　物質を分類する

以下の物質が元素なのか，化合物なのか，混合物なのかを決定しよう．もし混合物なら，均一なのか不均一なのか分類しよう．
(a) 銅　線
(b) 水
(c) 塩　水
(d) イタリアンサラダドレッシング

[解　答]

すべての元素は，この教科書の後見返しの表に五十音順でリストアップしてある．この表を使って，その物質が元素なのかどうか決定しよう．もしその物質が表に載っていなくて，かつ純粋な物質であれば，その物質は混合物のはずだ．もし，その物質が純粋でなければ，混合物に分類できる．
(a) 銅は元素の表にあるので，元素だ．
(b) 水は元素表にはない．しかし，水は純粋な物質である．したがって，水は化合物だ．
(c) 海水は塩と水という二つの物質からなっているので混合物だ．サンプルによって塩と水の比が異なっているかもしれない．これは混合物の性質となる．海水の組成はサンプルの中では一様だ．したがって，海水は均一な混合物である．
(d) イタリアンサラダドレッシングは多くの物質を含んでいるので混合物だ．イタリアンサラダドレッシングはたいてい少なくとも二層に分離している．それぞれの層が異なった組成をもっている．したがって，不均一な混合物である．

[解いてみよう]

以下の物質が元素なのか，化合物なのか，混合物なのかを決定しよう．もし混合物なら，均一なのか不均一なのか分類しよう．
(a) 純粋な塩
(b) ヘリウムガス
(c) チキンヌードルのスープ
(d) コーヒー

1・8　物質の性質

毎日，私たちは物質をその性質で見分けている．たとえば，においでガソリンと水の違いがわかるし，味で砂糖と塩の違いがわかる．ある物質を区別し，それをほかとは違うものにしている特徴は，その物質の**性質**である．化学では，物質が組成を変えることなく示す**物理的性質**と，物質が組成を変えるときだけに示す**化学的性質**を区別している．たとえば，アルコールのにおいは物理的な性質である．アルコールのにおいを嗅ぐとき，アルコールはその組成を変えない．しかし，アルコールの可燃性，つまり燃えやすさは化学的特性である．アルコールが燃えるとき，空気に含まれる酸素と結びついて他の物質ができるからだ．

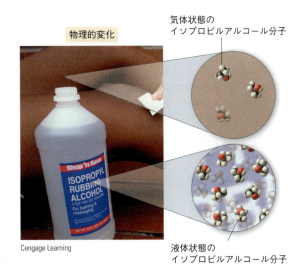

図1・9　アルコールの揮発は物理現象である．アルコールは揮発の際にその組成を変えない．

私たちは，物質の中で起こる2種類の変化，つまり物理的変化と化学的変化を区別することもできる．物質が**物理的変化**を示すとき，その組成ではなく，その外観が変化している．たとえば，アルコールのにおいを感じるには，アルコールは空気中に揮発していなければならない．これが物理的変化である．アルコールが揮発するとき，アルコール分子は液体状態から気体状態へと変化するが，アルコール分子のままである（図1・9）．一方，物質が**化学的変化**を示すとき，その組成が変化する．たとえば，アルコールが燃えるときには，化学的変化を示す．

復習1・3　コンロの上に水が置いてあり，ガスバーナーで熱せられている．やがて水は泡立ち始め，蒸気が放出される．これは物理的な変化か？　それとも化学的な変化か？

起こった変化が物理的変化なのか化学的変化なのかを見分けることは必ずしも簡単ではない．一般に，溶解や沸騰，あるいは切ったり曲げたりするときの外観だけの変化にみ

られるような物質の状態の変化は,常に物理的変化である.一方,化学的変化では,しばしば熱や光を放ったり,吸収したり,あるいは物質の色の変化が起こる[*2].

1・9 原子論の発展

前述のように,デモクリトスは,物質が究極的には原子からできていることを提唱した最初の人物である.しかし,この考えは1800年代のはじめまで受入れられなかった.質量保存の法則と定比例の法則が,近代の原子論の発展につながったのである.

質量の保存

1789年にラボアジェは,"化学原論"と題する化学の教科書を出版した.ラボアジェは,化学反応を初めて注意深く研究したことで知られ,近代化学の父と言われている.先に述べたように,ラボアジェは燃焼について研究した.閉じた入れ物の中で物質を燃焼することによって,化学反応の前後によって物質の総質量[*3]は変わらないという質量保存の法則を確立したのである.

2人目のフランスの化学者,**プルースト**(Joseph Proust. 1754〜1826)は,以下のような**定比例の法則**を確立した.

"化合物を構成する成分元素の質量比は常に一定である"

たとえば,18.0 gの水をその構成元素に分解すると,16.0 gの酸素と2.0 gの水素を得るだろう.酸素と水素の比は,

$$\frac{酸素}{水素} = \frac{16.0\,g}{2.0\,g} = 8.0$$

この比は,水の量や,どこで水をサンプリングしたのかによらず,一定であろう.同じように,アンモニアは3.0 gの水素に対して14.0 gの窒素を含んでおり,窒素と水素の比は4.67である.それぞれの化合物の組成は一定なのだ.

原 子 論

1808年に英国の科学者**ドルトン**(John Dalton. 1766〜1844)は,ラボアジェの法則とプルーストの法則,および自身の実験データから,物質の基本法則を導き出した.ドルトンは,さまざまな情報を統合して理論を生み出すたぐいまれな能力をもっていた.彼の**原子論**は三つからなる.

1. すべての物質は原子とよばれる不可分の粒子からできている.原子は新たに生み出されたり消滅することがない.
2. 同じ元素の原子は,同じ質量と性質をもつ.この性質はそれぞれの元素に特有であり,元素ごとに異なった性質をもつ.

例題 1・4 化合物の組成は一定

二つの異なる場所から水をサンプリングした.水をその構成元素に分解したところ,一つ目のサンプルからは24.0 gの酸素と3.0 gの水素が得られた.一方,二つ目のサンプルでは4.0 gの酸素と0.50 gの水素が得られた.この結果が定比例の法則と一致していることを示せ.

一つ目のサンプル: $\dfrac{酸素}{水素} = \dfrac{24.0\,g}{3.0\,g} = 8.0$

二つ目のサンプル: $\dfrac{酸素}{水素} = \dfrac{4.0\,g}{0.5\,g} = 8.0$

二つのサンプルで構成元素の比は同じ.したがって,定比例の法則と一致している.

[解いてみよう]

二つの砂糖サンプルをその構成元素に分解した.一方の砂糖サンプルからは18.0 gの炭素,3.0 gの水素,24.0 gの酸素が得られた.もう一方の砂糖サンプルからは24.0 gの炭素,4.0 gの水素,32.0 gの酸素が得られた.それぞれのサンプルに対して,炭素と水素の比,酸素と水素の比を求め,定比例の法則と一致することを示せ.

例題 1・3 質量の保存

ある化学者がナトリウムと塩素を結合させる.この二つは反応して塩化ナトリウムをつくる.ナトリウムと塩素のもともとの質量は,それぞれ11.5 gと17.7 gであった.塩化ナトリウムの質量は29.2 gだった.この結果が質量保存の法則と一致することを示せ.

[解 答]

ナトリウムと塩素の質量の合計を求める.

$$11.5\,g + 17.7\,g = 29.2\,g$$

ナトリウムの質量 　塩素の質量　 合計質量

ナトリウムと塩素の質量の合計は塩化ナトリウムの質量と同じになる.したがって,物質は新しく生み出されないし,なくなることもない.結果は質量保存の法則と一致している.

[解いてみよう]

マッチの重さを量った後,燃やした.その灰はずいぶん軽くなったように思える.どのように考えれば,質量保存の法則と矛盾しないのだろう?

[*2] 物理的な変化は同じ物質を違った形に変える.化学的な変化はまったく新しい物質に変える.
[*3] あるものの質量はその中にある物質の量の指標である.質量と重量の違いは§2・4に記載されている.

3. 異なる元素の原子は，単純な整数比で結合して化合物をつくる．たとえば，化合物である水は二つの水素原子と一つの酸素原子でできている．2や1という数字は単純な整数である．

原子論を主張した英国の科学者ドルトン

1・10 核をもつ原子

1800年代終わりまでには，科学者の多くは物質は原子からできていると確信していた．しかし，彼らは原子の基本的な構造を知らなかった．1909年，**ラザフォード**（Ernest Rutherford, 1871〜1937）によって，原子の内部構造が研究された．ラザフォードは，プラムプディングモデルにおいて，原子は**電子**とよばれる負の電荷をもった小さな粒子で満たされた正電荷の球体からできていると仮定した．ラザフォードは，電子の7000倍の質量をもつとして当時発見されていたアルファ粒子（α粒子）を薄い金箔にぶつけることによって，このモデルを検証した（図1・10）．もし金箔の中の原子がプラムプディングモデルのような構造であれば，質量の大きいα粒子は金箔の中をほとんどまっすぐ通り抜けるはずである．

ラザフォードの実験は，予想とは異なる結果になった．α粒子の多くは直接金箔を通り抜けた．しかし，金箔を通り抜ける際に，わずかに方向がそれたα粒子もあった．さらに，わずかな数のα粒子が逆方向に跳ね返されたのだ．この実験結果はラザフォードを悩ませた．ラザフォードいわく，38 cmの砲弾を紙切れに向かって撃ったところ，跳ね返ってきたような驚きであった．この予想を裏切る実験結果を説明するためには，原子はどのような構造をもっていなければならないのだろう？

ラザフォードは，彼の実験結果を説明できる理論を考え出し，原子は一様ではなく，質量の大半を占める小さな粒子とほとんど何もない部分からできていると結論づけた．ラザフォードは原子が正電荷を帯びた粒子と負電荷を帯びた粒子をもっていることを知っていた．この考えと彼の実

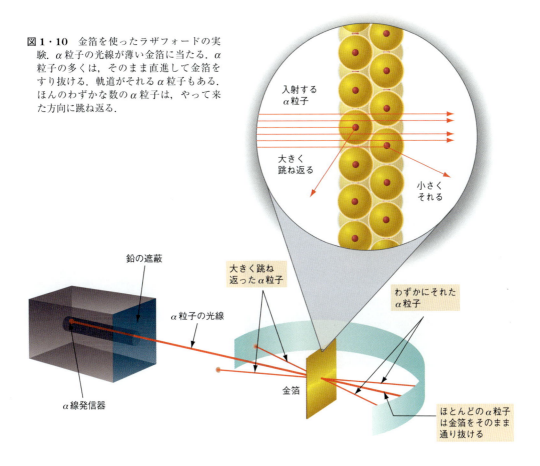

図1・10　金箔を使ったラザフォードの実験．α粒子の光線が薄い金箔に当たる．α粒子の多くは，そのまま直進して金箔をすり抜ける．軌道がそれるα粒子もある．ほんのわずかな数のα粒子は，やって来た方向に跳ね返る．

験結果から，ラザフォードは，以下のような**原子核理論**を提案した（図1・11）.

1. 原子の質量の大部分とその正電荷のすべては，核とよばれる小さな場所にある．
2. 原子の体積の大部分はほとんど空っぽで，そこには負電荷を帯びた小さな電子がある．
3. 核の外側には負電荷の電子が，核の正電荷と同じ数だけ存在し，原子は電気的には中性になっている．

ラザフォードの原子核理論は大成功をおさめ，現在でも正しいと考えられている．原子核を点（・）とすると，電

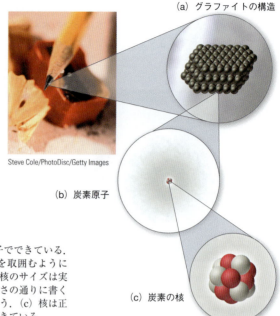

図1・11 （a）鉛筆のグラファイトは炭素原子でできている．（b）それぞれの炭素原子は小さな核とそれを取囲むように広がった電子雲でできている．この絵では，核のサイズは実際よりも大きく描いている．もし実際の大きさの通りに書くと，核は見えないくらいに小さくなってしまう．（c）核は正電荷をもつ陽子と電気的に中性の中性子でできている．

新しいテクノロジー

Box 1・3　原子を見る

200年より少し前，原子論が歴史上初めて広く受入れられた（一つには，ジョン・ドルトンの功績による）．今日，私たちは原子の"写真を撮る"ことができる．1986年，ドイツのゲルト・ビーニッヒとスイスのハインリッヒ・ローラーは，走査型トンネル顕微鏡（STM）の発明によりノーベル賞を受賞した．この顕微鏡を使えば，個々の原子や分子を見たり動かしたりできる．図1・12には，112個の分子を使って"NANO USA"と書かれている．原子を見たり動かしたりできるようになると，本当に素晴らしい可能性が生まれた．いつの日か，裸眼では見えないようなミクロンサイズの機械を作ることができるかもしれない．その機械は，血流に乗ってウイルスや細菌を破壊するといった，驚くべき仕事を行うことができるものかもしれない．どのように控えめに見ても，ドルトンの原子論は化学の世界を理解するうえで基盤となっているといえる．200年前，原子論はほとんど証拠のない理論だった．今日では，誰もその存在を疑わないほどの圧倒的な証拠がある．

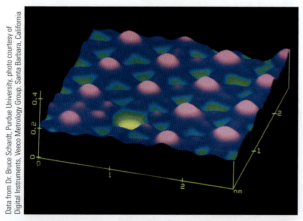

白金の表面に吸着したヨウ素原子のSTM画像．ピンク色の大きな球がヨウ素原子である．六角形を形成している紫色とピンク色の小さなこぶが白金原子である．黄色の大きな"穴"は，ヨウ素原子が本来の配置からいなくなった場所を示している．

図1・12 112個の一酸化炭素分子で書かれた"NANO USA"．STMを用いてIBM社で可視化された．

子までの平均距離は 1.8 m である．このことを考えると，原子の構造について理解しやすい．

ラザフォードたちはその後，原子核が 2 種類の粒子，つまり**陽子**とよばれる正電荷を帯びた粒子と**中性子**とよばれる電気的に中性な粒子からできていることを示した[*4]．電気的に中性な原子についていえば，核の中の陽子の数は，核の外側にある電子の数と常に同じである．中性子の数はしばしば陽子の数に近いが，中性子と陽子の相対数に関する単純な規則はない．核は原子の質量の 99% 以上を占める．雲の塊をつくる水の粒のように，小さな電子は原子の大部分を占めている．しかし，核を構成する陽子と中性子に比べると，電子にはほとんど質量がない．

日々の経験では，物質は中身が詰まっていて，かつ一様に感じるが，ラザフォードの時代以降に行われた実験で，そうではないことがわかっている．もし原子が中身が詰まった核物質であり，ほとんど空っぽの部分がないとすれば，砂の一粒は 4500 トンになってしまう．天文学者たちは，原子の構造が壊れて"中身が詰まった"物質が宇宙のどこかにあると考えている．ブラックホールや中性子星は，そのように非常に密度の高い物質の例だ．小さな場所に大きな質量が集中したブラックホールは，強力な重力場をつくり出し，光を含めたすべてのものをその近くに引き寄せる．

復習 1・4 原子が電気的に中性であるためには，どうなる必要があるか？
(a) 陽子と中性子が同数であること
(b) 中性子と電子が同数であること
(c) 陽子と電子が同数であること

キーワード

化学反応	ヴェサリウス
化学	ガリレオ
科学的方法	ボイル
観察	純粋物質
科学法則	混合物
ラボアジェ	元素
質量保存の法則	原子
仮説	化合物
実験	分子
理論	不均一な混合物
プラトン	均一な混合物
デモクリトス	固体
タレス	液体
エンペドクレス	気体
アリストテレス	性質
錬金術	物理的性質
科学革命	化学的性質
コペルニクス	物理的変化
化学的変化	ラザフォード
プルースト	電子
定比例の法則	原子核理論
ドルトン	陽子
原子論	中性子

章末問題

1. "巨視的な現象は分子に原因がある"ことを示す例を二つあげよ．
2. つぎの現象を分子のレベルで説明せよ．
 (a) 明るい色のカーペットを敷いておくと，大きな窓に近いところが色あせる．
 (b) スプーン 1 杯の塩を水に入れてかき混ぜると溶解する．
3. 科学的な方法について説明せよ．
4. 科学と芸術はどのように似ているのか．また，どのように異なるのか．
5. A の人名と B の科学的業績とを対応させよ．
 A. ガリレオ，デモクリトス，ドルトン，ヴェサリウス，エンペドクレス，プルースト，コペルニクス，ラザフォード，タレス，ラボアジェ，ボイル
 B. 質量保存の法則，すべては水，宗教裁判，原子核，地動説，人体解剖図，原子論，定比例の法則，原子，四つの基本的な要素，ギリシャ人による四元素説の批評
6. 科学革命はいつ始まったのか．そのさきがけになったのは何か．
7. 純粋な物質と混合物の違いは何か．それぞれの例をあげよ．
8. 固体，液体，気体の違いを，それぞれを構成する原子，分子に基づいて説明せよ．
9. 原子論について説明せよ．
10. 原子の構造を図示せよ．また，その構造とラザフォードの金箔を使った実験結果の関係を述べよ．
11. つぎの項目を観察と法則に分類せよ．
 (a) 水が沸騰すると小さな気泡が発生し，その気泡は表面に向かって上昇する．
 (b) 2 g の水素と 16 g の酸素が反応して 18 g の水が生成する．
 (c) 塩素とナトリウムは容易に反応して多量の熱と光を放出する．
 (d) 元素の特性は原子の質量とともに周期的に変化する．
12. 以下の項目を元素，化合物，混合物に分類せよ．混合物については，均一なのか，不均一なのか答えよ．
 (a) 銀の硬貨　　(b) 空気
 (c) コーヒー　　(d) 土
13. 液体の混合物はどれか．
 (a) レモネード　(b) 黄銅
 (c) 空気　　　　(d) 木
14. 以下の特性は化学的性質か？ 物理的性質か？
 (a) ドライアイスが直接固体から気体へ揮発しやすい性質
 (b) LP ガスの燃焼性
 (c) 水の沸点

[*4] 陽子と中性子，電子の詳細は第 3 章に書かれている．

(d) コロンのにおい

15. 以下の変化は化学的変化か？ 物理的変化か？
(a) 塩の粉砕
(b) 鉄のさびつき
(c) コンロでの天然ガスの燃焼
(d) ガソリンの揮発

16. 自動車のエンジンの中で起こるガソリンの燃焼は化学反応だ．質量保存の法則に基づいて，自動車のエンジンの中でガソリンに何が起こっているのか説明せよ．

17. つぎに示す化学反応のデータのうち，質量保存の法則と矛盾する，つまり間違ったデータはどれか．
(a) 6 g の水素と 48 g の酸素が反応して 54 g の水が生成する．
(b) 10.0 g のガソリンが 4.0 g の酸素と反応して 9.0 g の二酸化炭素と 5.0 g の水が生成する．

18. 化学者が 22 g のナトリウムと 28 g の塩素を混ぜる．目を見張るような反応が起こり，塩化ナトリウムが生成する．この反応の結果，塩素はすべて使い尽くされ，ナトリウムは 4 g 残っていることが判明した．生成した塩化ナトリウムは何 g か．

19. 二酸化炭素のサンプルをいくつか入手し，それらを炭素と酸素に分解した．炭素と酸素の質量を測定し，それぞれの結果を以下のようにまとめた．結果の一つは定比例の法則と矛盾するので，間違っていると考えられる．どれが間違った結果だろうか．
(a) 炭素が 12 g，酸素が 32 g
(b) 炭素が 4.0 g，酸素が 16 g
(c) 炭素が 1.5 g，酸素が 4.0 g
(d) 炭素が 22.3 g，酸素が 59.4 g

20. ラザフォードの原子模型を考えると，つぎの原子にはそれぞれいくつの電子が含まれるか．
(a) 11 個の陽子を核にもつナトリウム
(b) 20 個の陽子を核にもつカルシウム

復習問題の解答

復習 1・1 これは法則の例である．法則は多くの観察結果をまとめたものだ．しかし法則には，仮説や理論とは異なり，なぜそうなるのかという理由は含まれていない．

復習 1・2 (d)

復習 1・3 物理的変化．水は液体から気体に変化するが，その組成は変化しない．

復習 1・4 (c)

章のまとめ

分子の概念

化学は巨視的な現象を分子の視点で探索する科学である（§1・2）．化学では，万物と分子や原子の世界をつなぐために，観察と実験に重きを置いた科学的な方法が用いられる（§1・3）．

紀元前600年頃には，人々は万物とその振舞いを理解することについて，思いを巡らせていた．何人かのギリシャの哲学者たちは，理性こそが自然の謎をひも解く重要な方法と信じていた．彼らは，自然界に対する理解を前進させ，原子や元素のような基礎的な発想を登場させた（§1・4）．化学の前身となった錬金術は中世に大きく発展した．しかし，その秘密主義ゆえに，知識は効率的には広まらず，ゆっくりとしか前進しなかった．

16世紀になって科学者たちは，自然界を理解するためには観察と実験が重要と考え始めた（§1・6）．コペルニクスの著書やヴェサリウスの著書が，このような考え方の変化の典型例となり，科学革命のさきがけとなった．彼らの著書によって，化学の世界に関する理解が，比較的速いスピードで進むようになった．17世紀になると，ボイルが物質を組成によって分類することを考え始めた（§1・7，§1・8）．ラボアジェが質量保存の法則を構築し，プルーストは定比例の法則を定式化した．これらの法則に基づいて，19世紀の初めには，ドルトンが原子論を生み出した（§1・9）．今からおよそ100年前の20世紀の初めには，ラザフォードが原子の内部構造を研究し，原子が中心に非常に密度の高い核をもち，その周りを負電荷の電子が動いているような構造をもつことを見つけた．現代化学の基礎はこのように築かれたのである．

社会との結びつき

すべての物質（私たち自身の脳や身体ですら）は原子や分子でできているので，化学を理解することは，世界や私たち自身に対する理解を深める（§1・2）．

ギリシャの哲学者たちは，現在でも通用するような，万物の特性に関する着想を生み出した．しかし，ギリシャ人たちは，今日の私たちほどには，観察と実験に重きを置かなかった（§1・4）．結果として，近代科学は比較的最近まで発展しなかった．私たちの社会は，わずか450年の科学的進歩によって大きく変わったのである．

このような視点の転換の結果，大きな社会的変化が起こった（§1・7～§1・10）．いかにして世界を理解したりコントロールするのかを学んだときに，科学は発展を始めた．科学的な方法によって得た知識を人間生活を良くするために応用することによって技術は成長する．あなた自身の人生について考えてみよう．もしも技術がないとしたら，どうなるだろうか？

しかし，このような変化とともに，知識と技術とを賢く利用する責任が発生する．科学が私たちに与えた力は，社会を良くするために利用されてきた．たとえば，医学の進歩を考えてみるとわかりやすいだろう．しかしその力は，原子爆弾や核汚染のような，破壊のためにも利用されてきた．私たちは，社会として，科学が与えてくれた力を，その負の効果を避けながら，どのようにして良いことのために利用するのだろうか？

2 化学者の七つ道具

> 数学という言語はそれ自身，不合理なほど自然科学には有効である．私たちに理解できるとも，ふさわしいとも思えないほど素晴らしい贈り物…
>
> — *Eugene Paul Wigner*

目　次
- 2・1　オレンジについて知りたい
- 2・2　測　　定
- 2・3　科学的な表記法
- 2・4　測定の単位
- 2・5　単位を変換する
- 2・6　グラフを読む
- 2・7　問題を解く
- 2・8　密度：密集度の指標

考えるための質問
- 測定はなぜ重要なのか？
- 大きな数字と小さな数字をどのようにコンパクトに書くのか？
- 測定結果を報告する際にどのような単位を使うべきなのか？
- 異なる単位をどのように変換するのか？
- グラフはどのように読み，どのように解釈するのか？
- 化学の問題をどのように解くのか？
- 密度とは何か？

　この章では，化学者の七つ道具，つまり化学のハンマーやレンチ，スクリュードライバーのようなものの使い方を学ぶ．大工が飾り戸棚を作るためにハンマーやスクリュードライバーの使い方を学ぶように，化学の知識を確立するためには，測定や問題を解く手段を学ぶ必要がある．正確性や測定値を扱う能力は科学に大きな力を与える．物理的過程や化学的過程をどの程度理解しているかは，それらをどの程度測定できるかに関係する場合が多い．身の回りのことについて私たちが知っていることは数学的に表すことができるので，数学はよく現代の物理的な科学の"言語"といわれる．本書では化学の数学的側面に焦点を当てるわけではないが，少なくとも化学の定量的性質にふれることなくして，化学を完全には理解できないはずである．

2・1　オレンジについて知りたい

　子どもの頃，両親がいくら答えても，何度も何度もなぜと質問していたように思う．なぜ空は青いのか？ 物体はどうして上でなく下に落ちるのか？ しかし年を取ると，ものごとをそのまま受け入れるようになる．残念なことに，そのような質問を投げかけるのを止めてしまう．しかし，優れた科学者は，飽くなき好奇心を持ち続けている．彼らは常になぜなのかを知りたいのだ．科学における好奇心の重要性はいくら誇張してもしすぎることはない．もし古の科学者たちが物質に好奇心をもっていなければ，科学は存在していないかもしれない．したがって，科学を学ぶ学生としてまず最初に育むべきものは好奇心である．子どもの頃にはよくわかっていたことを思い出さなくてはならない．つまり，どうやって疑問をもてばよいのかということである．

　科学的な思考法や科学的手段として，甘さの異なるオレンジが実った木について考えてみよう．どうしてオレンジの甘さが違うのだろう．科学的な方法（§1・3参照）を用いて問題を考えるために，まず観察をする．甘さに関係した性質とともに，オレンジの甘さそのものを観察したり測定しなくてはならない．たとえば，オレンジの甘さや大きさ，色について観察するのかもしれない．オレンジの大きさをどのように測るのか？ 甘さの程度は？ 色は？ 測定は正確でなくてはならない．しかも，標準的な"測定の単位"を使わなくてはならない．単に大きいとか小さい，甘いとか酸っぱい，オレンジなのか緑なのかだけで分類するのではない．性質の違いをこと細かく区別しなくてはならないのだ．

　測定を終えた後，測定値の単位を変換すべく，計算をしなくてはならない．それから結果を表やグラフにして，異なった性質同士で比較しやすいようにする．たとえば，図2・1に示すグラフには，オレンジの甘さの程度と大きさについて，相関があるように示されている．この傾向をみて"オレンジは大きくなるほど甘くなる"のように総括す

オレンジはなぜ甘い？

るだろう．この例外がないとすれば，これが科学法則になる．

つぎに，科学法則では，なぜオレンジが大きくなると甘くなるのかについて仮説を立てる．たとえば，木から分泌される特別な物質によってオレンジは成長すると考える．この物質は甘さと大きさの両方に重要かもしれない．そうすれば，その仮説を確かめるために，まったく新しい実験を始めることができる．たとえば，その物質を単離しようとしたり，木やオレンジの中にその物質がどの程度あるのか測定するのかもしれない．このような仮説に基づく過程は，科学的な方法とその手段について示すよい例である．この章では，特に測定や単位変換，グラフ作成，問題を解く場合の手段に焦点を当てたい．

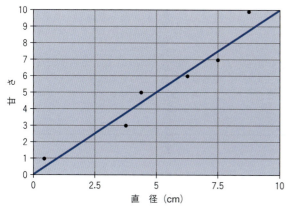

図 2・1 このグラフでは，オレンジの甘さを直径に対してプロットした．オレンジの甘さは 1 から 10 の目盛りで表した．オレンジの直径は cm で表した．

2・2 測　定

誰でも測定をしたことがある．机の長さを初めて測ったのはいつだろう？ プールの水の温度を測ったのは？ 体重は？ ある量に対して数字を当てはめるということは，単に対象物が熱いとか冷たいとか，大きいとか小さいといったことにとどまらない．その行為は違いを定量的*1 に示すことを可能にする．たとえば，二つの水のサンプルが手では同じくらいに感じても，温度を測ると，一方が 25.6 ℃ でもう一方が 27.8 ℃ だったりする．水の温度に数字を割り当てることによって，二つの違いを明確にできるのだ．

測定量の不確かさを表す

すべての測定機器には限界がある．したがって，測定には常にある程度の不確かさが伴う．たとえば，コインの直径を 2 種類の定規（図 2・2）で測定するとしよう．片方の定規は 1 mm ごとに線が刻んであり，もう一方の定規は

1 cm ごとになっている．どちらの定規がより正確に測定できるだろうか？ 明らかに，より細かく線が刻んである定規のほうだ．

科学者は，測定装置ごとの精度を反映したかたちで，測定量を報告する．測定量を報告する際，一般には以下のように行う．

"測定量を表すそれぞれの数字は，最後の数字を除いて，信頼できるものとする．最後の数字は推定値である"

たとえば，1 mm ごとに線が刻んである定規（図 2・2a）を用いてコインを測定した結果は，2.33 cm のように報告する．最後の数字は推定値だ．別の人は，2.32 cm とか 2.34 cm と報告するかもしれない．それぞれの数字は，最後の数字を除いて，信頼できる．別の定規（図 2・2b）を使って測定した場合は，2.3 cm のように報告する．繰返すが，最後の数字は推定値なのだ．コインの半径を報告する際に用いられた桁数の違いは，二つの定規の精度の違いを反映している．

計算で測定量を用いる際は，測定量に関係した確実性を保つように注意しなくてはならない．（この概念の詳細は巻末付録 1 "有効数字"を参照）

復習 2・1 液体の体積は，メスシリンダーとよばれる実験室のガラス器具で測定できる．メスシリンダーで測定した体積が 23.4 mL だった場合，この測定の不確かさはどの程度だろうか？
(a) ±1 mL　(b) ±0.1 mL　(c) ±0.01 mL　(d) ±0.001 mL

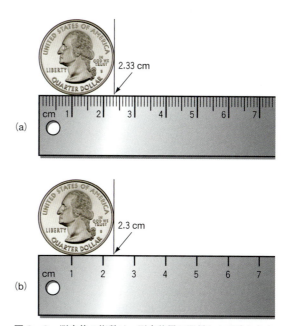

図 2・2 測定値の桁数は，測定装置に関係した不確かさを反映する．

---

*1 定量するということは，明確な量を与えたり，そこに数を割り当てることを意味する．

新しいテクノロジー

Box 2・1　地球の平均気温を測定する

注意深く，正確に測定することが科学の中核を成している．今日の測定技術では，かつてない正確さで，地球が放つさまざまなシグナルを追跡することができる．たとえば，地球の平均気温は，さまざまな形態の農業，海水位，気象に非常に大きな影響を及ぼす．しかし，気温を測定するのは難しい．地球温暖化に関する懸念に対して，科学者は過去の気温測定を分析し，現在の気温測定を注意深く見守っている．彼らに課せられた任務は単純ではない．かつての気温観測所の測定記録は，不完全かつ一貫性がないものが多い．たとえば，ある気温観測所は場所を変えたかもしれないし，観測所の周りに市街地ができてしまった場合もあるだろう．このように観測所の場所や周辺環境が変わったことによって，地球の温度変化とは無関係に，あたかも気温が変化したような測定結果につながることはありうる．さらに，いくつかの気温測定技術は，他の技術とは本質的に異なる測定結果を与える．

地球の気温に関する最近の結論として，前世紀には地球の平均気温は 0.7 ℃ 上昇したことがわかっている．この結果の桁数には注意が必要であり，最後の数字には不確かさが伴うことを忘れてはいけない．気温上昇は 0.8 ℃ かもしれないし，0.6 ℃ かもしれない．しかし，0.7 ℃ という報告結果は，気温上昇が 1.0 ℃ でないと結論づけてもよいだろう．この気温の変化は大きくはないが，有意ではある．海水の水位は，測れる程度に高くなっており，竜巻きや台風などの気象現象は増えつつあるように思える．第9章では，地球気温の上昇を説明する理論について考察する．

地球の気温は農業や気象，海水位に大きな影響を与える

2・3　科学的な表記法

今までに非常に大きな数や非常に小さな数を書いたことがあるだろうか？ たとえば，地球の半径，つまり地球の中心から外側までの距離は，6,400,000 m である．一方，水素原子の半径は，0.000000000012 m である．この二つの数は科学的な表記法*² を用いて，もう少しコンパクトに書くことができる．

$$6{,}400{,}000 = 6.4 \times 10^6$$
$$0.000000000012 = 1.2 \times 10^{-10}$$

科学的な表記法では，1 から 10 までの数からなる少数部分と，10 の指数(n)乗で表される指数部分という二つの組合わせで書く．

$$\underbrace{1.2}_{\text{少数部分}} \times \underbrace{10^{-10}}_{\text{指数部分}} \leftarrow 指数(n)$$

指数部分の n の意味は，

$$\text{正の } n: 10 \text{ で } n \text{ 回かけ算する}$$
$$\text{負の } n: 10 \text{ で } n \text{ 回割り算する}$$

正の n:
$$10^0 = 1$$
$$10^1 = 1 \times 10$$
$$10^2 = 1 \times 10 \times 10 = 100$$
$$10^3 = 1 \times 10 \times 10 \times 10 = 1000$$
$$10^4 = 1 \times 10 \times 10 \times 10 \times 10 = 10{,}000$$

負の n:
$$10^{-1} = \frac{1}{10} = 0.1$$
$$10^{-2} = \frac{1}{10 \times 10} = 0.01$$
$$10^{-3} = \frac{1}{10 \times 10 \times 10} = 0.001$$
$$10^{-4} = \frac{1}{10 \times 10 \times 10 \times 10} = 0.0001$$

科学的な表記法で数を表すために，つぎのような段階をふむ．

1. 1 から 10 の間の数にするために，小数点を移動させる（少数部分）．
2. 小数点を移動させた分だけ，指数部分をかけ算をした形で少数部分を書く．
3. もし小数点を左に移動させたのであれば指数は "正" であり，もし右に移動させたのであれば指数は "負" である．

たとえば，37,225 を科学的な表記法に従って変換するとしよう．1 から 10 の間の数にするために，小数点を四つ左に動かす．小数点を四つ左に動かしたので，指数は 4 である．

---

*2　科学的な表記法に関係した四則演算は巻末付録1にまとめてある．

$$37225 = 3.7225 \times 10^4$$

つぎに，0.0038 を科学的な表記法に従って変換してみよう．1 から 10 の間の数にするために，小数点を右に三つ動かす．指数は -3 である．

$$0.0038 = 3.8 \times 10^{-3}$$

復習 2・2 科学的な表記法で書かれた数には負の指数をもつものがある．10 進表記法で書かれた数を得るためには，小数点をどちらの方向に動かせばよいか？

例題 2・1 科学的な表記法で数を書く

光は 300,000,000 m/s の速度で空間を伝わる．この数を科学的な表記法で表せ．

[解 答]
1 から 10 の間の数にするために，小数点を左に八つ動かす．指数は 8 である．
$$300{,}000{,}000 \text{ m/s} = 3.00 \times 10^8 \text{ m/s}$$

[解いてみよう]
0.0000023 という数を科学的な表記法で表せ．

2・4 測定の単位

多くの測定には**単位**が必要である．たとえば，机の長さを cm，自身の体重を kg で測定する．cm，kg はいずれも単位の例だ．ダグラス・アダムスの小説『銀河ヒッチハイクガイド』では，スーパーコンピューターに生命，宇宙，万物に関する疑問の答えを聞いている．長年の計算のあと，スーパーコンピューターは"42"と答えを導き出した．面白い一方で，つい疑問に思ってしまう．"42って何？"この答えには単位がない．そのせいで，意味の肝心な部分が伝わらないのだ．測定をするとき，どんな"単位"を使うのかを決めなくてはならない．よく使われている単位には，いくつかの体系がある．混乱を避けるため，世界中の科学者は，メートル法に基づく国際単位系（SI 単位）を使うことになっている（表 2・1）．

長 さ

長さの SI 単位は **m**（メートル）である．1 m はもともと，北極点から赤道までのパリを通過する子午線の長さの 1/10,000,000 として定義されていた．1983 年には，1/299,792,458 秒の間に光が移動する距離と再定義された．長さを m で表すと，人間は約 2 m の身長であり，ほこりの粒子の直径は約 0.0001 m である．

接 頭 乗 数

国際単位系では一般に，SI 基本単位と結びつける接頭乗数が使われる．たとえば，km（キロメートル）という単位には，1000 とか 10^3 を表す "キロ" という接頭辞が付いている．

$$1 \text{ km} = 1000 \text{ m} = 10^3 \text{ m}$$

同様に，cm（センチメートル）には，0.01 とか 10^{-2} を表す "センチ" という接頭辞が付いている．

$$1 \text{ cm} = 0.01 \text{ m} = 10^{-2} \text{ m}$$

表 2・2 に，最もよく使われる接頭乗数とそれを表す記号を記載した．

表 2・1 重要な標準 SI 単位

量	単 位	記 号
長 さ	メートル	m
質 量	キログラム	kg
時 間	秒	s
温 度†	ケルビン	K

† 温度とその単位は §9・5 で議論する．

表 2・2 SI 接頭乗数

接頭辞	記 号	乗 数	
ギ ガ	G	1,000,000,000	(10^9)
メ ガ	M	1,000,000	(10^6)
キ ロ	k	1,000	(10^3)
デ シ	d	0.1	(10^{-1})
セ ン チ	c	0.01	(10^{-2})
ミ リ	m	0.001	(10^{-3})
マイクロ	μ	0.000001	(10^{-6})
ナ ノ	n	0.000000001	(10^{-9})

質 量

物体の**質量**はそれを構成する物質の量の指標である．質量の標準的な SI 単位は **kg**（キログラム）で，1 kg は，白金とイリジウムからなる決まったブロックの重さとして定められている．このブロックはフランスのセーブルにある国際度量衡局で保管されている（図 2・3）．質量は重量と

図 2・3 キログラム 20 とよばれる国際キログラム原器の複製．ワシントン DC 近郊の米国国立標準技術研究所で保管されている．

は異なる．重量は物体にかかる重力の指標である．たとえば，他の惑星では重力が異なるため，私たちの重量（体重）も変わってしまう．木星や土星のように大きな惑星では，重力も大きいため，体重は地球のときよりも重くなる．しかし，私たちの質量，つまり私たちの身体をつくる物質の量はどこでも変わらない．質量を kg で表すとすると，女性の平均的な質量は 60 kg，本書は約 0.5 kg，蚊は 0.00001 kg だ．質量について，共通性の高い二つ目の単位は g（グラム）である．g は kg の 1/1000 と定義される．1 円玉の質量は約 1 g，10 円玉は約 4.5 g だ．

時　　間

時間の標準的な SI 単位は **s**（秒）である．1 秒はもともと min（1 分）の 1/60 として定義され，1 分は hour（1 時間）の 1/60，1 時間は day（1 日）の 1/24 として定義されていた．しかし，地球の自転の速度が完全には一定でなく，1 日の長さはわずかに変化する．したがって，新しい定義が必要になった．今日では，1 秒はセシウムの原子時計によって定義されている（図 2・4）．

図 2・4　時間の標準，秒はセシウム原子時計で定義されている．

体　　積

物体の**体積**は，その物体が空間を占める量の指標である．体積は他の単位をかけ算して得られる組立単位で，体積の単位は長さの単位を 3 乗して得られる．体積の単位は通常，m^3（立方メートル）や cm^3（立方センチメートル）で

表される．米国の典型的な寝室の体積は $72\,m^3$ で，炭酸水の缶の場合は $350\,cm^3$ だ．体積の単位として，L（リットル）や mL（ミリリットル）も使われる．1 ガロンのミルクは 3.78 L，炭酸水の缶は 350 mL である．cm^3 と mL は同等である（$1\,cm^3 = 1\,mL$）．

炭酸水の缶には 350 mL の液体が入る．

2・5　単位を変換する

測定量を用いるとき，ある単位を別の単位に変換しなくてはならないことがある．よく使われる単位同士での単純な変換を，おそらく毎日のようにしているだろう．たとえば，2 フィートを 24 インチに変換したり，1.5 時間を 90 分に変換したことがあるだろう．このような計算をするために，異なった単位の間の数値的関係を知っている必要がある．たとえば，フィートをインチに変換するために，12 インチ＝1 フィートということを知っている必要がある．時間を分に変換するために，60 分＝1 時間と知っていなくてはならない．表 2・3 にいくつかのよく使われる単位とそれと同等の単位について，別の単位に変換する場合の数値的関係を示している．

ある単位から別の単位に量を変換する場合，単位自身が計算の妥当性を教えてくれる．単位は代数的量のように，かけ算や割り算，約分が可能である．米国でよく使われるヤード（yd）からインチ（in）への変換を見てみよう．

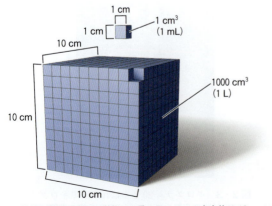

体積の単位は長さの単位の 3 乗である．この立方体は 10 cm×10 cm×10 cm なので，体積は 1000 cm^3，1 L と同等である．

表 2・3　よく使われる単位とそれと同等の単位

長　さ	
1 m = 100 cm	1 インチ(in) = 2.54 cm
1 km = 1000 m	1 フィート(ft) = 12 in = 0.3048 m
	1 ヤード(yd) = 3 ft = 0.9144 m
	1 マイル(mi) = 1760 yd = 1609.344 m
質　量	
1 kg = 1000 g	1 ポンド(lb) = 453.59 g
1 g = 1000 mg	1 オンス(oz) = 28.35 g
体　積	
1 L = 1000 mL = 1000 cm^3	1 ガロン(gal) = 3.785 L
	1 クオート(q) = $\frac{1}{4}$ ガロン = 0.946 L

$$4.00\,\text{ヤード} \times \underbrace{\frac{36\,\text{インチ}}{1\,\text{ヤード}}}_{\text{変換因子}} = 144\,\text{インチ}$$

36 インチ/1 ヤードという量が**変換因子**である．変換先の単位が分子にあり，変換元の単位が分母にある．変換元の単位（ヤード）が約分されており，変換先の単位（インチ）が残っていることに気づいてほしい．

変換因子は，同等な単位であればいかなる単位からでも組立てることができる．上記の例であれば，36 インチ＝1 ヤードなので，この式の両辺を1ヤードで割ってみると，

$$\frac{36\,\text{インチ}}{1\,\text{ヤード}} = \frac{1\,\text{ヤード}}{1\,\text{ヤード}} = 1$$

36 インチ/1 ヤードという量は1と同等で，ある量をヤードからインチに変換してくれる．

他の方法でヤードからインチに変換するとしよう．同じ変換因子では単位を正しく約分できない．

$$144.0\,\text{インチ} \times \frac{36\,\text{インチ}}{1\,\text{ヤード}} = \frac{5184\,\text{インチ}^2}{\text{ヤード}}$$

この答えの単位はおかしい．答えの数値もおかしい．144.0 インチは 5184 インチ²/ヤードではありえない．正しく変換するためには，変換因子を逆さにしなくてはならない．

$$144.0\,\cancel{\text{インチ}} \times \frac{1\,\text{ヤード}}{36\,\cancel{\text{インチ}}} = 4\,\text{ヤード}$$

変換因子は常に1なので，逆さにすることができる．

異なる単位間での変換のために，ある単位をもった量が与えられ，別の単位でその量を表すことが求められる．この計算は以下のように行う．

（与えられた量）×（変換因子）＝（求められた量）

常に量と単位を書くことから始めよう．そして一つもしくはそれ以上の変換因子を掛け合わせて単位を約分すれば，望みの単位をもつ量を求めることができる．

復習2・3 キロメートル表示の距離をマイル表示に変換する際，キロメートルという単位は変換因子の分子（分数の上部）になるか，それとも分母（分数の下部）になるか？

例題2・2 単位の変換

22 cm をインチに変換せよ．

[解 答]
表2・3より，1 インチ＝2.54 cm．与えられた量（22 cm）に変換因子を掛け合わせる．なお，この場合，変換因子は変換元の cm を分母に，変換先のインチを分子にする．

$$22\,\cancel{\text{cm}} \times \frac{1\,\text{インチ}}{2.54\,\cancel{\text{cm}}} = 8.7\,\text{インチ}$$

[解いてみよう]
34.0 cm をインチに変換せよ．

例題2・3 多段階での単位の変換

ペストリー生地を作るためのレシピでは 1.2 L のミルクが必要である．ただし，あなたの測定容器ではカップ単位でしか測定できないとする．ミルクを量るために何カップ必要だろうか？ 米国では 4 カップ＝1 クオート(q)である．

[解 答]
この計算のために，二つの変換因子を用いる必要がある．一つは L からクオートへ，もう一つはクオートからカップへの変換因子：

$$1.2\,\text{L} \times \frac{1.057\,\text{クオート}}{1\,\text{L}} \times \frac{4\,\text{カップ}}{1\,\text{クオート}} = 5.1\,\text{カップ}$$

[解いてみよう]
上記の例で，1.5 L のミルクが必要なレシピの場合を考えてみよう．ただし，あなたの測定容器ではオンス単位でしか測定できないとする．ミルクを量るために何オンス必要だろうか？ 1 カップ＝8 オンスである．

2・6 グラフを読む

数値データの傾向を知るために，科学者はしばしば，データをもとにグラフを作成する．たとえば，図2・1 はオレンジの直径と甘さの関係を示すグラフだ．このグラフから，オレンジの直径が大きくなると甘さが増すことがよくわかる．グラフは，科学や経済に関する数値データを掲載する新聞や雑誌でもよく利用される．グラフを理解することは，科学を専攻する学生だけでなく，読者一般にとっても重要なことなのだ．

特定の変化を強調したり注意を引くために，データをグラフにすることができる．たとえば，私の息子に彼のお小遣いが過去11年間にわたって増えていることを納得させたいとしよう．2001年に9.00ドルで始まり，毎年0.25ドルずつ増えている．図2・5のように，彼の1週間のお小遣いの推移がわかる2種類のグラフを作った．息子に私の寛大さを納得させるためには，どちらのグラフを使うべきだろうか？ 両方のグラフはまったく同じデータを示しているが，二つ目のグラフの方が増加分が大きくみえる．なぜだろう？ 最初のグラフのy軸は0.00ドルから始まるが，二つ目のグラフのy軸は8.00ドルから始まっている．結果として，2001年の9.00ドルから2011年の11.50ドルへの変化は，一つ目のグラフよりも二つ目の方が大きく見え，私がより寛大に見えるのだ．

この場合，ちょっとごまかすような方法で，私はお小遣いの増加を誇張して見せた．しかし，小さな変化をよりわかりやすく示すために，このようにデータをグラフにすることはよくある．これは，人を惑わすためではない．どん

なグラフでも，変化を目立たせるために，軸の範囲を決めることができる．グラフを読むとき，最初にすべきことは，軸を見てその範囲を理解することだ．軸はゼロから始まっているか？ そうでなければ，データの見え方に関して，どんな効果があるのか？

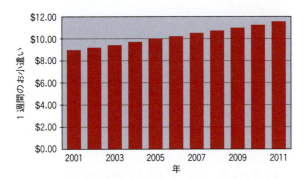

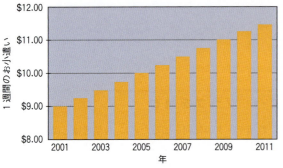

図2・5　一週間のお小遣いの増加を示すグラフ．年はx軸，お小遣い額はy軸．

グラフから情報を抽出する

グラフからは重要な情報を抽出できる．図2・6のグラフを見てみよう．1960年から2010年までの大気中の二酸化炭素の濃度が示されている．大気中の二酸化炭素の増加は，少なくとも部分的には，地球気温の上昇（地球温暖化）の原因と考えられている[*3]．したがって，世界中の観測所で大気中の二酸化炭素の濃度が測定されている．このグラフは，ある観測所の測定結果を示している．まず，グラフの軸を見てみよう．グラフのx軸は年で，わかりやすい．グラフのy軸は，大気中の二酸化炭素の濃度もしくは量だ．y軸の目盛りは 310 ppm（parts per million[*4]）から 400 ppm までとなっている．もし目盛りがゼロから始まっていたら，二酸化炭素濃度の変化はもっと小さく感じるだろう．二酸化炭素の増加を見えやすくするために，y軸の目盛りを，最初のデータに近い 310 ppm から始めているのだ．

このグラフから，いくつかの重要な情報を抽出できる．

その一つは，"全体として二酸化炭素が増加していること"である．二酸化炭素の増加を調べるために，2010年に記録した最高濃度（390 ppm）から 1958年の最低濃度（315 ppm）の引き算をしてみよう．

$$390 \text{ ppm} - 315 \text{ ppm} = 75 \text{ ppm}$$

この変化は何年間にわたって起こったのか？ 二酸化炭素の増加が起こった年数を求めるために，最高濃度を記録した 2010年から最低濃度を記録した 1958年を差し引いてみよう．

$$2010 - 1958 = 52 \text{ 年}$$

この間，二酸化炭素の増加は年平均でどの程度起こったのだろう？ 年平均増加量を求めるために，総増加量を総年数で割ってみよう．

$$\frac{75 \text{ ppm}}{52 \text{ 年}} = 1.4 \text{ ppm/年}$$

この間，二酸化炭素は何パーセント変化した？ 総変化率は，1958年以来の総変化量を 1958年当時の二酸化炭素濃度で割って，100%を掛け合わせてみよう．

$$\frac{75 \text{ ppm}}{315 \text{ ppm}} \times 100\% = 24\%$$

この間，年平均の二酸化炭素の変化率は？ 年平均変化率は，単純に総変化率を総年数で割って得られる．

$$\frac{24\%}{52 \text{ 年}} = 0.46\%/\text{年}$$

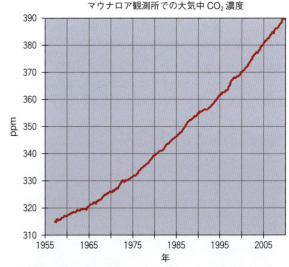

図2・6　マウナロア観測所（ハワイ）で測定された大気中の二酸化炭素濃度の推移．

[*3] 地球温暖化と二酸化炭素濃度との関係は第9章で詳細に議論する．
[*4] ppm は parts per million（百万分率）の略で，濃度の単位である．§12・6で詳細に議論する．

例題 2・4 グラフから情報を抽出する

以下のグラフには，1990 年から 2008 年の間の大気汚染物質（二酸化硫黄）の濃度が示されている．化石燃料の燃焼によって発生する二酸化硫黄は，酸性雨のおもな原因物質である．近年，大気浄化法による削減義務のため，大気中の二酸化硫黄の濃度は，このグラフに示すように減少してきた．

(a) この期間，二酸化硫黄はどの程度減少した？
(b) この期間，二酸化硫黄の年平均減少量はどの程度か？
(c) この期間，二酸化硫黄は何 % 減少した？
(d) この期間，二酸化硫黄は年平均で何 % 減少した？

[解 答]
(a) グラフにおける二酸化硫黄の総減少量は，最高値 8.0 ppb と最低値 3.0 ppb の差分である．
$$8.0 \text{ ppb} - 3.3 \text{ ppb} = 4.7 \text{ ppb}$$

(b) 年平均減少量は，総減少量 4.7 ppb を総年数 18 年で割って得られる．
$$\frac{4.7 \text{ ppb}}{18 \text{ 年}} = 0.26 \text{ ppb/年}$$

(c) この期間の二酸化硫黄の減少率（%）は，総減少量 4.7 ppb を 1990 年当時の二酸化硫黄濃度で割って，

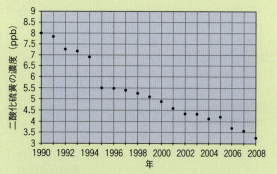

二酸化硫黄の濃度
（出典：U.S. EPA: http://www.epa.gov/airtrends/index.html）

100 % を掛け合わせる．
$$\frac{4.7 \text{ ppb}}{8.0 \text{ ppb}} \times 100\% = 59\%$$

(d) 年平均減少率は，総変化率 59 % を総年数 18 年で割る．
$$\frac{59\%}{18 \text{ 年}} = 3.3\%/\text{年}$$

[解いてみよう]

以下のグラフは，有望大学に入学する学生の平均 SAT（米国の大学進学適性試験）スコアを示している．
(a) この期間，SAT スコアはどの程度上昇した？
(b) この期間，SAT スコアは年平均でどの程度上昇した？
(c) この期間，SAT スコアは何 % 上昇した？
(d) この期間，SAT スコアは年平均で何 % 上昇した？

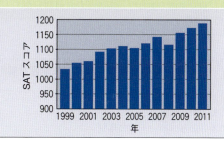

まとめると，

1. 最高値から最低値を差し引いて，総変化を求める．
2. 総変化を総年数で割って 1 年当たりの変化を求める．
3. 総変化を初年次の値で割って 100 % を掛け合わせることにより，総変化率を求める．
4. 総変化率を総年数で割って年平均変化を求める．

（注：上記の分析はグラフが直線的であると仮定している．もし直線からかなり外れていたら，この分析は適切ではない．直線にならないようなデータには，より洗練された分析が必要である）

2・7 問題を解く

問題を解くには練習が必要．単位とその変換にしっかり注意を払いながら，問題をたくさん解いてみよう（§2・6 に概説）．しかし，実際に始めるのは簡単ではない．どのようにして問題を解釈し，それを解き始めるのだろう？多くの（すべてではないが）問題は，以下の戦略に従って解くことができる．

1. すべての既知の量を，その単位も含めて見出し "既知" の下に書く．
2. 求める量を，その単位も含めて見出し "求める" の下に書く．
3. すべての既知の変換因子を書く．
4. 既知の量に適切な変換因子を掛け合わせ，さらに単位を約分することにより，しかるべき単位がついた結果を得ることができる．
5. 得られた値の桁数が与えられた値の桁数とおよそ同じになるように，四捨五入をする（詳細は巻末付録 1 "有効数字"を参照）．

問題の多くは変換に関する問題なので，上記の手順で解くことができる．

例題 2・5 文章問題を解く

ある街で 5.0 km 走が計画されている。もし，その街の 8.0 ブロックが 1.0 マイルに相当するならば，何ブロックを走ることになるだろうか？

[解答]

まず，上記の 1 から 3 のステップで問題の概要をまとめる。
既知：5.0 km
求める：ブロック数
変換因子：8.0 ブロック = 1.0 マイル

ステップ 4 として，既知の量（5.0 km）に正しい変換因子を掛け合わせ，単位を約分すれば，適切な単位がついた結果を得ることができる。

$$5.0 \, \cancel{\text{km}} \times \frac{0.62 \, \cancel{\text{マイル}}}{1.0 \, \cancel{\text{km}}} \times \frac{8.0 \, \text{ブロック}}{1.0 \, \cancel{\text{マイル}}} = 25 \, \text{ブロック}$$

計算すると 24.8 となるが，四捨五入して 2 桁にすると，答えは 25 である。なぜ 2 桁にするかというと，与えられた量（5.0 km）が 2 桁で表されているからだ。

[解いてみよう]

25 m の長さのプールで，毎日 1.50 マイル泳ぎたい人がいる。彼女が泳ぐのはプールの長さで何個分か？

例題 2・6 指数のついた単位を含む文章問題を解く

80.0 m³ の部屋は何立方フィートになるか？
既知：80.0 m³
求める：立方フィートでの体積

1 m = 3.28 フィートである。変換因子を得るために，この両辺を 3 乗する。

$$(1 \, \text{m})^3 = (3.28 \, \text{フィート})^3$$
$$1 \, \text{m}^3 = 35.3 \, \text{立方フィート}$$

それでは問題を解いてみよう：

$$80.0 \, \cancel{\text{m}^3} \times \frac{35.3 \, \text{立方フィート}}{1 \, \cancel{\text{m}^3}} = 2.82 \times 10^3 \, \text{立方フィート}$$

計算すると 2824 立方フィートとなる。与えられた量が 3 桁で表されているので，答えも 3 桁で表す。

[解いてみよう]

1.00 立方ヤードは何立方メートルになるか？

2・8 密度：密集度の指標

"1 t のレンガと 1 t の羽はどちらが重いか？" という古いなぞなぞがある。答えはどちらでもない。両方とも同じ 1 t である。もしあなたがレンガと答えたとしたら，重量と密度を混同したのだろう。物質の**密度**（d）は，単位体積当たりの，その物質の質量に関する指標であり，質量（m）と体積（V）の比として定義される。

$$\text{密度}(d) = \frac{\text{質量}(m)}{\text{体積}(V)}$$

密度の単位は，質量の単位を体積の単位で割ったものであり，一般的に g/cm³ や g/mL で表される（cm³ と mL は同等な単位であることを思いだそう）。表 2・4 に数種類の物質の密度を示す。もし物質の密度が水よりも小さければ，水に浮かぶ。もし密度が大きければ，水に沈む。表 2・4 の物質は，どれが水に浮かぶのだろう？

表 2・4 物質の密度

物 質	密 度 [g/cm³]
水	1.0
氷	0.92
鉛	11.4
金	19.3
銀	10.5
銅	8.96
アルミニウム	2.7
オーク材の木炭	0.57
ガラス	2.6
オーク材	0.60〜0.90
ホワイトパイン材	0.35〜0.50

軽石は火山岩の一種で，水よりも密度が小さく水に浮かぶ。

例題 2・7 密度の計算

川底に金色の石がある。体積（水の排除体積）と質量を測ると，それぞれ 3.82 cm³ と 29.5 g であった。この石が純金かどうか答えよ。

[解答]

既知：$V = 3.8 \, \text{cm}^3$，$m = 29.5 \, \text{g}$
求める：密度（石が純金かどうか求める）

密度を調べるために，石の質量を体積で割る。

$$d = \frac{m}{V} = \frac{29.5 \, \text{g}}{3.8 \, \text{cm}^3} = 7.8 \, \text{g/cm}^3$$

金の密度は 19.3 g/cm³ なので，この石は純金ではない。

[解いてみよう]

未知の液体があり，その質量は 5.8 g，体積は 6.9 mL であった。この液体の密度を g/mL の単位で計算せよ。

変換因子としての密度

密度は体積と質量の間の変換因子として使うことができる．たとえば，水の密度は $1.00\,\text{g/cm}^3$ なので，$350\,\text{cm}^3$ の水の質量はどれくらいだろう？

$$350\,\text{cm}^3 \times \frac{1.00\,\text{g}}{1\,\text{cm}^3} = 350\,\text{g}$$

密度は，体積の単位の cm^3 を質量の単位の g に変換することに気づこう．一方，密度を逆数にすれば，質量を体積に変換する変換因子として使える．

例題 2・8　変換因子として密度を使う

質量 $50.0\,\text{kg}$ のアルコールの密度が $0.789\,\text{g/cm}^3$ の場合，体積はいくらか？

既　知: $50.0\,\text{kg}$

求める: 体積を L で求める．

変換因子: $d = 0.789\,\text{g/cm}^3$

$$1000\,\text{g} = 1\,\text{kg}$$
$$1\,\text{mL} = 1\,\text{cm}^3$$
$$1000\,\text{mL} = 1\,\text{L}$$

この場合，質量をグラムに変換してから，密度を使って，cm^3 に変換しなくてはならない．それから mL に変換し，最終的に L に変換する．

$$50.0\,\text{kg} \times \frac{1000\,\text{g}}{1\,\text{kg}} \times \frac{1\,\text{cm}^3}{0.789\,\text{g}} \times \frac{1\,\text{mL}}{1\,\text{cm}^3} \times \frac{1\,\text{L}}{1000\,\text{mL}}$$

$$= 63.4\,\text{L}$$

[解いてみよう]

$23.0\,\text{g}$ の鉄のペレットの密度は $7.86\,\text{g/cm}^3$ である．このペレットの体積を mm^3 で示せ．

復習 2・4　$1.0\,\text{g/cm}^3$ の密度をもつ物質 A と $1.0\,\text{kg/m}^3$ の密度をもつ物質 B ではどちらが密度が大きいか求めよ．

キーワード

単　位　　　　　　秒（s）
メートル（m）　　　体　積
質　量　　　　　　変換因子
キログラム（kg）　　密　度

章　末　問　題

1. 科学に好奇心が重要なのはなぜか．
2. 測定量を記述したり報告する場合に，不確定性をどのように表現するのだろう？
3. 単位とは何か．測定量を記述する際に，なぜ単位が重要なのか．
4. 質量（もしくは重量）の単位を三つあげ，それぞれについて例を一つずつ記せ．
5. 体積の単位を三つあげ，それぞれについて例を一つずつ記せ．
6. 数値データを解析したり評価するうえで，なぜグラフは便利なのだろう？
7. 密度とは何か．
8. 以下の数値を，科学的記数法で表せ．
   (a) $0.000851\,\text{g}$
   (b) $36,961,664$（カリフォルニア州の人口）
   (c) $299,790,000\,\text{m/s}$（光の速度）
   (d) $307,006,550$（米国の人口）
9. 以下の数値を，10 進表記法で表せ．
   (a) $149 \times 10^6\,\text{km}$（地球と太陽の平均距離）
   (b) $7.9 \times 10^{-11}\,\text{m}$（水素原子の半径）
   (c) 4.54×10^9 年（地球の年齢）
   (d) $6.4 \times 10^6\,\text{m}$（地球の半径）
10. 赤道における地球の外周は $40,075\,\text{km}$ である．これを以下の単位に変換せよ．
    (a) メートル　(b) マイル　(c) フィート
11. 炭酸飲料の缶の体積は 12 液量オンスである．これを mL に変換せよ（128 液量オンス $= 3.785\,\text{L}$）．
12. 燃費が 1 ガロン当たり 27 マイルの車がある．この 1 ガロン当たりの燃費をキロメートルに変換せよ．
13. メートル法に基づいて，以下の変換を行え．
    (a) $4332\,\text{mm}$ を m に変換
    (b) $1.76\,\text{kg}$ を g に変換
    (c) $4619\,\text{mg}$ を kg に変換
    (d) $0.0117\,\text{L}$ を mL に変換
14. 表面積が $1552\,\text{m}^2$ の池がある．この表面積を km^2 の単位に変換せよ．
15. 以下の変換を行え．
    (a) $1\,\text{km}^2$ を m^2 に変換
    (b) $1\,\text{ft}^3$ を cm^3 に変換
    (c) $1\,\text{yd}^2$ を m^2 に変換
16. 1 マイルを 8.5 分で走る女性がいる．彼女が $10.0\,\text{km}$ を走るのにかかる時間を求めよ．
17. 燃費が 1 ガロン当たり 12 マイルの車がある．この車の 1 リットル当たりの燃費をマイルおよびキロメートルに変換せよ．
18. 以下のグラフは米国における 1990 年から 2008 年における大気汚染物質（一酸化炭素）の濃度の推移を示してい

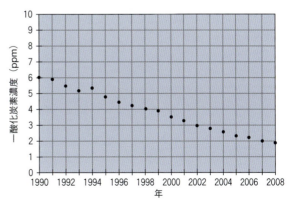

（出典: 米国環境保護庁 http://www.epa.gov/airtrends/index.html.）

る．グラフに示すように，一酸化炭素の大気中の濃度は減少し続けている．これは大気浄化法によって一酸化炭素の排出削減が法制化されたためである．x軸：年，y軸：一酸化炭素濃度（ppm）

(a) 一酸化炭素の総減少量を求めよ．
(b) 一酸化炭素の年平均減少量を求めよ．
(c) 一酸化炭素の総減少率を求めよ．
(d) 一酸化炭素の年平均減少率を求めよ．

19. $28.4\,cm^3$ のチタンの質量は $127.8\,g$ である．チタンの密度(g/cm^3)を計算せよ．

20. $5.00\,L$ のグリセロールの質量は $6.30\times10^3\,g$ である．グリセロールの密度(g/cm^3)を計算せよ．

21. エチレングリコール（不凍液）の密度は $1.11\,g/cm^3$ である．
(a) $38.5\,mL$ のエチレングリコールの質量(g)を求めよ．
(b) $3.5\,kg$ のエチレングリコールの体積(L)を求めよ．

22. 半径 $0.55\,cm$，長さ $2.85\,cm$ の金属の円柱がある．この円柱の質量は $24.3\,g$ である．

(a) この金属の密度を求めよ．円柱の体積は $V=\pi r^2 \times h$ である．ただし r は円柱の半径，h は円柱の高さとする．$\pi=3.14$．
(b) 表2・4に列挙したさまざまな金属の密度を参考にして，この金属がどの金属なのか答えよ．

復習問題の解答

復習2・1　(b)
復習2・2　小数点を左に動かす．
復習2・3　分母（そうすることによりキロメートルを約分できる）．
復習2・4　物質Aの方が物質Bよりも密度が大きい．物質Bの密度の分子は，物質Aの場合の1000倍である．しかし，物質Bの密度の分母は，物質Aの場合の1,000,000倍（$1\,m^3=10^6\,cm^3$）である．したがって，物質Bの方が密度が小さい．

章のまとめ

分子の概念

科学者は自然に"なぜ？"と問える好奇心旺盛な人でなくてはならない（§2・1）．科学者は自然のいくつかの局面を観察し，そこから法則を見つけ，最終的には現実に即した理論を生み出さなくてはならない．この手順に必要な手段は測定が中心となる（§2・2）．

測定をするとき，一貫して単位を使う必要がある．数値は常に適切な単位とともに記載されなくてはならない．さらに，単位は計算の助けとなってくれる．長さに関する標準的な SI 単位はメートル(m)，質量はキログラム(kg)，時間は秒(s)である（§2・4）．

科学者はしばしば，測定結果をグラフにする．グラフは，測定データの傾向を明らかにするが，正しく解釈することが必要である（§2・6）．科学において問題が起こりやすいのは，単位を変換するときである（§2・5）．密度は物体の質量と体積の比であり，質量と体積の間の変換因子となる（§2・8）．

社会との結びつき

自然の量を測定できることは，科学に大きな力を与えている．これがないと，おそらく車もコンピューターもケーブルテレビも，まだ存在しないだろう．測定があるからこそ，科学や技術はきわめて速く進歩することができるのだ．

どの単位を使うべきかという判断は社会に依存する．米国人は，メートル法よりも米英単位系に固執している点において，他国とは異なる．しかし，米国人はゆっくりとこれを変えている．時とともに，他国に合わせていくべきだろう．ただ，科学的な測定では，米国でも必ずメートル法が使われる．

新聞や雑誌を読むときは，単位とグラフの軸に注意を払うべきである．狡猾な執筆者であれば，統計的なデータやグラフのデータをゆがめて，彼らが見せたいと思う変化を拡大したり，逆に隠したいと思う変化を縮小することができるからだ（§2・6）．

3 原子と元素

> 原子と空間以外は何も存在しない ── 他にあるのは意見だけだ.
> ── *Democritus*

目 次
- 3・1 海辺の化学
- 3・2 元素を決める陽子
- 3・3 電　子
- 3・4 中 性 子
- 3・5 原子の特定
- 3・6 原 子 量
- 3・7 周 期 律
- 3・8 周期律を説明する理論: ボーアのモデル
- 3・9 原子の量子力学モデル
- 3・10 元素の族
- 3・11 1ダースの釘と1molの原子

考えるための質問
- すべての物質を構成しているものは何だろうか?
- 元素の種類の違いを決めているものは何だろうか? 元素が違うとなぜ原子も違うのだろうか?
- 原子は何からできているのだろうか?
- 原子を特定するにはどうしたらよいだろうか?
- 原子が似ていれば元素も似ているだろうか? 似ている点は何だろうか?
- 元素の相違点を説明する原子モデルをつくるにはどうしたらよいだろうか?
- ある物体にどれだけの原子が含まれているかを知るにはどうしたらよいだろうか? たとえば, 1セント硬貨にはいくつの原子が含まれているかを計算できるだろうか?

　この章では, 身の回りのあらゆるもの(呼吸している空気や, 飲んでいる液体や, 腰掛けているいすや, 人間の身体など)を突き詰めていくと, どれも原子で構成されていることを学ぶ. 物質を構成する原子の種類や配列は物質ごとに違うので, 多様な物質が存在する. では原子の種類が違うと物質のどのような点で違いが出てくるだろうか? ヘリウム, ネオン, アルゴンはどれも反応性がない不活性な気体だし, 似たような性質をもつ物質はいくつかあるが, これらの気体を構成している原子もやはり似ているだろうか? もしそうなら原子はどういう点で似ているだろうか?

　原子のことを学ぶにあたって, 科学的方法と科学的理論の特徴を覚えておこう. この章では, ボーアの理論と量子力学理論という二つの原子モデルの理論を学ぶ. この二つのモデルを学ぶことで, さまざまな元素の原子の間の違いや, 元素自体の性質の違いを理解できるようになる. ミクロな原子とマクロな元素を結びつけて考えることが, 化学の世界を理解するうえでの鍵だ. なぜ元素間で違いがあるのかを"原子に基づいて"理解できれば, この世界や人間についても一つ上のレベルから理解できるようになる. たとえば, なぜある物質は環境や人間に有害で, 別の物質はそうでないのかを理解できるようになる.

3・1 海辺の化学

　そよ風の吹く日に海辺を歩くことは, 原子について考え始めるよい機会となる(図3・1). 歩いていると肌に風を感じるし, 足下には砂を感じる. 波が砕ける音が聞こえるし, 潮の香りを嗅ぐ. このような感覚をひき起こしているもとは何なのだろうか? 答えは単純で, 原子だ. 顔にそよ風を感じるときは原子を感じている. 波が砕ける音を聞

図3・1 人体も含めて, 身の回りのすべてのものは結局のところ原子から構成されている. 多くの原子は結合することで分子をつくるが, 分子を理解しようとする前に, 分子の構成要素である原子について調べてみよう.

くときは原子を聞いている．一握りの砂をすくうときは原子をすくっているし，においを嗅ぐときには原子を嗅いでいる．人間は原子を食べ，原子を吸い，原子を排泄する．原子は物質世界の構成要素で，いわば極小のパーツを組立てる自然界のキットだ．原子は身の回りにあふれていて，人間の身体も含めて，すべての物質を構成している[*1]．

原子は信じられないほど小さく，肉眼でかろうじて見えるほど小さな一つの砂粒にも，数えられないほど多くの原子が含まれている．実際，一粒の砂には，広い海辺の砂粒の数よりもずっと多くの原子が含まれている．

1粒の砂は約 1×10^{20} 個の原子を含む

もしミクロの世界とマクロの世界を結びつけて理解しようとするなら，原子を理解することから始めなければならない．第1章で学んだように，**原子**とは元素を識別する場合の最小単位だ．自然界には91の元素が存在するので，91種類の異なる原子が存在する[*2]．われわれが知る限り，この91の元素は全宇宙を形成する元素と同じである．図3・2に地球上と人体における一般的な元素組成を示す．

天然に存在する元素のいくつかはヘリウムやネオンのように不活性で，他の元素と結びついて化合物を形成しようとしない．化合物の最も単純な構成単位である原子には，これらの元素が不活性になる共通の理由があるのだろうか？ フッ素や塩素のように天然に存在する他の元素の多くは反応性に富み，ほとんどの物質と化合物をつくり，自然界で純粋な元素としては見つからない．これらの元素に関して，原子が反応性に富む共通の理由があるだろうか？

この章では，元素と原子について学ぶ．マクロな元素の性質をミクロな原子の性質の観点から理解していきたい．さまざまな元素を構成する原子がどのように同じでどのように違うかに注目しよう．原子のスケールでの相違点がマクロなスケールでの相違点とどのように相関するかを見てみよう．

3・2　元素を決める陽子

第1章では，原子は陽子，中性子，電子から構成されていることを学んだ．原子核に含まれる陽子の数によって，その原子が何という元素なのかが決まる．たとえば，原子核に1個の陽子がある原子は水素原子だ．原子核に2個の陽子がある原子はヘリウム原子で，6個の陽子がある原子は炭素原子だ（図3・3）．

原子核の中にある陽子の数を**原子番号**とよび，Z という記号で表す[*3]．元素を構成する原子は原子核中に固有の数の陽子をもち，各元素は固有の原子番号をもつ．たとえば，

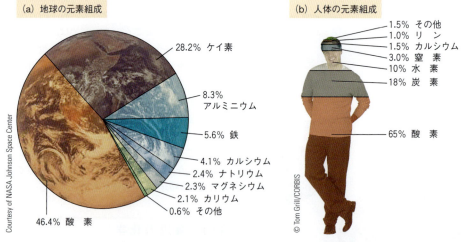

図3・2　(a) 地殻と (b) 人体の重量比での元素組成．

[*1] 次の章で学ぶように，たいていの原子は単独の粒子として存在するのではなく，集団として存在し，原子同士が結合して分子を形成する．

[*2] 天然に存在する元素の正確な数については，意見が分かれている．というのも，数種類の元素は先に人工的に合成され，後になって天然に微量だけ存在することが発見されたからだ．元素の周期表には91以上の元素が載っているが，91種類以外の元素は天然には（少なくとも相当な量は）存在せず，人工的に合成された元素だ．

[*3] Z は原子番号で，原子核中にある陽子の数だ．陽子の数が変われば元素の種類も変わる．

3・2 元素を決める陽子

ヘリウムの原子番号は2で，炭素の原子番号は6だ．

第1章で学んだように，陽子は正電荷をもつ粒子だということを思い出そう．**電荷**は，陽子と電子の両方が力を働かせようとする原因になる基本的な性質である．同じ電荷をもつ粒子は互いに反発し合い，反対の電荷をもつ粒子は引き寄せ合う．陽子の電荷は1+という数値だと決められている．原子の原子番号 Z によって原子核の中にある陽子の数が決まるので，原子核の電荷も原子番号によって決まる．たとえば，ヘリウムの原子核（$Z=2$）は2+の電荷をもち，炭素の原子核（$Z=6$）は+6の電荷をもつ．陽子は原子の質量の大部分を占めている．陽子の質量は1.0原子質量単位（amu）だ．**amu** とは，炭素12の原子核の質量の1/12で定義される質量単位で，$1.67×10^{-24}$ g に相当する*4．

それぞれの元素を表すのに，1文字または2文字の記号の**元素記号**を使う．たとえば水素の元素記号はHで，ヘリウムはHeで，炭素はCで表す．ほとんどの元素記号は各元素の英語名に基づいて決められた．

H hydrogen　水素　　　　N nitrogen　窒素
C carbon　炭素　　　　　Si silicon　ケイ素
Cr chromium　クロム　　U uranium　ウラン

しかし，いくつかの元素記号は，ギリシャ語やラテン語での元素名に基づいて決められた．

Fe ferrum（iron）鉄
Cu cuprum（copper）銅
Pb plumbum（lead）鉛
Na natrium（sodium）ナトリウム

かつて元素を発見した科学者やグループには，元素を命名する特権が与えられた．元素の発見者は元素の性質に基づいて命名することが多かった．たとえば，水素（hydrogen）はギリシャ語で"水"を表す *hydro* と"作るもの"を表す *gen* が語源で，その二つを組合わせた hydro-gen という元素名は，酸素と反応して"水を作るもの"という水素の性質を表す．塩素（chlorine）は"黄緑色"を表す *khloro* に由来し，塩素の色を表す．発見された地名にちなんで命名された元素もある．

Eu europium（Europe）ユーロピウム
Am americium（America）アメリシウム
Ga gallium（Gallia, フランス）ガリウム
Ge germanium（Germany）ゲルマニウム
Bk berkelium（Berkeley, 米国）バークリウム
Cf californium（Carifornia, 米国）カリホルニウム

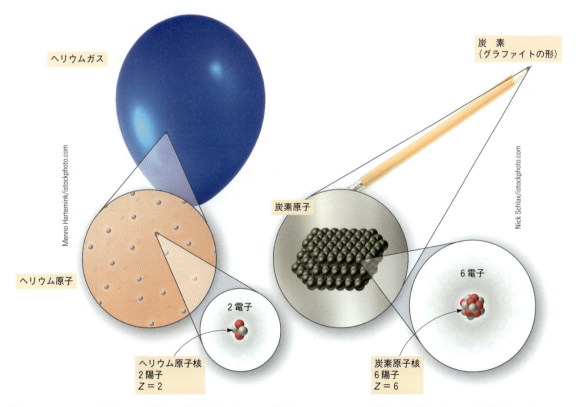

図3・3 ヘリウムは空気よりも軽く，風船を浮かせるのに利用される．ヘリウム原子の原子核には二つの陽子がある（$Z=2$）．グラファイトは炭素の形の一つで，鉛筆の芯に使われている．炭素原子の原子核の中には六つの陽子がある（$Z=6$）．

---
*4 訳注: 現在は原子質量単位(amu)の代わりに，記号 u で表される統一原子質量単位が使われる．

有名な科学者の名前をとって命名された元素もある．

Cm curium（Marie Curie） キュリウム
Es einsteinium（Albert Einstein） アインスタイニウム
No nobelium（Alfred Nobel） ノーベリウム

キュリウムは放射能の発見者の一人であるマリー・キュリーの名前をとって命名された．

今日では天然の元素はすべて発見されている．それに加えて，加速器を使って陽子や中性子を天然元素の原子核に衝突させることで，天然には存在しない新元素も人工的に作り出された．陽子と中性子は原子核に取込まれ，原子番号が大きくなった元素が新しくできる．現在までに知られている元素は，**元素の周期表**（図3・4）に原子番号順に並んでいる．元素の周期表は前見返しに，五十音順の元素一覧表は後見返しに載っている．

復習3・1 友人が新聞で読んだ記事について話しかけてきた．その記事によると，原子核に8個の陽子を含む炭素の新しい形が発見され，それはすぐにダイヤモンドへと変化するらしい．友人にどのように答えるのがよいだろうか？

3・3 電　子

中性の原子の原子核の周りには，原子核の中に存在する陽子と同じ数の電子が存在する．したがって，水素原子は1個の電子をもち，ヘリウムは2個の電子をもち，炭素は6個の電子をもつ．電子の質量（0.00055 amu）は陽子の質量と比べて非常に小さく，電子は負電荷をもつ．その結果，正電荷を帯びた原子核から電子は強い引力を受ける．この引力によって，原子核を取囲むある一定距離の領域内に電子はとどまることとなる．電子の電荷は1−という値なので，陽子の正電荷がちょうど相殺され，同数の陽子と電子をもつ原子は全体として電荷をもたずに中性となる．

しかし，原子は電子を1個ないしそれ以上放出することもできるし，余分に受取ることもできる．電子の受渡しが

図3・4　元素の周期表にはすべての既知の元素が原子番号順に記載されている．表中の下の段は，表を小さくするために分けて載せてある．

起こると陽子の電荷を相殺できなくなり，原子は電荷を帯びた**イオン**という粒子に変わる．たとえば，ナトリウム(Na)は中性状態で11個ずつの陽子と電子をもつが，電子を1個放出してナトリウムイオン(Na^+)になりやすい（図3・5）．ナトリウムイオンは11個の陽子をもつが，電子は10個しかないため，1+の電荷をもつ*5．Na^+のように正電荷を帯びたイオンを**陽イオン**とよび，元素記号の右に上付き文字で+記号を書いて表す．フッ素(F)は中性状態で9個ずつの陽子と電子をもつが，電子を1個受取ってフッ化物イオン(F^-)になりやすい（図3・6）．余分な電子を受取ることで9個の陽子と10個の電子をもつことになり，全体の電荷は1－になる．F^-のように負の電荷を帯びたイオンを**陰イオン**とよび，元素記号の右に上付き文字で－記号を書いて表す．自然界で陽イオンと陰イオンは常に対になっており，物質の電荷は相殺されて中性になる．

3・4 中 性 子

原子は原子核の中に**中性子**とよばれる中性の粒子を含む．中性子の質量は陽子とほぼ同じだが，電荷をもたない．陽子の数は元素によって決まっているが，各元素の原子内にある中性子の数は一様でないこともある．たとえば，炭素原子の原子核内にある陽子は6個だが，中性子の数は6個か7個だ（図3・7）．どちらの種類の炭素原子も存在する．

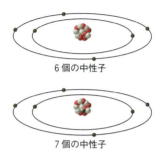

図3・7 炭素原子の原子核の中にある陽子の数は6個だが，中性子の数は6個か7個のどちらもありうる．実際にどちらの種類の炭素原子も存在する．

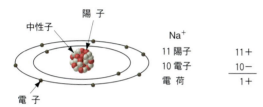

図3・5 ナトリウムイオン Na^+ には陽子が11個あるが，電子は10個しかないので，全体での電荷は1+となる．

図3・6 フッ化物イオン F^- には陽子が9個あり，電子は10個あるので，全体での電荷は1－となる．

原子番号が同じで，中性子の数が異なる原子のことを**同位体**とよぶ．フッ素(F)やナトリウム(Na)のように，天然同位体を1種類しかもたない原子もある．天然のフッ素原子の場合は，原子核内にある中性子は10個で，陽子は9個だ．天然のナトリウム原子の場合は，原子核にある中性子は12個で，中性子は11個だ．それに対して，炭素や塩素の

例題3・1 イオンの陽子と電子の数の決め方

O^{2-}イオンにはいくつの陽子と電子があるだろうか？

[解 答]

元素の周期表の酸素を見ると，その原子番号が8だということがわかるだろう．つまり，原子核には8個の陽子がある．このように"中性"の酸素の電子は8個だが，O^{2-}イオンは2－の電荷をもつので電子は10個となる．全体の電荷を計算するとつぎのようになる．

陽子　$8×(1+) = 8+$
電子　$10×(1-) = 10-$
全体の電荷＝2－

[解いてみよう]

Mg^{2+}イオンにはいくつの陽子と電子があるだろうか？

● 中性子の数が18の塩素原子
● 中性子の数が20の塩素原子

図3・8 天然の塩素原子が100個あるとすると，そのうちのだいたい76個の塩素原子では中性子の数は18で，残りの24個では中性子の数は20だ．どの塩素原子も陽子の数は17である．

---

*5 イオンの電荷は，通常は電荷の大きさに続いて電荷の符号を書いて表す．

ように，二つ以上の天然同位体が存在する元素もある．たとえば，天然の塩素原子では，18個の中性子がある原子（全塩素原子中の75.77%）と20個の中性子がある塩素原子（全塩素原子中の24.23%）が混在している（図3・8）．

科学者は天然には存在しない同位体を合成できる．たとえば，天然の水素原子は中性子を含まない水素原子（99.985%）と中性子1個を含む水素原子（0.015%）の2種類があり，後者を重水素とよぶ．しかし，科学者は2個の中性子を含む三重水素も合成してきた．三重水素もまた水素の一種であり，原子核の中には1個の陽子がある．しかし，余分の中性子があることで，質量は通常の水素よりも大きい．

原子の中にある中性子と陽子は，原子の質量の大部分を占める．そこで，原子核中の中性子と陽子の数の合計を**質量数**とよび，Aという記号で表す．天然の塩素原子は11個の陽子と12個の中性子を原子核中にもち，その質量数は23だ．先に述べた塩素原子の二つの同位体は，質量数が2だけ違う．具体的には，17個の陽子と18個の中性子をもつ塩素同位体は質量数が35で，17個の陽子と20個の中性子をもつ塩素同位体は質量数が37だ．

考えてみよう

Box 3・1　単純から複雑へ

作曲家は基本的なテーマを少しずつ変えながら何度も繰返すことで，交響曲全体を作り上げている．同じように，自然界では比較的単純な粒子をいくつも組合わせ，しかもやり方をわずかに変えながら組合わせることで，とてつもなく複雑な構造をつくり出している．ベートーベンの有名な交響曲第5番"運命"は，交響曲のなかでも最も単純なテーマからできている．この交響曲のテーマは，"ダ・ダ・ダ・ダー"という三つの短い音と引き続く長い音の四つの音符だけだ．ベートーベンが卓越しているのは，この単純なテーマを繰返し，ときにはゆっくりと，ときには速く，ときには別の音符を組込んで演奏するという巧妙な作曲方法だ．この単純なテーマが，最後には優美と複雑の最高傑作へとまとめ上げられている．自然界でも同じことが行われている．

自然界で最も単純な主題に相当するのは，クォークという素粒子で，物理学者が言うにはすべての物質をつくっているらしい．クォークは多数の奇妙な性質をもつが，ここでは問題にする必要はない．大事なことは，クォークが陽子と中性子を構成し，さらに原子を構成するということだ．クォークは6種類あるが，普通の物質はアップクォークとダウンクォークという2種類のクォークだけで構成されている．アップクォークは$\frac{2}{3}+$の電荷をもち，ダウンクォークは$\frac{1}{3}-$の電荷をもつ．

これらのクォークを少し違うやり方で組合わせることで，原子のおもな構成要素である陽子と中性子ができあがる．陽子は二つのアップクォークと一つのダウンクォークの合計三つのクォークから構成される．これらのクォークの電荷を合計した結果，プロトンの電荷は1+となる．中性子は一つのアップクォークと二つのダウンクォークの合計三つのクォークから構成され，これらのクォークの電荷を合計するとゼロなので，中性子は電荷をもたない粒子となる．

電子は，われわれの知る限りでは，他のいかなるものにも分割できない素粒子だ．電子が陽子と中性子と結びつくことで，天然に存在する91種類の元素ができあがる．各元素はそれぞれ異なる性質をもち，元素ごとに独自の化学を形成している．たとえば，陽子1個と電子1個が結びつくと水素ができる．水素は空気よりも軽い爆発性のガスで，飛行船ヒンデンブルク号にも使われていたが，1937年に不運にも爆発事故が起こった．陽子2個と中性子2個と電子2個が結びつくと，ヘリウムができる．ヘリウムは風船を浮かせるために使われる不活性なガスで，吸入すると奇妙な声になる．電子6個と中性子6個と電子6個が結びつくと，炭素ができる．炭素は固体で，グラファイト（鉛筆の芯）とダイヤモンドのどちらも炭素でできている．炭素同士がどのように結合するかの違いによって，どちらができるかが決まる．単純から複雑へ —— 自然はそのようにできている．

単純から複雑へというパターンは，元素の違いを超えて，化合物のつくり方にも表れる．炭素，水素，窒素，酸素といったわずかな元素を相互に結びつけるだけで，無数の有機化合物（生命体を構成する化合物）ができあがる．有機化合物はそれぞれ異なる性質を示し，それぞれの化合物に独自の化学があり，どれもがその化合物に固有のものだ．わずかな素粒子から無数の化合物ができあがる．結局，はじめは単純なものからきわめて多様なものができあがるということが行われているだけだ．そのくせ，生命体が存在できるのはこの種の多様性があるからなのだ．もしも元素が結びついて化合物ができなければ，生命は存在しない．生命に必要な複雑さを創り出すためには，異なる大きさ，形状，性質の分子が必要だ．生物の中にも，複雑さを創り出すために単純なテーマを変化させるというやり方が受継がれている．生体の化学（生化学）を考える第16章では，この変化についてさらに詳しく学ぶ．

質 問：もしもクォークが結びつかず，陽子と中性子ができないとしたら，どうなるだろうか？　もしも陽子と中性子が結びつかず，原子ができないとしたら，どうなるだろうか？　もしも原子が結びつかず，分子ができないとしたら，どうなるだろうか？　単純なものから複雑なものができる場合として何が思いつくだろうか？

例題 3・2　原子番号と質量数

原子核の中に 12 個の中性子を含むネオン同位体の原子番号 Z と質量数 A はそれぞれいくつだろうか？

[解答]

元素の周期表からネオンの原子番号が 10 だということがわかるので，ネオンの原子核の中には 10 個の陽子があることがわかる．質量数は陽子の数（10）と中性子の数（12）の合計だから 22 だ．つまり，

$Z = 10$, $A = 22$

[解いてみよう]

原子核の中に 14 個の中性子を含むケイ素同位体の原子番号 Z と質量数 A はそれぞれいくつだろうか？

3・5　原子の特定

表 3・1 に，原子を構成する三つの素粒子の性質がまとめてある．その三つの素粒子それぞれの数を決定すれば，どのような原子，同位体，イオンでも特定できる．通常は，原子番号（Z），質量数（A），電荷（C）を書くことで決まるが，元素記号（X）とともにつぎのように記載する．

$$^{A}_{Z}X^{C}$$

中性原子の場合は電荷（C）を記載しない．どの元素も固有の原子番号があるので，元素記号 X と原子番号 Z は同じことを表している．たとえば，炭素原子の場合，元素記号は C で，原子番号は 6 だ．もし原子番号が 7 ならば，元素記号は窒素の元素記号の N になるはずだ．

表 3・1　素 粒 子

	質 量（g）	質 量（amu）	電 荷
陽 子	1.6726×10^{-24}	1.0073	1+
中性子	1.6749×10^{-24}	1.0087	0
電 子	0.000911×10^{-24}	0.000549	1−

例題 3・3　陽子，中性子，電子の数の決め方

つぎのイオンには陽子，中性子，電子がそれぞれいくつあるだろうか？

$$^{50}_{22}Ti^{2+}$$

[解答]

陽　子 = Z = 22
中性子 = $A - Z$ = 50 − 22 = 28
電　子 = $Z - C$ = 22 − 2 = 20

[解いてみよう]

つぎのイオンには陽子，中性子，電子がそれぞれいくつあるだろうか？

$$^{35}_{17}Cl^{-}$$

中性原子を表す簡潔な表記として，元素記号または元素名にハイフンをつけて質量を書くという場合もある．

$$X\text{-}A$$

この場合に，X は元素記号か元素名で，A は質量数だ．たとえば，U-235 は質量数が 235 のウランの同位体で，C-12 は質量数が 12 の炭素の同位体である．

復習 3・2　同位体 Be-9 は原子核にいくつの中性子があるだろうか？
(a) 3 　(b) 4 　(c) 5 　(d) 9

復習 3・3　同位体とイオンの違いとして正しい記述はつぎのどれだろうか？
(a) 同位体は陽子と電子の数で定義できて，イオンは陽子と電子の数で定義できる．
(b) イオンは陽子と電子の数で定義できて，同位体は陽子と中性子の数で定義できる．
(c) 2 種類のイオンは常に 2 種類の別の元素だが，2 種類の同位体は同じ元素ということもありうる．

3・6　原 子 量

元素の特性の一つとして原子の質量があげられる．水素は原子核内に陽子が 1 個しかないので最も軽い元素だが，ウランは陽子が 92 個で中性子が 140 個以上あるので，最も重い元素の一つだ．特定の元素の質量を決めるのは難しいが，その理由は各元素が質量の異なる二つ以上の同位体の混合物として存在するかもしれないからだ．そこで，**原子量**という各元素の平均質量を使う．原子量は元素の周期表（図 3・9）に載っており，各元素の天然同位体の質量の加重平均を表す．

原子量の計算

元素の原子量の計算方法はつぎの式に従う．

原子量 =（同位体 1）×（同位体 1 の質量）
　　　　+（同位体 2）×（同位体 2 の質量）+ …

たとえば，天然の塩素には 2 種類の同位体があることを学んだ．塩素の 75.77% は Cl-35（質量 34.97 amu）で，24.23% は Cl-37（質量 36.97 amu）だ．原子量は，各同位体の原子量と存在比の積をすべて足し合わせて算出する．

塩素の原子量 = 0.7577 ×（34.97 amu）+ 0.2423 ×（36.97 amu）
　　　　　　 = 35.45 amu

ここでパーセント存在比の場合には 100 で割ってから計算に使用することに注意しよう．天然の塩素には Cl-35 の方が Cl-37 よりも多く含まれているので，塩素の原子量は 37 よりも 35 に近い．

復習 3・4　銅は 2 種類の天然同位体からなる．質量が 62.94 amu の Cu-63 と質量が 64.93 amu の Cu-65 だ．銅の原子量を調べ，二つの同位体のどちらの存在比が多いかを調べよう．

例題 3・4　原子量の計算

炭素には質量が 12.00 amu, 13.00 amu の 2 種類の天然同位体が存在し, 同位体存在比はそれぞれ 98.90％ と 1.10％ だ. 炭素の原子量を計算しよう.

[解答]
C 原子量 = 0.9890 × (12.00 amu) + 0.0110 × (13.00 amu)
　　　　 = 12.01 amu

[解いてみよう]
マグネシウムには質量が 23.99 amu, 24.99 amu, 25.98 amu の 3 種類の天然同位体が存在し, 同位体比はそれぞれ 78.99％, 10.00％, 11.01％ だ. マグネシウムの原子量を計算しよう.

3・7　周 期 律

1860 年代, 有名なロシアの化学者で, サンクトペテルブルグ大学の教授であった**メンデレーエフ**（Dmitri Mendeleev. 1834〜1907）は, 化学の教科書を執筆した. 元素の性質に関して執筆しているときに, いくつかの元素が似通った性質をもつことに気づき, 似た性質をもつ元素ごとに分類した. たとえば, ヘリウム, ネオン, アルゴンはすべて化学的に不活性な気体なので, 一つのグループにまとめた. ナトリウムとカリウムは反応性が高い金属なので, 別のグループにまとめた.

メンデレーエフは, 原子量が増すような順に元素を並べて一覧表にすると, 似たような性質が周期的に繰返すことを発見した. 彼はこの発見を周期律としてまとめた.

"元素を原子量が増すような順番に並べると, ある種の性質が周期的に繰返す"

メンデレーエフ（1834〜1907）. ロシアの化学者で最初に元素の周期表をまとめた.

メンデレーエフは, 左から右へと原子量が増加するように, そして似た性質の元素が同じ縦の列に並ぶように, 既知の元素を体系的に表としてまとめた. この表が現在の元素の周期表の原形となるものだ. このルールに従って表をまとめようとすると, 表の中に空欄として残さないといけ

図 3・9　元素の周期表. 原子量が各元素の元素記号の下に書かれている.

ない部分がいくつか出てきた．メンデレーエフは空欄を埋める元素が発見されるだろうと予想し，その性質のいくつかを予想した．さらに，すでに測定された原子量のいくつかは間違っていると提案した．メンデレーエフの予想や提案はどれも正しかった．彼が提案してから20年以内に，ガリウム（Ga），スカンジウム（Sc），ゲルマニウム（Ge）が発見され，三つの空欄が埋められた．現在の元素の周期表（図3・9）は，既知の元素がすべて記載されており，近代化学の基盤となっている．

3・8 周期律を説明する理論：ボーアのモデル

第1章で学んだように，科学はモデルや理論を通じて自然を洞察する．科学のモデルや理論は，自然法則を解明して反応や作用を予想するものだ．この章では，**ボーアのモデル**について学ぶ．ボーアのモデルは原子内の電子の挙動に関する理論であり，周期律を説明し，元素のマクロな性質と原子のミクロな性質の橋渡しとなる理論だ．ただし，これはあくまでも原子"モデル"で，実物ではないことを覚えておかないといけない．実際に，次の節で学ぶ"量子力学モデル"とボーアのモデルはかなり違う．そして，量子力学モデルの方が，より完成された原子モデルである．それでもなお，ここで出てくる単純なモデルは周期律を理解するのに役立ち，化学的挙動の大半を予測するのに役立つ．

ボーア（1885〜1962）

原子核の中にある陽子の数は元素の種類を決めるが，原子核の外にある電子の数は化学的挙動を決める．**ボーア**（Niels Bohr）は電子に着目し，太陽の周りの軌道上に惑星が存在するのと同じように，原子核の周囲の円周軌道上に電子が存在するというモデルを考案した（図3・10）．惑星と太陽の間が任意のいかなる距離であっても，理論的には惑星は太陽の周りを回ることができる．しかし，それとは対照的に，ボーアは原子核から固有の一定距離の軌道上だけを電子が周回できると提案した．その固有の距離は，電子がもつ一定の固有のエネルギーに対応する．原子核に近い電子の方が，原子核から遠く離れた電子よりも低いエネルギーをもつ．

ボーアは各軌道を**量子数**という整数 n で規定した．量子数が大きくなると，電子と原子核の間の距離は広がり，電子のエネルギーも高くなる．ボーアは n の値に応じて各軌道が収容できる電子の個数の最大値をつぎのように規定した[*6]．

$n=1$ のボーアのモデルの軌道　収容できる電子数の最大値2個
$n=2$ のボーアのモデルの軌道　収容できる電子数の最大値8個
$n=3$ のボーアのモデルの軌道　収容できる電子数の最大値8個

原子の中で電子を収容できる軌道がいくつか存在すると，電子はそのなかで最も低いエネルギーの軌道に入る．水素原子の一つの電子は最も低いエネルギーの軌道を求めた結果，$n=1$ のボーアのモデルの軌道に入る．その軌道は最大で2個の電子を収容できるので，半分だけ入った状態になる．

ヘリウムの2個の電子は，$n=1$ の軌道をちょうど満杯にする．

次の元素のリチウムは電子が3個あるが，そのうちの2個の電子は $n=1$ の軌道に入り，3番目の電子は $n=2$ の軌道に入る．

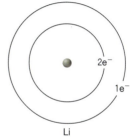

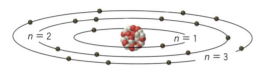

図3・10　ボーアモデルでは，一定のエネルギーと一定の半径をもつ軌道に電子が入る．

[*6] この記述は単純化しすぎているが，ここでの目的には合致する．ボーアのモデルの軌道は，量子力学モデルでは量子力学軌道と電子殻で置き換わる．$n=3$ の電子殻は実際には最大で18個の電子を収容できる．しかし，$n=3$ の電子殻に8個しか電子を収容していない段階で，$n=4$ の電子殻に電子が入り始める．

間を飛ばして，フッ素は9個の電子があるが，そのうちの2個の電子は $n=1$ の軌道に入り，残りの7個の電子は $n=2$ の軌道に入る．最も外側にある軌道（最外殻軌道）がほぼ満杯になる．

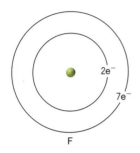

ネオンではその軌道も埋まる．ネオンは10個の電子があり，2個は $n=1$ の軌道に入り，8個の電子は $n=2$ の軌道に入ることで満杯になる．

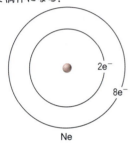

次の元素のナトリウムは11個の電子がある．もちろん，2個の電子は $n=1$ の軌道に入り，8個の電子は $n=2$ の軌道に入り，1個の電子が $n=3$ の軌道に入る．

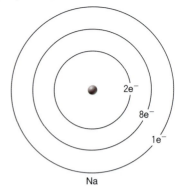

この過程を続けていき，電子は可能な限り最も低い軌道に入ることを覚えておくと，周期表の初めの20の元素について，同様のダイアグラムを書くことができる（図3・11）．このダイアグラムを，**ボーアのダイアグラム**または**電子配置**とよぶ．この図は，各元素の原子中の電子が原子核の周りにどのように配置されているかを示す．ここでボーアのモデルを検討しているのは，なぜ特定の元素が似た性質を示し，なぜ周期的に似た性質が繰返されるのかを解明するためだということを思い出そう．ヘリウム，ネオン，アルゴンの三つの元素は似た性質を示し，どれも化学的に不活性な気体だ．図3・11で，この三つの元素の電子配置に類似点があることに気づいただろうか？ リチウム，ナトリウム，カリウムも似た性質を示し，どれも化学的に反応性が高い金属だ．この三つの元素の電子配置に類似点

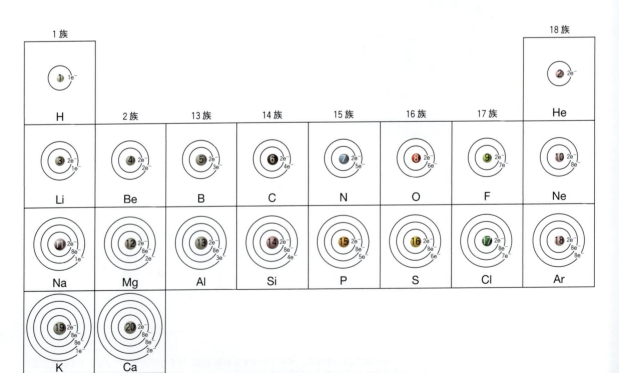

図3・11 周期表の初めの20の元素の電子配置．

があることに気づいただろうか？

　ミクロな電子配置とマクロな元素の性質をつなぐ鍵は，各元素のボーアのモデルで最外殻軌道に入る電子の数だ．
- 最外殻軌道が満杯の原子は，非常に安定だ．化学的に不活性で，他の元素と簡単には反応しない．
- 最外殻軌道が満ちていない原子は不安定だ．他の元素と化学反応を起こして，最外殻軌道を満たそうとする．

復習3・5　電子配置に基づいて考えると，アルゴン，硫黄，マグネシウムのうち，どの元素が化学的に最も反応性が低いと予想できるか？

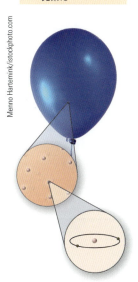
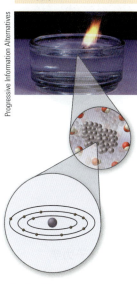

(a) ヘリウム風船．ヘリウムは天然に気体として存在する不活性な元素だ．ヘリウムは何とも反応しない．不活性な元素の原子では最外殻軌道が満杯になっている．
(b) ナトリウムは水と反応する．ナトリウムは非常に反応活性な元素で，水と混合するだけで反応する．反応活性な元素では最外殻軌道は満ちていない．

　ある元素がどのような反応を起こすか，そして反応でどのような化合物ができるかは，最外殻軌道にある電子の数によって決まる．そのため，最外殻軌道にある電子の数が同じ元素がいくつかあると，どれも似たような反応を起こし，似たような化合物を与える．原子の中で最外殻軌道にある電子は，元素の性質の決め手となるために特別で，**価電子**とよぶ．この本に書いてある化学の内容が多岐にわたっているのは，元素の価電子の数が一様ではないことを反映しているのだ．ネオンとアルゴンはどちらも8個の価電子をもち，リチウム，ナトリウム，カリウムは1個の価電子をもつ．ある特定の元素のグループが似たような性質を示す理由は，その元素がどれも同じ数の価電子をもつためだ．

復習3・6　どの元素の組合わせが，最も性質が似ているだろうか？
(a) MgとCa　　(b) NとCl
(c) AlとC　　 (d) SとSi

3・9　原子の量子力学モデル

　電子は負電荷を帯びて，原子核から一定距離にある軌道を回る粒子だと，ボーアはモデル化した．しかし，1900年代初めには，**量子力学モデル**という新たな原子モデルができた．ボーアのモデルは，この本に出てくる化学的性質の大部分を説明するのに有効だが，原子の中で電子がどのように存在するかという点については時代遅れの考えだ．量子力学モデルの簡単な手ほどきを受ければ，原子について新なイメージをもつことができる．

　量子力学モデルでは，軌道（orbit）は別の意味の**軌道**（orbital）に取って代わる．電子はかつて粒子だと考えられていたが，通常は波と関連する性質も示すことが発見されて，量子力学軌道の概念が生じた．電子に波としての性質があることは，電子が原子核の周りを単に円を描いて動くのではなく，電子がより複雑に動くということを意味する．したがって，量子力学の軌道は電子の正確な経路を特定するのではなく，ある領域に電子を見つけ出す"確率"を示す．たとえば，量子力学モデルでの1s軌道を見てみよう（図3・12）．この軌道は，ボーアのモデルで $n = 1$

1s 軌道

図3・12　量子力学モデルでの1s軌道．

の場合の軌道に対応するものだ．この1s軌道の図は，連続写真から類推すると理解できる．ここで，明るい蛍光灯の周りを飛ぶ蛾の写真を，数時間，カメラで毎分撮り続けることを想像してみよう．そしてすべての写真を一枚に重ね合わせることを想像しよう．できあがる図は，蛾がどこに一番長くいたかという確率を示す地図となる．1s軌道についても同様のことで，1s軌道の電子はどこで最も見つけやすいかがわかるだろう．濃い色の部分は電子を見つけやすい部分だ．図3・12を見ると，電子は原子核から離れた場所よりも原子核の近くにいる時間が長いことが理解できる．

　別の表し方をすれば，1s軌道は90％境界を表す球だ．つまり，一定時間の90％は電子がその境界領域である球

体の中にいるだろう（図3・13）．量子力学モデルで90％境界を示す他の軌道を，図3・14に示す．量子力学軌道はいくつかの殻にグループ化できる．これらの殻にはボーアのモデルでのやり方と同様に電子が入っていくが，正確に電子がどのように入るかは本書の範囲外だ．

量子力学モデルは正確に電子の経路を示すのではなく，むしろどこに電子が見つかりそうかを予測するものだということがわかるだろう．シュレーディンガー（Erwin Schrödinger，1887～1961）が1926年にこのモデルを提案したとき，当時の学会は震撼した．最も動揺することとなった違いは，量子力学モデルの統計的な性質だ．量子力学では電子の経路は，空を飛ぶ野球のボールの軌跡や太陽の周りを周回する惑星の軌道といったような予測できる代物ではない．たとえば，地球が太陽の周りの軌道のどこにあるかは，2年後でも，20年後でも，200年後であろうとも予測できるが，電子については当てはまらない．電子が正確にどこにあるかは，どの時点でも予測できないのだ．電子がある範囲の空間内に存在する確率を予想できるだけだ．

では，どちらのモデルが正しいのだろうか？ ボーアの

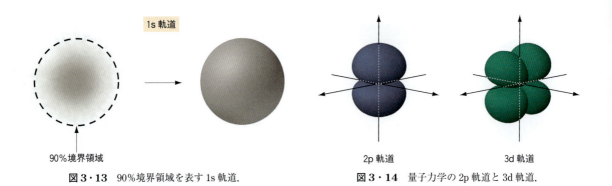

図3・13　90％境界領域を表す1s軌道．　　　　図3・14　量子力学の2p軌道と3d軌道．

考えてみよう

Box 3・2　哲学，決定論，量子力学

われわれはしばしば，科学が生み出した科学技術の観点から科学のことを考える．というのも，コンピューターや，薬や，MP3プレーヤーなどがあるのも科学のおかげだからだ．しかし，科学は人間の基本的知識として役立つとともに，他の学問領域に影響を与えるようなことも発見してきた．たとえば，20世紀の量子力学の発見は，現実に対する基礎的理解に貢献しただけでなく，哲学の分野にも多大な影響を及ぼした．ここで話題にするのは，未来は予想できるか？ という長年にわたって議論されてきた哲学の命題だ．

未来は予想できるという考えを"決定論"とよぶ．この考えでは，未来に起こる出来事は現在の出来事によってひき起こされ，それもまた過去の出来事によってひき起こされる．つまり，歴史はすべて一本の長い因果関係の鎖でつながっていて，ある出来事は以前の別の出来事によってひき起こされるのだ．量子力学の発見よりも前は，決定論の主張の方が強かった．ニュートンの運動法則では，粒子の位置（どこにあったか）と速度（どれくらい速くどの方向へ向かおうとしたか）に基づいて，粒子の未来の経路を予想した．われわれは皆，野球やビリヤードのボールなどの物体がその法則に従って動くのを見てきたので，ニュートンの運動法則を実感している．

たとえば，野球の外野手は打球の位置と速度を見て，どこにボールが落ちてくるかを予想できる．外野手はボールの"現在"の経路に基づいて"未来"の経路を予想する．これこそが決定論だ．

量子力学の発見は，世界が決定論的に振舞うという考えに異議を唱えるものだった．電子，そして陽子や中性子といった素粒子は，決定論的に振舞うのではないように見える．電子を追う外野手は電子がどこに着地するかを予想できなかった．原子よりも小さいレベルの世界は非決定論的であり，現在が未来を決定しない．これは新しい概念だった．シュレーディンガー自身は，かつて量子力学について"私は量子力学を好きではなく，関係したことを後悔している"と言った．ボーアは"量子力学にショックを受けなかった人は，量子力学を理解していない人だけだ"と言った．ある人にとっては，決定論的ではない世界というのは脅威だった．またある人にとっては，少なくとも素粒子に関して，未来が決まっていないという考えは喜ばしい驚きだった．哲学の世界では，いまだに議論が続いている．しかし，素粒子の世界の非決定論的な性質は，この世界のすべての出来事はその前に起きた出来事で決まるという考えに，大きな一撃を与えた．

モデルだろうか？ それとも量子力学モデルだろうか？ 科学ではモデルや理論を構築し，実験を行ってモデルが正しいかどうかを証明しようするのだということを思い出そう．ボーアのモデルは実験によって正しくないことがわかっている．一方，量子力学モデルは今日までの実験結果と一致している．もちろん，このことは量子力学理論が"真実"だということを意味するわけではない．科学理論とは真実であると証明されるものではなく，単に妥当であるといえるだけだ．実際，ボーアのモデルは本書に書かれている化学的性質の多くを予想するのに十分だ．しかし，量子力学モデルの方が，原子をよりよく表している．

復習3・7 どの記述が量子力学モデルに当てはまり，ボーアのモデルに当てはまらないか？
(a) 惑星が太陽の周りの軌道を回るように，電子は原子核の周りの単純な円の軌道上を回る．
(b) 原子の中で電子が通る正確な経路は特定できない．
(c) 電子は原子核に引き寄せられる．

3・10 元素の族

ヘリウム，ネオン，アルゴンのように，外側の電子軌道の電子配置が同じ元素は似た性質をもち，元素の**族**をつくる．例にあげた三つの元素は，いずれも最外殻軌道が電子で満杯になっている元素だ．元素の周期表では，元素の族は縦の列に並んでいる．周期表の各列の真上には，各列に割り当てられた族の番号が書いてある[*7]（図3・15）．別名がついている族もいくつかある．

周期表で一番右側の列の元素は，18族元素または**希ガス**とよぶ．価電子の数が2のヘリウムを除いて，18族元素は8個の価電子をもつ．すべての18族元素では最外殻軌道が埋まっており，化学的に不活性な元素だ．18族元素は安定な電子配置をもち，他の元素と簡単に反応して化合物を与えるということはない．

周期表で一番左側の列の元素を1族元素または**アルカリ金属**とよぶ．いずれも1個の価電子をもち，とても反応性

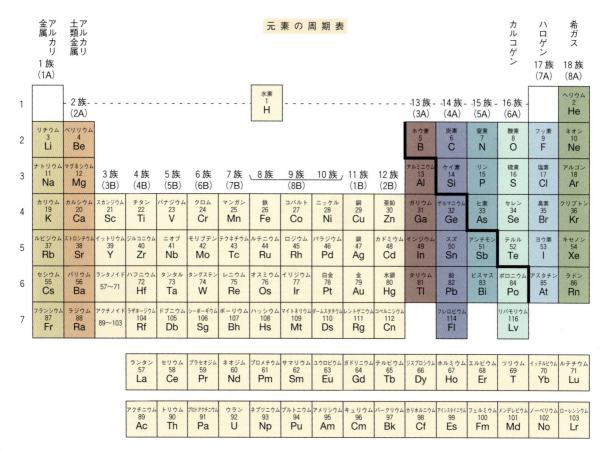

図3・15 元素の周期表．縦の列は元素の族とよぶ．同族の元素は似た性質を示す．

[*7] 訳注: IUPACの勧告では，元素の周期表の列を左から順につけた1から18までの数字で"18族元素"というように表記することが推奨されている．一方，"18族元素"の代りに"8A族元素"というように，価電子の数とAまたはBを組合わせて表記することもある．

が高い．その反応で価電子を失い，希ガスの場合と同じ電子配置になる．周期表で左から2番目の列の元素を2族元素または**アルカリ土類金属**とよぶ．アルカリ土類金属は2個の価電子をもち，化学反応すると2電子を失って，希ガスの場合と同じ電子配置になる．

とよばれ，安定な電子配置をとるには1電子だけ足りない．電子をもう1個受取るために，化学的に激しく反応する．

ナトリウムはアルカリ金属だ．反応性が高いので，石油中で保管し，空気と水から遮断する必要がある．

塩素はハロゲンだ．

右から6列目の元素の13族元素は，3個の価電子をもつ．場合によっては13族元素が三つの電子をすべて失うこともあるが，他の元素と電子を共有してより安定になることもある（第5章参照）．同様に，右から5列目の14族元素と4列目の15族元素は，それぞれ4個と5個の価電子をもつ．これらの元素では価電子を他の元素と共有することで，安定な電子配置となる．

16族元素は**カルコゲン**または**酸素族**とよばれ，その最外殻軌道を満たすには2電子不足している．カルコゲンが反応する際は2電子受取ることが多く，それによって安定な希ガスの電子配置ができあがる．17族元素は**ハロゲン**

周期表の元素をさらに大別すると，図3・16に示すように，金属，非金属，半金属に分類できる．**金属**は周期表の左側に位置し，化学反応で電子を失いやすい．それに対して，**非金属**は周期表の右側に位置し，化学反応で電子を受取りやすい．周期表のやや右側に位置する元素は**半金属**とよばれ，電子を失いやすくもあり，受取りやすくもある．周期表の中央にある3族元素から11族元素までの元素も金属で，**遷移金属**または**遷移元素**とよぶ[*8]．遷移金属は化学反応で電子を失うが，必ずしも希ガスの電子配置になるわけではない．なお，1族・2族および12族〜18族の元素を**典型元素**という．18族以外の典型元素は，族番号の1の位の数と価電子の数が等しい．

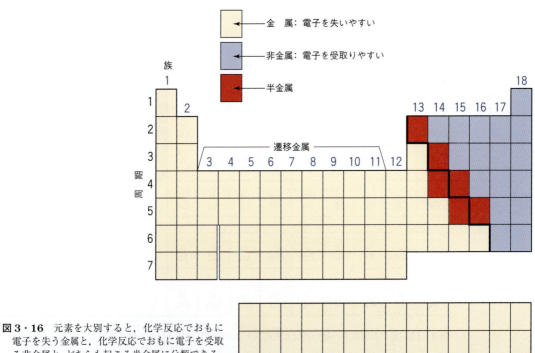

図3・16 元素を大別すると，化学反応でおもに電子を失う金属と，化学反応でおもに電子を受取る非金属と，どちらも起こる半金属に分類できる．

[*8] 訳注：12族元素は典型元素に分類されずに，遷移元素に分類されることもある．

分子になる元素

元素の単位として同定しやすいのは原子そのものだが,図3・17に示すように,いくつかの元素では二つの原子同士が結合した二原子分子として自然界に存在する.二原子分子として存在する元素は,水素,窒素,酸素,フッ素,塩素,臭素,ヨウ素だ.第5章では,これらの元素がどうして二原子分子になるかを解き明かす理論を学ぶ.

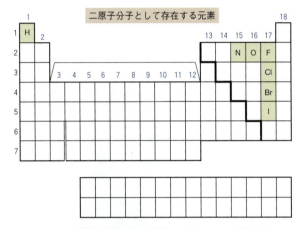

図3・17 周期表で色つきの場所の原子は,二原子分子として存在する.

3・11　1ダースの釘と1 molの原子

原子はとても小さいので,非常に高価な装置を使わない限り,個々の原子を数えることは不可能だ.たとえ原子を見ることができても,ある程度の大きさの物体に含まれる膨大な数の原子を数えるには,時間がいくらあっても足りないだろう.もしも原子をとても速く数えられて,1日24時間ずっと数え続けることに一生を捧げたとしても,一粒の砂くらい小さなものに含まれる数の原子を数えきるには時間が足りない.

ある程度の大きさの物体に含まれる原子の個数を数えようとすると,直接数える以外に何か別の方法が必要だ.方法を工夫すれば"物質量の概念"に基づいて原子の個数を数えることができる.物質量の概念では,ある元素でできた物体の質量と,その物体の中に含まれる原子の数を関連づけるので,物体の重量を計れば原子の個数が決められる.

物質量の概念を理解するために,近くの工具店で釘をキログラム単位で買うことを考えてみよう.ある重さの釘を買ったとして,釘の本数を決めるにはどうしたらいいだろうか? まず,釘の重さと本数の関係がわからないといけない.たとえば,中程度の大きさの釘1.50 kgを買ったとして,1ダースの釘の重量が0.100 kgだとしよう(0.100 kg/ダース).釘の数を決めるには,初めに重量からダースに

新しいテクノロジー

Box 3・3　塩素の反応性とオゾン層の破壊

§3・8で見たように,塩素は7個の価電子をもち,安定な電子配置をとるには電子が1個不足している.その結果,原子上の塩素はきわめて反応性が高く,接触するほぼすべての物質と反応する.1900年代中盤以降,おもに冷媒や工業溶剤として使われていたクロロフルオロカーボン(またはCFC)という特定のグループの化合物が,塩素を大気の上層へと運ぶ役割を果たしてきた.CFCが大気の上層に達すると,太陽光と反応して塩素原子が発生する.反応活性な塩素原子はオゾンと反応し,オゾンを破壊する.オゾンは酸素の形の一つであり,地球上の生命が有害な紫外線(UV)にさらされることを防いでいる.科学者はオゾン層の観測を行い,CFC由来の塩素が要因となって,南極大陸におけるオゾンが急激に減少していることを見つけた(図3・18).南極の場合よりも範囲が狭いものの,米国北部やカナダのような人口密集地域でもオゾン層が薄くなっていることが,観測によってわかった.このような人口密集地域でオゾン層が薄くなると,植物が紫外線による被害を受けることや,人間が皮膚がんや白内障になることもあるので,危険な状態だ.科学者の多くは,CFCを使い続けるとオゾン層がさらに薄くなる可能性があると考えている.

そこで,CFCの使用を制限するために多くの国が団結した.米国では1996年1月1日をもってCFCの生産が禁止された.第11章では,大気中のオゾンの減少について,さらに詳しく見てみよう.

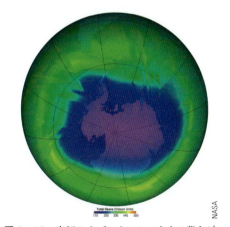

図3・18 南極のオゾンホール.中心の紫とピンクの場所は南極のオゾンの減少を示す.2010年10月の図.

分子の視点

Box 3・4　ヘリウムを吸うのは危険？

　ヘリウムガスは周りの空気よりも密度が小さいため，ヘリウムガスを入れた風船は空気中で浮く．空気中で浮き上がる風船は，まるで水中から水面に向かって浮かび上がる浮きのようだ．釣りで使う浮きの密度は水よりも小さいため，水に沈まずに浮く．風船の中のヘリウムガスは不活性な気体で，どのようなものとも反応しないので，ヘリウム風船は比較的安全だ．反応性が高い物質は人体を構成する生体分子と反応し，生体分子の変化や損傷をひき起こすことがあるので，人体にとって危険なことが多い．風船の中のヘリウムは不活性なので，ヘリウムを吸入しても"少量"であれば長期間にわたるような生理的影響を及ぼさない．もし少量のヘリウムを吸入しても，甲高い奇妙な声に変わるだけだ．しかし，ある程度大量のヘリウムを吸入すると，十分な酸素を身体に取込めなくなるので窒息する．

　問題：ヘリウムが不活性な"分子的理由"（この場合は"原子的理由"）は何だろうか？　言いかえると，ヘリウム原子の何がヘリウムガスを不活性にしているのだろうか？

たらどうなるだろうか？　もし小さな釘があったらどうなるだろうか？　釘1ダース当たりの重量が違うので，釘の種類によって最初に換算するための変換係数は変わるだろう．ただ，2番目の変換係数はそのまま変わらない．1ダースは釘12本に対応し，釘の大きさは関係ない．

　1ダースと同じような考え方で，化学者はある数を使う．しかし，原子の個数を数えるためには12という数は小さすぎる．そこで化学者は，"ダース"に相当するものとして，物質の量つまり**物質量**を表すのに 6.022×10^{23} 個に相当する **mol**（モル）という単位を使う．この数は**アボガドロ定数**とよばれ，Amadeo Avogadro（1776〜1856）にちなんで

アボガドロ
（1776〜1856）

名づけられた．原子を取扱うときには，アボガドロ定数を使うと便利だ．1 mol の原子は 6.022×10^{23} の原子を含み，ある程度の大きさの物体となる．たとえば，1セント硬貨22枚には約 1 mol の銅が含まれる．大きなヘリウム風船を何個か集めると，その中には 1 mol のヘリウムが含まれる．物質量とは神秘的なものではない．何かが 1 ダースあるということは 12 個あることを意味するが，それと同じように，何かが 1 mol あるということは 6.022×10^{23} 個あるということを意味するだけだ．

変換して，つぎにダースから釘の本数に変換する．二つの変換係数は，0.100 kg = 1 ダースであり，1 ダース = 釘 12 本だ．計算はつぎのように行う．

重量 → ダース → 釘の本数

$$1.5 \, \text{kg} \times \frac{1 \, \text{ダース}}{0.10 \, \text{kg}} \times \frac{12 \, \text{本}}{1 \, \text{ダース}} = 180 \, \text{本}$$

この変換係数を用いれば，重量を計るだけで釘の本数を容易に調べることができる．ただし，もし大きな釘があっ

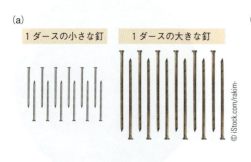

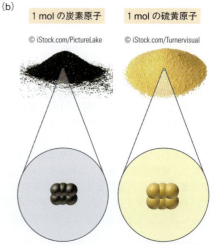

図3・19　(a) 小さな釘1ダースよりも大きな釘1ダースの方が大きさや重さといった量は多いのと同じように，(b) 1 mol の硫黄原子は 1 mol の炭素原子よりも量が多い．硫黄原子は炭素原子よりも大きくて重いのだ．

(a) 22枚の1セント硬貨には約1 molの銅が含まれる

(b) 6個のヘリウム風船には約1 molのヘリウムが含まれる

例: 周期表に記載のモル質量
水素 1.008 g ＝水素 1 mol ＝水素原子 6.022×10^{23} 個
炭素 12.017 g ＝炭素 1 mol ＝炭素原子 6.022×10^{23} 個
硫黄 32.07 g ＝硫黄 1 mol ＝硫黄原子 6.022×10^{23} 個

元素の周期表を見れば,どの元素でも原子1 molの質量がわかる.では,この値と1 mol当たりの原子の個数を使って,質量が既知のある試料に含まれる原子の個数を決めるには,どうしたらよいだろうか? 例として,12.5 gのアルミニウムに含まれるアルミニウムの原子数を知りたいとしよう.はじめに質量から物質量へ変換し,そして物質量から原子数へ変換しよう.

質量 → 物質量 → 原子数

$$12.5 \text{ g} \times \frac{1 \text{ mol}}{26.98 \text{ g}} \times \frac{6.022 \times 10^{23} \text{ 個}}{1 \text{ mol}} = 2.79 \times 10^{23} \text{ 個}$$

物質量の考え方に基づいてもう少し練習するために,つぎの例を見てみよう.

先ほどの釘の本数の計算で出てきた,1ダース当たりの釘の重量という変換係数に相当するものは,原子の個数を計算する場合では1 mol当たりの原子の質量になる.この量のことを**モル質量**とよぶ.アボガドロ定数は,amu単位での元素の原子量の数値が,グラム単位で1 mol当たりの元素のモル質量と等しくなるように設定してある.別の言い方をすれば,どの元素でも原子量はその原子1 molの質量を与える.

原子量(amu単位)＝モル質量(g/mol)

釘の場合には1ダースの釘の重量が釘のサイズによって違うように,モル質量も原子量によって異なる.原子が重くなるにつれて,1 mol当たりの質量も重くなる(図3・19).

例題 3・5　物質量の考え方 I

大きめのヘリウム風船の中に入っているヘリウムガスは0.55 gだ.この風船の中にヘリウムは何mol入っているだろうか?

[解答]
第2章の問題の解答の手続にならって,問題から与えられている情報を初めに書き出し,次に何が答えとして求められているかを書き出そう.
　与えられている情報: ヘリウム 0.55 g
　求められていること: ヘリウムの物質量
答えを出すには,ヘリウムのグラム単位での重量から物質量へと換算する際の変換係数,つまりヘリウムのモル質量4.00 g/molを知る必要がある.質量から始めて物質量に変換しよう.(ヘリウムのモル質量と他の元素のモル質量は,本書の内表紙の元素の周期表に書いてある)

$$0.55 \text{ g} \times \frac{1 \text{ mol}}{4.00 \text{ g}} = 0.14 \text{ mol}$$

[解いてみよう]
ダイヤモンドは純粋に炭素だけからできている.あるダイヤモンドが0.020 molの炭素を含んでいる.そのダイヤモンドの質量は何グラムか?

例題 3・6　物質量の考え方 II

1セント硬貨5枚の重量は15.3 gだ.もしも1セント硬貨が純粋に銅だけからできているならば,1セント硬貨5枚には何個の銅原子が含まれているだろうか?

[解答]
　与えられている情報: 15.3 g
　求められていること: 銅の原子数
この問題では二つの変換係数が必要だ.はじめの変換係数は銅のモル質量で,元素の周期表から63.55 g/molという数値を見つけよう.もう一つの変換係数のアボガドロ定数は 6.022×10^{23} 原子＝1 molだ.質量から始めて物質量に変換し,次に原子数に変換しよう.

$$15.3 \text{ g} \times \frac{1 \text{ mol}}{63.55 \text{ g}} \times \frac{6.022 \times 10^{23} \text{ 個}}{\text{mol}} = 1.45 \times 10^{23} \text{ 個}$$

[解いてみよう]
17 gの純金の指輪に含まれる金の原子数を計算せよ.

キーワード

原子	メンデレーエフ	カルコゲン
原子番号 (Z)	ボーアのモデル	酸素族
電荷	ボーア	ハロゲン
原子質量単位 (amu)	量子数 (n)	金属
元素記号	ボーアのダイアグラム	非金属
元素の周期表	電子配置	半金属
イオン	価電子	遷移金属
陽イオン	量子力学モデル	典型元素
陰イオン	軌道	物質量
中性子	族	mol
同位体	希ガス	アボガドロ
質量数 (A)	アルカリ金属	モル質量
原子量	アルカリ土類金属	

章末問題

1. なぜ原子を理解することが重要なのか．
2. 元素は何によって定義されるか．天然にはいくつの元素が存在するか．
3. つぎの元素記号で表される元素それぞれについて，元素の周期表を使って元素名と原子番号を書け．
   H　He　Li　Be　B　C　N　O　F　Ne
   Na　Mg　Al　Si　P　S　Cl　Ar　Fe　Cu　Br
   Kr　Ag　I　Xe　W　Au　Hg　Pb　Rn　U
4. 陽子，中性子，電子それぞれの質量と電荷を書け．
5. 近代化学の発展に対するメンデレーエフの最大の貢献は何か．
6. 原子を表す量子力学モデルについて説明せよ．ボーアのモデルとの違いはどのような点か．
7. 二原子分子として存在する元素の元素名を答えよ．
8. つぎのイオンの電荷は？
   (a) ルビジウム原子が電子を1個失ってできるイオン
   (b) ヨウ素原子が電子を1個受取ってできるイオン
   (c) 鉄原子が電子を2個失ってできるイオン
9. つぎのイオンの陽子と中性子の数はいくつか．
   (a) K^+　(b) F^-　(c) N^{3-}　(d) Al^{3+}
10. つぎの原子の原子番号(Z)と質量数(A)は？
    (a) 8個の中性子をもつ炭素原子
    (b) 14個の中性子をもつアルミニウム原子
    (c) 20個の中性子をもつアルゴン原子
    (d) 36個の中性子をもつ銅原子
11. つぎの同位体は医療用途に利用される．元素記号を $^A_Z X$ のように書け．
    (a) コバルト-60　(b) リン-32
    (c) ヨウ素-131　(d) 硫黄-35
12. ^{14}C は遺物の炭素年代測定に使用される．^{14}C の陽子と中性子の数はそれぞれいくつか．
13. つぎのイオンの陽子，中性子，電子の数は？
    (a) $^{23}Na^+$　(b) $^{81}Br^-$　(c) $^{16}O^{2-}$
14. ボーアのモデルを使って，つぎの元素の電子配置を答えよ．ただし図3・11は使わずに，各原子の電子数とボーアのモデルの各軌道が収容できる電子数に関する知識だけを使うこと．つぎに，最も反応性が高い元素と，最も反応性が低い元素を予想せよ．
    (a) B　(b) Si　(c) Ca　(d) F　(e) Ar
15. 問14の各原子の価電子数はいくつか．
16. ボーアのモデルを使ってつぎの元素の電子配置を描け．どの電子が価電子であるかを示せ．
    (a) Li　(b) C　(c) F　(d) P
17. つぎの元素のなかで性質が互いに最も似ている二つの元素を選び，理由とともに答えよ．
    Mg, N, F, S, Ne, Ca
18. 元素の反応性はその電子配置によって決まることを学んだ．Cl^- というイオンの電子配置がどうなっているかを書け．(ヒント: 塩素原子が通常もつ電子の数よりも電子を1個余計に加えないといけない．) Cl^- と中性の Cl の反応性を比較せよ．Na と Na^+ それぞれの反応性を比較せよ．
19. つぎの各元素を金属，非金属，半金属に分類せよ．
    (a) Cr　(b) N　(c) Ca　(d) Ge　(e) Si
20. ネオンは3種類の天然同位体から構成され，それぞれの同位体の天然存在比と質量はつぎの通りだ．ネオンの原子量を求めよ．
    (a) Ne-20, 存在比 90.51％, 質量 19.992 amu
    (b) Ne-21, 存在比 0.27％, 質量 20.993 amu
    (c) Ne-22, 存在比 9.22％, 質量 21.991 amu
21. ある架空の元素が2種類の天然同位体から構成され，原子量が29.5 amu だとして，つぎの問いに答えよ．
    (a) 同位体1の天然存在比が33.7％だとすると，同位体2の天然存在比はいくつか．
    (b) 同位体2の質量が30.0 amu だとすると，同位体1の質量はいくつか．
22. 124 g のチタンに含まれるチタンの物質量は？
23. つぎの試料に含まれる物質量を答えよ．
    (a) Ag 45 mg　(b) Zn 28 kg
    (c) He 原子 8.7×10^{27} 個　(d) He 原子1個
24. 21.3 g の純銀製品に含まれる Ag 原子の個数を答えよ．
25. 体積が 1.8 cm^3 の純金のネックレスに含まれる金原子の個数を答えよ．ただし，金の密度は 19.3 g/cm^3 とする．
26. 半径 3.4 cm の鉄球に含まれる鉄原子の個数を答えよ．ただし，鉄の密度は 7.86 g/cm^3 であり，球の体積はつぎの式で求められる．

$$V = \frac{4}{3} \times \pi r^3$$

27. 3種類の架空の元素があり，その元素を構成する原子の分子的な外観が示してある．真ん中の (b) の元素のモル質量は1ダースで 25 g だ (単位 g/ダース)．(この架空の元素は一般的な原子よりずっと大きい．) 原子の大きさから判断して，元素 (a) と元素 (c) の原子量が元素 (b) よりも大きいか小さいかを予想せよ．元素 (b) が 175 g あるとして，その中に含まれる原子の個数はいくつか．

(a) 　(b) 　(c)

復習問題の解答

復習3・1　友達には，つぎのように教えてあげよう．"8個の陽子をもつ炭素の形"はずっと昔に発見されているけれど，それは炭素ではない．酸素とよんでいるもので，ダイヤモンドにはならない．

復習3・2　(c) 5

復習3・3　(b) イオンは原子が変化した粒子であり，陽子と電子の相対的な数によってその電荷が決まる．同位体は中性子の数が異なる原子のことをさす．

復習3・4　銅の原子量は 63.55 なので，同位体 Cu-63 の方がより多く存在している．

復習3・5　アルゴンの最外殻軌道は満ちていて，他の元素の電子軌道は満ちていないので，アルゴンが最も化学的に安定で，最も反応性が低い．

復習3・6　(a) Mg と Ca. 価電子数が同数のため (価電子数は2).

復習3・7　(b)

章のまとめ

分子の概念

　この章では，人間の身体を含むすべての物質は深い所まで掘り下げれば原子から構成されるということと，物質のマクロな性質はその物質を構成する原子のミクロな性質に依存することを見てきた（§3・1）．つぎの各要素を示せば原子を完全に特定できる（§3・2〜3・5）．

- 原子核の中の陽子の数を表す原子番号（Z）
- 原子核の中の陽子と中性子の数の和を表す質量数（A）
- 陽子と電子の相対的な数によって決まる電荷（C）

　質量数と電荷は同じ元素でも違う場合があるが，原子番号は元素を定義するものなので原子番号が同じで元素が違うということはない．原子番号が同じで質量数が異なる原子のことを同位体とよび，電子を失うか受取ることで電荷が生じたものをイオンとよぶ．正電荷を帯びたイオンを陽イオンとよび，負電荷を帯びたイオンを陰イオンとよぶ．

　元素の性質の一つとして原子量があり，その元素の天然に存在する同位体の質量の加重平均で決まる（§3・6）．原子量は，元素 1 mol の質量をグラム単位で表したモル質量と，数字の上では同じだ．モル質量はグラム単位の重量と物質量の間の換算の際に変換係数として使う．

　原子のボーアのモデルでは，惑星が太陽の周りの軌道上を回るように，電子が原子核の周りの軌道上を回る（§3・8）．ボーアのモデルの一番外側の軌道上にある電子は価電子とよばれ，元素の性質を決定する鍵となる．最外殻軌道が満ちている元素は化学的に安定であり，その逆に，電子が満ちていない場合は安定ではない．価電子数が同じ元素は族を形成し，元素の周期表で同じ縦の列に並ぶ（§3・7）．価電子数が比較的少ない元素は化学反応で電子を失いやすく，金属という．価電子数が比較的多い元素は化学反応で電子を受取りやすく，非金属という（§3・10）．

　原子の量子力学モデルでは，電子は軌道上に存在する（§3・9）．軌道は原子核の周辺の空間内で電子を見つけ出せる相対的な確率を示す．

社会との結びつき

　すべての物質は原子から構成されているので，原子を理解すれば物質の理解が深まる．どんなときも身の回りの出来事は物質を構成する原子の変化によってひき起こされている（§3・1）．核反応という特殊な事例を除いて，元素自体は変化しない．いつまでたっても炭素原子は炭素原子のままだ．そして，環境汚染とは，単に原子が間違った場所にあるということだ．人間の活動によって，原子が本来あるべきではない場所に入り込んでしまったのだ．しかし，原子自体は変化しないので，環境汚染問題は解決困難だ．汚染の原因となる原子を元の場所へどうにかして戻すか，少なくとも害を及ぼさない別の場所へ移さないといけない．

　モル質量がわかれば，任意の物体中に含まれる原子の個数を計算するためには物体を単に計量するだけでよい（§3・11）．

　この章のミクロな視点での原子のモデルは，なぜ元素が化合物をつくるのかを説明する場合にそのまま利用できるだろう（§3・8，§3・9）．塩素のような反応性の高い原子は，安定になるために 8 個の価電子が必要なのに 7 個しか価電子をもっていないので，反応性が高いのだ（§3・7）．その結果，塩素は他の元素と反応してもう一つ電子を受取ろうとする．塩素のような反応性の高い原子が人間活動によって本来は存在しない場所に移動した場合には，とりわけ環境問題となりうる．たとえば，クロロフルオロカーボンという人工的に合成した化合物によって塩素原子は大気の上層に運ばれるが，いったん運ばれてしまうと，塩素は化学反応によってオゾン層を破壊する（§3・10）．

4 分子，化合物，化学反応

知識とは態度であり，情熱であり，実際には反道徳的な態度だ．知識を得たいという衝動は，バランスに欠けた性格を生み出すという点で，まるでアルコール依存症や，恋愛妄想や，殺人狂のようなものだ．科学者が真実を追い求めるというのは正しくない．真実が科学者を追い求めるのだ．

—— *Robert Musil*（1880〜1942）

目 次

- 4・1 分子が物質の性質を決める
- 4・2 化学物質と化学式
- 4・3 イオン性化合物と分子性化合物
- 4・4 化合物の命名
- 4・5 化合物の式量とモル質量
- 4・6 化合物の組成：変換係数としての化学式
- 4・7 化合物の生成と変換：化学反応
- 4・8 反応の化学量論：変換係数としての化学反応式

この章で学ぶこと

- たいていの物質は，個々の原子だけでできているのだろうか？ 化合物では原子がどのようにして一つのグループになるのだろうか？
- 物質の構成要素である分子は物質の性質にどのように影響を及ぼすのだろうか？ 物質の性質は分子内の変化によってどれだけ影響を受けやすいのだろうか？
- 化合物を表すにはどのようにしたらよいだろうか？ 化合物をどのように命名するとよいだろうか？
- 金属と非金属から生成する化合物は，二つ以上の非金属から生成する化合物とどのように違うだろうか？
- 分子の特徴的な質量とは何だろうか？
- ある化合物の中に，ある特定の元素はどのくらいあるだろうか？
- 化学反応で分子はどのように変化するだろうか？ 分子の変化をどう表せばよいだろうか？

世の中のすべての物質は突き詰めていくと原子で構成されているが，原子はたいていの場合に他の原子と結合して分子を形成する．分子は化学的なプロセスの中心にある．分子はほとんどの物質を構成し，化学反応によって生成し，そして別の分子へ変化する．この章ではつぎの内容に注目して学んでいく．分子とは何か？ 分子を紙の上でどう表すか？ 分子にどのように命名するか？ 分子の化学反応をどう表すか？

日常生活において分子と分子の反応こそが生活の中心だ．たとえば，人間が呼吸する時には身体の中で分子が反応し，料理する時にはコンロで，そして運転する時には車で，分子の反応が起こっている．身の回りの物質にみられる変化は，常に分子レベルでの変化を伴う．分子について学ぶにあたり，分子に対する理解が社会に変化をもたらしたことを覚えておこう．人間は特定の目的に合うように分子を設計し，分子を合成できる．たとえば，丈夫な容器の材料となる分子（プラスチック）をつくれるし，人体に有害な細菌を殺す物質（抗生物質）や，妊娠を防ぐ物質（避妊薬ピル）もつくり出せる．分子を理解して，自在に操る力というものは，人間の生活に変化をもたらしてきた．そして，これからの将来においても，現時点では想像もつかないようなやり方で，人間の生活に影響を及ぼし続けるだろう．

4・1 分子が物質の性質を決める

もし，物質世界で一番大切な知識は何か？ と尋ねられたら，私はつぎのように答える．"分子が物質の性質を決める．"この単純なわずかな文字数の言葉には，人類が経験してきた物質社会での出来事と物質社会そのものを説明する手がかりが秘められている．私の答えを言い換えると，分子の挙動に応じて物質の挙動は決まる．水分子の振舞いに応じて水は振舞い，空気の分子の振舞いに応じて空気は振舞い，そして人間を構成する分子の振舞いに応じて人間は振舞う．この原則は単純で，常に真実なのだ．科学のどの歴史をみても，この原則に反する例外はない．

いすに腰掛けてこのページの白い余白と黒い文字を見ているとき，分子は複雑に動きながら相互作用している．白い紙の分子と黒インクの中の分子が相互作用して，このページの白と黒の部分ができ上がる．どちらの分子も光と相互作用して，白と黒の画像をつくり出し，目に伝わる．光は目の中のある分子に当たり，光が当たった分子は変形して，脳に信号を送る．脳の中の分子は信号を解釈して，考えや，概念や，画像をつくり出し，その結果がこの本を読むことになる．この複雑な過程を完全に説明できるほどの知識はないが，その一部なら思い描くことができる．もっと単純な過程であれば全体像を思い描くこともでき

る。この章では、分子を理解する旅に出発し、日常的にふれるマクロな物質を分子がどのように構成するかを旅の途中で理解していく。

4・2 化学物質と化学式

第3章では、すべての物質が原子からできていることを学んだ。この章では、原子はたいてい結合して化合物をつくることを学ぶ[*1]。一般的な物質を調べてみると、ほとんどのものは化合物であるか、または化合物の混合物である。たとえば、よく目にする一般的な物質の一例として水があるが、水分子は2個の水素原子が一つの酸素原子に結合してできている。ただ、試料として扱う水が純粋な水であることはあまりなく、たいていは水と他の物質の混合物だ。とりわけ海水は食塩（塩化ナトリウム）を含む。食塩はナトリウム原子と塩素原子が1対1の比率で結合してできている[*2]。その他の一般的な物質として、砂糖、天然ガス、アンモニアがあげられる。

化 学 式

化合物を表す場合には**化学式**を使う。化学式は、少なくとも、化合物に含まれる元素の種類と各元素の相対比を表す。たとえば、NaClは食塩の化学式だ。NaClと書くことで、食塩はナトリウム原子と塩素原子が1対1の比でできていることを示す。H_2O は水の化学式で、水は水素と酸素が2対1の比でできていることを示す。H_2O と書く場合に、化合物は水素と酸素の混合物だと勘違いしてはいけない。水素と酸素はともに気体で、両者を混ぜてもやはり気体だ。対照的に水は液体であり、おなじみのように、水素や酸素とは異なる多くの固有の性質をもつ。化学式中の下付き文字で表される数字は、化合物中での各元素の相対的な数を示し、特定の化合物では一定の値だ。水は常に H_2O であり、他の化学式で表されることはない。もしも化学式中のその数字を変えたければ、化合物自体を変える必要がある。たとえば、H_2O の後に2を付け足すと H_2O_2 になり、過酸化水素を表すが、水とは異なる物質だ。他の一般的な化合物の化学式としては、二酸化炭素の CO_2 や、一酸化炭素の CO や、砂糖の $C_{12}H_{22}O_{11}$ があげられる（図4・1）。

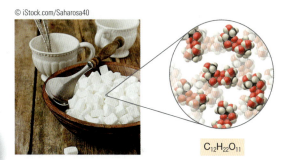

食塩はナトリウムイオンと塩化物イオンが1対1の比率で結合してできている。一つずつバラバラの分子からなる水と違って、塩化ナトリウムはナトリウムイオンと塩化物イオンが交互に並んだ三次元の結晶配列として存在する。

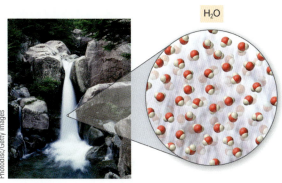

水とは1個の酸素原子に対して2個の水素原子が結合した分子で、化合物だ。

図4・1 砂糖の化学式を見れば、化合物中の個々の分子の原子の個数がわかる。砂糖の分子にはどの元素が含まれ、各元素はそれぞれいくつあるだろうか？

例題 4・1 化学式の理解

つぎの化学式で各元素の原子数を決めよう。
(a) K_2O (b) $Ca(NO_3)_2$

[解 答]
(a) 化学式中の下付き文字で書かれた数字は各元素の数を表す。したがって、K_2O はつぎの数の原子を含む。
　　　　2個の K，1個の O
(b) いくつかの原子をまとめてくくった括弧のすぐ右に下付き文字で書かれた数字は、括弧の中の原子すべてについてあてはまる。したがって、$Ca(NO_3)_2$ はつぎの数の原子を含む。
　　　　1個の Ca，2個の N，6個の O

[解いてみよう]
つぎの化学式で各元素の原子数を決めよう。
(a) CCl_4 (b) $Al_2(SO_4)_3$

[*1] §1・7で学んだように、化合物とは、固有のある一定比率の二つ以上の元素から構成されることを思い出そう。
[*2] 次の節と第5章で、化学結合についてさらに詳しく議論する。ここでは単に原子同士をつなぐものであると考えてよい。

4・3 イオン性化合物と分子性化合物

ボーアのモデルで学んだように，孤立した原子として存在できる元素は安定な電子配置をもつ希ガスだけなので，たいていの元素は結合して化合物をつくる．不安定な電子配置をもつ元素は，通常は他の元素と化合物をつくることで，安定になろうとする．安定になるために化合物を構成する元素間で電子のやりとりをするか，それとも電子を共有するかによって，化合物をイオン性と分子性の2種類に大別できる．

イオン性化合物

金属と非金属を含む化合物を，**イオン性化合物**とよぶ．第3章で学んだように，金属は電子を失いやすく，非金属は電子を受取りやすい傾向にあるということを思い出そう．結果として，金属と非金属は化学的に良い組合わせとなり，組合わせることでとても安定な化合物をつくる．金属と非金属が結合すると，金属は価電子のいくつかまたはすべてを放出し，非金属がその電子を受取る．その結果，どちらも安定になる．このようにして生成する結合のことを**イオン結合**とよぶ．たとえば，塩化ナトリウムでは，元素の周期表で1族にあるナトリウム原子が電子を1個失って Na^+ になる．その代わりに，周期表で17族にある塩素原子は電子を1個受取り，Cl^- になる．その結果，化合物 NaCl は，正電荷を帯びたナトリウムイオンと負電荷を帯びた塩化物イオンの間の引力によって強く結びつく．ボーアのモデルで Na^+ と Cl^- はともに外側の軌道が電子で満ちているので，化合物は安定になる．NaCl の結晶ではナトリウムイオンと塩化物イオンが三次元的に交互に並び，図4・2のような結晶格子をつくる．正電荷を帯びたナトリウムイオンと負電荷を帯びた塩化物イオンの間のイオン結合によって，結晶は結びついている．結晶内で原子が立方体の頂点に位置するように規則正しく並ぶので，結晶の形も規則正しい立方体の形になる．

イオン性化合物は水に溶かすと解離してイオンになる（図4・3）．たとえば，食塩水は NaCl のユニットを含むのではなく，Na^+ と Cl^- の2種類のイオンを含む．イオンが溶解した溶液を**電解質溶液**とよび，電荷を帯びたイオンの移動度が高いために，良い導体となる（電気は荷電粒子の流れだ）．

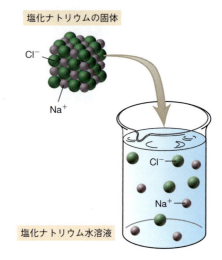

図4・3 食塩を水に溶かすと，構成成分のイオンへと解離する．

分子性化合物

非金属だけを含む，化合物イオンではないものを**分子性化合物**とよぶ．分子性化合物では，原子は安定化のために電子を共有する．なお，第5章でみるように，必ずしも電子を等しく共有するわけではない．電子を共有してできる結合のことを**共有結合**とよぶ．陽イオンと陰イオンがずっと交互に並ぶことで構成されるイオン性化合物と違い，分子性化合物は二つ以上の原子の集合体が結合し合うことでできる**分子**によって構成される．分子を表すには，より具体的な化学式である**分子式**を用いる．分子式は単に元素の相対比を示すだけでなく，分子内に各元素が実際に何個あるかをはっきりと示す化学式だ．たとえば，石油中の微量成分で発がん性物質であるベンゼンは，C_6H_6 という分子式で表す．ベンゼンで炭素と水素の比率を最も単純に表すと1対1になるが，分子式は C_6H_6 であって CH ではない．なぜなら，ベンゼンは6個の炭素と6個の水素を含む"分子"であり，すべてが結合しているからだ．

ベンゼン分子（C_6H_6）

分子は非常に大きくて複雑になることもある．たとえば，ヘモグロビンのようなタンパク質分子は数千もの原子を含む．

図4・2 食塩では Na^+ と Cl^- が立方体の頂点に位置するように三次元的に交互に並ぶ．食塩を顕微鏡で見ると，結晶が立方体の形であることがわかる．ナトリウムイオンと塩化物イオンが立方体の頂点に位置するように規則正しく並ぶからだ．

4・3 イオン性化合物と分子性化合物　　49

ヘモグロビン分子

プロパン（C_3H_8）：燃料

オクタン（C_8H_{18}）：ガソリンの主成分

コレステロール（$C_{27}H_{46}O$）：
ラードに含有．動脈硬化や血管閉塞の一因

　分子は物質全体のマクロな性質を左右する．分子性化合物の物質全体としての性質は，物質を構成する分子の性質に依存する．たとえば，水分子の曲がった形をまっすぐな直線の形に変えるとしたら，通常は 100 ℃ で沸騰する水が 0 ℃ 以下で沸騰するようになるだろう[*3]．

水分子（H_2O）

　このような変化が起こると衝撃的な結果になる．地球上の海は沸騰してなくなるだろうし，人体の大部分は水でできているのでなくなってしまうだろう．

　先にあげたヘモグロビン分子のことを考えてみよう．分子を構成する約 10,000 個の原子とその結合の仕方が，血液中で酸素を運搬するというこの分子の機能を決定づけている．難病の鎌状赤血球貧血は，ヘモグロビン分子のうちのわずか数個の原子が間違って置き換わることで起こる．だからこそ，マクロな振舞いの"分子的な"理由を強調しておく．私たちが見聞きし，体験するものは分子に原因があり，そして分子の構成原子，分子の形，分子の構造，分子の結合という分子の構造に関する要素に原因があるのだ．分子中の原子が置き換わるとか，分子の形が変わるといったように，これらの要素のうちのどれかが少しでも変化すると，分子が構成する化合物の性質は劇的に変化する．ここで少し時間をとって，右段にあげたの分子の形を調べてみよう．その際に，分子内のどの原子も分子の形も，日頃から慣れ親しんだ化合物の性質に影響を及ぼすことを覚えておこう．

アンモニア（NH_3）：
家庭用洗剤に使われる刺激性の気体

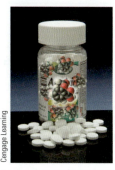
アセチルサリチル酸（$C_9H_8O_4$）：
アスピリン

復習 4・1 つぎの化合物がイオン性か分子性かを分類しよう．
(a) LiBr　(b) NO_2　(c) CaF_2　(d) $C_6H_{12}O_6$

スクロース（$C_{12}H_{22}O_{11}$）：砂糖

[*3] 分子の形は §5・6 で取上げる．水の性質は第 12 章で詳しく取上げる．

考えてみよう

Box 4・1 有害な分子

　自動車の運転を毎日していると，すぐ前を大きな古いトラックがあまりにもゆっくり走っているので，その後について行かないといけなくなることがある．前を走る車が単に古いだけであるか，またはトラックであるだけならばまだよいのだが，両方の条件が重なると大気の汚染源になる．目の前でトラックが黒い排気ガスを外気へと吐き出すので，排気ガス混じりの空気を吸い込まざるをえなくなってしまい，咳き込んだり，めまいを覚えたりするようになる．排気ガスの中には有害な分子がいくつか含まれていて，個々の原子の組合わせと分子固有の形がある条件に適合することで，環境に有害な分子となる．この場合は環境に有害なだけでなく，呼吸器系にも有害な分子となる．トラックや自動車の排気ガスに含まれる有害な分子として，一酸化炭素（CO）がある．一酸化炭素は，形も大きさも酸素（O_2）とほぼ同じだ．

　そのため，血液中で酸素を運搬する役割をもつヘモグロビンの中で酸素が納まるべき場所に，一酸化炭素分子がぴったりとはまってしまう．そして，酸素が必要な筋肉や脳に肺で取込んだ酸素を運ぼうとしても，身体が酸素を運べなくなり，結果としてめまいを覚えることになる．有害な分子が問題を起こす理由は，分子それぞれの特徴が環境や人体に望ましくない影響を及ぼすからだ．有害な分子のなかには，毒キノコの毒のように，自然界で発生するものもある．しかし，有害な分子のうちのいくつかは，人間社会で自動車燃料を消費する際の副産物として，環境中に放出されているのだ．

　質 問: 有害な分子は日常生活にどのような影響を及ぼしているだろうか？ 具体的な問題が思いつくだろうか？ なぜ有害な分子の化学について学び，理解することが重要なのだろうか？ 有害な分子について学ぶことは，平均的な一般市民と科学者のどちらにとって重要だろうか？ なぜそう言えるだろうか？

O_2　　CO

4・4　化合物の命名

　世の中には膨大な数の化合物があるので，化合物に系統的な名前（組織名）をつけられるように命名法を工夫する必要がある．しかし，多くの化合物は親しみやすさや覚えやすさの理由から，一般的な名前（慣用名）がついている．たとえば，H_2O は"水"というよく知られた慣用名があるが，組織名では"一酸化二水素"だ．NH_3 は"アンモニア"という慣用名があるが，組織名では"三水素化窒素"だ．慣用名は化合物のあだ名のようなもので，その化合物をよく知っていれば，組織名よりも慣用名を使う．化合物のなかには組織名しかないものもあり，二酸化炭素がよい例だ．反対に，水のように組織名は使われず，慣用名だけしか知られていない化合物もある．化合物の組織名は化学式に基づいて決まる．この節では，単純なイオン性化合物や分子性化合物にどのように組織名をつけるかを学ぶ．

イオン性化合物の命名

　二原子から構成されるイオン性化合物の名前は，陰イオンとなる非金属元素の語尾を"化"に変えて書き，その後に陽イオンとなる金属元素を書いて表す．

| 陰イオン（非金属元素）＋化 | 陽イオン（金属元素） |

　たとえば，NaCl の命名は，非金属元素"塩素"の名前の語尾を変えて"塩化"にし，その後に金属元素"ナトリウム"の名前をそのままつける．全体ではつぎのような名前になる．

　　NaCl　　塩化ナトリウム

　MgO の命名は，非金属元素の酸素の語尾を変えて"酸化"にし，その後に金属元素の"マグネシウム"をそのままつける．全体ではつぎのような名前になる．

　　MgO　　酸化マグネシウム

　Li_2S の命名は，非金属元素の硫黄の語尾を変えて"硫化"にし，その後に金属元素の"リチウム"をそのままつける．全体ではつぎのような名前になる．

　　Li_2S　　硫化リチウム

　イオン性化合物の命名では，化学式の中のある元素の数が複数の場合でも，その元素の数を表す接頭辞をつけないことに注意しよう[*4]．しかし，遷移金属元素を含むイオン性化合物の命名では，金属の電荷を表すために通常はローマ数字をつける．たとえば，$FeCl_3$ はつぎのように表す．

　　$FeCl_3$　　塩化鉄（Ⅲ）

[*4]　命名法をさらに広範囲で取扱うときには，2種類以上の電荷をもつことがあるイオン性化合物のイオン電荷はローマ数字で表す．たとえば，Sn や Pb は遷移金属ではないが，化合物によってそれぞれ電荷が異なるために，命名ではローマ数字を必要とする．

4・4 化合物の命名

表4・1 一般的な陰イオン

非金属	化学式	イオンの名前
フッ素	F^-	フッ化物イオン
塩素	Cl^-	塩化物イオン
臭素	Br^-	臭化物イオン
ヨウ素	I^-	ヨウ化物イオン
酸素	O^{2-}	酸化物イオン
硫黄	S^{2-}	硫化物イオン
窒素	N^{3-}	窒化物イオン

表4・2 一般的な多原子イオン

イオンの名前	化学式
炭酸イオン	CO_3^{2-}
炭酸水素イオン	HCO_3^-
水酸化物イオン	OH^-
硝酸イオン	NO_3^-
リン酸イオン	PO_4^{3-}
硫酸イオン	SO_4^{2-}

イオン性化合物におけるさまざまな非金属元素について，一般的な電荷をつけた各イオンの化学式と名前を，表4・1に示す．イオン性化合物の命名で"〜化"と表す元素は，陰イオンの名前が"〜化物イオン"となる．

多くのイオン性化合物の陰イオンは2個以上の原子を含むので，**多原子イオン**とよぶ．一般的な多原子イオンの例を表4・2にまとめた．多原子イオンを含む化合物を命名するには，多原子イオンの名前を陰イオンの名前として扱い，その際に"○○化物イオン"であれば"○○化"に変えて，または"○○イオン"であれば"○○"に変えて使用すればよい．たとえば，KNO_3は先に多原子陰イオンの名前"硝酸イオン"の語尾を変えた"硝酸"を書き，その後に陽イオンの名前"カリウム"を書く．全部合わせるとつぎのような名前になる．

KNO_3　硝酸カリウム

復習4・2 表4・1の各イオンを元素の周期表（本書の内表紙）の対応する場所に配置しよう．なぜF, Cl, Br, Iは1−の電荷のイオンになるのだろうか？ なぜ酸素と硫黄は2−の電荷のイオンになるのだろうか？ なぜ窒素は3−の電荷のイオンになるのだろうか？

この分子に注目

Box 4・2　炭酸カルシウム

　本書では，この章から始まる"この分子に注目"のコーナーで，"有名な"化合物を取上げていく．このコーナーで取上げる化合物は，おそらく何らかの形でこれまでに見聞きしたことがあるだろう．はじめに取上げるのは炭酸カルシウムだ．炭酸カルシウムは自然界に豊富に存在するイオン性化合物だ．

　化学式: $CaCO_3$
　モル質量: 100.09 g/mol
　融　点: 1339 ℃（方解石）

　炭酸カルシウムは，(CO_3^{2-})という多原子イオンを含み，イオン性化合物の代表例だ．炭酸カルシウムは自然界に広く存在し，卵の殻や，貝殻や，石灰石や，海底堆積物などの中に含まれる．炭酸カルシウムが最も印象的な形で存在するのは，鍾乳洞の中にある鍾乳石や石筍だろう．大気中の二酸化炭素によって酸性になった雨水（第13章で詳述）が土や岩に含まれる炭酸カルシウムを少しずつ溶かしていくので，鍾乳石は非常に長い時間をかけて成長する．炭酸カルシウムの飽和水溶液が地面に染み込む際に，二酸化炭素がいくらか抜けて雨水の酸性が弱まり，その結果，炭酸カルシウムが析出する．この現象が地下の洞窟で起こると，したたり落ちる水が鍾乳石と石筍とよばれる構造物をつくる．洞窟の天井から垂れ下がったものが鍾乳石で，地面から竹の子のように伸びたものが石筍だ．

　炭酸カルシウムは毒性が低く，安定な構造をしていて，酸を中和する性質をもつことから，多くの消費者製品に使用されている．たとえば，炭酸カルシウムはセメントや大理石といった多くの建材や，市販されている制酸薬（胸焼け用の薬）の主成分だ．また，ワイン製造時に過剰の酸を除去するためにも使用されている．

鍾乳洞の鍾乳石と石筍は，炭酸カルシウムでできている．

例題 4・2 イオン性化合物の命名

MgF$_2$ を命名しよう.
[解 答]
この場合の陽イオンはマグネシウムだ. 陰イオンとなる非金属元素はフッ素で, 陰イオンの名前はフッ化物イオンなので, 陽イオンの前にフッ化とつければよい. 正式名称はフッ化マグネシウムだ.

[解いてみよう]
KBr を命名しよう.

例題 4・3 多原子イオンを含む化合物の命名

NaOH を命名しよう.
[解 答]
この場合の陽イオンはナトリウムだ. 陰イオンは多原子イオンで, 表 4・2 から名前を見つけることができる. 陰イオンの OH$^-$ の名前は水酸化物イオンで, 命名では水酸化に変えて使用する. 正式名称は水酸化ナトリウムだ.

[解いてみよう]
CaCO$_3$ を命名しよう.

分子性化合物の命名

二原子からなる分子性化合物の名前は, イオン性化合物の名前と同様につける. 分子性化合物では二つの元素はどちらも非金属だが, より金属性が弱い性質をもつ元素, つまり周期表で右上の方にある電気的により陰性な元素を名前の 1 番目に書き, 電気的により陽性な元素を 2 番目に書く. その際に, 先に書く金属性が弱い元素は語尾を "化" に変える. さらに, 分子中に各元素がいくつあるかを示すために, 各元素の前に接頭辞として元素の数を漢数字でつける. (英語では数字そのものではなく, di や tri といった接頭辞をつける*5). 全体的につぎのような名前になる.

$$\boxed{\text{数+陰性元素"化"}} + \boxed{\text{数+数陽性元素}}$$

各元素の前につける接頭辞は, 分子内に含まれる各元素の原子の数を表す. 後に書く元素がもしも一原子だけの分子の場合は, その元素の接頭辞は省略する. たとえば, CO$_2$ という化合物を命名する場合は, 先に書く元素の酸素の語尾を変えて "酸化" にして, その前に酸素の個数を表す接頭辞として漢数字の "二" をつける. 後に書く元素は炭素で一原子だけなので, 接頭辞は省略して単に "炭素" と書く. まとめると化合物の名前はつぎのようになる.

CO$_2$ 二酸化炭素

別名を笑気ガスともいう化合物 N$_2$O を命名する場合は, 先に書く元素である酸素の語尾を "酸化" にし, その前に接頭辞として漢数字の "一" をつける. つぎに, 後の元素の窒素の個数が 2 個だということを示すために, 元素名 "窒素" の前に "二" という接頭辞をつけて書く. まとめると化合物 N$_2$O の名前はつぎのようになる (亜酸化窒素とよばれることもある).

N$_2$O   一酸化二窒素

復習 4・3 つぎの化合物の命名のどこが問題だろうか?
(a) SeO$_2$ 二酸化一セレン
(b) MgCl$_2$ 二塩化マグネシウム

例題 4・4 分子性化合物の命名

CCl$_4$, BCl$_3$, SF$_6$ を命名しよう.
[解 答]
CCl$_4$ 四塩化炭素
BCl$_3$ 三塩化ホウ素
SF$_6$ 六フッ化硫黄

[解いてみよう]
N$_2$O$_4$ を命名しよう.

4・5 化合物の式量とモル質量

これまでに化学式を使った化合物の表し方と, 化合物の命名方法を学んだ. つぎに, 化合物に固有の質量に目を向けよう. 元素が原子量という固有の質量をもつように, 化合物は**式量**という固有の質量をもつ. 化合物の式量は, 化学式中のすべての原子の原子量の合計を計算すればよい. たとえば, 水 (H$_2$O) の式量の計算はつぎのようになる.

$$\text{H}_2\text{O の式量} = 2 \times \underbrace{(1.01 \text{ amu})}_{\text{水素の原子量}} + \underbrace{16.00 \text{ amu}}_{\text{酸素の原子量}}$$
$$= 18.02 \text{ amu}$$

モル質量

第 3 章で学んだように, ある元素の amu 単位での原子量は, g/mol 単位で元素のモル質量を表した数値と等しいことを思い出そう. 化合物についても同じ関係が成り立ち, ある化合物の amu 単位での式量は, g/mol 単位で化合物の**モル質量**を表した数値と等しい.

$$\text{式量 (amu)} \longleftrightarrow \text{モル質量 (g/mol)}$$

たとえば, 水 (H$_2$O) は 18.02 amu の式量をもつ. つまり, H$_2$O のモル質量は 18.02 g/mol というモル質量をもち, 1 mol の水分子は 18.02 g の質量をもつ. 元素のモル質量が,

---

*5 英語での接頭辞: モノ(mono) = 1, ジ(di) = 2, トリ(tri) = 3, テトラ(tetra) = 4, ペンタ(penta) = 5, ヘキサ(hexa) = 6

4・6 化合物の組成: 変換係数としての化学式

元素について mol から g へと換算する際の変換係数であるように,化合物のモル質量は化合物について mol から g へと換算する際の変換係数となる.

例題 4・5 式量の計算

四塩化炭素（CCl_4）の式量を計算しよう.

[解 答]

式量を見つけるには,化学式の中の各原子の原子量の合計を計算する.四塩化炭素分子は炭素（C）原子 1 個と塩素（Cl）原子 4 個を含むので,式量はつぎのようになる.

$$CCl_4 \text{ の式量} = \underset{\text{炭素の原子量}}{12.01 \text{ amu}} + 4 \times \underset{\text{塩素の原子量}}{(35.45 \text{ amu})}$$
$$= 153.81 \text{ amu}$$

[解いてみよう]

別名を笑気ガスともいう麻酔ガスの一酸化二窒素（N_2O）の式量を計算しよう.

例題 4・6 モル質量を使った試料中の分子数の決定

0.100 g の重量の雨滴に含まれる水分子の数を計算しよう.

[解 答]

まず与えられた量を書き,つぎに求めるべき量を書こう.

与えられた量: $0.100 \text{ g H}_2\text{O}$
求めるべき量: 水分子の数

水分子のモル質量（計算は前述）を水について mol と g の間で換算する際の変換係数として使用しよう.つぎに,水分子の数を求めるために,アボガドロ定数を使用しよう.

$$0.100 \text{ g} \times \frac{1 \text{ mol}}{18.01 \text{ g}} \times \frac{6.02 \times 10^{23} \text{ 個}}{\text{mol}} = 3.34 \times 10^{21} \text{ 個}$$

[解いてみよう]

四塩化炭素（CCl_4）3.82 g に含まれる四塩化炭素分子の数を計算しよう.

4・6 化合物の組成: 変換係数としての化学式

化合物の中にある特定の元素がどれだけ含まれているかを知りたいことがしばしばある.たとえば,ナトリウム制限の食事療法をしている人は,塩化ナトリウム（食塩）1 箱にどれだけのナトリウムが含まれているかを知りたいだろう.また,オゾン層の減少の危機を見積もるためにはフロン-12（CF_2Cl_2）などのような特定のクロロフルオロカーボン 1 トンにつき,どれだけの塩素（Cl）があるかを知りたいだろう[*6].

このような計算の背景にある考え方は,単純な類推で理解できる.食塩 1 箱の中にどれだけのナトリウムが含まれているかと聞くことは,121 台の車に全部でタイヤが何本あるかを聞くことと同じようなことだ.まずタイヤと車の間で換算する際の変換係数を知る必要がある.車の問題の場合には,条件が与えられなくても,車に関する知識から変換係数がわかるだろう.1 台の車につき 4 本のタイヤがある（図 4・4）.

つまり,つぎのように書いてよい.

$$\text{タイヤ 4 本} \equiv \text{車 1 台}$$

≡ の記号は同等であることを意味する.車にはほかにも多くの部品がついているから,タイヤ 4 本が車 1 台と同じでないことは明白だが,タイヤ 4 本と車 1 台が同等だとい

タイヤ 4 本 ≡ 自動車 1 台　　　H 原子 2 個 ≡ H_2O 分子 1 個

図 4・4 化学式に固有の変換係数は,1 台の自動車を決める関係式に備わっている変換係数と同じようなものだ.

例題 4・7 変換係数としての化学式
（物質量から物質量へ）

化学式 CF_2Cl_2 で表されるクロロフルオロカーボン（フロン-12）4.38 mol に含まれる塩素原子の物質量を決めよう.

[解 答]

与えられた量: $4.38 \text{ mol } CF_2Cl_2$
求めるべき量: Cl の物質量（mol）

フロン-12 の物質量（mol）と Cl 原子の物質量（mol）の関係は,化学式から導ける.

$$2 \text{ mol Cl} \equiv 1 \text{ mol } CF_2Cl_2$$

CF_2Cl_2 の物質量に変換係数をかけて Cl 原子の物質量を求めよう.

$$4.38 \text{ mol } CF_2Cl_2 \times \frac{2 \text{ mol Cl}}{1 \text{ mol } CF_2Cl_2} = 8.76 \text{ mol Cl}$$

[解いてみよう]

CCl_4 2.43 mol には何 mol の塩素原子が含まれているだろうか?

[*6] クロロフルオロカーボンの塩素は,有害な紫外線を遮断しているオゾン層を破壊する.この話題は第 11 章で詳しく取上げる.

うことは，車1台として扱うためにはタイヤ4本をもたなければならないことを意味する．この関係を使用して換算に必要な変換係数をつくり，121台の車のタイヤの数を計算することができる．

$$車121台 \times \frac{タイヤ4本}{車1台} = タイヤ484本$$

同様に，化学式はある化合物の元素と化合物そのものの関係を表す．たとえば，水の化学式（H_2O）は1個のO原子につき2個のH原子があることを意味する．別の言い方をすれば，1個の H_2O につき2個のH原子があることを意味する．つまり，つぎのように書ける．

2個 H 原子 ≡ 1個 O 原子 ≡ 1個 H_2O 分子

または

2 mol H 原子 ≡ 1 mol O 原子 ≡ 1 mol H_2O 分子

例題 4・8　変換係数としての化学式（質量から質量へ）

グルコース（$C_6H_{12}O_6$）13.5 g には，何 g の酸素が含まれているだろうか？

[解 答]

与えられた量: 13.5 g（$C_6H_{12}O_6$）
求めるべき量: 酸素の質量（g）

酸素の物質量とグルコースの物質量の関係は，化学式から導ける．

6 mol O = 1 mol $C_6H_{12}O_6$

しかし，与えられた量はグルコースの質量であり，物質量ではない．質量から物質量へ換算するためには，下記のモル質量を使う必要がある．

O のモル質量 = 16.00 g/mol
$C_6H_{12}O_6$ のモル質量 = 6×(12.01) + 12×(1.01) + 6×(16.00)
　　　　　　　　　　　= 180.18 g/mol

はじめにグルコースのモル質量を使って，グルコースの質量（g）を物質量（mol）に換算する．つぎに，酸素の物質量（mol）に換算し，最後に酸素のモル質量を使って酸素の質量（g）に換算する．計算式は全体でつぎのようになる．

g $C_6H_{12}O_6$ → mol $C_6H_{12}O_6$ → mol O → g O
　　　　　　　　　↑　　　　　　　　　↑　　　　　↑
　　　　　　　　　①　　　　　　　　　②　　　　　③

① グルコースのモル質量を変換係数として使用
② 化学式から導いた変換係数を使用
③ 酸素原子のモル質量を変換係数として使用

グルコースの質量から始めて，つぎのように計算する．

$$13.5 \text{ g } C_6H_{12}O_6 \times \frac{\text{mol } C_6H_{12}O_6}{180.18 \text{ g } C_6H_{12}O_6} \times \frac{6 \text{ mol O}}{\text{mol } C_6H_{12}O_6} \times \frac{16.00 \text{ g O}}{\text{mol O}} = 7.19 \text{ g O}$$

[解いてみよう]
CO_2 2.5 g には何 g の酸素が含まれているだろうか？

この関係を使えば，ある一定量の化合物中の構成元素の量を決めることができる．たとえば，水分子 12 mol の中に含まれる水素原子の物質量（mol）を知りたい場合を考えよう．まず水分子 12 mol から計算を始めて，化学式から得られる変換係数を使って，水素の物質量を計算しよう．

化学式から得られる変換係数
　　　　↓
$$12 \text{ mol } H_2O \times \frac{2 \text{ mol H}}{1 \text{ mol } H_2O} = 24 \text{ mol H}$$

したがって，水分子 12 mol の中には水素原子 24 mol が含まれる．もしも水分子の量が mol では与えられずに g で与えられたら，まず g を mol に換算し，その後に上に書いたような計算をすればよい．

復習 4・4　食塩一包に NaCl 0.50 g が入っている．厳密な計算をせずに，その中に含まれるナトリウムの正しい質量を選ぼう．なお，ナトリウムのモル質量は 22.99 g/mol で，塩化ナトリウムのモル質量は 58.44 g/mol だ．
(a) 1.25 g　　(b) 0.50 g　　(c) 0.20 g　　(d) 0.10 g

4・7　化合物の生成と変換: 化学反応

化合物は**化学反応**によって生成し，化学反応によって変換される．たとえばメタン（CH_4）は無色無臭の気体で，天然ガスの主成分だが，酸素と反応して空気中で燃焼し，熱を発する．ガスコンロの炎を通じて炎についてはよく知っているが，分子レベルでは何が起こっているだろうか？ガス栓からメタン分子が流れてきて，空気中の酸素（O_2）分子と混ざる（図 4・5）．メタンと酸素が衝突することで反応が開始する．温度が十分に高ければ，メタンと酸素が反応して，二酸化炭素（CO_2）と水（H_2O）という別の分子が生成する．典型的なガスコンロの炎では，毎秒何兆個もの分子が反応して，炎の熱と光が発生する．

化学反応式

化学反応は**化学反応式**を使って表す．メタンと酸素の反応の化学反応式はつぎのように表す．

$$CH_4 + O_2 \rightarrow CO_2 + H_2O \quad （係数未調整）$$
　反応物　　　　生成物

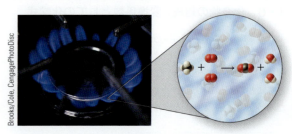

図 4・5　ガスコンロの炎の中でも化学反応は起こっている．

化学反応式の左側の開始物質を**反応物**とよび，右側の新たにできた物質を**生成物**とよぶ．化学反応式は実際の化学反応を表すので，化学反応式の左側と右側で，各元素の数は一致しないといけない．つまり，化学反応式は釣り合いがとれていなければならない．化学反応で新しく原子が生成してはいけないし，消失してもいけない．物質は保存されるのだ．先ほどの式は左右で原子の釣り合いがとれておらず，式の左側に酸素原子が2個あるのに，右側には3個もある．また，式の左側に水素原子が4個あるのに，右側には2個しかない．

1. 化学反応式の両側それぞれで，ある元素が一つの化合物にしか含まれていない場合は，はじめにその元素が釣り合うようにする．
2. 化学反応式の片側だけに，ある元素が単体として含まれている場合は，その元素は最後に釣り合うようにする．
3. 化学反応式の釣り合いをとるには，化合物の係数だけを変化させ，元素の右に下付き文字で書かれた係数は変化させない．下付き文字で書かれた係数を変化させると，化合物の種類が変化してしまう．
4. 係数が分数の場合は，式全体に適切な数をかけて，分数の係数を整数にする．

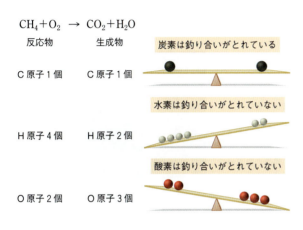

釣り合いのとれた化学反応式にするために，化学反応式の両側の各元素の個数が等しくなるような係数を，反応物と生成物のそれぞれにかける．それによって反応に関与する分子の数が変化する．しかし，分子の種類は変化しない．この場合，化学反応式の反応物の O_2 に係数として2をかけて，生成物の H_2O に2をかける．

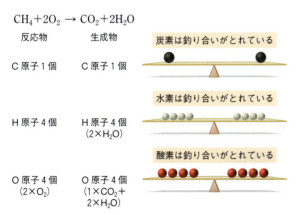

ある化合物の与えられた元素の原子の数の合計は，各元素の右の下付き文字で書かれた係数と各化合物の係数をかけることで求めることができる．見てわかるように，化学反応式はこれで釣り合いがとれた．

一般に，つぎの指針に従えば，化学反応式は釣り合いがとれるようになる．

例題 4・9 化学反応式の釣り合い

つぎの化学反応式を釣り合わせよう．
$$P_2H_4 \longrightarrow PH_3 + P_4$$

[解 答]

化学反応式の両側でHはそれぞれ一つの化合物にしか含まれていないので，まずHを釣り合わせる．
$$3P_2H_4 \longrightarrow 4PH_3 + P_4$$

つぎに，Pを釣り合わせる．
$$3P_2H_4 \longrightarrow 4PH_3 + \frac{1}{2}P_4$$

これで化学反応式の釣り合いが一応とれるようになったが，1/2のように分数の係数がある場合，通常は式の両側にある数をかけて分数の係数を整数にする．この場合は式の両側に2をかけて係数を整数にする．

$$\left(3P_2H_4 \longrightarrow 4PH_3 + \frac{1}{2}P_4\right) \times 2$$

$$6P_2H_4 \longrightarrow 8PH_3 + P_4$$

式の左側と右側のそれぞれについて各元素の数を数えれば，化学反応式の釣り合いがとれているかどうかをいつでも確認できる．

反応物　　　　　　　　生成物
P 原子 12 個 ($6 \times P_2H_4$)　P 原子 12 個 ($8 \times PH_3 + 1 \times P_4$)
H 原子 24 個 ($6 \times P_2H_4$)　H 原子 24 個 ($8 \times PH_3$)

このように，この化学反応式は釣り合いがとれている．

[解いてみよう]

つぎの化学反応式を釣り合わせよう．
$$HCl + O_2 \longrightarrow H_2O + Cl_2$$

4・8 反応の化学量論：変換係数としての化学反応式

以前に化学式の各元素の右の下付き文字を変換係数として使用したのと同様に，化学反応式において分子の前についている係数は，物質量や質量を換算する場合の変換係数として使用できる．換算をすることで，ある反応で必要な反応物の量や生成物の量をあらかじめ予想できるので，こ

新しいテクノロジー

Box 4・3　動物に合成をさせる遺伝子工学

　化学者がある化合物を合成しようとすると，最も単純な場合，その化合物が生成物となるような化学反応を実験室で行えば，目的化合物を一段階で合成できる．化学の知識が増せば増すほど，合成したい化合物の複雑さが増していく．近代の化学合成では目的化合物の合成までに多段階を要することがよくあり，反応の段階数だけでなく，途中の化合物同定，分離，精製の過程も段階数に応じて多くなる．

　タンパク質のような生体内化合物はあまりにも複雑すぎて，化学実験室では合成できないものもある．しかし，そのような生体内化合物は疾病治療にしばしば必要だ．最近まではヒトのタンパク質は人間からしか入手できなかったため，入手できる量も限られ，値段も高かった．遺伝学の発展につれて，科学者はヒトの"青写真"を動物に導入して（第16章で詳述），ある種のタンパク質を作れるようになった．動物が望みのタンパク質の合成工場となったのだ．たとえば，科学者はジニー（Genie）と名付けられた豚の遺伝子を変化させて，ヒトタンパク質Cを生産できるようにした．ヒトタンパク質Cは血液凝固作用に重要な血漿タンパク質で，血友病で欠乏している．そのため，このヒトタンパク質の必要性は高いが，今やジニーの乳に豊富に含まれている．医療用化合物を合成するこのような革新的な方法は，今日では広く利用されている．たとえば，血友病の治療に必要な血液凝固タンパク質を得ようとすると，以前は人間の献血に頼るしかなかった．しかし，今日では細菌から生産することができるようになり，それなしでは衰弱していくような疾病でも治療薬が入手しやすくなっている．

遺伝学者は，豚などの動物にヒトのタンパク質をつくる遺伝情報を導入した．豚はタンパク質の合成工場になる．

のような換算はとても重要だ．たとえば，地球温暖化の原因となる温室効果ガスの一つとして，二酸化炭素（CO_2）がある．二酸化炭素は，天然ガスの主成分であるメタンなどの化石燃料の燃焼で生じる生成物だ．前の節で導き出したように，メタンの燃焼の化学反応式はつぎのように表す．

$$CH_4 + 2O_2 \longrightarrow CO_2 + 2H_2O$$

メタンの燃焼の結果，どれだけの量のCO_2が大気中に放出されるかを計算したくなることもあるだろう．使用するメタンの総量はガス会社が正確に記録しているので既知だ．そのほかに，使用するメタンの量と生成する二酸化炭素の量を換算するための変換係数を知る必要がある．その変換係数は化学反応式から導き出せる．

　このような換算の背景にある考え方は，単純な類推をすれば理解できる．ある一定の量のメタンを燃焼することで二酸化炭素はどれくらい生成するのかと聞くことは，一定の量のチーズを使ってピザが何枚できるのかと聞くことと，とても似ているのだ．

ピザ作りと分子合成

　私のピザのレシピはとても単純だ．

　　ピザ生地1枚＋チーズ240g＋トマト120g
　　　　　　　　　　　　　　　　　　→ ピザ1枚

手持ちのチーズが960gあるとしよう．ほかの材料が十分にあるとしたら，このチーズを使って何枚のピザが作れるだろうか？　私のレシピでは，つぎのような同等関係が成り立つ．

$$チーズ 240 \text{g} \equiv ピザ 1 枚$$

以前と同じように，≡の記号は"同等である"ことを表す．チーズ240gはピザ1枚ではないし，おいしいピザはトッピングがチーズだけということはないが，ここではチーズ240gがピザ1枚と同等であり，ピザ1枚を作るにはチーズ240gが必要となる．この同等の関係を使えば，チーズ960gで作れるピザの枚数を計算するための正しい変換係数を導ける．

$$チーズ 960 \text{g} \times \frac{ピザ 1 枚}{チーズ 240 \text{g}} = ピザ 4 枚$$

　　　　　　　　↑
　　レシピから求めた変換係数

ピザのレシピを見ればさまざまな素材の関係について多くのことがわかるように，化学反応式を見れば化学反応で使用される試薬と反応生成物の関係について多くのことがわかる．

同様に，化学反応では分子を組合わせて違う分子を作るための"レシピ"がある．たとえば，水素と酸素が反応して水が生成する．この反応を表すと，

$$2H_2 + O_2 \longrightarrow 2H_2O$$

釣り合いのとれた反応式から，2分子の H_2 と1分子の O_2 が反応して2分子の H_2O が生成することがわかる．別の言い方をすれば，2 mol の H_2 と 1 mol の O_2 が反応して 2 mol の H_2O が生成するということだ．物質量（mol）を使って表すと便利なので，変換係数をつぎのように表す．

$$2 \text{ mol } H_2 \equiv 1 \text{ mol } O_2 \equiv 2 \text{ mol } H_2O$$

もしも 2 mol の H_2 を出発物として使用して，十分な量の酸素があるとしたら，どれだけの量の水を作り出せるだろうか？ 水素の物質量から水の物質量へ換算する変換係数をすでに導き出しているので，この同等関係を使う．

$$2 \text{ mol } H_2 \times \frac{2 \text{ mol } H_2O}{2 \text{ mol } H_2} = 2 \text{ mol } H_2O$$

↑
釣り合いのとれた化学反応式から求めた変換係数

したがって，2 mol の H_2O をつくるのに十分な量の H_2 をもっていることがわかる．もしも最初の反応物の量が mol で与えられずに g で与えられたら，例題 4・11 に書いてあるようにまず g を mol に換算し，あとは上に書いた手順で計算すればよい．

例題 4・10 化学反応式の変換係数としての使用（物質量から物質量へ）

酸化アルミニウム（Al_2O_3）はつぎの反応式でつくることができる．

$$4Al + 3O_2 \longrightarrow 2Al_2O_3$$

十分な量の酸素があるとして，2.2 mol の Al から何 mol の酸化アルミニウムができるだろうか？

[解答]
一般的なやり方で問題を解き始めよう．
与えられた量：2.2 mol Al
求めるべき量：mol Al_2O_3
同等になる関係式：$4 \text{ mol Al} \equiv 2 \text{ mol } Al_2O_3$

最初に与えられた量の Al から何 mol の酸化アルミニウムができるかを求めるために，この同等の関係を使う．

$$2.2 \text{ mol Al} \times \frac{2 \text{ mol } Al_2O_3}{4 \text{ mol Al}} = 1.1 \text{ mol } Al_2O_3$$

すなわち，1.1 mol の Al_2O_3 をつくるのに十分な量の Al がある．

[解いてみよう]
工業的に重要な反応として，N_2 と H_2 からアンモニア NH_3 を生産する反応がある．

$$N_2 + 3H_2 \longrightarrow 2NH_3$$

十分な量の N_2 があるとして，19.3 mol の H_2 から何 mol のアンモニアができるだろうか？

例題 4・11 化学反応式の変換係数としての使用（質量から質量へ）

あなたが住む町で，メタンを毎日 2.1×10^8 g（人口5万人の町の平均消費量）燃やしているとしよう．毎日，CO_2 は何 g が生じるだろうか？ 釣り合いのとれたメタンの燃焼の化学反応式は，つぎのようになる．

$$CH_4 + 2O_2 \longrightarrow CO_2 + 2H_2O$$

[解答]
与えられた量：2.1×10^8 g CH_4
求めるべき量：g CO_2

計算に必要な同等ものの対応関係は，化学反応式から導ける．

$$1 \text{ mol } CH_4 \equiv 1 \text{ mol } CO_2$$

しかし，与えられているのは CH_4 の重量（g）で物質量（mol）ではない．重量と物質量を換算するために，モル質量が必要だ．

CH_4 のモル質量 $= 12.01 + 4 \times (1.01) = 16.05$ g/mol
CO_2 のモル質量 $= 12.01 + 2 \times (16.00) = 44.01$ g/mol

まず，CH_4 のモル質量を使って，CH_4 の重量（g）を CH_4 の物質量（mol）に変換する．つぎに，CO_2 の物質量（mol）に変換する．最後に，CO_2 のモル質量を使って，CO_2 の物質量（mol）を CO_2 の重量（g）に変換する．全体の計算はつぎのような形になる．

$$\text{g } CH_4 \xrightarrow{①} \text{mol } CH_4 \xrightarrow{②} \text{mol } CO_2 \xrightarrow{③} \text{g } CO_2$$

① CH_4 のモル質量を変換係数として使用
② 化学式から導いた変換係数を使用
③ CO_2 のモル質量を変換係数として使用

CH_4 の重量（g）から始めて，計算過程はつぎのようになる．

$$2.1 \times 10^8 \text{ g } CH_4 \times \frac{\text{mol } CH_4}{16.05 \text{ g } CH_4}$$
$$\times \frac{1 \text{ mol } CO_2}{1 \text{ mol } CH_4} \times \frac{44.01 \text{ g } CO_2}{\text{mol } CO_2}$$
$$= 5.8 \times 10^8 \text{ g } CO_2$$

結果として，5.8×10^8 g の CO_2 が生じる．

[解いてみよう]
自動車のエンジンで起こっている化学反応の一つとして，オクタン（C_8H_{18}）の燃焼がある．

$$2C_8H_{18} + 25O_2 \longrightarrow 16CO_2 + 18H_2O$$

ガソリンが純粋なオクタンで，毎週 6.44×10^4 g（約20ガロン）のオクタンを燃焼していると仮定すると，毎週，何 g の CO_2 が生じるだろうか？

分子の視点

Box 4・4　キャンプファイヤー

キャンプファイヤーは化学反応のよい例だ．第1章でみたように，キャンプファイヤーは木を構成する分子と空気中の酸素が結びつき，二酸化炭素をつくることで成り立つ．風が少し吹くと火がよく燃えることに気がついていただろうか？風の中で火を起こすのは手間が余計にかかるが，いったん火が着きさえすれば，風がまったくないときよりも風が吹いている方がよく燃える．なぜだろうか？

解答：キャンプファイヤーの二つの反応物質は，木と空気中の酸素だ．風がないと木が燃える際に周りの酸素を使い果たしてしまう．風が少し吹くと木の周りの空気が動くので，火に酸素が常に供給されてよく燃える．

なぜ風が吹くと火がよく燃えるのだろうか？

復習4・5 2A+3B → 生成物という化学反応の係数は，つぎのうちのどの関係についての係数となるだろうか？
(a) Aの重量(g)とBの重量(g)
(b) Aの密度とBの密度
(c) Aの物質量(mol)とBの物質量(mol)

復習4・6 つぎの化学反応式について考えよう．
$$2A + 3B \rightarrow 2C$$
もし，2 mol のAと6 mol のBがあるとすると，この反応ではCが最大で何 mol できるだろうか？

キーワード

イオン性化合物	化学式
イオン結合	多原子イオン
電解質溶液	式　量
分子性化合物	モル質量
共有結合	化学反応式
分　子	反応物
分子式	生成物

章末問題

1. 第3章ですべての物質は原子からできていることを学んだ．この章では一般的な物質のほとんどが化合物であるか，または化合物の混合物であることを学んだ．これら両方のことが正しいといえるか説明せよ．
2. 化学式とは何か．
3. イオン結合と共有結合の違いは何か．
4. 分子性化合物の性質を決定するものは何か．
5. イオン性化合物の一般的な名前のつけ方を説明せよ．
6. 分子性化合物の一般的な名前のつけ方を説明せよ．
7. 化学式に備わっている数的な関係を説明せよ．
8. 化学反応式は釣り合いがとれていなければならない理由は何か．
9. つぎの化学式に含まれる各元素の原子数をそれぞれ答えよ．
   (a) CaF_2 (b) CH_2Cl_2
   (c) $MgSO_4$ (d) $Sr(NO_3)_2$
10. つぎの化合物をイオン性化合物と分子性化合物に分類せよ．
    (a) KCl (b) CO_2
    (c) N_2O (d) $NaNO_3$
11. つぎの化合物をそれぞれ命名せよ．
    (a) NaF (b) $MgCl_2$ (c) Li_2O
    (d) Al_2O_3 (e) $CaCO_3$
12. つぎの化合物をそれぞれ命名せよ．
    (a) BCl_3 (b) CO_2 (c) N_2O
13. つぎの化合物を化学式で表せ．
    (a) 二酸化窒素
    (b) 塩化カルシウム
    (c) 一酸化炭素
    (d) 硫酸カルシウム
    (e) 炭酸水素ナトリウム
14. 各化合物の式量を求めよ．
    (a) CO (b) CO_2
    (c) C_6H_{14} (d) HCl
15. 炭素と水素だけを含む式量が 44 amu の化合物の分子式を示せ．
16. 純粋な CO_2 の固体であるドライアイス 10.5 g に含まれる CO_2 分子の物質量は？
17. アスピリンの有効成分は，化学式が $C_9H_8O_4$ のアセチルサリチル酸だ．アスピリン1錠に 300.0 mg のアセチルサリチル酸が含まれているとして，1錠に含まれるアセチルサリチル酸の物質量は？
18. 水 35.7 g に含まれる水分子(H_2O)の数は？
19. 砂糖(スクロース $C_{12}H_{22}O_{11}$) 7.5 g に含まれるスクロースの分子数は？
20. つぎの各分子に含まれる塩素原子の数は？
    (a) 124個の CCl_4 分子
    (b) 38個の HCl 分子

(c) 89 個の CF₂Cl₂ 分子
(d) 1368 個の CHCl₃ 分子

21． つぎの各分子に含まれる酸素の物質量を求めよ．
(a) N₂O₄　0.35 mol
(b) CO₂　2.26 mol
(c) CO　1.55 mol
(d) H₂O　42.7 g

22． 米国食品医薬品局(FDA)が推奨する1日当たりのナトリウム(Na)摂取量は 2.4 g 以下だ．FDA の基準に収めるには，1日に摂取してよい食塩(NaCl)の量は何 g か．

23． Fe₂O₃ 34.1 kg に含まれる鉄の質量を kg 単位で求めよ．

24． つぎの反応式で左右の釣り合いがとれるように係数をつけよ．
(a) HCl + O₂ ⟶ H₂O + Cl₂
(b) NO₂ + H₂O ⟶ HNO₃ + NO
(c) CH₄ + O₂ ⟶ CO₂ + H₂O

25． つぎの反応式で左右の釣り合いがとれるように係数をつけよ．
(a) Al + O₂ ⟶ Al₂O₃
(b) NO + O₂ ⟶ NO₂
(c) H₂ + Fe₂O₃ ⟶ Fe + H₂O

26． つぎの反応式のようにして水ができるが，左右の釣り合いがとれていない．

$$H_2 + O_2 \longrightarrow H_2O$$

(a) 左右の釣り合いがとれるように係数をつけよ．
(b) 2.72 mol の O₂ と無制限の H₂ を使用すると，何 mol の水が合成できるか．
(c) 水を 10.0 g 合成するためにはどれだけの物質量の H₂ が必要か．
(d) H₂ 2.5 g を完全に反応させると何 g の水が生成するか．

27． 各家庭での熱の発生に天然ガスが使用される．つぎの反応式に従って天然ガスは燃える．

$$CH_4 + 2O_2 \longrightarrow 2H_2O + CO_2$$

つぎに示す量のメタンが燃焼すると二酸化炭素がそれぞれ何 g 発生するかを求めよ．
(a) 2.3 mol　(b) 0.52 mol
(c) 11 g　(d) 1.3 kg

復習問題の解答

復習 4・1　(a) イオン性
(b) 分子性
(c) イオン性
(d) 分子性

復習 4・2　第3章で学んだように，F, Cl, Br, I はハロゲンで，どれも7個の価電子をもつことを思い出そう．最外殻軌道を満たすためには，どの原子も1個の電子を受取る必要がある．したがって，ハロゲンは1−の電荷をもつイオンになりやすい傾向がある．酸素と硫黄は6個の価電子をもち，最外殻軌道を満たすためには2個の電子を受取る必要がある．したがって，酸素と硫黄は2−の電荷をもつイオンになりやすい傾向がある．窒素は5個の価電子をもち，最外殻軌道を満たすためには3個の電子を受取る必要がある．したがって，窒素は3−の電荷をもつイオンになりやすい傾向がある．

復習 4・3　(a) 一という接頭辞は通常は不要だ．正しい名前は二酸化セレン．(b) この化合物はイオン性なので接頭辞は不要だ．正しい名前は塩化マグネシウム．

復習 4・4　c．ナトリウムのモル質量は塩化ナトリウムのモル質量の約 40% なので，食塩一包の質量の約 40% がナトリウムの質量だ．

復習 4・5　c．化学反応式の係数は質量の関係を表さず，常に物質量の関係を表す．

復習 4・6　2 mol の C．たとえ 4 mol の C をつくるために十分な量の B があっても，A の量は 2 mol の C をつくる分しかない．A の物質量によって，つくれる生成物の量の上限が決まる．

章のまとめ

分子の概念

　この章では，自然界のほとんどの物質は元素がある一定の比率で組合わさってできた化合物であることを学んだ（§4・1）．化合物を表すには，元素の種類と相対的な量を示す化学式を使う（§4・2）．分子性化合物では，各分子について元素の種類と数を示す分子式を使う．

　化学物質を大別すると，イオン性と分子性の2種類に分類でき，それぞれについて命名法がある（§4・3，§4・4）．イオン性化合物は，金属がイオン結合を介して非金属と結合したものだ．イオン結合では，金属から非金属へと電子が渡され，金属は正電荷を帯びた陽イオンになり，非金属は負電荷を帯びた陰イオンになる．イオン性化合物は，固体状態では三次元的に陽イオンと陰イオンが交互に整列した結晶格子からできている．分子性化合物は，共有結合で非金属元素同士が結合したものだ．共有結合では，電子は共有結合を形成する二つの原子に共有される．分子性化合物は分子という原子の集合体を含み，分子一つ一つは同一のものとして扱える．

　化学式の中のすべての元素の原子質量の合計は，式量とよぶ（§4・5）．式量は，化合物の質量と分子の物質量を変換する場合の係数だ．化学式の中の各元素の数の相対比を表す数は，各化学式に固有の値であり，ある化合物に含まれる元素の量を決めるのに役立つ（§4・6）．

　化学反応では化合物の生成や変換が起こるが，あらゆる化学反応は化学反応式を用いて表す（§4・7）．化学反応式の左側に書くものは反応物とよび，右側に書くものは生成物とよぶ．化学反応式の左右の釣り合いをとるために，どの原子の数も化学反応式の両側でまったく同数でないといけない．化学反応式の係数は反応物と生成物の数量の関係を決めるのに役立つ（§4・8）．

社会との結びつき

　世の中に最もありふれている物質は化合物なので，身の回りの世界で何が起こっているかを理解するためには，化合物のことを理解しないといけない（§4・1）．プラスチック，洗剤，制汗剤といった日用品から，オゾン層破壊，大気汚染，地球温暖化といった社会が直面する環境問題にいたるすべての事柄において，天然と人工のどちらにしても，化合物は重要だ．

　よくあるイオン性化合物としては，食塩，炭酸カルシウム（制酸薬の有効成分），重曹（ベーキングパウダーともいう）がある．よくある分子性物質としては，水，砂糖，二酸化炭素がある．分子の性質によって，その分子が構成している分子性化合物の性質が決まる（§4・3）．

　ある一定の化合物に含まれる元素の量を知りたいことはよくある（§4・5）．たとえば，ナトリウム摂取量に注意している人たちは，一定量の塩化ナトリウム（食塩）に含まれるナトリウムの量を知りたいだろう．

　化学反応は社会と人体を維持している（§4・7）．人間社会のエネルギーの90％は化学反応からエネルギーを得ていて，なかでも主として化石燃料の燃焼によって得ている．人体は食物を摂取し，食物に含まれる分子をゆっくりと調整しながら燃焼させることで，エネルギーを得ている．有用な化学反応の生成物は，時として環境問題をひき起こす．たとえば，化石燃料の燃焼で生じる生成物の一つの二酸化炭素は，温室効果という現象を通じて，地球温暖化をひき起こしているかもしれない．

5 化学結合

人間は自然を力で支配するのではなく，自然を理解することで支配する．
だから魔術はうまくいかなかったのに，科学は成功したのだ．
科学が成功したのは唱える呪文を探してこなかったからだ．
　　　　　　　　　　　　　　　—— Jacob Bronowski

目　次
- 5・1　毒から調味料へ
- 5・2　化学結合とルイス
- 5・3　イオンのルイス構造式
- 5・4　共有結合化合物のルイス構造式
- 5・5　オゾンの化学結合
- 5・6　分子の形
- 5・7　水：極性結合と極性分子

この章で学ぶこと
- 化合物を構成する元素の性質と，その化合物の性質は同じだろうか？ それとも違うだろうか？
- なぜ元素は結びついて化合物が生成するのだろうか？
- どうすれば化合物中の元素の比率を予想できるだろうか？
- なぜ分子の形は重要なのだろうか？
- どうすれば分子の形を予想できるだろうか？
- 分子が構成要素となる化合物の性質を予想するには，分子の形をどのように使えばよいだろうか？

　この章では，化学結合について学ぶ．わずか91個の天然元素だけでなく，何百万もの物質が宇宙に存在するのは，化学結合があるからだ．ある元素が他の元素と結合するのはなぜなのかを，読みながら考えてみよう．たとえば，なぜ水素は酸素と容易に結合して水を生成するのだろうか？ なぜ水分子には一つの酸素原子に対して二つの水素原子があるのだろうか？ そこで，なぜ原子が結合するかを説明する化学結合のモデルであるルイスの理論を学ぶ．さらに，分子の形を予想するためにVSEPR理論という別のモデルも学ぶ．

　これらのモデルは紙の上に点と線を書くだけでできあがるので比較的単純だが，身の周りの物質の重要な性質を推定するのに役立つ．化学結合を理解したことで，かつては存在しなかったような新しい分子を創り出すことができるようになった．その多くは社会に大きな影響を与え，われわれの生活を大きく変えてきた．たとえば，ナイロン，プラスチック，ラテックス，エイズ治療薬はどれも化学者によって合成されたものだ．化学者は化学結合を理解し，特定の目的を達成するためにどのようにして分子を組立てればよいかを知っている．もしもこのような化学合成品がなかったら，今の生活はどのようになっていただろうか？

5・1　毒から調味料へ

　塩素は薄黄色の気体で，ほぼすべてのものと反応する[*1]．

　塩素は毒で，吸い込むと死ぬこともある．第一次世界大戦では化学兵器としても使用された．ナトリウムは光沢のある金属で，同じくらい反応性が高く有毒だ．ナトリウムの小片を水の中に落とすと爆発することもある．しかし，化学反応で塩素とナトリウムが化合すると，食塩とよんでいる比較的無害な調味料ができる．どうすれば二つの毒が化合して，ステーキの味を良くする調味料になるのだろうか？ その答えは化学結合にある．

　塩素は七つの価電子をもつので反応性が高い．なぜなら安定な電子配置となるには電子が一つ足りないからだ．一方，ナトリウムは価電子を一つしかもたないので反応性が高い．というのも，この場合は安定な電子配置よりも電子が一つ余計だからだ．

　どちらの元素も生体分子と電子の受渡しを行うことで生体分子を変化させる．そのためにどちらの元素も有毒だ．

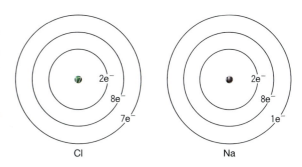

[*1] 第3章で学んだように，塩素はハロゲン（17族）であり，最外殻軌道に7個の電子をもつことを思い出そう．ナトリウムはアルカリ金属（1族）であり，最外殻軌道に1個の電子をもつ．最外殻軌道に8個の電子があると安定な電子配置になることも思い出そう．

ナトリウムは生体分子へ電子を渡し，塩素は生体分子から電子を受取る．

ナトリウムと塩素を混合すると，ナトリウムから塩素へと電子が移動する化学反応が激しく進行し，その激しさは見ていると驚くほどだ（図5・1）．どちらの原子も電子の受渡しをすることで安定化され，化学結合ができる．反応後に残る物質は塩化ナトリウムで，安定で無害な化合物である．ナトリウムイオン（Na^+）も塩化物イオン（Cl^-）も最外殻軌道に八つの電子をもち，安定な電子配置になる．これこそが，塩化ナトリウムが安定な理由だ．

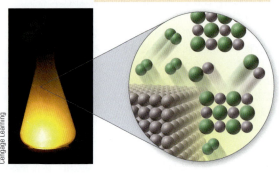

図5・1 ナトリウムと塩素は激しく反応する．

この章では化学結合について学ぶ．まず，**ルイスの理論**という単純な理論を展開する．ルイスの理論を使うことで化学結合が洞察でき，なぜ元素が決まった比率で化合するかを説明できるようになる．例をあげると，ルイスの理論を使えば，水素と酸素の反応では水素2原子と酸素1原子が化合した生成物を与えると予想できる．実際に，自然界には予想と一致する"水"という化合物が存在する．ルイスの理論で理論的に予想できることは，地球の広大な海洋，湖，氷床において物理的な意味がある．

また，マクロな視点から見た分子性化合物の性質と，その最小構成単位である分子のミクロな視点から見た性質を，結びつけて考え始めよう．そのために，分子の形を予想するのに役立つ，**原子価殻電子対反発（VSEPR）理論**という別のモデルを学ぶ．VSEPR理論を使うことで，水分子の2個の水素原子と1個の酸素原子がブーメランに似た形になることを予想できる．自然界の水分子を調べると，実際に水分子がブーメランに似た形であることがわかる．

 H_2O

また，理論的な予想は実際に物理的な意味がある．人間が飲み，身体を洗い，入浴するのに使う水の性質は，水分子の形で決まる．もしも水分子が違う形をしていたら，水はまったく違う性質の物質だっただろう．

5・2 化学結合とルイス

毎週の化学の試験の成績が発表されるたびに，クラスメートの一人がいつもすべての成績を記録していたら，少しおかしいと思うだろう．その子は同級生全員に勉強時間と勉強方法を聞いて回り，教室での様子を観察する[*2]．間もなくすると，試験の成績を予想するモデルを作ったとその子が発表し，実際に10回中9回はその予想が当たる．観察に基づいてその子が頭の中で築き上げた理論的モデルは，実世界の何かを予想する．そしてその子は喜ぶのだ．

1990年代初頭に，米国人の化学者でカリフォルニア大学バークレー校の**ルイス**（G. N. Lewis，1875～1946）は，同じようなやり方で観察を行い，理論的モデルを作り上げた．ただ，ルイスのモデルは試験の成績よりもずっと重要なことを予想するものだった．ルイスのモデルはある元素からできる分子を予想するもので，10回中9回は予想が正しかった．

ルイスのモデルは，つぎの基本的な考えに着目している．

1. 化学結合において価電子は最も重要だ．
2. ある原子から別の原子へと価電子が受渡されてイオン結合ができる．または価電子が二原子で共有されて共有結合ができる．
3. 価電子が受渡されるか共有される場合に，化合物中の原子をボーアのモデルで表すと，軌道は満たされて安定な電子配置となる．安定な電子配置はたいてい8電子なので，**オクテット則**として知られている．（この例外で重要なのはヘリウムと水素だ．その場合に安定な電子配置は2電子だ）

ルイスの理論では，点を使って価電子を表す．元素の**ルイス構造式**は価電子を表す点で元素記号の周りを囲んだものだ．1個の点が1個の電子を表す．たとえば，ケイ素の電子配置をボーアのモデルとルイス構造式で表すと，それぞれつぎのようになる．

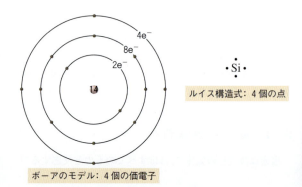

[*2] §1・3で学んだように，科学的手法はまず観察から始め，法則，仮説，理論へと展開していくことを思い出そう．

> **分子の視点**
>
> **Box 5・1 フッ化物イオン**
>
> フッ化物イオン(F^-)は虫歯の予防に役立つ．フッ化物イオンを含む化合物の一つであるフッ化ナトリウムを飲料水に添加すると，虫歯の数が65％減少することが研究によってわかっている．その一方で，フッ素という元素は宇宙で最も反応性の高い元素であり，接触するほとんどすべてのものと反応するので，きわめて毒性が高い．
>
> **問題**: フッ素元素の高い反応性とフッ化ナトリウムの安定性は，分子的な観点からどのように説明できるだろうか？
>
>
>
> 飲料水にフッ化物イオンを添加すると虫歯が65％減少する

ルイスの理論では内部ないし内殻の電子は無視して，四つの価電子をケイ素の元素記号の周りを囲む四つの点で表す．炭素も四つの価電子をもつので，炭素のルイス構造式も四つの点がある*3．

$$\cdot \overset{\cdot}{\underset{\cdot}{C}} \cdot$$

その他のいくつかの元素のルイス構造式はつぎのようになる．

H・　He:　Na・　Mg:　・N̈・　・Ö:　:N̈e:

価電子を表す点は元素記号の周りに置かれ，各辺につき最大で二つまで配置される．各点の正確な位置や順番は重要ではない．安定な電子配置の場合，ヘリウムでは二つの点を書けばよく，それ以外の元素では八つの点（オクテット）を書けばよいので，簡単にルイス構造式を書くことができる．オクテットにならない元素は，他の元素と反応してオクテットになろうとする．水素は例外で，反応すると価電子が2個になる．ルイスの理論によると，反応に関係するすべての原子が電子を受渡すか共有してオクテットになろうとするので，化学結合を形成すると元素が正しい比率で結びつく．これこそが単純で強力な化学結合の理論だ．食塩や水のように天然にある化合物をみると，ルイスの理論から予想される多くのことが正しいとわかる．

復習5・1 水素ガスの方がヘリウムガスよりも安価で浮揚性が高いにもかかわらず，ヘリウムガスを風船に詰める理由を，水素とヘリウムのルイス構造式に基づいて説明せよ．

H・　　He:

5・3 イオンのルイス構造式

ルイスの理論では，元素のルイス構造式を組合わせて化合物のルイス構造式をつくる．金属元素と非金属元素の間で電子を受渡してできるイオン結合は，金属元素のルイス構造式から非金属元素のルイス構造式へと点を移動することで表す．金属元素は陽イオンになり，非金属元素は陰イオンになる（§3・3参照）．たとえば，ナトリウムと塩素はそれぞれつぎのようなルイス構造式で表す．

$$Na\cdot \quad \cdot\ddot{C}l:$$

塩化ナトリウム（NaCl）のルイス構造式をつくるには，ナトリウムの価電子を塩素に移動する．

$$Na\cdot \curvearrowright \cdot\ddot{C}l: \longrightarrow Na^+ [:\ddot{C}l:]^-$$

ナトリウムは価電子を失うので，元素の周りの点がなくなる．ルイス構造式には表れないが，ボーアのモデルで電子を収容する最外殻軌道はオクテットになるので，この状態のナトリウムは安定な電子配置になる．このことを確かめるために，§5・1でナトリウム原子のボーアのモデルを見直してみよう．塩素の方は八つの点で表されるように電子配置がオクテットとなる．金属と非金属の両方が電荷を

ルイスはカリフォルニア大学バークレー校で教鞭を執った．彼の栄誉をたたえて，化学科の建物に彼の名前がつけられている．

---

*3 §3・10で学んだように，ある元素の価電子の数（つまり点の数）は元素の周期表でその元素が位置する族の数で決まる．

もつことになるので，元素記号の右上に電荷の大きさを書く．さらに，負電荷は電子を表す"点"も含めた塩素全体に属していることを示すために，陰イオン全体を括弧でくくって表す．§4・3に書かれていたように，塩化ナトリウムの結晶では，陽イオンのナトリウムイオンと陰イオンの塩化物イオンが三次元の結晶格子内で陽イオンと陰イオンの相互作用によって交互に配列していることを思い出そう（図5・2）．どのようにしてこの二つのイオンが安定な電子配置となるか，もう理解できるだろう．

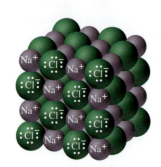

図5・2 塩化ナトリウムの結晶格子

つぎに，フッ化マグネシウム（MgF_2）について考えてみよう．マグネシウムとフッ素はつぎのルイス構造式で表す．

$$Mg: \quad \cdot \ddot{F}:$$

マグネシウムの電子配置がオクテットになるためには，二つの価電子をどちらも失わなければならない．しかし，フッ素の電子配置がオクテットになるために必要な電子は一つだけだ．したがって，マグネシウム原子1個につきフッ素原子が2個必要だ．

$$[:\ddot{F}:]^- \quad Mg^{2+} \quad [:\ddot{F}:]^-$$

マグネシウムは価電子をすべて失って点がないように見えるが，その一方で二つのフッ素原子の電子配置はどちらも

例題5・1　イオン性化合物のルイス構造式

MgO のルイス構造式を書け．

[解　答]

マグネシウム（Mg）と酸素（O）のルイス構造式はつぎのようになる．

$$Mg: \quad \cdot \ddot{O}:$$

マグネシウムは電子を2個失って電子配置がオクテットになり，その一方で酸素は電子を2個受取る．

$$Mg^{2+} \quad [:\ddot{O}:]^{2-}$$

[解いてみよう]

$BeCl_2$ のルイス構造式を書け．

例題5・2　イオン性化合物の化学式を決めるためのルイス構造式の利用

ルイス構造式を利用して，カルシウムとフッ素からできる化合物の正しい化学式を決めよ．

[解　答]

CaとFのルイス構造式はつぎのようになる．

$$Ca: \quad \cdot \ddot{F}:$$

カルシウムは電子を2個失い，その一方でフッ素は電子を1個受取り，電子配置がオクテットとなる．したがって，カルシウム原子1個につきフッ素原子が2個必要だ．正しいルイス構造式はつぎのようになる．

$$[:\ddot{F}:]^- \quad Ca^{2+} \quad [:\ddot{F}:]^-$$

正しい構造式は CaF_2 だ．

[解いてみよう]

ルイス構造式を利用して，リチウムと酸素からできる化合物の正しい化学式を決めよ．

オクテットとなる．自然界に存在するフッ化マグネシウムをみてみると，ルイスの理論から予想されるように，二つのフッ化物イオンと一つのマグネシウムイオンから構成されていることがわかる．

5・4　共有結合化合物のルイス構造式

共有結合では二つの原子が電子を共有する．ルイスの理論では，二つの原子間で電子を共有するようにして共有結合を書く．そうすることで，共有された点は原子の電子配置がオクテットになっているかを数える際に，二つの原子それぞれのオクテットの一部として重複して数えることができる．たとえば，第3章で塩素の単体は Cl_2 という二原子分子として存在することを学んだ．ルイスの理論を使えばそうなる理由を説明できる．塩素原子のルイス構造式を見てみよう．

$$\cdot \ddot{Cl}:$$

二つの塩素原子をつなげて Cl_2 となることで，塩素原子がどちらもオクテットになる．

$$:\ddot{Cl}:\ddot{Cl}:$$

中間にある二つの電子は両方の原子に共有され，それぞれの原子がオクテットを満たすかどうかを数える際の勘定に入れられるので，二つの塩素原子はどちらもオクテットとなる．結果として，二つの塩素原子がそれぞれ独立に存在している場合よりも塩素分子として存在する方が安定であ

り，塩素の単体は Cl_2 として存在する．

オクテット オクテット

ルイス構造式では2種類の電子対を区別して取扱う．二つの原子に共有される電子対は**共有電子対**（結合電子対ともいう）とよび，一つの原子にだけ帰属される電子対は**非共有電子対**（孤立電子対ともいう）とよぶ．

オクテットになるかどうかを調べるときに，共有電子対だけは両方の原子について重複して数え，非共有電子対は片方の原子だけについて数える．

<u>復習5・2</u> 第3章では自然界においてフッ素，臭素，ヨウ素のそれぞれが二原子分子として存在することを学んだが，なぜそうなるのだろうか？

つぎに水について考えてみよう．水素と酸素のルイス構造式はつぎのようになる．

H・　・Ö:

この二つの元素は化合して水（H_2O）を生成する．その際に，二つの水素原子それぞれが1個ずつもつ電子は水素と酸素で共有される．水素原子は電子を2個もつことになり，酸素原子はオクテットを満たすこととなるので，安定な水分子ができ上がる．

H:Ö:H

ルイス構造式を見れば，安定な化合物を形成するためには H と O が 2:1 の比でないといけないことがわかる．ルイスの理論の予想は正しい．自然界に存在する水を調べてみると，水は酸素原子1個に対して水素原子2個が結合してできていることがわかる．

四塩化炭素（CCl_4）について考えてみよう．炭素と塩素のルイス構造式はつぎのようになる．

・Ċ・　・Ċl:

炭素がオクテットを満たすためにはさらに電子が4個必要だが，塩素は電子がもう1個あればよい．四塩化炭素の正しいルイス構造式はつぎのようになる．

このルイス構造式の原子はどれもオクテットを満たしている．炭素原子は4組の共有電子対に囲まれてオクテットとなり，塩素原子はどれも三つの非共有電子対と一つの共有電子対によってオクテットとなる．ルイスの理論では共有電子対は化学結合であるという考え方を強調するために，表記方法を単純化して，共有電子対を1本線で表す．

:Cl:
:Cl—C—Cl:
:Cl:

多重結合

オクテットを満たすようにするために，二つの原子が複数の電子対を共有することがしばしば起こる．たとえば，二原子分子の O_2 として存在する酸素の単体について考えてみよう．結合していない酸素原子のルイス構造式は6個の電子をもつ（酸素は元素の周期表で16族の元素だ）．

・Ö・　・Ö・

O_2 分子を形成するために二つの酸素原子をくっつけると，最初はつぎのようなルイス構造式を書こうとするかもしれない．

:Ö:Ö:
不完全なオクテット

しかし，これでは一方の酸素原子はオクテットになっておらず，オクテットになるのに電子が2個足りない．この酸素原子がオクテットを満たすためには，非共有電子対の一つを2番目の共有電子対に変えればよい．

:Ö:Ö: → :Ö::Ö:
オクテット オクテット

このルイス構造式は二つの共有電子対をもち，**二重結合**とよぶ．オクテットになるかどうかを調べる際に，二重結合を構成する4個の電子は二つの酸素原子それぞれで重複して数えるので，どちらの原子もオクテットになる．二重結合は2本線で表す．

二重結合一つにつき単結合の2倍の電子を含むので，二重結合の方が単結合よりも短く（つまり結合している原子同士が近い距離に位置して），そして強い．

オクテットを満たすために，2個の原子が3組の共有電子対をもつこともある．たとえば，窒素の単体は二原子分子の N_2 として存在し，ルイス構造式では3組の共有電子対をもつ．結合していない窒素原子それぞれのルイス構造式はつぎのようになる．

・N̈・　・N̈・

共有電子対を1組だけ使って N_2 のルイス構造式を書こうとすると，この場合もそれぞれの原子がオクテットになるには電子の数が足りない．

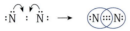

2組の非共有電子対を共有電子対の方へと移動して共有電子対に変えれば，両方の窒素原子がオクテットを満たせる．

このルイス構造式は3組の共有電子対をもち，**三重結合**とよぶ．三重結合を形成する6個の電子は，両方の窒素原子がオクテットとなるかどうか調べる際に2個の窒素原子それぞれで重複して数えるので，どちらの原子もオクテットとなる．三重結合は3本線で表す．

$$:N\equiv N:$$

三重結合は単結合や二重結合よりも短く，そして強い． N_2 分子はとても安定な分子で， N_2 の結合を切断して二つの窒素原子にするのは難しい．

ルイス構造式を書く手順

1. **分子の骨格構造を書く**．分子のルイス構造式を正しく書くためには，原子を互いに正しい位置関係に書き，正しい骨格構造を書かなければならない．たとえば，水の骨格構造をH−H−Oというように書こうとすると，適切なルイス構造式を書けなくなる．本来なら酸素原子は中心に位置していて，水素原子は末端に位置する．正しい骨格構造はH−O−Hだ．分子の形を決定するための実験を具体的に行わない限り，分子の正しい骨格構造がいつもわかるわけではない．しかし，合理的な骨格構造を書くには，つぎの二つの単純な指針に従えばよい．第一に，水素は電子を1個だけしかもたないが，電子を2個もつ必要があるので，"けっして中心原子にはならない"．第二に，似たようなタイプの原子をいくつか含む分子の場合は，必ずではないものの，そういう原子は末端にあることが多い．言い換えると，分子はできる限り対称構造をとる傾向にある．このような指針に従っても，適切な骨格構造がはっきりしないかもしれない．本書では骨格構造があいまいな場合でも正しい骨格構造が明記されている．
2. **分子の総電子数を決定する**．元素の周期表の族からわかる各原子の価電子数をすべて合計することで，分子の総電子数を決定する．最終的なルイス構造式には，"総

電子数とちょうど同じ数の電子があるはずだ"
3. **できるだけ多くの原子がオクテットになるように，電子を点として配置する**．初めに，結合しているすべての原子の間に単結合，つまり二つの点または1本の線を書く．残りの電子は末端原子から配置していき，最後に中心原子に配置する．2個の電子が配置される水素を除き，単結合だけを使って各原子がオクテットになるようにする．
4. **中心原子がオクテットにならない場合は，オクテットにするために二重結合や三重結合をつくる**．外側にある原子の非共有電子対を中心原子と結合する部分へ移動し，共有電子対に変えて多重結合をつくる．

復習 5・3 ある分子のルイス構造式を書いてみて，最終的に中心原子がオクテットに足りない構造になってしまったら，どうしたらよいだろうか？
(a) 中心原子がオクテットとなるように電子を付け足す．
(b) ルイス構造式から中心原子を取除く．
(c) 末端原子の非共有電子対を中心原子の非共有電子対の位置へ移動する．
(d) 末端原子と中心原子の間が結合する位置へと末端原子の非共有電子対を移動して，多重結合をつくる．

例題 5・3 共有結合化合物のルイス構造式の書き方 I

NH_3 のルイス構造式を書け．

[解答]
1. **分子の骨格構造を書く**．窒素が中心原子で，水素をその周りに配置する．水素原子は末端にないといけないので，正しい骨格構造はつぎのようになる．

$$\begin{array}{c} HNH \\ H \end{array}$$

2. **分子の総電子数を決定する**．価電子数の総計は，分子内の各原子の価電子を合計すれば計算できる．

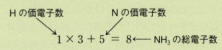

3. **できるだけ多くの原子がオクテットとなるように，電子を点として配置する**．窒素原子と水素原子の間に単結合を書く．それで8個の電子のうち6個を使う．残りの2個の電子は窒素原子の上に書き，オクテットができる．

$$\begin{array}{c} H-\ddot{N}-H \\ | \\ H \end{array}$$

このルイス構造式で水素は2個の電子をもち，残りの原子はオクテットになるので，ルイス構造式はこれで完成だ．

[解いてみよう]
PCl_3 のルイス構造式を書け．

例題 5・4　共有結合化合物のルイス構造式の書き方 II

H_2CO のルイス構造式を書け．（炭素が中心原子だ．）

[解　答]

1. 分子の骨格構造を書く．正しい骨格構造はつぎのようになる．

    ```
          O
      H   C   H
    ```

2. 分子の総電子数を決定する．価電子数の総計は，分子内の各原子の価電子を合計すれば計算できる．

    H の価電子数　C の価電子数　O の価電子数
    $$1\times 2 + 4 + 6 = 12 \leftarrow H_2CO\text{の総電子数}$$

3. できるだけ多くの原子がオクテットとなるように，電子を点として配置する．炭素原子と水素原子の間に単結合を書き，炭素原子と酸素原子の間にも単結合を書く．それで12個の電子のうち6個を使う．

    ```
          O
          |
      H—C—H
    ```

    残りの6個の電子は（価電子数が最大で2個の水素を除いて）できるだけ多くの原子がオクテットとなるように，末端の原子から始めて電子を配置していき，最後に中心の原子に配置する．

    ```
          :Ö:
          |
      H—C—H
    ```

4. 中心原子がオクテットにならない場合は，オクテットにするために必要なので二重結合や三重結合をつくる．酸素原子の非共有電子対を移動し，炭素と酸素の間に二重結合をつくる．

    ```
          :O:
          ‖
      H—C—H
    ```

[解いてみよう]

CO_2 のルイス構造式を書け．

例題 5・5　共有結合化合物のルイス構造式の書き方 III

HCN のルイス構造式を書け．（炭素が中心原子だ．）

[解　答]

1. 正しい骨格構造はつぎのようになる．

    　　　H C N

    価電子数の総計はつぎのようになる．

    $$1 + 4 + 5 = 10$$

    炭素と末端の各原子の間に単結合を書く．それで10個の電子のうち4個を使う．

    　　　H—C—N

    残りの6個の電子は（価電子数が最大で2個の水素を除いて）できるだけ多くの原子がオクテットとなるように，末端の原子から始めて電子を配置していき，最後に中心の原子に配置する．

    　　　H—C—N̈:

    中心原子がオクテットとなる前に電子を使い果たしてしまったので，窒素原子の二組の非共有電子対を移動して炭素原子と窒素原子の間に三重結合をつくる．

    　　　H—C≡N:

[解いてみよう]

HC_2H のルイス構造式を書け．2個の炭素原子それぞれに水素原子が1個ずつ結合し，その炭素原子が分子の中央にある．

この分子に注目

Box 5・2　アンモニア

化学式：NH_3　　融　点：$-77.7\,°C$
分子量：17.03 g/mol　　沸　点：$-33.35\,°C$
ルイス構造式：　　三次元構造：

アンモニアは尿に似た刺激臭をもつ無色の気体だ．通常はアンモニアと水の混合物であるアンモニア水として市販され，多くの家庭用洗剤で使用されている．しかし，アンモニアのおもな用途は肥料だ．植物が成長するためには窒素が必要だ．植物の周りには N_2 という形で窒素が大気中に存在するので，植物は窒素に囲まれているが，三重結合がとても強いせいで，植物は N_2 をそのままの形では利用できない．

:N≡N:

多くの植物は，根に付着して成長する細菌から窒素化合物を取込む．この細菌は，窒素の単体を植物が利用できるような窒素化合物へと変換する，つまり窒素を"固定"する．しかし，植物の成長のためには土壌に窒素化合物をさらに供給する方がよいので，アンモニアが肥料としてしばしば利用される．

5・5 オゾンの化学結合

第3章で学んだように、オゾン（O_3）は地球上の生命が紫外線に過度にさらされないように守っている大気成分の一つだ。つぎの反応式のようにして、オゾンは地球に降り注ぐ紫外線と反応する。

$$O_3 + 紫外線 \rightarrow O_2 + O$$

オゾン分子は紫外線を吸収し、酸素–酸素結合の一つを切断する。その結果、オゾンは紫外線が地球上に到達しないように防いでいる。オゾンの特性を理解するために、ルイス構造式を書いてみよう。

$$:\ddot{O}—\ddot{O}=\ddot{O}:$$

有効なルイス構造式をもう一つ書くことができて、その場合は上の式で二重結合をつくっていない二つの酸素原子間に二重結合がある。

$$:\ddot{O}=\ddot{O}—\ddot{O}:$$

ルイスの理論を使うと、オゾン分子の中に二重結合と単結合という2種類の結合があると予想できる。しかし、実際のオゾン分子は長さも強さも同等の二つの結合をもつ。それぞれの結合は単結合よりも短く、二重結合よりも長い。言い換えれば、オゾンの各結合はまるで1.5重結合だ。

同じ分子のルイス構造式として二つの適切な構造式を書けるこのような場合には、実際の構造はその二つの構造式の平均になる。

$$:\ddot{O}\!=\!\!=\!\!\ddot{O}\!=\!\!=\!\!\ddot{O}:$$

このように二つの同等なルイス構造式が平均化していることを**共鳴**とよぶ。通常は**共鳴構造式**とよぶ二つのルイス構造式を書き、その間を両側に矢のある矢印で結ぶことで共鳴を表す。

$$:\ddot{O}—\ddot{O}=\ddot{O}: \longleftrightarrow :\ddot{O}=\ddot{O}—\ddot{O}:$$

オゾンの各結合は単結合と二重結合の中間だ。

対照的に、酸素の最も一般的な形である O_2 はつぎのようなルイス構造式をもつ。

$$:\ddot{O}=\ddot{O}:$$

O_2 は二重結合をもち、O_3 の"1.5重結合"よりも強い結合であることに注意しよう。O_2 と O_3 における結合の違いは、紫外線を吸収する能力があるかどうかという決定的な違いとして表れる。紫外線のエネルギーは O_2 の強力な結合を切断するほど強くないため、紫外線は大気中の O_2 に吸収されずに透過する。一方、O_3 の結合はそれほど強くないし、紫外線のエネルギーは O_3 の2本の結合の一方を切断できるほど十分強い。太陽から降り注ぐ有害な紫外線をオゾンが吸収し、地球上の生命の盾となるのは、O_3 の結合の強さと紫外線のエネルギーが一致するからだ（図5・3）。

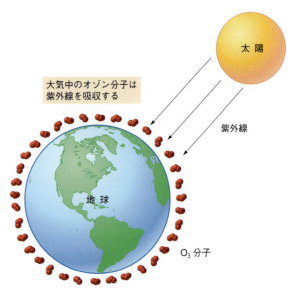

図5・3 オゾン分子は紫外線から地球上の生物を守る盾の役割を果たす。

5・6 分子の形

分子の形は分子性化合物の性質を決める重要な要素だということを§4・3で学んだ。たとえば、もしも水分子が折れ線構造ではなくて直線構造だとしたら室温で沸騰してしまうことを学んだ。ここではルイス構造式から分子の形を予想するのに役立つ原子価殻電子対反発（VSEPR）理論という単純なモデルを展開する。

VSEPR理論は、分子内で共有電子対と非共有電子対の負電荷が反発し、その反発によって分子の形が決まるという考えに基づくものだ。§3・2で学んだように、同じ電荷をもつ粒子は互いに反発する。VSEPR理論によれば、分子の形は中心原子のすべての電子対（共有電子対と非共有電子対）の間の距離が最大になるように、そして反発が最小になるようにして決まる。たとえば、つぎのようなルイス構造式をもつメタン（CH_4）について考えてみよう。

紙面は二次元という制約があるので、各結合の電子対と他の結合の電子対との反発を最小にするには、結合同士が直角になるように配置することを考える。ここで、分子の形は三次元にもなりうる。中心の炭素原子の共有電子対同士のなす角度が最大になるような三次元構造は正四面体

だ．正四面体の四つの面はどれも正三角形だ．炭素原子は正四面体の中心に位置し，水素原子は四つの頂点に位置する．

ルイスの理論ではすべての原子がオクテットになることが必要なので，すべての分子が正四面体になると考えるかもしれない．しかし，中心原子は共有電子対だけでなく非共有電子対をもつことも多く，そして二重結合や三重結合を形成すると電子対が一箇所にまとまるので，分子が多様な構造をとりうる．たとえば，水分子のルイス構造式では，中心原子に 2 組の共有電子対と 2 組の非共有電子対という 4 組の電子対をもつ．

$$H-\ddot{O}-H$$

この四つの電子対は互いにできるだけ離れようとする．したがって，共有電子対と非共有電子対を含めた形として"電子分布を含む構造"を考えると，水分子は CH_4 と同じように四面体構造だ．

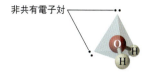

しかし，非共有電子対は分子の形に影響を及ぼすものの，実際には非共有電子対は分子の形の一部ではない．水分子において分子中の原子の形である分子の立体構造（**分子構造**）は屈曲している．

共有電子対は非共有電子対と反発することに注意しよう．この反発のせいで酸素を中心として水素原子同士のなす角度は 180°よりもずっと小さくなる．§5・7 で議論するように，水分子の折れ線構造は水の性質を決定づけるほど重要な役割を果たす．

表 5・1　VSEPR 理論から予想される分子構造

電子対の数[†1]	結合の数	非共有電子対の数	電子を含む構造	分子構造	例
2	2	0	直線型	直線型	$:\ddot{O}=C=\ddot{O}:$
3	3	0	三方平面型[†2]	三方平面型	$:\overset{..}{O}:$ ‖ $H-C-H$
3	2	1	三方平面型	折れ線型	$:\ddot{\ddot{O}}-\ddot{S}=\ddot{O}:$
4	4	0	四面体型	四面体型	$H-\underset{H}{\overset{H}{C}}-H$
4	3	1	四面体型	三角錐型	$H-\underset{H}{N}-H$
4	2	2	四面体型	折れ線型	$H-\ddot{\ddot{O}}-H$

† 1 訳注：二重結合や三重結合では一つの結合につきそれぞれ 2 組，3 組の共有電子対が使われているが，一つの結合に複数の共有電子対が使われている場合でも，この表では"電子対の数"は 1 組として数える．
† 2 訳注：中心原子から末端原子への結合がすべて同等な結合でないと，正三角形にはならない．

---

*4　アンモニアは Box 5・2 で取上げている．

3組の共有電子対と1組の非共有電子対をもつアンモニア(NH_3)[*4]のルイス構造式を見てみよう．

アンモニアの中心原子の周りには4組の電子対があるので，この場合も電子を含む構造は四面体構造だ．

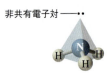

しかし，電子対のうち1組は非共有電子対なので，結果として分子構造は**三角錐**だ．

この場合も共有電子対は非共有電子対と反発するので，反発を避けてさらに折れ曲がる．表5・1は分子中の電子対の種類と数から予想される分子構造を示している．電子対は，非共有電子対，単結合，二重結合，三重結合として存在し，このうち単結合，二重結合，三重結合は共有電子対である．

例題5・6 分子の形の予測Ⅰ

ルイスの理論とVSEPR理論を使って，H_2Sの電子を含む構造と分子構造を予想しよう．

[解答]

正しいルイス構造式はつぎのようになる．

H—S̈—H

電子対の数は合計すると4だ．したがって，表5・1を見てわかるように電子を含む構造は四面体だ．共有電子対の数は2で，分子構造は折れ線型の構造だ．

[解いてみよう]

ルイスの理論とVSEPR理論を使って，PCl_3の電子を含む構造と分子構造を予想しよう．

例題5・7 分子の形の予測Ⅱ

ルイスの理論とVSEPR理論を使って，SiH_4の分子構造を予想しよう．

[解答]

ルイス構造式は右のようになる．

```
     H
     |
H — Si — H
     |
     H
```

中心原子の周りには四つの電子対があり，どれも共有電子対だ．したがって，正しい分子構造は四面体構造だ．

[解いてみよう]

ルイスの理論とVSEPR理論を使って，CF_2Cl_2の正しい分子構造を予想しよう．（炭素が中心原子だ）

新しいテクノロジー

Box 5・3 AIDS治療薬

後天性免疫不全症候群（AIDS）をひき起こすヒト免疫不全ウイルス（HIV）に感染した患者の多くは，プロテアーゼ阻害剤という種類の薬を投与されている．この薬が開発される1990年代初頭より以前は，HIVに感染した患者は診断されてから数年で亡くなっていた．今日では，プロテアーゼ阻害剤を他の薬品と組合わせて投与することで，HIVが検知できない程度までウイルスを減少させることができるようになり，AIDS患者は生き続けることができる．

プロテアーゼ阻害剤は，この章で学んだような結合理論のおかげで開発できた．HIVの増殖にはHIVプロテアーゼという分子が必要だが，HIVプロテアーゼの動きを阻害する分子を設計するために，科学者はこの理論を使った．HIVプロテアーゼはタンパク質の一つであり，生体内で多くの重要な機能を果たす巨大な生体分子の一種だ．HIVプロテアーゼの形は1989年にわかった．製薬会社の研究者は新たに見つけられたその形をもとにして，HIVプロテアーゼの活性中心に適合して機能を無力化する薬剤分子を設計した．数年後に薬剤の候補がいくつか見つかった．さらなる試験とその後の臨床試験の結果，最終的にHIV治療薬であるプロテアーゼ阻害剤が開発された．AIDSが完治するまでには至っていないものの，これらの治療薬のおかげでAIDSは長期間にわたって管理できる病気になった．

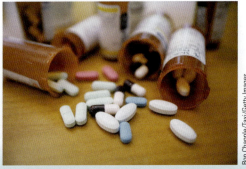

HIV治療薬としてプロテアーゼ阻害剤が使われる

多重結合と分子の形

分子構造を決める場合には，二重結合や三重結合は共有電子対あるいは単結合と同様の役割を果たす．たとえば，二酸化炭素のルイス構造式はつぎのようになる．

$$\ddot{\text{O}}=\text{C}=\ddot{\text{O}}$$

各二重結合の二組の電子対は必ず同じ場所に位置するので，同じグループに分類される．グループが二つあれば互いにできるだけ離れて反発を最小にしようとするので，CO_2 は直線構造になる．水やアンモニアの場合と違って，中心原子には結合と反発する非共有電子対はない．

例題 5・8　多重結合を含む分子の形の予測 I

ルイス構造式と VSEPR 理論を使って，SO_2 の正しい分子構造を予想しよう．

[解　答]

ルイス構造式はつぎのようになる．

$$\ddot{\text{O}}-\ddot{\text{S}}=\ddot{\text{O}}$$

表 5・1 にあてはめると，中心原子の周りには 3 組の電子対があり，一つは非共有電子対だ．この場合に二重結合も 1 組の電子対として数えることに注意しよう．表 5・1 を見ると正しい分子構造は折れ線型の構造だとわかる．

[解いてみよう]

ルイス構造式と VSEPR 理論を使って，H_2CS の正しい分子構造を予想しよう．（炭素が中心原子だ）

復習 5・4　二酸化炭素と水はどちらも中心原子 1 個が他の原子 2 個と結合している．しかし，二酸化炭素は直線分子で，水分子は屈曲している．なぜだろうか？

例題 5・9　多重結合を含む分子の形の予測 II

ルイス構造式と VSEPR 理論を使って，C_2H_4 の正しい分子構造を予想しよう．（炭素原子 2 個が真ん中にあり，炭素原子 1 個につき水素原子 2 個が結合している．）

[解　答]

ルイス構造式はつぎのようになる．

炭素原子がどちらも真ん中にあるので，それぞれについて構造を考えないといけない．各炭素原子は 3 組の電子対をもち，非共有電子対をもたない．したがって各炭素原子の構造は三方平面型で，つぎのような分子構造になる．

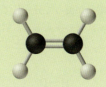

[解いてみよう]

ルイス構造式と VSEPR 理論を使って，C_2H_2 の正しい分子構造を予想しよう．（炭素原子 2 個が真ん中にあり，水素原子が末端にある）

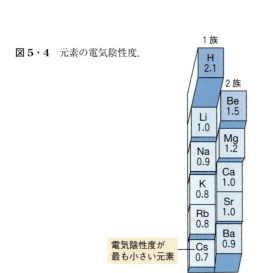

図 5・4　元素の電気陰性度．

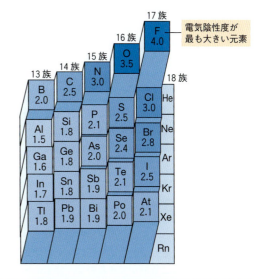

5・7 水：極性結合と極性分子

水は地球上で最も重要な化合物の一つだ．水がなければどんな生命体も存在できないだろう．水に固有の性質として，室温では液体であること，多くの化合物を溶かすこと，凍ると膨張すること，身の回りに豊富にあることなどがあげられるが，どれも水の重要性と関係している．すべての化合物がそうであるように，水の性質は構成分子に起因する．水分子の性質から水そのものの性質がどのようにして発現するかをみるために，もう一つ別の概念についても議論しなければならない．それは結合の極性だ．

水分子の二つある共有結合は同等だが，そのうちの一方について考えてみよう．水のルイス構造式ではこの結合の電子対は酸素と水素に同等に共有されているように表されているが，実際にはそういうわけではない．共有結合では酸素は水素よりも共有電子対を強く引き寄せる．その結果，電子は酸素原子に近い位置へと引き寄せられ，結合上で電子は偏って分布している．共有結合の一方の原子は電子が不足していることでわずかに正電荷（δ^+）を帯びて，電子が豊富なもう片方の原子はわずかに負電荷（δ^-）を帯びる．このように電子が偏って分布している共有結合のことを**極性結合**とよぶ．言い換えると，結合上に正極と負極の二つの極ができる．これを**双極子**とよぶ．

極性結合は分子性化合物でかなり一般的にみられる．電子との親和力が異なる二つの元素が結合をつくる場合は，必ず極性結合だ．共有結合で原子が電子を引き寄せる能力のことを**電気陰性度**とよぶ．図5・4（前ページ）に，元素の周期表において各元素の電気陰性度がどのように違うかを示す．一般に，元素の周期表で同じ周期の右側になるほど電気陰性度が大きくなり（希ガスを除く），同じ族の下側になるほど電気陰性度が小さくなる．したがって，元素の周期表の右上に位置する元素では電気陰性度が最も大きく，左下に位置する元素で電気陰性度が最も小さい．フッ素は最も電気陰性度が大きい元素だ．二つの異なる電気陰性度をもつ原子間の結合は極性結合になる．電気陰性度の差が大きければ大きいほど，結合の極性は大きくなる．同じ原子または同じ電気陰性度の原子は極性結合をつくらない．その場合は二つの原子が均等に電子を共有する．

磁石との類推から，極性結合は正極と負極の二つの極をもつ．同様に，もしも分子全体に均等に電子が分布していなければ分子に正極と負極ができるので，分子全体で極性をもち，その分子は**極性分子**になる．二原子だけからなる分子（二原子分子）の場合，極性結合がある分子は常に極性分子だ．たとえば，一酸化炭素を考えてみよう．

炭素と酸素の電気陰性度は異なるので結合は分極し，分子も分極する．分子の一方はわずかに負電荷を帯び，もう一方はわずかに正電荷を帯びる．

しかし，極性結合を含むとしても，必ずしも極性分子になるわけではない．たとえば，二酸化炭素を見てみよう．

分子全体で双極子はない　　反対方向の双極子が打ち消し合う

復習5・5 同じ元素の二原子分子での結合は極性結合だろうか？また，そのようになる理由は何か？

二酸化炭素の各結合は分極しているが，二つの同じ原子間の結合なので，どちらも等しく分極し，そして両方の正極が正反対の方をさしている．結果として極性結合が極性を打ち消し合い，分子全体は無極性分子だ．極性分子の場合と異なり，**無極性分子**では電荷が分離していない．一般に，結合の極性を打ち消し合うような対称性をもつ分子でない限り，極性結合があると極性分子になる．

ここで水分子について調べてみよう．もしも水分子が直線分子だったら，極性結合同士が極性を打ち消し合い，分子は無極性になるだろう．しかし，水分子は屈曲していて極性結合の極性は完全には打ち消されないので，水分子は極性だ．

極性結合が分子の極性を増加させるか，打ち消すかを決めるのは簡単ではない．一つの決め方は，各結合を矢印として考え，その矢印の長さが二つの原子間の電気陰性度の差に比例すると考えることだ．同じ長さで正反対の方向を向いた2本の矢は打ち消し合い，分子全体では無極性分子になる．表5・2におもな分子構造と極性を示す．

すでに知っているように，負電荷と正電荷は互いに引き寄せ合う．極性分子では，分子中の正電荷を帯びた末端は，隣にある分子の負電荷を帯びた末端と引き寄せ合う．

分子間力

この引力は磁石のS極とN極が引き寄せ合うことに似

表5・2 おもな分子構造と極性 この表では極性結合の極性を打ち消し合うすべての場合で，結合の種類は同じだと仮定する．つまり，結合する二つの原子の組合わせが同じであると仮定する．もし結合の種類が違えば，ほとんどの場合に極性を打ち消し合わず，極性分子になる．

直線型
反対方向を向いた二つの同等の極性結合が極性を打ち消し合い，無極性分子になる．

三方平面型
120°の角度をなす三つの同等の極性結合が極性を打ち消し合い，無極性分子になる．

三角錐型
三角錐の配置をとる三つの極性結合は極性を打ち消し合わず，極性分子になる．

折れ線型
180°以下の角度をなす二つの極性結合は極性を打ち消し合わず，極性分子になる．

正四面体型
四面体の中心から頂点へ向かう四つの同等の極性結合が極性を打ち消し合い，無極性分子になる．

ている．極性分子の間に引力が働くと，分子同士が結びつこうとする．結果として，極性分子は室温で気体になるよりも液体か固体になることが多い．図5・5は，分子間で水分子の正極と負極の間の引力が最大になるように水分子が配列する様子を示している．室温ではこの引力が働くことで水分子がまとまって液体になる．もしこの引力がなければ，水は室温で気体になるだろう．

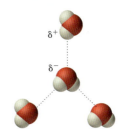

図5・5 ある水分子の正電荷部分が，別の水分子の負電荷部分と近くなるように水分子が配列する．

水が凍ると氷ができて，この構造はさらに規則正しく繰返され，水分子を含む六角形の輪の層から構成される三次元の格子ができる（図5・6）．雪の結晶が六角形なのは，この分子配列の結果そのものだ．氷の構造には何も詰まっていないすき間があるので，氷は液体の水よりも密度が小さくなる．その結果，氷が水に浮くという水特有の性質が発現する．

付け加えると，極性分子は互いに引き寄せ合うので，無極性分子とはよく混ざらない．たとえば，水は極性で油は無極性なので，水と油は混ざらない．第12章では極性が

例題5・10 極性分子かどうかの決定

CF_4 は極性分子だろうか？

[解 答]
CF_4 のルイス構造はつぎのようになる．

炭素とフッ素は異なる電気陰性度をもつので，結合は極性をもつ．VSEPR理論から CF_4 は正四面体構造だと予想される．各結合を矢印で考えると，表5・2に示すように，四面体の中心から頂点へ向かう四つの同等の矢印は相殺される．その結果，CF_4 は無極性分子だ．

[解いてみよう]
H_2S は極性分子だろうか？

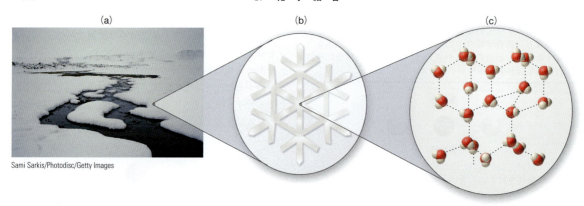

図5・6 (a)雪は雪片からできている．(b)雪片が六角形をしている原因は，氷の中での水分子の配列だ．(c) 氷の構造は六角形に配列した水分子からでき上がる．

原因で生じる結果をさらに詳しく学ぶ．ここではルイス構造式を見てつぎの二つの問いかけをするだけで，単純な構造の分子が極性分子かどうかを言えるようになろう．

1. 分子内に極性結合があるか？ 電気陰性度が異なる二つの元素間の結合は極性結合だ．極性結合がない分子は極性分子にならない．極性結合がある分子は，分子の形しだいで極性にも無極性にもなりうる．
2. 極性結合をまとめると分子全体で極性になるか？ VSEPR理論を使って分子構造を決定し，極性結合の極性が打ち消し合うかどうかを決めよう．極性が打ち消し合わなければ，極性分子だ．分子が極性かどうかを決めるにあたっては，表5・2を参考にしよう．

復習5・6 これまでに水分子の形によって水の性質が決まることをみてきた．もしも水が違う形をしていたら，水は違う物質になっていただろう．水の形が実際とは違っていて，氷の比重が液体の水の比重よりも重いと仮定しよう．コップの中の氷水はどうなるだろうか？ 氷山は存在するだろうか？ 冬に湖が凍ったら湖の生物はどうなるだろうか？

復習5・7 二つの異なる電気陰性度の原子からなる二原子分子は無極性分子になりうるだろうか？

キーワード

ルイスの理論　　　　　　　　　共鳴構造式
原子価殻電子対反発（VSEPR）　　分子構造
ルイス　　　　　　　　　　　　屈　曲
オクテット則　　　　　　　　　三角錐
ルイス構造式　　　　　　　　　極性結合
共有電子対　　　　　　　　　　双極子
非共有電子対　　　　　　　　　電気陰性度
二重結合　　　　　　　　　　　極性分子
三重結合　　　　　　　　　　　無極性分子
共　鳴

章 末 問 題

1. 食塩を構成するナトリウムも塩素も両方とも有毒な元素だが，塩化ナトリウムは比較的無毒であるのはなぜか．
2. ルイスの理論を使ってイオン結合を説明せよ．
3. ルイスの理論が有用である理由を，例をあげて説明せよ．
4. 価電子を点で表して，つぎの元素の電子構造を描け．
   Na, Al, P, Cl, Ar
   化学的な反応性が最も高い元素と，最も低い元素はそれぞれ何か．
5. なぜ分子の形が重要なのかを答えよ．
6. 水がどのように特徴的かを答えよ．水分子ではどのようにして水の特徴的な性質が発現するのか．
7. 極性分子が室温で液体や固体であることが多いのはなぜか．
8. つぎの各元素のルイス構造式を描け．どの元素が化学的に最も安定かを答えよ．
   (a) C
   (b) Ne
   (c) Ca
   (d) F
9. つぎのイオン性化合物のルイス構造式を描け．
   (a) KI
   (b) $CaBr_2$
   (c) K_2S
   (d) MgS
10. つぎのイオン性化合物のルイス構造式を描け．さらに，ルイスの理論から予想される化学式を書け．
    (a) フッ化ナトリウム
    (b) 塩化カルシウム
    (c) 酸化カルシウム
    (d) 塩化アルミニウム
11. つぎの分子性化合物のルイス構造式を描け．
    (a) I_2
    (b) NF_3
    (c) PCl_3
    (d) SCl_2

12. つぎの各化合物をイオン性化合物と分子性化合物に分類し，適切なルイス構造式を描け．
   (a) MgS
   (b) PI$_3$
   (c) SrCl$_2$
   (d) CHClO（炭素が中心原子）

13. 各ルイス構造式の誤りを指摘せよ．問題点を修正し，正しいルイス構造式を描け．
   (a) Ca—Ö:
   (b) :C̈l═Ö—C̈l:
   (c) :F̈—P—F̈:
        |
        :F̈:
   (d) :N̈═N̈:

14. VSEPR 理論を使って，問 11 の分子の形を決めよ．

15. つぎの各化合物のルイス構造式を描き，VSEPR 理論を使って形を決定せよ．中心原子が 2 個以上ある分子の場合は，それぞれの中心原子について立体配置を示し，分子の三次元構造を描け．
   (a) ClNO（窒素が中心原子）
   (b) H$_3$CCH$_3$（炭素原子が中心原子で，それぞれに水素原子 3 個が結合する）
   (c) N$_2$F$_2$（窒素原子が中心原子で，フッ素原子が末端原子）
   (d) N$_2$H$_4$（窒素原子が中心原子で，水素原子が末端原子）

16. CF$_2$Cl$_2$ はオゾン層破壊との関係が指摘されているクロロフルオロカーボンの一種だ．CF$_2$Cl$_2$ のルイス構造式を描き，立体配置を決定し，分子が極性分子かどうかを示せ．（炭素が中心原子）

17. つぎの各分子は極性分子か無極性分子か．
   (a) HBr (b) ICl
   (c) I$_2$ (d) CO

18. つぎの各分子は極性分子か無極性分子か．
   (a) NH$_3$ (b) CCl$_4$
   (c) SO$_2$ (d) CH$_4$
   (e) CH$_3$OH

復習問題の解答

復習 5・1 ヘリウムは最外殻軌道に 2 個の電子をもっているので，化学的に安定だ．ヘリウムは他の原子と反応しないので，たとえ風船が割れても人間に害を及ぼさない．一方，水素は軌道に 2 個の電子が入って満たされるためには電子が 1 個不足している．オクテットに近い電子配置をもつ元素や，あと 1 個で軌道が満たされる 2 電子に近い水素は，反応性がとても高い．水素原子は反応性が高いので，水素原子同士が反応して水素分子を形成する．しかし，水素原子自体も反応性が高く，酸素と爆発的に化合して水を生成する．

復習 5・2 塩素と同様に，これらの元素はすべて元素の周期表で 17 族（ハロゲン）の元素であり，7 個の価電子をもつ．その結果，以下のルイス構造式で表されるように二原子分子をつくることでオクテットとなる．

:F̈:F̈:   :B̈r:B̈r: :Ï:Ï:

復習 5・3 (d)

復習 5・4 二酸化炭素は中心の炭素原子から 2 本の二重結合が伸び，炭素原子は非共有電子対をもたないので直線構造だ．水分子は中心の酸素原子から単結合が二つ伸び，2 組の非共有電子対があるので折れ線型構造だ．水分子は中心に酸素原子があるために折れ線型構造になる．

復習 5・5 極性結合ではない．同じ種類の二原子は等しい電気陰性度をもつので，結合の電子対を等しく共有する．

復習 5・6 もしも氷の比重が液体の水より重ければ，氷は水の中に沈むだろう．氷山は存在しないだろう．湖や海で水が凍ると底に沈み，湖や海の生物は死んでしまうだろう．

復習 5・7 無極性分子にならない．この分子には極性結合が一つしかないので，その極性を打ち消す結合がほかにない．

章のまとめ

分子の概念

ほとんどの元素は，自然界では単体としては存在しない．その代わりに，元素同士が結びついて化合物をつくる（§5・1）．ある元素の電子配置はその化学反応性を決定づける．ボーアのモデルで最外殻軌道が満たされた元素が最も安定だ（§5・2）．たいていの元素では最外殻軌道は満たされていない．したがって，他の元素と電子の受渡しをするか共有することで安定な電子配置になる．金属元素と非金属元素の間でみられるように，電子の受渡しによって生成する結合はイオン結合とよばれる（§5・3）．非金属元素間でみられるように電子が共有されることで，生成する結合は共有結合とよばれる（§5・4）．

化学結合はルイスの理論で表せる．このモデルでは，元素記号の周りを囲む点によって価電子を表す．原子間で電子を受渡すか（イオン結合），原子間で電子を共有して（共有結合），すべての原子をオクテットにして化合物をつくる．

ルイスの理論は原子価殻電子対反発（VSEPR）理論と組合わせて分子構造を予想するのに使う（§5・6）．このモデルでは，非共有電子対，単結合，二重結合，三重結合といった電子対をできるだけ遠ざけることで反発を最小にする．そうすることで分子の形が決まる．

異なる電気陰性度の元素間で共有結合をつくると，結合は極性になる（§5・7）．極性結合があると，分子内で極性を打ち消し合って無極性分子になることもあれば，足し合って極性分子になることもある．

社会との結びつき

もしも91種類の天然元素が化学的に安定で，化合して化合物をつくることができなかったら，この世界は今とはまったく違っていただろう．世界には91種類の物質しか存在せず，生命は存在できなかっただろう（§5・1）．

化学結合に関する知識のおかげで，新しいやり方で原子を結合させることができるようになり，これまでに存在しなかった化合物をつくり出せるようになった．プラスチック，テフロン，合成繊維，そして多くの医薬品は，化学者によって合成された化合物だ．化学者は社会に大きな影響を与えてきたのだ（§5・3, §5・4）．

分子の性質の多くは分子の形で決まる．たとえば，水の構造が今とは違っていたら，水の性質は全然違うものになっただろう．人間の感覚は分子の形に依存する（§5・6）．たとえば，人間は分子のにおいを嗅ぎ分けるが，少なくとも嗅覚の一部は分子の形に基づく．鼻の中にある受容体は，ある特定の種類の分子だけがぴったりとはまる鋳型のようなものだ．もしもそのような分子が鋳型である受容体にはまると，特定のにおいを意味する神経刺激を脳が受けて，においとして解釈する．

6 有機化学

科学と芸術はいずれも秩序だった複雑さと関係がある．
— *Lancelot L. Whyte*

目　次
6・1　炭　素
6・2　生命力
6・3　単純な有機化合物：炭化水素
6・4　異性体
6・5　炭化水素の命名法
6・6　芳香族炭化水素とケクレの夢
6・7　官能基をもつ炭化水素
6・8　塩素化炭化水素：農薬と溶媒
6・9　アルコール：飲料と消毒
6・10　アルデヒドとケトン：煙草とラズベリー
6・11　カルボン酸：酢とハチ刺され
6・12　エステルとエーテル：果物と麻酔
6・13　アミン：腐った魚の臭い
6・14　ラベルを見ると

この章で学ぶこと
- 生物から得られる分子と地球や鉱物資源から得られる分子との違いは何だろうか？
- 天然ガスや石油などの燃料は何からできているだろうか？
- 原子の種類と数は同じでも結合の仕方を変えれば違う分子になるだろうか？
- 単純な有機化合物をどのように命名したらよいだろうか？
- 農薬に使用されている分子は何だろうか？
- アルコール飲料の"アルコール"とは何だろうか？消毒用アルコールといった他のアルコールとは何が違うのだろうか？
- ラズベリー，リンゴ，パイナップルといった果物の味や香りのもとになるのはどのような分子だろうか？
- 花の良い香りのもとになるのはどのような分子だろうか？腐った魚や肉の不快臭のもとになるのはどのような分子だろうか？

　この章では，炭素化合物とその反応に関する学問である有機化学を学ぶ．炭素は他のどの元素よりも多くの化合物をつくり，生命体を形づくる分子の基本骨格となる希有な元素だ．その結果として，食物や天然香料をはじめとする日用品に含まれる分子の多くは有機化合物でできている．現代社会で消費する燃料の多くも有機化合物でできているし，プラスチック，テフロン，ナイロンをはじめとする消費財の原料も有機化合物だ．有機化合物はどのような外観をしているだろうか？多種多様な有機化合物をどのように分類して，判別したらよいだろうか？この章を読むにあたって，有機化合物は身の回りにあふれていて，身体の中にもあることを覚えておこう．人体の中の分子は多くが有機化合物であり，他の物質と同様に化学法則に従った振舞いをする．19世紀になってこのことが認識されるようになると，人間が自分自身をどのようにみるかということに対して大きな衝撃を与えた．人間のもつ感覚，思考，感情は有機化合物の存在や相互作用によってどのように具現化されるのだろうか？人間にとってどんな意味をもつだろうか？

プロパン C_3H_8
砂糖 $C_{12}H_{22}O_{11}$
ガソリン C_8H_{18}
頭痛薬（アスピリン） $C_9H_8O_4$
消毒用アルコール C_3H_8O

身の回りの物質は有機化合物であることが多い

6・1　炭　素

　身の回りを見てみよう．何が見えるだろうか？おそら

6. 有機化学

くペットボトルや机や植物が見えるのではないだろうか．または化粧台の上に香水や化粧水のビンがたくさん置かれているのが見えるかもしれない．この世界には無数の既知の物質が存在し，その95％はどれもある一つの元素を含んでいる．その元素は炭素だ．ペットボトル，机の木材，香水に含まれる香料，化粧水に含まれる保湿成分などを構成する分子の基本骨格は，炭素が形づくっている．炭素は，植物，動物，人間といった生体を構成する分子の基本骨格も形づくる．他の元素でできた化合物をすべて合わせても，その数は炭素でできた化合物の数にはとても及ばない．なぜ炭素はそんなに特別なのだろうか？

むことができて，他の元素と組合わせることでさらに多様な骨格が可能となる．

炭素を含む化合物の学問およびその化学のことを，一般に **有機化学** とよぶ．多くの有機化合物は生体あるいは生体由来のものの中で発見された．しかし，化学者はより多くの有機化合物を合成してきた．有機化学を紹介し始めると教科書が丸々一冊でき上がるので，有機化学の基礎を数ページだけ学ぶこととする．有機分子は複雑で信じられないほど入り組んでいるが，美しくもある．日常的に目にする物質の多くは有機分子で構成されていて，（有機分子に限らないことだが，）分子がその物質の性質を決定づけているのだ．

6・2 生命力

1800年代初めには，科学者は化学物質が有機化合物と無機化合物の2種類に分類できることを知っていた．有機化合物は生体由来で，化学的に安定なものではなく，加熱すると容易に分解する．たとえば，砂糖は植物から得られるので有機化合物であり，室温よりはるかに高い温度で加熱すると煙を上げて燃える．さらに言えば，加熱した後に残るものはもはや砂糖ではなく，砂糖は加熱によって別のものへと変化する（図6・2）．

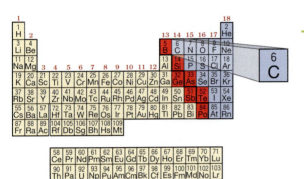

図6・1 炭素は元素の周期表の14族で，原子番号が最も小さな元素だ．

炭素は元素の周期表の14族の中で原子番号が最も小さい元素で，そのなかで唯一の非金属の元素である（図6・1）．炭素は4個の価電子をもち，化合物では4本の共有結合をつくる．炭素を含む化合物のルイス構造式を見てみよう．

どの場合も炭素は4本の結合をもつことに注意しよう．また，炭素は単結合，二重結合，三重結合をつくれることにも注意しよう．炭素同士で結合して炭素の直鎖をつくることもできるし，環構造や枝分かれ構造をつくることもできる．

図6・2 砂糖を燃やすと分解する．スプーンの中に残る黒い燃えかすには炭素の単体が含まれている．

対照的に，無機化合物は地球から得られるもので，化学的に耐久性があり，分解しにくい．たとえば，食塩（NaCl）は地中から採掘できるし，海水からも採取できるので無機化合物であり，高温で加熱しても目立った変化はみられない．加熱した状態で分析したとしても，熱い食塩ということがわかるだけだ．

このように炭素の結合の仕方は多様なので，炭素はほぼ無限の可能性をもつ分子骨格をつくり出せる．特に水素，酸素，窒素，硫黄，塩素といった他の元素をこの骨格に組込

18世紀終わりから19世紀初めになると，化学者は無機化合物を実験室でつくれるようになった．しかし，それでも有機化合物はつくれなかった．その結果，"有機化合物をつくり出せるのは生体だけだ" と考えるようになった．

新しいテクノロジー

Box 6・1　生命の起源

　生気論の終焉により，自然界のあらゆる点が科学の研究対象としてさらされた．科学者は自然科学の観点から生命自体を理解しようとし始めた．このような観点は，生命は自然界の法則が及ばない神秘的で超自然的な力を核にもつと信じられてきたことと本当に対照的だ．ついには，かつては宗教だけの範ちゅうだった生命の起源まで，科学者が自然科学の方法を用いて調べるようになった．約60年前，シカゴ大学の大学院生だったミラー（Stanley Miller）は原初の地球を実験室で再現しようとした．地球の初期の大気中に存在したと考えられていた数種類の化合物を混合し，温水浴中に入れて放電した．数日後，ミラーはフラスコの中に有機化合物が含まれていて，しかも生命の中心となる有機化合物であるアミノ酸が含まれていることを発見した．この驚嘆するべき実験によって，生命はいずれ実験室でつくられるだろうというような推測が数多くなされた．しかし，実際にはそうならなかった．人類はいまだに世の中で最も難しいパズル，すなわち生命はどのようにして誕生したのか？という疑問を解くパズルに取組んでいるのだ．

　ミラー（2007年没）は晩年に"生命の起源の問題は，私や多くの人々が思い描いていたよりもはるかに難しい問題だとわかった．"と言い残した．生命の起源を研究している科学者は，正しい学説がどのようなものかがわかっている．どういうわけか，ある種の分子は不完全に自己複製する能力を身につけた．つまり，その"子孫"は祖先の複製品であるが，複製のときに間違いがあり，その間違いは小さいけれども遺伝する．その複製間違いは自己複製する能力が優れている場合があり，自己複製をより効率的に行って，好都合な複製間違いを次世代に遺伝させる．このようにして化学進化は始まり，自己複製がうまくなった分子の世代がゆっくりとできていった．最後には，自己複製にとても優れた生命体へと進化した．

　現在の議論の中心は，最初の化合物が何で，どのようにしてできて，どのようにして複製したかということだ．生命の起源の古い学説からは，最初の化合物は現代の生体内に存在しているものと同じで，タンパク質とDNAだろうと示唆される．しかし，タンパク質やDNAは複雑で，個別に複製することは難しいので，粘土や，硫黄を基にした化合物や，黄鉄鉱（"愚者の黄金"）といった別の候補を提案する研究者もいる．これらの学説のどれも広く受け入れられておらず，生命の起源は科学者が取組み続けなければならないパズルであり続けるのだ．

　生体は一般的な物理法則を超越して有機化合物をつくり出せる**生命力**をもつ，と信じるようになった．化学者は実験室でビーカーと試験管を持って自然界の一般法則に従わなければならないので，有機化合物をつくり出せないだろうと考えられていた．このような考え方は**生気論**とよばれ，19世紀には支配的だった．

　1828年，ドイツの化学者ウェーラー（Friedrich Wöhler, 1800〜1882）は，無機化合物から有機化合物を実験室内でつくり出した．合成した化合物は**尿素**で，通常は人間や動物の尿に含まれる老廃物だ（図6・3）．尿素は有機化合物であるから，生気論に基づくならば生体内でしかつくれない．ウェーラーが実験室で合成した尿素の性質を調べると，生体から得られた尿素の性質とあらゆる点で一致していたが，尿素を合成するのに生命の力は必要なかった．ウェーラーの尿素の合成によって，生気論は終焉を迎えることになった．生命は物理法則を超えるという考えは間違いだったのだ．

　生体は宇宙の物理法則に従わなければならない．人間の脳の中の分子を支配する物理法則と，土壌中の分子を支配する物理法則とでは，何ら違いはない．ウェーラーの時代以降，世界中の実験室で何百万もの有機化合物が合成されてきた．タンパク質やDNAといった生命の中心をなす化

図6・3　偏光を通して見た尿素の結晶.

合物も合成されてきた．生体に関する化学は**生化学**とよばれる．しかし，二つの学問に分かれていても，有機化学と生化学は密接に関連している．生化学を理解するためには，前もって有機化学の基礎を学んでおく必要がある．さらに，たとえ生物由来の有機化合物であっても，その多くは必ずしも元の生物とは関係ない用途に使用される．たとえば，現在の燃料の多くは有史以前の植物や動物由来の有機化合物からできているが，由来とは関係なく燃料として使用される．

6・3 単純な有機化合物: 炭化水素

有機化合物を似たような性質をもつグループに分類することで,有機化合物を体系的にまとめて勉強することができる.図6・4に示すように,有機化合物は大まかに2種類に分類できる.一つは**炭化水素**で,炭素と水素だけからできる有機化合物だ.もう一つは**官能基**とよばれる他の元素や原子団が構造に組込まれた炭化水素で,官能基をもつ炭化水素だ.官能基をもつ炭化水素についてはこの章の後半で学ぶ.炭化水素はさらに4種類に分類できて,そのうちの3種類は炭素-炭素結合の種類によって分類できる.炭素-炭素単結合だけをもつもの,炭素-炭素二重結合をもつもの,炭素-炭素三重結合をもつものの3種類で,それぞれアルカン,アルケン,アルキンとよぶ.4種類目の化合物は芳香環という六員環をもち,芳香族炭化水素とよぶ.

アルカン: ガソリンと燃料

アルカンはすべての炭素が単結合で結ばれた炭化水素だ.アルカンの分子内の炭素原子の数を n とすれば,アルカンの分子式は一般に C_nH_{2n+2} で表せる.最も単純なアルカンはメタン(CH_4)で,天然ガスの主成分だ.メタンはすべての炭化水素の基本となる典型例なので,メタンのことを理解すれば炭化水素の多くの性質が理解できる.メタンの構造と性質を決定するために,第5章で学んだことを使ってみよう.まずメタンのルイス構造式から始めよう.

炭素は4個の水素原子と4本の共有結合(単結合)をつくる[*1].炭素はオクテットとなり,各水素原子は2電子をもつことになるので,メタンは安定な分子だ.メタン分子の形はVSEPR理論を使ってルイス構造式から決定できる[*2].炭素は四つの共有電子対をもち,非共有電子対をもたないので,分子の形は正四面体構造である.

メタンを構成する炭素と水素の電気陰性度はわずかしか違わないので,炭素-水素結合はほとんど分極しない.それぞれの結合はわずかに分極していても,分子の正四面体構造によって打ち消し合うので,メタンは無極性分子だ.他の炭化水素はいずれもメタンのように無極性なので,炭化水素は水のような極性物質と混ざらない性質を示すことになる.

次に単純なアルカンをつくるには,メタン分子の水素原子を一つだけ**メチル基**($-CH_3$)で置き換えたものを考えればよい.そのようにしてできる化合物はエタン(C_2H_6)とよばれ,天然ガスに少し含まれる成分だ.有機化学では,分子内での原子の相対的な位置を示すために**構造式**を使うことが多い.構造式は分子を三次元的に表したものではないが,どの原子とどの原子が結合していて,どの原子が結合していないかを二次元的に表したものだ.ある分子の構造式はルイス構造式と同じようなものだが,構造式ではダッシュは必ず結合を表すために使われ,非共有電子対を通常は表そうとせずに何も書かれないという点が違う.エタンの構造式はつぎのようになる.その横には,より狭い場所に書けるように結合を省略した構造式と,エタン分子

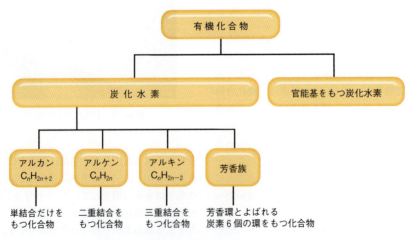

図6・4 有機化合物の分類用のフローチャート.

---
*1 共有結合化合物のルイス構造式は,§5・4を参照.
*2 VSEPR理論を使った分子構造の予想の仕方は,§5・6を参照.

の三次元空間充塡モデルを書いた．

エタン　H–C–C–H　CH₃CH₃
　　　　構造式　　結合を省略　三次元空間
　　　　　　　　　した構造式　充塡モデル

次に単純なアルカンは，エタンの二つの炭素原子の間に**メチレン基**（-CH₂-）を挿入したものだ．そうしてできる化合物はプロパン（C₃H₈）だ．

プロパン　H–C–C–C–H　CH₃CH₂CH₃

プロパンは液化石油（LP）ガスの主成分で，バーベキュー，持ち運びストーブ，キャンプカーの燃料に使われている（図6・5）．メチレン基をもう一つ挿入したものを考えればブタン（C₄H₁₀）になり，ガスライターの燃料として使われる．

ブタン　H–C–C–C–C–H　CH₃CH₂CH₂CH₃

メチレン基をつぎつぎと足していくことで，表6・1に示すアルカンができる．

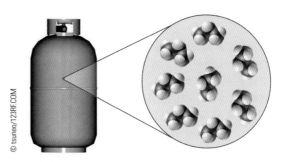

図6・5　プロパンは液化石油ガス（LPガス）の主成分だ．

表6・1　アルカン

炭素の数 (n)	化合物名（英語名）	分子式	構造式	結合を省略した構造式
$n=1$	メタン (methane)	CH_4	H–C(H)(H)–H	CH_4
$n=2$	エタン (ethane)	C_2H_6	H–C–C–H	CH_3CH_3
$n=3$	プロパン (propane)	C_3H_8	H–C–C–C–H	$CH_3CH_2CH_3$
$n=4$	ブタン (butane)	C_4H_{10}	H–C–C–C–C–H	$CH_3CH_2CH_2CH_3$
$n=5$	ペンタン (pentane)	C_5H_{12}	H–C–C–C–C–C–H	$CH_3CH_2CH_2CH_2CH_3$
$n=6$	ヘキサン (hexane)	C_6H_{14}	H–C–C–C–C–C–C–H	$CH_3CH_2CH_2CH_2CH_2CH_3$
$n=7$	ヘプタン (heptane)	C_7H_{16}	H–C–C–C–C–C–C–C–H	$CH_3CH_2CH_2CH_2CH_2CH_2CH_3$
$n=8$	オクタン (octane)	C_8H_{18}	H–C–C–C–C–C–C–C–C–H	$CH_3CH_2CH_2CH_2CH_2CH_2CH_2CH_3$

表 6・1 に各アルカンの分子式，構造式，結合を省略した構造式がまとめてある．結合を省略した $CH_3CH_2CH_3$ という構造式では，C-H-H-H-C-H-H-C-H-H-H という構造になっているのではなく，つぎの構造を表していることに注意しよう．

$$\begin{array}{c} H\ H\ H \\ |\ |\ | \\ H-C-C-C-H \\ |\ |\ | \\ H\ H\ H \end{array}$$

炭素は必ず4本の結合をもち，水素は必ず1本の結合しかもたない．したがって，水素原子は必ず末端に位置する．炭素鎖が長いアルカンでは，結合を省略した構造式をさらに省略して，$CH_3(CH_2)_nCH_3$ というように書くこともできる．この場合，n は末端にある二つのメチル基で挟まれたメチレン基の数を表す．たとえば，$CH_3(CH_2)_4CH_3$ は $CH_3CH_2CH_2CH_2CH_2CH_3$ のことだ．

枝分かれのない直鎖アルカンは基本的な方法で命名できる．表 6・1 に示すように炭素の数によって名前が決まっていて，英語での語尾は -ane で終わる．たとえば，$CH_3CH_2CH_2CH_2CH_3$ は五つの炭素原子からなる直鎖アルカンなので，ペンタン（pentane）だ．

復習6・1 炭素原子数が7個および8個の直鎖アルカンはそれぞれ何という名前だろうか？

アルカンの性質と用途

表 6・2 にアルカンの炭素鎖の長さに応じた用途がまとめてある．アルカンの炭素鎖が長くなるにつれて，アルカンの沸点は高くなる．炭素原子数が1から4までのアルカンは室温では気体で，前述したように燃料として使用される．炭素原子数が5から20までのアルカンは室温では液体で，ガソリンや液体燃料の主成分として使用されることが多い．炭素原子数が8のオクタンが典型的だ．炭素原子数が20から40までのアルカンは室温では粘性液体で，潤滑油の成分だ．さらに炭素原子数が多いアルカンは，ワセリンやろうそくに使用される．

表 6・2 アルカンの用途

炭素鎖の長さ	用途
C_1〜C_4	天然ガス，プロパン，ブタン等の燃料
C_5〜C_{12}	ガソリン等の燃料
C_{12}〜C_{18}	ジェット燃料等の燃料
C_{18}〜C_{20}	セントラルヒーティング用燃料等の燃料
C_{20}〜C_{30}	エンジンオイル等の潤滑油
C_{30}〜C_{40}	船用燃料等の燃料油
C_{40}〜C_{50}	パラフィン，ワセリン等のワックス
$>C_{50}$	道路表面用のタール

（沸点の上昇 ↓）

例題6・1 構造式の書き方

炭素原子数が9個の直鎖アルカンの分子式，構造式，結合を省略した構造式を書け．

[解 答]

この分子は炭素が9個なので，水素の数は $2\times9+2=20$ だ．この直鎖アルカンの分子式は C_9H_{20} だ．構造式はつぎのようになる．

$$\begin{array}{c} H\ H\ H\ H\ H\ H\ H\ H\ H \\ |\ |\ |\ |\ |\ |\ |\ |\ | \\ H-C-C-C-C-C-C-C-C-C-H \\ |\ |\ |\ |\ |\ |\ |\ |\ | \\ H\ H\ H\ H\ H\ H\ H\ H\ H \end{array}$$

結合を省略した構造式は $CH_3CH_2CH_2CH_2CH_2CH_2CH_2CH_2CH_3$ または $CH_3(CH_2)_7CH_3$ だ．

[解いてみよう]

炭素原子数が10個の直鎖アルカンの分子式，構造式，結合を省略した構造式を書け．

アルカンの最も重要な性質は可燃性だ．酸素があると燃えて発熱し，良いエネルギー源となる．たとえば，LPガスの主成分のプロパンはつぎの化学反応を起こして燃える．

$$CH_3CH_2CH_3 + 5\,O_2 \longrightarrow 3\,CO_2 + 4\,H_2O$$

この反応は**燃焼反応**であり，炭素を含む化合物が酸素と反応して二酸化炭素と水が生成する．

アルカンのもう一つの重要な性質は無極性であることで，すべての炭化水素にあてはまる．この性質のおかげで，アルカンは水のような極性物質と混ざらない．たとえば，水の上にガソリンをこぼしても，ガソリンは水の表面にとどまったままで，どれだけ撹拌しても均一に混ざることはない（図6・6）．同様に，ワックスやパラフィンやワセリンも水をはじく．

図6・6 アルカンは無極性で水は極性なので，ガソリンと水は混ざらない．

アルケンとアルキン

アルケンは少なくとも一つの二重結合をもつ化合物で，**アルキン**は少なくとも一つの三重結合をもつ化合物だ．二重結合や三重結合が一つだけの場合にはアルケンの一般式は C_nH_{2n} と表せて，アルキンの一般式は C_nH_{2n-2} と表せる．アルカンの場合よりも炭素原子当たりの水素原子の数が少ないので，**不飽和炭化水素**とよばれる．それとは対照的にアルカンは**飽和炭化水素**とよばれ，水素原子で飽和している．つまり炭素原子に対して水素原子が最大限つけるだけついている．最も単純なアルケンはエテン（C_2H_4）で，つぎの構造式で表される．

エテンの形はそれぞれの炭素原子を中心とした平面三角形の形になっていて，平面構造の剛直な分子だ．それぞれの炭素原子は4本の結合をもつが，二つの炭素原子の間には二重結合がある*3．アルケンをつくるにはアルカン分子の隣り合った二つの炭素原子それぞれから水素原子を1個ずつ取除き，炭素原子間の単結合を二重結合に変えればよい．表6·3に単純なアルケンの構造式が載せてある．

復習6·2 つぎのうち，$CH_2=CHCH_3$ の構造として正しいものはどれか？
(a) C–H–H＝C–H–C–H–H–H
(b) H–H–C＝C–H–C–H–H–H
(c)

アルケンの名前は，炭素原子数が同じアルカンの英語の語尾の -ane を -ene に変えて命名する*4．アルケンの性質はアルカンと同様で，可燃性で無極性だ．しかし，アルケンには二重結合があることで，他の原子が付加しやすい．アルケンの一般的な反応は二重結合に他の原子が付加する反応だ．たとえば，アルケンは水素ガスと反応してアルカンが生成する．

$$CH_2=CH_2 + H_2 \longrightarrow CH_3CH_3$$

表6·3の最初に載っているアルケンのエテン（C_2H_4）は，慣用名をエチレンといい，果物の熟成に使用する．たとえば，バナナはまだ緑色をしているうちに収穫し，販売する直前にエチレンガスにさらして熟成させる．バナナの生産農家はバナナが柔らかくなる前のまだ緑色のうちに収穫し

表6·3 アルケン

n	化合物名	分子式	構造式	結合を省略した構造式
$n=2$	エテン	C_2H_4		$CH_2=CH_2$
$n=3$	プロペン	C_3H_6		$CH_2=CHCH_3$
$n=4$	1-ブテン	C_4H_8		$CH_2=CHCH_2CH_3$
$n=5$	1-ペンテン	C_5H_{10}		$CH_2=CHCH_2CH_2CH_3$

---
*3 訳注: この場合に，二重結合は1本だが，単結合2本分として数えている．
*4 訳注: 日本語でのアルケンの名前は，英語名をカタカナ書きしたものになる．炭素原子2個のアルケンの名前はエタン(ethane)の語尾を変えたエテン(ethene)で，炭素原子3個のアルケンの名前はプロパン(propane)の語尾を変えたプロペン(propene)だ．

て出荷して，その後にエチレンガスで熟成させてちょうど熟した状態で売ることができる．その他のアルケンはガソリンの微量成分として使用されるだけで，一般的な用途としてはあまり見かけない．

アルキンをつくるにはアルケン分子の二重結合で結ばれた二つの炭素原子それぞれから水素原子を1個ずつ取除き，二重結合を三重結合に変えればよい．表6・4に単純なアルキンが四つだけ載せてある．アルキンの英語の名前は，炭素原子数が同じアルカンの英語の語尾の -ane を -yne に変えたものになる．表6・4で最初に書かれているアルキンはエチンだが，アセチレンという慣用名でよばれ，溶接用のバーナーに使用される．アセチレン以外のアルキンはガソリンの微量成分として使用されるだけで，アルキンの場合と同様，一般的な用途としてはあまり見かけない．

例題 6・2 構造式の書き方

プロピンの構造式を書け．

[解答]
プロピン（propyne）の語尾の -yne を -ane に変えるとプロパン（propane）だから，プロピンの炭素原子数は3だ．語尾が -yne だから，分子内に三重結合がある．炭素原子が隣り合うようにして炭素原子を三つ書き，その内の二つの炭素原子の間に三重結合を書き，残った隣り合う炭素原子間に単結合を書く．すべての炭素原子が4本の結合をもつように，炭素原子に水素原子をつける．

$$H-C\equiv C-\overset{\overset{H}{|}}{\underset{\underset{H}{|}}{C}}-H$$

[解いてみよう]
ブチンの構造式を書け．

6・4 異 性 体

炭素は長い直鎖状につながるだけでなく，炭素は枝分かれ構造もつくれる．ブタン（C_4H_{10}）を例にとると，すでに学んだようにブタンはつぎの構造をしている．

n-ブタン の構造式 $CH_3CH_2CH_2CH_3$

直鎖状のブタンは n-ブタンとよばれる．最初の n は normal の頭文字で，直鎖状であることを表す．しかし，イソブタンとよばれるブタンの別の形はつぎのような構造だ．

イソブタン の構造式 $CH_3-CH-CH_3$ （中央の C に CH_3 が結合）

イソブタンの分子式は n-ブタンと同じ C_4H_{10} だが，構造が異なる．同じ分子式だが構造が異なる分子のことを**異性体**とよぶ．異性体は性質が異なり，構造式を調べれば判別できる．アルカンでは炭素原子の数が増えるほど異性体の数も増える．ペンタンでは3個の異性体があるが，ヘキサンは5個，オクタンは18個と増えていき，炭素原子の数が20のアルカンでは異性体の数が366,319個にもなる．

C—C—C—C—C   C—C(—C)—C—C   C—C(—C)(—C)—C

ペンタンの異性体（水素原子は省略）

表 6・4 アルキン

n	化合物名	分子式	構造式	結合を省略した構造式
$n=2$	エチン	C_2H_2	H—C≡C—H	CH≡CH
$n=3$	プロピン	C_3H_4	H—C≡C—CH（H,H）	CH≡CCH$_3$
$n=4$	1-ブチン	C_4H_6	H—C≡C—C—C—H	CH≡CCH$_2$CH$_3$
$n=5$	1-ペンチン	C_5H_8	H—C≡C—C—C—C—H	CH≡CCH$_2$CH$_2$CH$_3$

```
C-C-C-C-C-C        C
                   |
                   C-C-C-C-C
C   C              C
|   |              |
C-C-C-C-C    C-C-C-C-C    C-C-C-C-C
|                            |
C                            C
```
ヘキサンの異性体（水素原子は省略）

アルケンとアルキンでは二重結合や三重結合の位置によっても異性体ができる．たとえば，ブテンではつぎの2種類の異性体が考えられる[*5]．

```
H   H H H H              H H H H H
 \ / | | |               | | | | |
  C=C-C-C-H          H-C-C=C-C-H
 / \ | | |               | | | | |
H   H H H H              H H   H H
```

この二つの分子は二重結合の位置が違うので，同じ分子ではない．しかし，この場合も分子式は C_4H_8 で同じなので異性体だ．

異性体はがらりと違う性質をもつこともある．たとえば，月経周期の後半と妊娠期間中に分泌される女性生殖ホルモンのプロゲステロンは，分子式が $C_{21}H_{30}O_2$ だ（図6・7a）．マリファナの有効成分のテトラヒドロカンナビノール（THC）も分子式が $C_{21}H_{30}O_2$ で同じだ（図6・7b）．つまりプロゲステロンとテトラヒドロカンナビノールは異性体だ．この二つの分子の化学式は同じだが，構造がまるで違う．この二つの分子は人体に似たような効果を及ぼすのだろうか？ 答えはノーだ．構造がすべてなので，構造が違えば効果も違う．自然界は同じ原子を同じ数だけ組合わせて，性質と機能がまったく違う二つの分子をつくり出したのだ．一方のプロゲステロンは妊娠できるようにするが，もう一方のテトラヒドロカンナビノールは脳が刺激を処理する方法を変えてしまう．

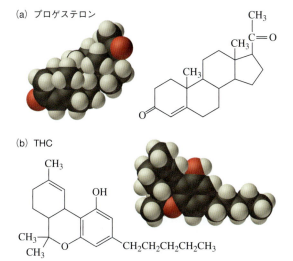

(a) プロゲステロン

(b) THC

図6・7 (a) プロゲステロンと (b) テトラヒドロカンナビノール（THC）は異性体である．

[*5] 訳注: 右側の構造式が表す化合物（2-ブテン）は実際は1種類ではなく，二重結合についた置換基の配置が異なるために生じる下図のような2種類の異性体である．

> **例題6・3　異性体の構造式の書き方 I**
>
> ヘプタンの異性体の構造式を二つ書け．
>
> [解　答]
>
> ヘプタンの異性体は化学式が同じだが構造が違う．紙の上に構造式を書くときには，はじめに炭素原子の骨格の鎖を書き，次に炭素原子がそれぞれ4本の結合をもつように水素原子を付けていく方法が簡単だ．実際の構造は三次元構造であり，二次元の紙の上に構造式を書くとわかりにくくなるかもしれないことを覚えておこう．たとえば，異性体をつぎのように書こうとするかもしれない．
>
> ```
>                            CH3
>                             |
> CH3-CH2-CH2-CH2-CH2-CH2
> CH3-CH2-CH2-CH2-CH2-CH2-CH3
> ```
>
> しかし，どちらの炭素鎖にも枝分かれがなく，この二つの構造は同一だ．
>
> つぎの二つの構造式は構造が違うが，化学式が同じなので異性体だ．
>
> ```
>         CH3
>          |
> CH3-CH-CH2-CH2-CH2-CH3
> CH3-CH2-CH2-CH2-CH2-CH2-CH3
> ```
>
> 一方の炭素鎖には枝分かれがあり，もう一方には枝分かれがないことに注意しよう．
>
> [解いてみよう]
>
> オクタンの異性体の構造式を二つ書け．

> **例題6・4　異性体の構造式の書き方 II**
>
> 三重結合の位置だけが違うペンチンの異性体の構造式を二つ書け．
>
> [解　答]　CH≡C-CH2-CH2-CH3
>
> 　　　　　CH3-C≡C-CH2-CH3
>
> [解いてみよう]
>
> 二重結合の位置だけが違うヘキセンの構造式を二つ書け．

6・5 炭化水素の命名法

有機化合物はあまりにも数が多いので，微妙な構造の違いを識別できるように，体系的に命名する方法が必要だ．本書では，標準的な命名法となった国際純正・応用化学連合（IUPAC）で推奨されている命名法を使う．

アルカン

つぎの規則に従って命名すれば，事実上どんなアルカンでも体系的に命名することができる．つぎの構造式の化合物を例として，有機化合物の命名の仕方を学んでいこう．なお，有機化合物の日本語の名前は慣用名が使用される一部の例外を除いて，英語名をカタカナ書きする場合が多い．

$$CH_3CH_2CHCH_2CH_2CH_3$$
$$|$$
$$CH_2$$
$$|$$
$$CH_3$$

1. **最も長い炭素原子の直鎖を選び，その直鎖の炭素原子の数を数え，表 6・1 を使って母体骨格の名前を決める．** この例では，最も長い直鎖の炭素原子数は 7 だから，母体骨格の名前はヘプタン（heptane）だ．

   （ヘプタン）

2. **最も長い直鎖からの枝分かれはすべて直鎖に対する置換基としてみなす．置換基にある炭素原子の数に基づいて，それぞれの置換基を命名する．置換基の名前は炭素原子数に応じた母体炭化水素の語尾を -ane から -yl に変える．** この化合物では置換基が一つで，その炭素原子の数は 2 なので，置換基の名前はエチル（ethyl）だ．

   （エチル）

3. **置換基に近い方の末端から母体骨格の直鎖に番号を付けていき，各置換基の位置番号を決める．** エチル基は 3 番目の位置だ．

4. **最後に，置換基の位置番号，ハイフン，置換基の名前，母体骨格の名前という順序で書けば，化合物の名前ができあがる．** この化合物の名前は，3-エチルヘプタン（3-ethylheptane）だ．

   3-エチルヘプタン

さらに複雑な化合物の場合には，上記の規則に加えてつぎのような規則に従って名前を付ける．

5. **二つ以上の置換基をもつ化合物の場合は，それぞれの置換基に位置番号を決めて，アルファベット順に並べる．置換基の位置番号の付け方が二通り以上考えられる場合は，位置番号が最も小さくなる組合わせを選ぶ．** つぎの化合物を例として考えてみよう．

   4-エチル-2-メチルヘキサン

6. **同じ炭素原子上に二つ以上の置換基がある場合は，同じ番号を繰返し使う．** 例としてつぎの化合物の名前を考えてみよう．

   3-エチル-3-メチルヘキサン

7. **同じ置換基が二つ以上ある場合には，ジ (di-)，トリ (tri-)，テトラ (tetra-) という接頭辞を置換基の前に付ける．置換基の位置番号はカンマで区切る．** つぎの化合物を例として考えてみよう．

   2,3-ジメチルブタン

復習 6・3 つぎの分子の名前は 3-プロピルヘキサンではないが，なぜこの名前は正しくないのだろうか？

$$H_3C-CH_2-CH-CH_2-CH_2-CH_3$$
$$|$$
$$CH_2CH_3$$

アルケンとアルキン

アルケンとアルキンはアルカンと同様にして命名する．ただし，二重結合および三重結合の位置を表す数字を最初に示すことと，アルカンでは -ane だった母体骨格の語尾をアルケンでは -ene に変え，アルキンでは -yne に変えるという点が違う．さらに，骨格の直鎖の番号の付け方は二重結合や三重結合の位置が最も小さくなるようにする．

6・6 芳香族炭化水素とケクレの夢

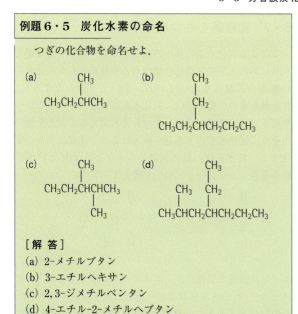

例題 6・5 炭化水素の命名

つぎの化合物を命名せよ.

[解 答]
(a) 2-メチルブタン
(b) 3-エチルヘキサン
(c) 2,3-ジメチルペンタン
(d) 4-エチル-2-メチルヘプタン

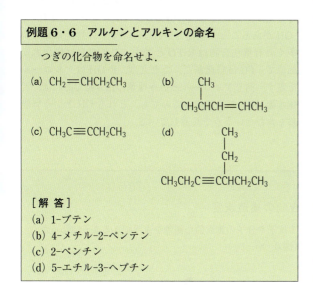

例題 6・6 アルケンとアルキンの命名

つぎの化合物を命名せよ.

[解 答]
(a) 1-ブテン
(b) 4-メチル-2-ペンテン
(c) 2-ペンチン
(d) 5-エチル-3-ヘプチン

6・6 芳香族炭化水素とケクレの夢

1800年代中頃に,有機化学者は有機化合物の構造を理解し始めた.ドイツの化学者**ケクレ**(Friedrich August Kekulé,1829～1896)は,多くの有機化合物の初期構造を解明する中心的役割を果たし,炭素が一般に4本の結合をもつという性質を発見したとされている.逸話によると,ある日の午後,ケクレはベンゼン(C_6H_6)とよばれる非常に安定な有機化合物の構造を決定しようとしていた.暖炉の前でうとうとしていると,ケクレは6個の炭素原子の鎖が蛇に見えるという夢を見た.6匹の蛇はねじれたり,身をよじったりして,しまいにはそのうちの1匹が尾を噛んで輪を作った.ケクレが言うには,"そのうちの1匹の蛇が自らの尾を噛んでいて,私の目の前でからかうようにぐるぐる回っていた." この夢に刺激されて,ケクレはベンゼンの構造として単結合と二重結合が交互に並んで,6個の炭素原子が環となった構造を提唱した.

この構造は今日でも受け入れられている.ただ,当初の構造から若干修正されていて,単結合と二重結合が交互に並ぶ構造よりも,むしろすべての結合が単結合と二重結合の中間という構造であるとされている.ベンゼンのどの結合も長さが同じで,単結合と二重結合の中間の長さであることがわかったため,このように修正する必要があった.結果として,ベンゼンの構造は六角形の中に円を描くことで表されることも多い.

ベンゼン

六角形の頂点はそれぞれ水素原子がついた炭素原子を表しており,六角形の辺は単結合と二重結合の間の長さの結合を表す.

ベンゼンの環構造は非常に安定で,多くの有機分子の中にみられる.ベンゼン環に置換基がついた場合には,ベンゼン環は**フェニル基**という置換基の名前でよばれることが多い.分子内にベンゼン環を含む化合物の多くは特徴的な良い香りがするので,ベンゼン環は**芳香環**ともよばれる.複数の芳香環が合わさった構造をもつ化合物は**多環芳香族炭化水素**とよばれる.多環芳香族炭化水素のなかで一般的なものにはナフタレン($C_{10}H_8$)があり,防虫剤として使用される.

ナフタレン

多環芳香族炭化水素の多くは有機化合物が燃焼すると生成し,土壌や堆積物中に分散する.多環芳香族炭化水素のな

かには，ベンゼンやピレンのように煙草の煙に含まれる発がん性物質もある．

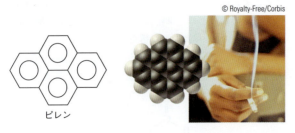
ピレン

多環芳香族を含む化合物には素晴らしい染料も多い．たとえば，アリザリンはナポレオンの軍隊の制服の赤色染料として使われた．

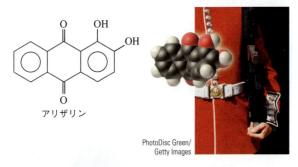
アリザリン

他の染料は色あせたが，200年後の今日でもまだ博物館の展示物として当時のままの鮮やかな赤色を見ることができる．

6・7 官能基をもつ炭化水素

ここまで炭化水素の基本構造を学んだ．その構造は炭化水素以外の大半の有機化合物である官能基をもつ炭化水素の構造の基盤にもなっている．§6・3で学んだように，官能基をもつ炭化水素は，炭化水素の構造にさらなる原子や原子団（官能基）を組込んだ炭化水素であることを思い出そう．炭化水素に官能基を組入れると，性質は大きく変化する．たとえば，炭化水素のエタンと，-OH という官能基をもつエタノールについて考えてみよう．

エタン　　エタノール　　官能基

エタンは室温で気体だが，エタノールは液体である．エタノール中の -OH は官能基の一例だ．同じ官能基をもつ化合物はひとまとまりの**有機化合物の種類**として分類され，その化合物はすべて，官能基特有の特徴的な性質を示す．たとえば，-OH をもつ有機化合物はアルコールとよばれ，-OH があることで極性分子になりやすい．官能基をもつ多くの有機化合物は R-FG と表す．ここで R は炭化水素部位で，FG は官能基だ．たとえば，R-OH はアルコールを表す．同じアルコールという種類の化合物であれば，炭化水素（R）部位は違っていても，どれも OH という官能基を含むという点で共通している．

新しいテクノロジー

Box 6・2　有機化合物の構造決定

　有機化合物の構造決定は活発な研究分野の一つだ．ルイスの理論のように化学結合理論は安定な構造を予想するのに役立つが，最終的に構造を決定するには実験を行わないといけない．ケクレの時代は精度良く構造決定する実験手段がなかった．ケクレの提案したベンゼンの六員環構造ですら，構造を支持する実験的証拠は乏しかった．しかし，今日では分子構造を決定する強力な手法がいくつかある．

　X線結晶構造解析は絶対的な化学構造を決定する手法だ．X線結晶構造解析では，問題となる化合物の結晶とX線の相互作用で生じる回折パターンを利用して構造を決定する．核磁気共鳴（NMR）は，化合物と磁場とラジオ波の相互作用を利用して化学構造を決定する手法だ．NMR はありふれた手法になっていて，新たに合成された化合物は数時間のうちに構造決定できることも多くなった．3番目の方法は走査型トンネル顕微鏡（STM）で，分子自体の実際の画像が得られる．まだ改良の余地があるものの，この手法によって科学者は分子を構成する原子や分子の驚異的な画像を入手できるようになった（図6・8）．

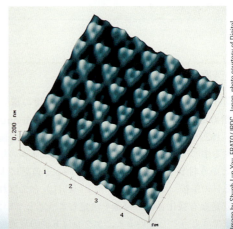
図6・8　ベンゼンの STM 画像．

つぎに，有機化合物の種類について調べ，そのうちの数種類について詳しく学んでみよう．有機化合物の種類，一般式，化合物の例，化合物名を表6・5に示す．官能基の種類が共通する化合物では性質が共通することも多いが，まったく違う性質を示す場合もある．また，複数の官能基をもつ化合物は，官能基の枠にとらわれない性質を示すことも多い．そうは言っても，官能基という概念を使うことで，有機化合物を組織的に体系化して分類できる．

6・8 塩素化炭化水素: 農薬と溶媒

塩素化炭化水素は農薬，溶媒，冷媒によく使われている．塩素化炭化水素では炭化水素のいくつかの水素原子が塩素原子に置き換わっており，一般式はR–Clで表される．炭化水素の水素原子を塩素原子に置き換えると，可燃性と化学的反応性が低下する．塩素化された炭化水素のうち，単純なものではメタンの水素原子2個を塩素原子で置き換えたジクロロメタン（CH_2Cl_2）があげられる．ジクロロメタンは多くの有機化合物を溶かすので，溶媒としてよく使われる．ジクロロメタンは有機化合物であるカフェインをコーヒーから取除くためにも使用される．このようにコーヒーからカフェインを取除く方法の問題点は，コーヒーにジクロロメタンが残存する可能性があることだ．今日ではコーヒーからカフェインを取除くためには別の方法が使用されている．

塩素化炭化水素は殺虫剤としても使用される．ある種の昆虫は農作物に被害を及ぼしたり，マラリア等の伝染病を媒介したりして，人間を苦しめてきた．第二次世界大戦の直前に，スイスの化学者ミュラー（Paul Hermann Müller, 1899～1965）は，DTT（ジクロロジフェニルトリクロロエタン）の殺虫効果がきわめて強く，人間には比較的影響がないという，殺虫剤として最高の性質をもつことを発見した（図6・9）．DDTは昆虫にダメージを与え，蚊，ハエ，カブトムシをはじめとするほとんどの害虫を殺した．DDTは安定で，植物や土壌に長期間とどまる性質があるので，非常に有効な殺虫剤だった．第二次大戦中，連合軍

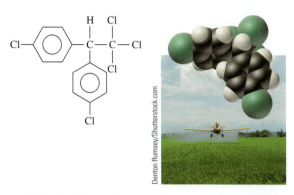

図6・9 ジクロロジフェニルトリクロロエタン（DDT）．

はシラミを除去するためにDDTを使用した．農民は農作物の収穫量を上げるためにDDTを使用し，公衆衛生当局は伝染病を媒介する蚊を殺すために使用した．多くの国でマラリアの発生率が急激に減少したことで，DDTは高く評価されるようになった．たとえば，DDTを使用したことでマラリア蚊が絶滅し，その結果，インドではマラリアの年間患者数は7500万人から500万人に減少した．DDTが成功を収めたことで，ミュラーは1948年にノーベル賞を受賞した．

DDTは夢の殺虫剤のように見えたが，問題が出てきた．DDTが効かない昆虫が出てくるようになり，その種の昆虫に対してDDTはもはや殺虫効果がなくなってしまった．

表6・5 官能基をもつ炭化水素

種　類	一般式	例	化合物名
塩素化炭化水素	R–Cl	CH_2Cl_2	ジクロロメタン
アルコール	R–OH	CH_3CH_2OH	エタノール（エチルアルコール）
アルデヒド	$R-\underset{\underset{H}{\|}}{\overset{\overset{O}{\|\|}}{C}}$	$CH_3\overset{O}{\overset{\|\|}{C}}H$	エタナール（アセトアルデヒド）
ケトン	$R-\overset{O}{\overset{\|\|}{C}}-R'$	$CH_3\overset{O}{\overset{\|\|}{C}}CH_3$	プロパノン（アセトン）
カルボン酸	$R-\overset{O}{\overset{\|\|}{C}}-OH$	$CH_3\overset{O}{\overset{\|\|}{C}}OH$	酢酸
エステル	$R-\overset{O}{\overset{\|\|}{C}}O-R'$	$CH_3\overset{O}{\overset{\|\|}{C}}OCH_3$	酢酸メチル
エーテル	R–O–R'	CH_3OCH_3	ジメチルエーテル
アミン	$R-\underset{R}{\overset{R}{\|}}N-R$	$CH_3CH_2NH_2$	エチルアミン

土壌に長期間残存するという長所の一つも問題点になった．DDT は土壌や水源に蓄積し始めた．水生植物の細胞内にも微量の DDT を含むようになった．水生植物を食べる魚の体内に DDT がたまるようになり，同様に魚を食べる鳥の体内にも DDT がたまるようになった．さらに悪いことに，**生物濃縮**とよばれる現象が起こり，食物連鎖の生態ピラミッドの上にいくにつれて DDT が濃縮された．魚や鳥は死んで生息数が減り始め，米国の国鳥であるハクトウワシは絶滅寸前までになった．

今日では多くの先進国で DDT の使用が禁止され，他の殺虫剤が代用品として使用されるようになった．代替の殺虫剤は DDT よりも毒性が強く，化学的安定性が低い．代替の殺虫剤は毒性が高いことで害虫は速やかに駆除され，安定性が低いことで水源に混入して食物連鎖中に蓄積する前に殺虫剤自体が分解されるようになった．

復習 6・4 塩素化炭化水素の性質としてあてはまるものはどれか？
(a) 化学的安定性
(b) 高い可燃性
(c) 高い化学反応性

れた（図 6・10）．しかし，CFC は DDT と同様に大気中で分解しないので，紫外線から生命を守る大気上層のオゾン層に対する脅威となる（§5・5 参照）．CFC が大気上層にいずれ上がっていくと，太陽光の高エネルギーによって結合が開裂し，反応性の高い塩素原子を放出する．塩素原子はオゾンと反応し，オゾン層を破壊する．CFC がこのようにオゾン層を破壊する危険性が認識されるようになったので，多くの先進国では 1996 年 1 月 1 日以降は政府が CFC の使用を禁止した．第 11 章でオゾン層破壊について詳しくみてみよう．

図 6・10　フロン 114．冷蔵庫やエアコンに使用された．

アメリカハクトウワシは DDT のせいで絶滅の危機に瀕していた．DDT の使用が禁止されて以来，個体数が劇的に回復しつつある．

クロロフルオロカーボン: オゾン層破壊物質

塩素化炭化水素の一種として，塩素とともにフッ素を含む化合物もあり，クロロフルオロカーボンまたは CFC とよばれている．ジクロロジフルオロメタンやトリクロロフルオロメタンも CFC の一つだ．

ジクロロジフルオロメタン　　トリクロロフルオロメタン

他の塩素化炭化水素と同様に，CFC は化学的に安定だ．CFC は安定なので，フロン 114 をはじめとする CFC は工業用エアロゾル，溶媒，エアコンや冷蔵庫の冷媒に使用さ

6・9　アルコール: 飲料と消毒

アルコールは -OH という官能基をもち，一般式は R-OH だ．アルコール飲料の中にもアルコールは入っているし，医療用消毒剤の中にも入っている．-OH という官能基があることで，炭化水素が無極性であることとは対照的に，アルコールは極性な分子だ．水と同様に，分極したアルコール分子間で引力が働いて集合するため，アルコールは気体ではなく液体になる．たとえば，§6・7 でみたように，エタン（CH_3CH_3）は気体だが，エタノール（CH_3CH_2OH）は室温で液体だ．アルコールの英語での名前は，炭化水素の英語の語尾に -ol をつけたものになる．

エタノール

エタノールはアルコール飲料の中に入っていて，ガソリン添加物としても使用されている．

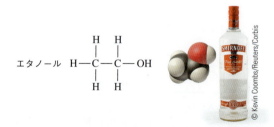

エタノールは果物や穀物中に通常存在する糖を発酵させてつくる．異性体の関係にあるグルコース（$C_6H_{12}O_6$）やフルクトース（$C_6H_{12}O_6$）などの糖は，発酵の過程で酵母に

よってエタノールと二酸化炭素に変換される.

$$C_6H_{12}O_6 \longrightarrow 2\,CH_3CH_2OH + 2\,CO_2$$

極性官能基の -OH 基があることで，エタノールは水と任意の比率で混ざり合う．すべてのアルコール飲料はおもにエタノールと水を含み，ほかに香りや色のもとになる少量成分を含む．アルコール飲料のアルコール濃度を表すプルーフ（アルコールプルーフ）は，アルコールの体積濃度（％）の2倍の値だ．つまり，200プルーフのアルコール飲料とは，純粋なエタノールのことだ．90プルーフのウイスキーは45％のエタノールを含む．ビールやワインに含まれるエタノールの濃度は，通常はプルーフではなくパーセント（％）で表される．ビールは3～6％のエタノールを含み，ワインは12～15％のエタノールを含む．

エタノールは中枢神経系の機能低下を引起こし，神経刺激の伝達速度を遅くする．一，二杯のアルコールなら，軽い鎮静作用をもたらす．四杯以上も飲むと，体が思うように動かせなくなり，意識を失うこともある．短時間に90プルーフのアルコールを20杯というように，あまりにも飲みすぎると，死んでしまうこともある．

慢性的なアルコールの乱用は社会的問題だ．米国には900万人以上のアルコール依存症患者がいる．アルコール依存症患者は一日のカロリーの半分以上をエタノールから摂取している．アルコール依存症患者が一日に飲む量は，ワインでは1リットル以上，90プルーフのウォッカではショットグラスで8杯以上にもなる．アルコール依存症患者の心臓病，肝硬変，呼吸器疾患の割合は，通常の2, 3倍にもなる．アルコール依存症患者の平均寿命はそうでない人の平均寿命よりも8～12年ほど短い．

その他のアルコール

エタノールのメチレン基の水素原子の一つをメチル基で置き換えたものは，消毒用アルコールとして知られるイソプロピルアルコール*6 だ．

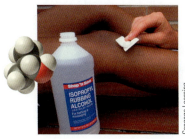

イソプロピルアルコールは切り傷や擦り傷の消毒に有用だが，エタノールよりも有毒で，120 mL も飲めば死ぬこともある．エタノールの水素原子の一つをメチル基で置き換えただけでこれだけ性質が変化してしまう．これこそが分子の世界の特徴だ．分子の世界ではわずかしか変化していなくても，実際の物質世界では化合物の性質が大きく変化するのだ．

世の中にありふれているアルコールとしてはメタノールがあり，溶媒としてよく使用されている．

メタノールも経口摂取すれば有毒だ．メタノールは肝臓でギ酸に分解することで毒性が発現する．ギ酸は血流に取込まれて酸血症（血液の酸性化）をひき起こし，死に至らしめることもある．メタノール中毒の治療法の一つはエタノールを摂取させることだ．誤ってメタノールを飲んでしまった患者に対して，救急治療室の医師はエタノールを静脈投与することが多い．エタノールは肝臓で優先的に分解され，その代わりにメタノールは血中に取込まれることな

考えてみよう

Box 6・3　アルコールと社会

米国の社会では，エタノールを飲むことに対して相容れない感情がもたれている．米国政府は1920年に合衆国憲法を改正して禁酒とし，その13年後には再び改憲して合法化した．米国中西部の州にはいまだにアルコールの販売を禁止している郡もある．アルコール消費を禁止している宗教もあれば，認めている宗教もある．アルコールを過度に摂取すると間違いなく有害だが，最近の研究では一日に1杯か2杯程度の量を飲むことで心臓病のリスクが低下するという報告もある．

問題: もしも米国で禁酒法が続いていたらどうなっていただろうか？ アルコール消費量はより増えただろうか，それとも減っただろうか？ 米国政府はアルコール消費の規制に積極的になるべきだろうか，それとも消極的になるべきだろうか？

---

*6 訳注: IUPAC 命名法による組織名は "2-プロパノール" である．"イソプロパノール" ともいう．

く尿として排出される．患者はたいていの場合にひどい二日酔いで目覚めるが，メタノール中毒で失明することや死ぬことを思うと，二日酔いの頭痛で済むのであれば，ずっとましだろう．

6・10 アルデヒドとケトン：煙草とラズベリー

アルデヒドとケトンは良い風味と香りの成分としてよくみられる．アルデヒドの一般式は RCHO で表され，以下に示すように酸素原子は二重結合を介して炭素原子と結合する．

$$\text{アルデヒド} \quad \underset{RCH}{\overset{O}{\|}}$$

C=O という官能基を**カルボニル基**とよぶ．結合を省略した構造式 RCHO は R-C-H-O という原子のつながりを意味するのではなく，上に書いてあるように結合していることに注意しよう．繰返しになるが，炭素は 4 本の結合をもつが，水素は 1 本しか結合をもたない．有機化合物において酸素は通常は 2 本の結合をもつ．アルデヒドの正式名は炭素原子の数によって決まり，母体アルカンの語尾の -ane の e を取って -al をつける．しかし，ふつうは -aldehyde で終わる化合物名でよぶことが多い．

最も単純なアルデヒドは一般にホルムアルデヒド（H_2CO）とよばれ，正式名はメタナール（methanal）だ．

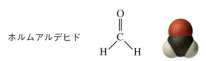
ホルムアルデヒド

ホルムアルデヒドは刺激臭をもつ液体だ．細菌にとっては有毒なので，生物の標本の防腐剤として有用だ．ホルムアルデヒドは木が燃えて出る煙にも含まれており，くん製肉の保存にも役立つ．キャンプファイヤーをすると目が痛くなって涙が出るのは，ホルムアルデヒドが煙に含まれていることが一因だ．

アクロレインもよくみるアルデヒドだ．アクロレインは食品に含まれる分子が加熱で分解すると生じる．アクロレインのにおいはバーベキューで肉を焼くと

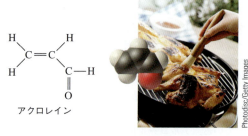
アクロレイン

この分子に注目

Box 6・4 カルボン

化学式：$C_{10}H_{14}O$
分子量：150.2 g/mol
沸点：230 ℃
ルイス構造式：　三次元構造：

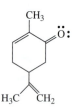 

カルボンはスペアミント油の主成分で，室温で油状の液体だ．天然にはスペアミント，キャラウェイシード，ディルシード，ジンジャーグラス，マンダリンピールの中に含まれる．カルボンは心地よい香りと風味がするので，リキュール，チューイングガム，石けん，香料の添加剤として加えられる．千年以上の間にわたって香辛料，香料，医薬品として使われてきた天然の精油は多数あるが，カルボンもその一つだ．

カルボンはケトンだが，5 の倍数の炭素原子を含むテルペンとよばれる天然有機化合物の種類にも分類される．テルペンは植物と昆虫の間の化学伝達物質としての機能をもつと考えられている．たとえば，ある植物は毛虫に襲われるとテルペンを多くつくり，大気中に放出する．寄生バチは化学伝達物質を認識し，そのもととなる傷ついた植物めがけて飛んでいく．ハチは毛虫を見つけてしびれさせ，毛虫の体内に卵を産みつける．ハチの卵はふ化して幼虫となり，毛虫を食べて植物を助ける．驚くべきことに，植物が毛虫に攻撃されるのではなくて切られただけのときにはテルペンを放出しない．毛虫が植物を攻撃したときにだけ助けを求める化学伝達物質が放出される．

きに嗅ぐことができるし，焦がした砂糖のにおいを嗅いでも感じられる．そのほかに興味深いアルデヒドとしては，シナモンの香りと風味をもたらすシンナムアルデヒドや，扁桃油の主成分として含まれるベンズアルデヒドがある．

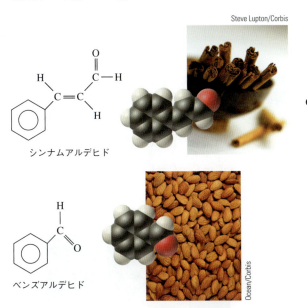

シンナムアルデヒド

ベンズアルデヒド

ケトンはアルデヒドと似ているが，アルデヒドの有機置換基Rが一つなのに対して，ケトンは有機置換基Rが二つある．ケトンの一般式はRCOR′だが，二つ目のRに′がついてR′となっているのは，最初に出てきたR基と二番目のR基が違うことを示しているだけだ．

ケトン　　R—C(=O)—R′

アルデヒドとケトンはどちらにもカルボニル基があるが，ケトンの方は炭化水素の置換基Rが一つ余計についている．ケトンの名前は語尾が -one だ．最も単純なケトンはアセトン（CH_3COCH_3）だ．

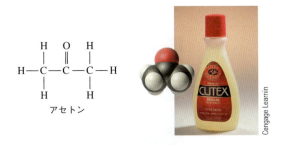

アセトン

アセトンはマニキュアの除光液の主成分だ．アルデヒドと同様に，ケトンも良い風味や香りがする天然物の中に含まれている．たとえば，チョウジの良い香りは2-ヘプタノンを含んでいるからだ．イオノンはラズベリーをつまんだり食べたりするときのにおいのもとになる分子だ．

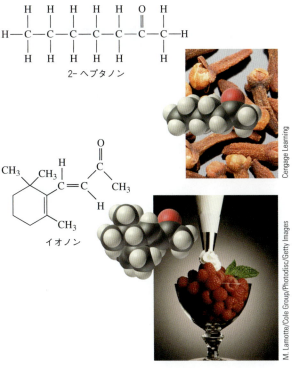

2-ヘプタノン

イオノン

ジケトンであるブタンジオンはチーズのようなにおいで，バターのにおいや体臭のもとになる分子だ．

ブタンジオン　H—C(—O—H)—C(=O)—C(=O)—C(—O—H)—H

皮膚の上に繁殖する細菌は汗を摂取して，ブタンジオンを不要物として出す．脱臭剤は細菌を殺してこの過程を遅らせ，より良い香りがする化合物を加えるのだ．

6・11　カルボン酸: 酢とハチ刺され

カルボン酸はかんきつ類の果実や酢をはじめとして，酸っぱい食物に含まれていることが多い．カルボン酸は -COOH という官能基をもち，一般式はRCOOHで表される．

カルボン酸

最も単純なカルボン酸はギ酸（HCOOH）だ．ギ酸の英語名（formic acid）は，ラテン語で"アリ"を意味する"formica"から命名された（和名も漢字で書けば蟻酸）．ギ酸はアリが噛んだ時に出る毒液の成分の一つで，ハチが刺した時にも皮膚に注入される成分だ．そのような理由から，ハチ刺されの痛みは重曹を水に溶かして皮膚に塗ると緩和できる．重曹は塩基としてギ酸を中和し，毒液の化学的刺激を取除く．

カルボン酸は，酢やかんきつ類を連想させるような顕著な酸味をもつ．酢酸は酢の有効成分で，サワーブレッドに酸味があるのも酢酸が含まれているからだ．

クエン酸はレモン，ライム，オレンジに酸味を与え，乳酸はピクルス，ザワークラウト，汗に酸味を与える．

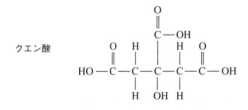

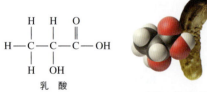

復習6・5 カルボン酸の性質として当てはまるものはどれだろうか？
(a) 良い香り　(b) 酸味　(c) 鮮やかな色

6・12 エステルとエーテル：果物と麻酔

エステルは良い香りがする化合物で，多くの天然香料の原因物質だ．エステルは-COO-という官能基をもち，その一般式は R-COO-R′ だ.

エステル　　RCOR′ (C=O)

エステルは二つの炭化水素基（R と R′）に基づいて命名し，英語での化合物名の最後は -ate で終わる．一般的なエステルとして酪酸エチル（ethyl butyrate）がある*[7]．

酪酸エチルはパイナップルの甘い香りの原因となる物質だ．他の一般的なエステルにはリンゴに含まれる酪酸メチル，ラムの人工香料のギ酸エチルがある．いくつかの香料は良い香りをつける目的でエステルを使用している．たとえば，ジャスミンのアロマオイルには，ジャスミンの花の中に存在する酢酸ベンジルが含まれている.

---

*[7] 訳注：エステル RCOOR′ の英語での化合物名は，先に R′ の炭化水素置換基名（-yl）を書き，その後にカルボン酸 RCOOH（-ic acid）の語尾を（-ate）に変えてつけたもの（ethyl butyrate）になる．日本語での化合物名は，カルボン酸 RCOOH の名前（酪酸）をそのまま書き，R′ の置換基名（エチル）をその後に書いたもの（酪酸エチル）になる．

ジャスミンの花から酢酸ベンジルを抽出するよりも，酢酸ベンジルを合成する方が簡単で安くすむ．大抵の香料は人工的に合成した酢酸ベンジルを使用しているが，化合物自体は天然のものとまったく同じだ．

かつて流行した洋服の生地のポリエステルは**高分子**（ポリマー）の一種だ．高分子は同じ構成単位が結合して長い鎖状になった分子だ．ポリエステルに共通している構成単位はエステル基だ．

エーテルは-O-という官能基をもち，一般式はR-O-R′で表される．エーテルの英語での化合物名は二つの炭化水素基の名前を並べ，最後に ether と付ける．最も単純なエーテルはジメチルエーテル（CH_3-O-CH_3）で，二つのメチル基が一つの酸素原子に結合している．

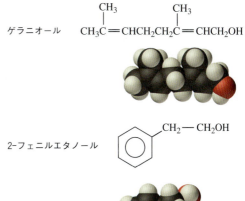

ジメチルエーテル

あるマンガでは，下品なウサギが "ether" というラベルが貼ってあるビンをこじ開ける場面が時々出てくる．ビンから気体が出てくると，ウサギの動きやしゃべりがスローモーションのように遅くなり始める．同じ部屋にいた人も，かわいそうなことに同じように動きがゆっくりになってしまい，ウサギを捕まえられない．ビンの中に入っていた物質はジエチルエーテルだ．ジエチルエーテルはしばらくの間は麻酔薬として使用されていた．しかし，ひどい嘔吐などの副作用のために使用されなくなった．

分子の視点

Box 6・5　においを嗅ぐときに起こること

空気は主として2種類の分子を含み，一つは酸素で空気の約20%を占め，もう一つは窒素で空気の80%を占める．この2種類の分子は高速で動き，互いに衝突するだけでなく，周りのすべての物質と衝突する．この衝突を全体としてまとめた効果が，圧力とよんでいるものだ．

人間は何十億もの窒素分子と酸素分子を絶えず吸い込み，吐き出す．2種類の分子は鼻から肺へと勢いよく入り，そしてほとんどが再び体外へ吐き出される．

満開のバラ園を歩くと良い香りがするのがわかり，吸っているものが何か違うとすぐに気がつく．いったい何が起こったのだろうか？ バラ園の中の空気は園外の空気とたいして違いがなく，約20%は酸素で，約80%は窒素だ．しかし，わずかな違いがあり，ゲラニオールやフェネチルアルコールといったバラの香りのもとになる分子が，1億molにつき1molだけ空気中に含まれているのだ．

ゲラニオール

2-フェニルエタノール

図6・11　ゲラニオールと2-フェニルエタノールはバラの香りの主成分だ．花から空気中に放出されるので，鼻から分子を吸い込めるようになる．

この分子を吸い込むと，わずか一億分の一の濃度であっても，鼻の中の受容体が分子を捕まえる．嗅覚受容体は分子の形に非常に敏感で，窒素や酸素1億個の中から一つだけを選び出す（図6・11）．ゲラニオールが鼻の中の受容体と相互作用すると，神経を伝って脳へ信号が伝わり，人はバラの香りだと認識するのだ．

問　題: 腐敗した魚から風上に60 cm離れて立つとにおわないのに，風下にいると6 m離れても臭くて立っていられない理由を，分子的に考えて説明せよ．

ジエチルエーテル

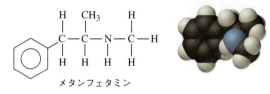

復習6・6 化合物の種類と英語の化合物名の語尾を対応させよ．

アルコール	-ate
ケトン	-ol
エステル	-aldehyde
アルデヒド	-one

アンフェタミンやメタンフェタミンのように，違法ドラッグのいくつかもアミンだ．

アンフェタミン

メタンフェタミン

復習6・7 CH_3COOCH_3 はどの有機化合物の種類に分類されるだろうか？

6・13 アミン: 腐った魚の臭い

アミンはとりわけ腐った魚や肉の不快臭として出くわす．アミンは窒素を含む化合物で，一般式は R_3N だ．アミンでは，R は炭化水素基でも水素でもよい．アミンの名前は，窒素についた炭化水素基の名前の最後に -amine を付けることで命名できる．単純なアミンの多くはとても不快な臭いがする．たとえば，トリメチルアミンは腐った魚の不快臭の原因で，プトレッシンは動物の腐肉に含まれる成分の一つだ．

トリメチルアミン

プトレッシン

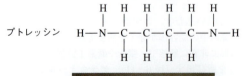

6・14 ラベルを見ると

有機化学を少し勉強しただけでも，数種の重要な有機化合物はどのようなものかがわかるようになっただろう．たとえば，シェービングクリームの成分は，脱イオン水，パルミチン酸，トリエタノールアミン，ペンタン，脂肪酸エステル，ソルビトール，イソブタンだ．

今ではこれらの成分のほとんどが何であるかがわかるだろう．

- 脱イオン水: イオンを取除いた水
- パルミチン酸: カルボン酸
- トリエタノールアミン: アミン
- ペンタン: 炭素原子5個の飽和炭化水素
- 脂肪酸エステル: エステル各種
- ソルビトール: アルコール
- イソブタン: 炭素原子4個の飽和炭化水素

キーワード

有機化学	異性体
生命力	ケクレ
生気論	フェニル基
ウェーラー	芳香環
尿素	多環芳香族炭化水素
生化学	（有機化合物の）種類
炭化水素	ミュラー
官能基	生物濃縮
アルカン	アルコール
メチル基	アルデヒド
構造式	ケトン
メチレン基	カルボニル基
燃焼反応	カルボン酸
アルケン	エステル
アルキン	高分子
不飽和炭化水素	エーテル
飽和炭化水素	アミン

章末問題

1. 有機化学の定義を答えよ．
2. 四つの異なる原子と単結合で結合する炭素原子の立体配置を答えよ．
3. 生命力とは何かを答えよ．なぜ生命力が広く信じられるようになったのか．
4. 炭化水素および官能基をもつ炭化水素はそれぞれ何であるか．
5. ペンタンの構造式および結合を省略した構造式をそれぞれ描け．構造式の中でメチル基とメチレン基を示せ．
6. 炭素鎖の長さが違うとアルカンの沸点が違う理由は何か．
7. アルカンのおもな性質を答えよ．
8. ブタンの燃焼を表す化学反応式を描け．
9. エチレン（エテン）とアセチレン（エチン）それぞれの用途は何か．
10. 異性体の性質はまったく同一か．
11. つぎの官能基について，一般式と，二つの化合物の例の構造式を描け．
    (a) アルデヒド
    (b) ケトン
    (c) カルボン酸
    (d) エステル
    (e) エーテル
    (f) アミン
12. DDT のかつての用途と，DDT の使用によって起こった問題を説明せよ．
13. エタノールが人体に及ぼす影響は何か．
14. ホルムアルデヒドの用途は何か．
15. ベンズアルデヒドとシンナムアルデヒドはそれぞれ何に含まれているか．
16. 2-ヘプタノン，イオノン，ブタンジオンはそれぞれ何に含まれていることがあるか．
17. 酪酸エチル，酪酸メチル，ギ酸エチル，酢酸ベンジルはそれぞれ何に含まれていることがあるか．
18. ヘキサンの任意の二つの異性体の構造式を描け．
19. n-ヘプテンの構造式を描け．二重結合を動かすだけでできる異性体の数はいくつか．
20. つぎのアルカンを命名せよ．

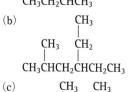

21. つぎのアルケンを命名せよ．
    (a) $CH_3CH=CHCH_3$
    (b)
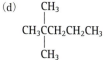

    (c)
    $$CH_3\underset{\underset{CH_3}{|}}{CH}CH=CHCH_2CH_3$$

22. つぎのアルキンを命名せよ．
    (a) $CH\equiv CCH_3$
    (b) $CH_3CH_2C\equiv CCHCH_3$
    (c)
    $$CH_3C\equiv C\underset{\underset{CH_2CH_3}{|}}{C}HCH_2CH_3$$

23. つぎのアルカンそれぞれについて結合を省略した構造式を描け．
    (a) 2-メチルペンタン
    (b) 3-メチルヘキサン
    (c) 2,3-ジメチルブタン
    (d) 3-エチル-2-メチルヘキサン
24. つぎのアルケン，アルキンのそれぞれについて結合を省略した構造式を描け．
    (a) 3-メチル-1-ペンテン
    (b) 3-エチル-2-ヘキセン
    (c) 1-オクチン
    (d) 2-ペンテン
25. つぎの反応の生成物の名前を答えよ．
$CH_3CH=CHCH_3 + H_2 \rightarrow$
26. つぎの化合物を官能基の種類で分類せよ．（例：アミン，エステルなど）
    (a) $CH_3-O-CH_2CH_3$
    (b) CH_2ClCH_2Cl
    (c) CH_3NHCH_3
    (d)
    $$CH_3CH_2CH_2\overset{\overset{O}{\|}}{C}H$$

27. つぎの化合物を官能基の種類で分類せよ.

(a) CH₃COH (with C=O)
   $$CH_3-\overset{\overset{O}{\|}}{C}-OH$$

(b) ベンゼン環に-CH₂CH₃

(c) CH₃CH₂OH

(d) CH₃NHCH₃
   $$CH_3-\underset{\underset{CH_3}{|}}{N}H$$

28. プロパン（$CH_3CH_2CH_3$）は室温で気体なのに，プロパノール（$CH_3CH_2CH_2OH$）は液体である理由を説明せよ.

29. $CH_3CH_2CH_3$ は C-H-H-H-C-H-H-C-H-H-H を表すことにならない理由を説明せよ.

復習問題の解答

復習 6・1 ヘプタンとオクタン

復習 6・2 (c). 炭素は4本の結合をつくらないといけないが，水素は1本の結合をつくればよい．炭素-炭素二重結合はどちらの炭素に対しても2本の結合として数える．

復習 6・3 3位の炭素の置換基はプロピル基ではなく，エチル基だからだ．正しい化合物名は 3-エチルヘキサン．

復習 6・4 (a)

復習 6・5 (b)

復習 6・6 アルコール (-ol), ケトン (-one), エステル (-ate), アルデヒド (-aldehyde)

復習 6・7 この分子は R-COO-R′ という一般式をもつので，エステルに分類される．

章のまとめ

分子の概念

　ガソリンから香料まで，人間が目にする物質の多くは有機化合物でできている．さらに言うと人体も有機化合物で構成されている．有機化合物はどれも炭素を含むが，炭素は4本の共有結合をつくり，同じ元素同士で結合して枝分かれ構造や環構造をつくる希な元素だ（§6・1）．有機化合物は無機化合物と比べると分解しやすく，有機化合物をつくるには生命の力が必要だと昔の科学者は信じていた．しかし，ウェーラーによる尿素が合成されてからそのような考えはなくなり，今日では有機化合物は日常的に合成されている（§6・2）．

　炭素と水素だけを含む単純な有機化合物は炭化水素とよばれ，世界中でエネルギー源として使用されている．炭化水素はアルカン，アルケン，アルキンの3種類に分類される．アルカンは水素で飽和していて二重結合がないが，アルケンとアルキンは飽和しておらず，二重結合と三重結合をそれぞれもつ．アルカンとその他の有機化合物は多くの場合に異性体が存在する．異性体とは分子式は同じだが，構造式が違う分子．炭化水素は国際純正・応用化学連合（IUPAC）の指針に従って体系的に命名される（§6・3）．

　有機化合物のその他の種類は，分子内の官能基の種類によって分類される．官能基自体の性質は共通しているので，同じ官能基をもつ化合物であれば共通の性質を示す（§6・4〜§6・13）．

社会との結びつき

　ウェーラーが1828年に最初の有機化合物を合成して以来，生命に重要な化合物も含めて多くの有機化合物が合成されるようになった．そのうちに生体は物理法則を超えた存在だという昔の考えは変化していった（§6・2）．その時点から，科学者は生体を構成する分子に基づいて生体を議論するようになり，多くの場合にうまく説明がついた．しかし，なぜ人間が特別なのかという疑問は残ったままだ．

　現代社会において炭化水素は燃料用途として重要な分子だ．天然ガス，ガソリン，石油はどれも炭化水素の混合物で，炭素鎖が長くなると気体から油状になる．化石燃料とよばれるこれらの燃料は生産量が有限なので，いずれは他の代替エネルギー源に変える必要がある．化石燃料を使用すると，大気汚染，酸性雨，地球温暖化といった環境問題も起こる（§6・3）．

　日常的に使用する化合物には有機官能基が含まれるが，その多くが何であるのかを認識できる．殺虫剤，フロンは塩素化炭化水素を含むことが多い．果物がたいてい良い香りや風味がするのは，アルデヒドやケトンやエステルを含んでいるからだ．食品の酸っぱい味覚はカルボン酸のせいで，腐敗臭はアミンに由来することが多い（§6・4〜§6・13）．

7 光と色

> まだ見ぬ真実という名の大海原が目の前に広がっている．私はまるで，滑らかな小石やかわいらしい貝殻を探しながらその海辺で戯れる少年のようだった．
> —— Isacc Newton

目　次
- 7・1　ニューイングランド地方の秋
- 7・2　光
- 7・3　電磁波スペクトル
- 7・4　電子の励起
- 7・5　光を使って分子や原子を同定する
- 7・6　核磁気共鳴画像法：人間の身体の分光法
- 7・7　レーザー
- 7・8　レーザーの医療応用

考えるための質問
- 光とは何か？
- 色とは何か？
- 赤外光とは何か？　紫外光とは何か？　どうして紫外光は危険なのか？
- X線，ガンマ線，マイクロ波，ラジオ波とは何か？
- 光はどのように分子や原子と相互作用するのか？
- 分子や原子を同定するために，どのように光が利用されているのか？
- レーザーとは何か？　その仕組みは？

　本章では，光について学ぶ．光とは何か？　光はどのように伝わるのか？　光はどのように物質と相互作用し，色を生み出すのだろう？　いつも光とよんでいるものは，実際には電磁波の一部にすぎない．スペクトル全体としては，目には見えない"光"が大部分を占めている．送信機からみなさんのラジオに音楽を送るときに使われるラジオ波や，電子レンジで食べ物を温めるために使われるマイクロ波，医療で使われるX線はいずれも"電磁波"である．これらのさまざまな電磁波と，目で見ることができる光はどう違うのだろう？

　ここでは光が物質や物質を構成する原子や分子とどのように相互作用するのかについて学ぶ．色を生み出すのは，このような相互作用である．

　本章を読む際には，常にみなさん自身の目に光が差し込んでいることを覚えておいてほしい．光は網膜にある分子に化学反応をひき起こす．それによって神経の興奮が脳に伝わり，視覚として認知できるようになる．まさにこの反応のおかげで，このページの文字や図を実際に見ることができるのだ．

　光と物質の相互作用を利用する方法は分光法とよばれ，科学者にとって最も重要な手段となっている．分光法を用いることによって，科学者は遠くの星々の組成や複雑な分子の構造を知ることができる．たとえば，磁気共鳴画像法（MRI）とよばれる分光法がある．MRIを使えば，かつてない正確さで柔らかい生体組織を詳細に調べることができるため，医療における第一級の画像法となっている．

7・1　ニューイングランド地方の秋

　米国のニューイングランド地方の秋は，芸術家や詩人，作家たちの心をとらえてきた．木々の色が緑一色からタペストリーのように変わるのだ．しかし，なぜ色が変わるのだろう？　葉はなぜ春と夏には緑色で，秋になるとなぜ赤やオレンジ，茶色に変わるのだろう？　その答えは，葉の中の分子とその光との相互作用にある．

　太陽の光は白く見えるが，その中にはさまざまな色が含まれている．虹がかかると，太陽光に含まれる赤色やオレンジ色，黄色，緑色，青色，藍色を見ることができる．虹の中では，空気中の水によって，白い光がその構成色に分離されるため，色が分かれて見える．空気中の水が新しくそれぞれの光を生み出すわけではない．各色の光は白色光の中に存在し，単に混ざっているだけである．白色光の中にそれぞれの光があることはニュートン（Issac Newton）によって示された．ニュートンは，ガラスのプリズムを

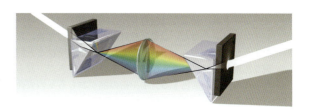

図7・1　ニュートンは，二つのプリズムと一つのレンズを使って光をその構成色に分割し，さらにそれを再結合して白色光をつくり出した．

使って白色光を構成色に分割し、もう一つのプリズムでその構成色を再結合すると白色光になることを示したのだ（図7・1）.

どんな物質でも、その色は、物質を構成する分子や原子がどのように白色光と相互作用するかによって決まる（図7・2）. もし物質の中の分子が光をまったく吸収しなければ、反射光は白色光になり、結果としてその物質は白く見える. 一方、もし分子がすべての光を吸収するならば、光

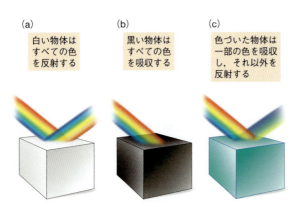

図7・2 (a) 白く見える物質は、光のすべての色を反射している. (b) 黒く見える物質は、光のすべての色を吸収している. (c) 色づいて見える物質は、一部の色を吸収し、それ以外を反射している.

は反射されず、その物質は黒く見える. もし物質の中の分子が、ある色の光を吸収すると、残りの色の光が反射して物質は色がついて見える. つまり、そのように色づいた物質の中に存在する分子が、どの色が吸収され、どの色が反射されるのかを決定しているのである.

緑の葉から反射された緑色、青色、黄色の光が、その葉を濃い緑色に見せている（図7・3）. この緑の原因となっている分子は**クロロフィル**である（図7・4）. クロロフィルは、緑色、青色、黄色の一部を除くすべての色の光を吸

収する. 秋になると、葉の中の化学反応の結果、クロロフィル分子が壊れて、**カロテン**（図7・5）とよばれる別の分子種が生まれる. このカロテンが今度は葉の色に大きく影響を及ぼすようになる. カロテンはニンジンにも含まれていて、赤色とオレンジ色を除くすべての色の光を吸収する. 結果として、カロテンが豊富となった葉からは、赤色とオ

図7・3 緑色の葉は赤色、オレンジ色、紫色の光を吸収する. 一方、緑色、黄色、青色の光は反射される. その結果、葉は濃い緑色に見える.

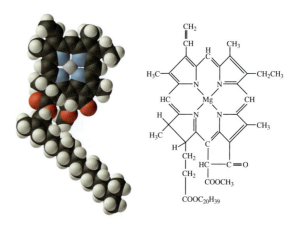

図7・4 クロロフィル分子. クロロフィルは葉の色を緑色にしている.

分子の視点

Box 7・1 変 色

温度によって色変わりする子供服やおもちゃがある. たとえば、あるレインコートは、室温では紫色だが、温度が下がるとピンクに変わる. そのレインコートが冷たい雨粒に触れると、紫色の背景にピンク色が飛び散ったような模様になる. 子どもたちは、冷たい雨粒と人間の身体の温かさが相互作用した結果できる模様を見るのが大好きだ. おもちゃの方は、触れたところだけが変色する. 手や指の熱がおもちゃの表面の温度を変えるからである.

問題: シャツの色が変わるとき、何が起こっているのか、分子のことを考えて説明せよ.

レンジ色の光が反射されるので，その葉は赤っぽいオレンジ色に見える．葉に含まれる分子のわずかな構造の変化が，秋の葉を色づかせているのだ．

図7・5 βカロテンは秋の葉の色に関係する分子である．

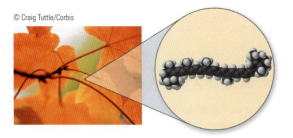

秋の葉のオレンジ色は，葉の中のβカロテン分子（図中）と光の相互作用の結果である．

7・2 光

光との関係は毎日のことなので，私たちは光のことをよく知っている．しかし，実際に光のことを記述するのは単純なことではない．多くの科学者が，光の本質について頭を悩ませてきたように．光は自然界で最も興味深い現象の一つである．これまで学んできたものとは異なり，光は物質ではない．光には質量がないのだ．光のビームは，どんなに感度の高い天秤でも，その針をびくともさせない．しかしその速度は，あらゆるスピード記録を破るだろう．光の速度は 3.0×10^8 m/s．光より速く伝わるものは知られていないのだ．もし，赤道でほんの一瞬，光を発して地球一周の旅をさせるとすると，光は1秒の1/7の時間でその旅を終えてしまう．

私たちは，光が速いということを，花火大会や野球のスタジアムで経験している．花火の爆発という現象やバットのスイングといった動きがまず見えて，少し遅れてその音が聞こえる．光と音は同時に発生しているが，光は音よりも速く届くのだ．

光を複雑なものにしている原因の一つは，光が，波としての性質と粒子としての性質という二つの性質をもっていることにある．フォトンとよばれる光の粒子のことを，光の速度で移動するエネルギーの束のようなものと考えることができる．1秒当たり数十億というフォトンが私たちの目に飛び込み，それがつくり出した映像を私たちは見ているのだ．しかし，暗がりの中では，1秒当たり10〜20個のフォトンしか目には届かない．人間の目は，わずか5〜10個のフォトンでも検知できる感度をもっていることが，実験で明らかになっている．人の目は機械より有能なフォトン検出器なのだ．波としての光の性質は，磁場と電場の中で具体的になる．磁石で遊んだ経験があれば，磁場がどんなものかがわかるだろう．磁場とは，磁石の力が及ぶ領域のことである．磁石をつまんで，クリップを近づける．

磁石の周りの鉄を見れば，磁石がつくる磁場のパターンがわかる．

クリップが磁石がつくる磁場に入ると，磁石に引き寄せられるような力を感じる．一方，**電場**とは，荷電粒子の力が及ぶ領域のことである．電場は，磁場ほどには直感的に理解しづらいかもしれない．ただ，私たちの多くは，静電場という電場を経験している．くしやブラシ，セーター，あるいは私たち自身の身体のように非金属性の物体は，特に乾燥した日に電荷を帯びることがある．これにより電場が生じて，洋服がくっついたり，髪の毛が逆立ったりする．

波としての光の性質は，図7・6にあるように，電場と磁場の振動波である．波の頂点間の距離は**波長**とよばれている（ギリシャ文字のλで表す）．波長は光の色を決定し

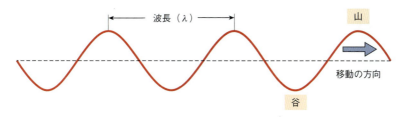

図7・6 光は波としての性質をもっている．隣り合う山の間の距離が光の波長（λ）である．

ている．可視光は非常に短い波長をもっている．たとえば，緑色の光は，およそ540 nm（1 nm = 10^{-9} nm）の波長をもち，青色の光は，およそ450 nmの波長をもっている（図7・7）．

光の波長は，フォトン1個がもつエネルギーも決定している．海辺に打ち寄せる波を考えてみよう．波と波の間隔が狭いほど，波のエネルギーは大きい．まさにこの海の波のように，光の波長が短いほど，そのエネルギーは大きい．青色の光のフォトンは，緑色のフォトンよりも大きなエネルギーをもっている．光の波長とエネルギーの関係は反比例の関係にある．つまり，波長が長くなれば，エネルギーは小さくなる．フォトンのエネルギーと光の波長の反比例関係は以下のように表すことができる．

$$E_{フォトン} \propto \frac{1}{\lambda}$$

$E_{フォトン}$はフォトンのエネルギー，λは光の波長，$\propto$は"比例"を意味する．

復習7・1 スーパーマーケットのバーコードの読取り装置では633 nmの波長のレーザーが使われている．CDプレーヤーでは840 nmの波長（人間の目には見えない）のレーザーが使われている．バーコードの読取り装置のレーザーとCDプレーヤーのレーザーでは，どちらのフォトンの方が，1フォトン当たりのエネルギーが大きいだろうか？

波長に関係したもう一つの量は**振動数**（ギリシャ文字のνで表す）である．光の振動数とは，ある決まった点を1秒間に通り過ぎる波の頂点の数もしくはサイクル数のことである．振動数の単位は，1/秒(1/s)やヘルツ(Hz)が使われる．エネルギーと波長のように，振動数と波長も反比例の関係にある．つまり，波長が短くなれば，振動数は大きくなる．この二つの関係は以下のような式で表される．

$$\nu = \frac{c}{\lambda}$$

ただし，νは振動数でその単位は1/s，cは光の速度（3.0×10^8 m/s），λは光の波長であり通常メートル(m)で表される．

復習7・2 3×10^{17} Hzの振動数をもつX線のフォトンと2×10^{15} Hzの振動数をもつ紫外線のフォトンでは，どちらのエネルギーが大きいか？

例題7・1 振動数と波長を関係づけよう

ラジオ波は長い波長をもつ電磁波である．周波数変調(FM)ラジオのダイヤルにある100.7 MHz（M（メガ）= 10^6）の信号で使われる波長を計算せよ．

[解答]
上記の波長（λ）の式と与えられた振動数（周波数）を用いて，波長を求める．

$$\lambda = \frac{c}{\nu}$$

$$= \frac{3.00 \times 10^8 \text{ m/s}}{100.7 \times 10^6 \text{/s}}$$

$$= 2.98 \text{ m}$$

[解いてみよう]
振幅変調(AM)ラジオが840 kHzの信号を受信している．この電磁波の波長を計算してみよう．

7・3 電磁波スペクトル

"光"という言葉は，しばしば**可視光**，つまり人間の目に見える光を意味する言葉として使われる．しかし，これはあまりにも狭すぎる定義だ．可視光とそれ以外の波長の光には，人間に見えるかどうか以外には，基本的な違いはない．あらゆる種類の光に対する一般的な名称は**電磁波**である．電磁波（図7・8）の波長は，10^{-15} m（ガンマ線）から10^4 m（ラジオ波）に及ぶ．このうち，可視域とよばれるほんの一部の電磁波だけを人間の目はとらえることができる．ちなみに，可視域とは400 nm（紫色）から780 nm（赤色）の波長域をさす．

紫色の可視光よりもほんのわずかに短い波長の電磁波は，**紫外**(UV)光とよばれている．紫外光は私たちの目には見えない．波長が短いため，紫外光のフォトンは可視光よりも大きなエネルギーをもっている．結果として，紫外光は化学結合を切ったり，生体分子にダメージを与えることができる．太陽は大量の紫外光を放射している．しかし，大気中の酸素やオゾンによる紫外光の吸収のため，幸いにも，その大部分は地球の表面に届くことがない（§5・

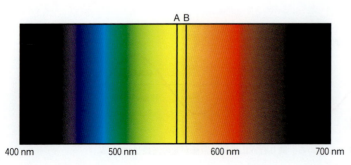

図7・7 光のスペクトルでは，それぞれの箇所で波長が異なっている．図中のAとBでは，ほとんど同じ色に見えるが，波長は異なる．

7・3 電磁波スペクトル

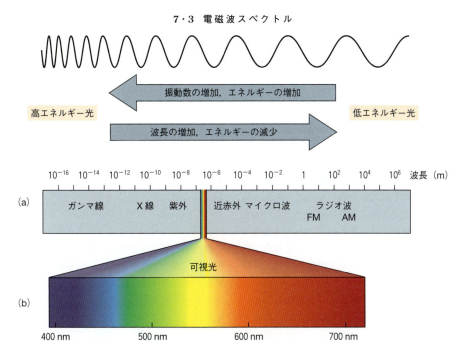

図 7・8 電磁波のスペクトル．(a) 全体のスペクトル，(b) 可視領域の拡大図．

5 参照)．日焼けは，大気を通り抜けた紫外光によって起こる．紫外光を浴び過ぎると，皮膚がんや白内障の原因になる可能性がある．私たちは，サングラスや日焼け止めを使って，有害な紫外光を避けている．日焼け止めには，紫外光を効果的に吸収する p-アミノ安息香酸 (PABA) のような化合物が含まれている．このような化合物は，まさに皮膚の表面で，オゾン層のようなはたらきをしているのだ．

1895 年，ドイツの物理学者**レントゲン** (Wilhelm Roentgen, 1845～1923) によって発見されたのが，紫外光よりも波長が短い **X 線**である．レントゲンは，光を通さない物体を，X 線が通り抜けることができることを発見した．X 線を使えば，箱の中にあるコインや，木の扉の向こう側にある金属の物体を撮影できることを示したのである．さらに彼は，X 線を使って妻の手の骨を撮影した (図 7・9)．

医学における X 線の有用性は明らかであり，骨格や内臓を撮影するために，今日でも利用されている．

図 7・9 人間の手の X 線画像．明るく見えるリング状のものは指輪である．金属は X 線を効率良く吸収する．

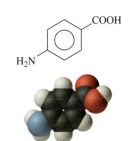

PABA

日焼け止めのクリームには，紫外光を吸収する p-アミノ安息香酸 (PABA) のような分子が含まれている．これにより，紫外光が皮膚に届かなくなり，日焼けを防ぐことができる．

X 線は紫外光よりも短い波長と大きなエネルギーをもっている．そのため，X 線は生体分子に対してより有害な影響を及ぼす．年に数回ほど医療用の X 線を浴びても比較的害はないが，過剰に X 線を浴びるとがんのリスクが高まる．

最も波長が短いのが**ガンマ線**である．ガンマ線は，電磁

波のなかで最も大きなエネルギーをもっている。X線と同様に，ガンマ線を浴びてもがんのリスクが高まる。ガンマ線は太陽や宇宙の他の物体から放射される。しかし，ガンマ線の多くは，大気によって阻まれるため，地球の表面に届くことはない。私たちがガンマ線を浴びることがあるとすれば，それは重元素の放射性崩壊によってである。これについては，次章で学ぶ。ガンマ線は，その破壊力のため，がん細胞を殺すための放射線治療に使われている。

可視光よりも波長が長いのが**赤外（IR）光**である。熱い物体に手を近づけたときに感じる熱が赤外光である。私たち自身を含めて，温かいと感じる物体はすべて赤外光を放射している。もし赤外光が目に見えたら，人々は電球のように光っていて，夜でも容易に見分けがつくだろう。市販の暗視装置では赤外検出器が赤外光を感知しており，暗がりでも"見る"ことができるのだ。

赤外光よりも波長が長いのが，電子レンジに使われている**マイクロ波**である。マイクロ波の波長は長くて，可視光や赤外光よりもエネルギーは小さいが，水分子は効率的にマイクロ波のエネルギーを吸収する。結果として，マイクロ波を照射すると，水分子を含んだ物体のみを効率的に温めることができる。たとえば，電子レンジは水を多く含んだ食べ物を温めるが，水を含んでいない食器は温めない。

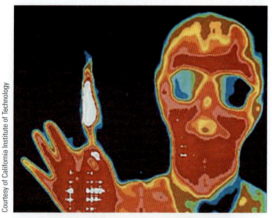

暗がりで火のついたマッチをもつ人を赤外線カメラで撮影した画像。赤外線カメラを使えば，すべての温かい物体から放射される赤外線を"見る"ことができる。

最も波長が長いのが**ラジオ波**である。その波長は，フットボールの競技場と同じくらいの長さである。ラジオ波は，ドイツの物理学者**ヘルツ**（Heinrich Hertz，1857〜1894）によって 1888 年に発見された。ヘルツの実験はヨーロッパと北米で続けられた。科学者たちは，ラジオ波が通信信号の伝達に利用できることにすぐに気づいた。ラジオ波は，今日では，AM ラジオや FM ラジオ，携帯電話，テレビ，衛星通信など，さまざまな通信に利用されている。

復習 7・3 以下の光を波長の順にならべよ。
　赤色の可視光，青色の可視光，赤外光，X線

7・4　電子の励起

§7・1 では，物体の色が，その中の分子や原子が吸収する光の色に関係があることを学んだ。光を吸収するときに，分子や原子の中では何が起こっているのだろう？ 光はエネルギーの一つの形態である。したがって，分子や原子は光を吸収するとエネルギーを得ることになる。このエネルギーは電子によって捕捉され，電子は低エネルギーの軌道から高エネルギーの軌道へと"励起"される（図 7・10。原子軌道の説明は §3・8 を参照）。物体を床から持ち上げて机に置くためにエネルギーを要するのと同じように，低エネルギーの軌道から高エネルギーの軌道へ電子を移動させるにはエネルギーが必要なのだ。もし光のエネルギーが，電子をある軌道から別の軌道に移動させるのに必要なエネルギーと一致すれば，この電子の移動に必要なエネルギーを光で供給することが可能である。別の言い方をすれば，そのときのフォトンのエネルギー（その光の波長に依存する）は，電子の移動に寄与する軌道間のエネルギー差と正確に同じでなくてはならない。

特定の軌道に電子をもつ分子や原子について，その電子の配置のことを**エネルギー状態**という。エネルギー状態は，どの軌道が占有されているかによって決まる。もし，すべての電子が最低エネルギーの軌道に存在するとすれば，その原子や分子は基底エネルギー状態（あるいは単に基底状態）にあることになる。光は，あるエネルギー状態からより高いエネルギー状態への**電子遷移**をひき起こす。つまり，光は，より高いエネルギーをもつ軌道に電子を押し上げることによって，原子や分子の電子遷移を成し遂げ

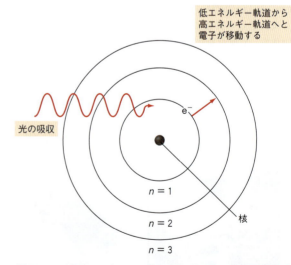

図 7・10　光のフォトンのエネルギーは，その波長によって決まる。もし，フォトンのエネルギーが，原子や分子の中にある二つの異なる電子軌道のエネルギー差と正確に一致すれば，その光は低エネルギー軌道から高エネルギー軌道への電子の遷移をひき起こす。エネルギーが一致する色の光が吸収される。

考えてみよう

Box 7・2　X線 ── 危険なのか，有用なのか？

医師は骨や歯，内臓の撮影をするために，日常的にX線を利用している．しかし，X線を浴びることによって，がんのリスクが高まるという研究がある．なぜ医師はX線を使い続けるのだろう？ "何よりも害をなすなかれ" が良い医療の基本理念ではないのか？

このような疑問に答えるために，X線を診断に使うことによる恩恵とX線のリスクの両方を考えなくてはならない．私たちは，リスクを負う価値があるような恩恵にあずかることができる場合に，そのリスクを受け入れるのだ．たとえば自動車に乗るとき，私たちは大きなリスクを負っている．そのリスクは，医療用のX線のリスクよりもはるかに大きい．私たちは恩恵を感じるからこそ，自動車に乗るというリスクを負うのだ．食べるものを買うために店に行くというのも，リスクを負う価値がある．リスクがない生活というのは，おそらく不可能であろう．であれば，疑問として妥当なのは，"リスクを負う価値があるかどうか" である．

医療規定で定められたX線の場合，その疑問に対する答えは，おそらく "yes" だろう．がんになるのは，きわめて多量のX線を浴びた場合のみであることが知られている．医療用のX線を利用するくらいでは，がんのリスクは無視できる程度でしか増加しない．しかし，その恩恵は大きい．医師が骨折の箇所を目で見ることができると，適切な診断や治療ができる．誤診によって永久に身体障害者になってしまうような，X線が "ない" ことによるリスクは，おそらく非常に受け入れがたいことだろう．

質　問：友達から電話がかかってきて，秋以降病院に行っていないことをどう思うかと聞かれたら？ちなみに，彼女は左腕を動かす際に激しい痛みを感じている．しかし彼女は，医療産業に疑念を抱いており，医師がX線を使うのではないかと恐れている．彼女は，自然治癒に関する雑誌を購読していて，その雑誌にはX線がいかにがんのリスクを上昇させるかについて長々と書いてある．友達のために，どんなアドバイスをするのがよいだろう？

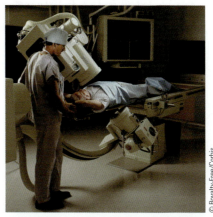

X線を浴びることで得られる恩恵（けがや病気の診断）には，リスク（無視できる程度のがんのリスクの増加）を負う価値がある

るのだ．電子がより高いエネルギーの軌道にあるとき，その原子や分子は**励起状態**にある．

したがって，物体の色は，物体を構成する原子や分子の電子軌道の間のエネルギー間隔に依存することになる．もし，あるエネルギー状態から別のエネルギー状態への遷移に必要なエネルギーが，たとえば赤色の光のエネルギーに相当するならば，その分子は赤色の光を吸収し，それ以外の色の光は吸収されない．多くの色の光を吸収する分子もある．一方で，一色の光だけを吸収する分子や可視光をまったく吸収しない分子もある．いずれも，電子とその軌道間のエネルギー差しだいなのだ．

分子の中の電子が光によって高いエネルギーの軌道に励起されると，その分子は不安定な励起状態となる．励起状態の過剰なエネルギーは，いくつかの方法で消費される（図7・11）．もし吸収したフォトンのエネルギーが，紫外光やそれ以上のエネルギーをもつ電磁波のように，十分に大きいのであれば，分子の結合が切れて，その分子はバラバラに壊れることがありうる．この過程は**光分解**とよばれ，紫

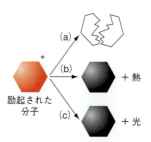

図7・11　励起された分子には (a) 光分解や (b) 熱の放射，(c) 光の放射が起こる．

外光やX線，ガンマ線の危険性ともつながっている．このように波長の短い電磁波は，分子の化学結合を切断するのに十分なエネルギーをもっている．生地を繰返し太陽光に当てると色あせてしまうのは，この光分解が原因である．生地の中にあってその色を決めている分子が，太陽から放射される紫外光によって破壊される．太陽光によって生地の色に関係する分子が破壊されると，その生地の色がなくなっていくのだ．

原子や分子が励起状態にいるときに起こりうるもう一つの過程は**電子緩和**とよばれている（図7・12）．緩和の過程で，電子はもとの軌道に戻る．このとき，熱もしくは光が生み出される．たとえば，太陽が照りつける日に濃い色のシャツを着ていると，電子緩和による熱の産生を経験する．シャツの中の分子が太陽の光を吸収すると，緩和によって低エネルギー状態に戻り，熱を放射する．このときシャツが暖かくなり，私たちは熱を感じるのだ．

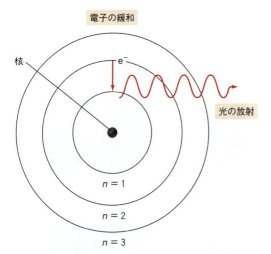

図7・12 電子が励起状態から緩和するとき，光が放射される．

暗がりで光るおもちゃの中で起こっている**リン光**として，光の放射を見たことがあるだろう．光を浴びると，おもちゃの中の分子がその光を吸収し，電子がより高いエネルギーの軌道に移動する．その電子が緩和して低エネルギーの軌道に戻るとき，光を放射する．これこそがおもちゃが緑色にぼんやり光る現象の原因なのだ．光放射による緩和のもう一つの例は，ブラックライトを白いTシャツに当てたときにぼんやりと光る現象である．ブラックライ

ブラックライトを当てると物体が光る．これは，ブラックライトのランプが放射する目に見えない紫外光が，物体の中の電子を高エネルギー軌道に励起するからである．その電子は低エネルギー軌道に緩和し，光が放出される．

トが放射する紫外光は，私たちの目には見えないが，白いTシャツの中の電子を励起することができる．その電子が緩和するときに，**蛍光**という過程で，可視光が放射される．蛍光とリン光の違いは，電子の緩和に要する時間である．蛍光は比較的速く，リン光は遅い．つまり，蛍光性の物体は紫外光の光源を離した瞬間に光を放射しなくなるのに対して，リン光性の物体は，暗がりに移しても長い間，光を放射し続けるのだ．

まとめとして，分子の中の電子が励起されると光分解が起こることがある．そのとき，分子はバラバラに壊れて別の物質になる．もう一つが緩和である．緩和は熱もしくは光の放射を伴う．光の放射には長寿命のリン光と短寿命の蛍光がある．

7・5 光を使って分子や原子を同定する

特定の分子や原子によって吸収されたり放射される光の波長は，それぞれの分子や原子に特徴的なものである．このため，そのような光の波長は，分子や原子を同定するために利用することができる（表7・1）．たとえば，水素原子

表7・1 元素の発光波長

元　素	発光波長（nm）	色
H	656	赤
	486	緑
	434	青
	410	紫
He	706	赤
	587	黄
	502	緑
	447	青
Li	671	赤
Na	589	黄
Hg	579	黄
	546	緑
	436	青
	405	紫

が水素放電管の中で励起される．放射された光には，水素に特徴的な波長が含まれている（図7・13）．科学者は，**分光法**とよばれる光と物質との相互作用を用いた方法で，未知の物質を同定する．たとえば天文学者は，星から放射された光を調べることによって，その星にある元素を同定している．化学者は，物質が吸収する光の波長を調べることにより，その物質の組成を決定している．大気科学者は，大気中に存在する分子を同定するために，太陽光に含まれる各波長強度のわずかな変化を調べている．分光法はきわめて応用範囲の広い研究手段であり，科学者は物質を同定したり定量するために分光法を自由自在に使っているのだ．

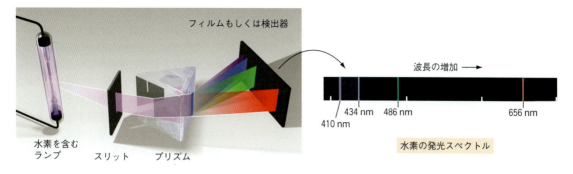

図 7・13 励起された水素原子は,特定の波長の光を放射する.その光をプリズムに通すと,波長ごとに空間的に分離できるので,それを写真用フィルムもしくはデジタル光検出器で検出する.

7・6　磁気共鳴画像法: 人間の身体の分光法

20世紀初頭にX線が医学に応用され,人間の身体を切り刻むことなく観察できるようになったことは,医学に大きな変革をもたらした.今日の医師は,人間の身体の内部を観察するための,より強力な技術を手にしている.この技術は,**磁場に置かれた水素原子の分光法**に基づいており,**磁気共鳴画像法(MRI)**とよばれている.人間の身体には,水(体重の75%)や有機分子として,水素原子が豊富に存在しているので,この分光法は生体組織を調べるために利用できる.以前学んだような電子に関係した分光法とは異なり,MRI は水素原子の"核(nuclei)"に関係しており,もともと**核磁気共鳴(NMR)**とよばれていた.NMR という名称は今日でも多くの科学者によって使われている.一方,NMR を医学的な画像診断に応用する技術については,核(nuclei)という言葉を含んだ技術の安全性に対する一般市民の混乱を避けるために,MRI とよばれてきた.

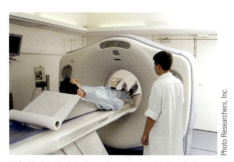

磁気共鳴画像法を使えば,きわめて鮮明に内臓器官を見ることができる

スタンフォード大学のフェリックス・ブロッホとハーバード大学のエドワード・パーセルは,NMR 分光法を1940年代に開拓した.この2人の科学者は,その功績により,1952年のノーベル賞を受賞した.NMR の概念は,水素原子の核を小さな磁石と見なすことによって説明できる(図7・14).地球の磁場に置かれた方位磁針の針のように,水素原子の核という小さな磁石は,巨大な電磁石によってつくられた外部磁場に置かれると整列する.まさに,磁場に置かれた磁石の方向を手で押して変えることができるように,外部磁場に置かれた水素原子の核の方向を変えることができる.ただし,NMR の場合に水素原子の核を"押す"役割を果たすのは,適切な周波数をもった電磁波を照射することである.電磁波によって,ある配向から別の配向への"遷移"(電子の遷移と同義)が起こる.電磁波から得たエネルギーによって,外部磁場の中の小さな磁石の配向が変わるのだ.

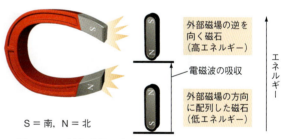

図 7・14 外部磁場の方向に配列した磁石は,外部磁場の逆を向く磁石よりも,低エネルギー状態にある.適切な波長の光を照射することにより,低エネルギー状態から高エネルギー状態への遷移が起こる.

遷移を起こすために必要な電磁波の周波数は**共鳴周波数**とよばれる.NMR の共鳴周波数は,電磁波のスペクトルの中では,ラジオ波の領域にある.共鳴周波数は,外部磁場の強度に依存している.外部磁場が強くなれば,磁石を反転させるのに必要なエネルギーも大きくなり,遷移を起こすためのラジオ波の周波数,つまり共鳴周波数も大きくなる(周波数が大きいことはエネルギーが大きいことと同義).

従来の NMR 分光法では,試料を一様な磁場に置き,ラジオ波の周波数を変化させている.ラジオ波の周波数が共鳴周波数になると核の遷移が起こり,試料の磁性の変化が観察される.これらの変化を,ラジオ波の周波数の関数と

してとらえたグラフを**吸収スペクトル**とよぶ．水の吸収スペクトルを取得すると，一つのピークが観察される（図7・15）．このピークは，水分子の水素原子核の共鳴周波数を示している．

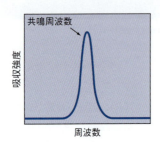

図7・15 単純化した水のNMRスペクトル．異なった強度の磁場を与えると，ピークは異なった周波数へとシフトする．

MRIでは，試料の"画像"を取得する．図7・15で示した吸収スペクトルには，そのような画像情報は含まれていない．試料の画像を取得するための鍵は，外部磁場の強度を場所ごとに変化させることである．たとえば，二つの異なる幅の容器に水が入っているとしよう．この容器に一様な磁場をかける（図7・16）．両方の容器の水素原子核は同じ磁場を感じるため，結果として，同じ共鳴周波数をもつことになる．つまり，吸収スペクトルは1本のピークのみを与える．それでは，二つの容器が勾配磁場，つまり場所ごとに強度が異なる磁場に置かれているとしよう（図7・17）．二つの容器の水素原子はそれぞれ異なった磁場を感じるため，それぞれ異なった共鳴周波数をもつことになる．吸収スペクトルは二つのピークを示す．同じ容器の中でさえ，その容器の片側にある水素原子核は，それとは反対側にある水素原子核とは異なる磁場を感じるため，互いにわずかに異なる共鳴周波数をもつことになる．吸収スペクトルの二つのピークの形は，水の入った二つの容器のそれぞれの形を反映することになる．このようにして，一次元の画像が得られるのだ．

勾配磁場を与えることにより，水素原子を含む物体の画像は共鳴ラジオ波の周波数としてコード化できる．図7・18のように人間の脳やひざ，脊椎などの非常に鮮明な医療画像が得られている．

さらに，MRIでは，電磁波を照射して核の配向を変えた後に，核がもとの配向に戻るのに必要な時間を計測することができる．方位磁針の針を手で押してその方向を変え，手を離して針がもとの向きに戻るまでの時間を考えてみよう．もとの向きに戻ることを緩和といい，緩和にかか

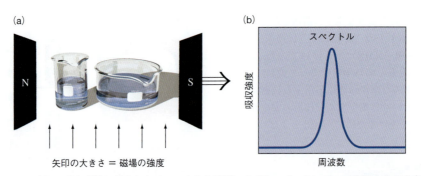

図7・16 (a) 一様な磁場に置かれた二つの小さな容器に水が入っている．二つの容器の中の水素原子の核は，いずれも同じ磁場を経験するため，同じ共鳴周波数をもっている．(b) そのときの吸収スペクトルは，共鳴周波数に一つのピークを示す．

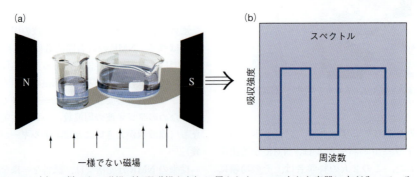

図7・17 (a) 一様でない磁場（勾配磁場など）に置かれた二つの小さな容器に水が入っている．二つの容器の中の水素原子の核は，それぞれ異なる磁場を経験するため，異なる共鳴周波数をもっている．(b) そのときの吸収スペクトルは二つのピークを示す．二つのピークのそれぞれが，容器の形に一致している．容器の形は，吸収の周波数としてコード化される．

る時間を**緩和時間**という．この緩和時間は，水素原子の周辺環境に非常に敏感である．生体の中でも組織が異なれば，そこに含まれる水素原子核の環境は異なる．このように緩和時間を利用することにより，MRIは異なった特徴をもつ生体組織を区別して画像化できるのだ．

　MRIを使えば，患者の生体内部の構造を鮮明かつ高い分解能で画像化できる．しかも，異なった特徴をもつ生体組織を区別して画像化できるという機能を併せ持っている．さらに，X線のような生物学的なリスクがまったくない．このようなことから，MRIは今日の医療において，第一級の画像法になっている．特に，病変組織やがん性腫瘍，脊椎損傷，中枢神経の異常を検出するために有用である．MRIは脳機能のマッピングのためにも利用されている．たとえば，記憶や数学的思考などの特定の脳機能が，脳のどの領域の活動と関係しているのかを調べることは特に魅力的である．活動が盛んな脳の領域では酸素の濃度が上昇することが知られている．この酸素濃度の上昇によって，その領域にある水素原子の環境が変化するのだ．人間が特定の仕事をしているときに，脳のどの領域が活動しているのかを検出するために，MRIは利用されている．このような情報によって，脳の機能に関する私たちの理解は大きく前進してきたのだ（Box 7・4 "心とからだの問題"参照）．

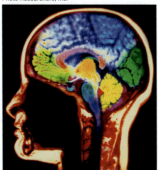

図7・18　人間の頭部のMRI画像．

7・7　レ ー ザ ー

　もう一つの光関連技術が**レーザー**である．レーザーは，1960年に初めて開発され，今ではさまざまな方面で応用されている．レーザーは，たとえばロック歌手のコンサートでの視覚効果，製造用の精密なドリル，武器の照準，外科用の目に見えないメスに利用されている．スーパーマーケットのバーコードの読み取り装置やCDプレーヤー，レーザープリンター，測量装置など，多くの機器においてレーザーは不可欠な部品である．消費者製品におけるレーザーの利用は十分に確立している．レーザーの新分野への応用も続けられるだろう．SF小説では，敵を葬り去るための小型の武器や，宇宙船エンタープライズ号で光子魚雷を発射する大型の武器のように，常にレーザーを使った武器が登場する．

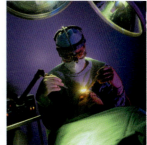

レーザー技術の応用には，たとえばレーザー手術がある．

考えてみよう

Box 7・3　技術のコスト

　近年，医療にかかるコストが膨らんでいる．その理由の一つは，磁気共鳴画像法のような新技術のコストが高いことによる．このような新しい技術が，診断や治療にきわめて有用であることは疑いの余地がない．しかし，新技術は私たちの社会にある種のジレンマを生み出している．医療にいくら払うのか？ そこに限界はあるのか？ もし新技術である病気の治療ができるとしても，そこに膨大なコストがかかるとしたら？ あなたは，医療にはいくら払っても構わない，と言いたい衝動に駆られるかもしれない．しかし，限られた資源しかないこの世界では，お金のことを無視することはできない．究極的な例として，すべての資金が，医療のために使い尽くされるとしたら，どうなるだろう？ つまり，食料や衣料，住宅のような基本的な生活必需品のための資金がまったくなくなるとしたら？

　質　問: 個人のレベルでは，医療のためにいくら払うだろうか？ あなたの収入の10％？ それとも20％？ 30％？ なぜそれだけ払うのか？ なぜもっと多くは払わないのか？ 医療産業は変わり続けているので，私たちは社会としてこの問題に取組まなくてはならない．

　レーザー（laser）という言葉は，輻射の誘導放出による光増幅（light amplification by stimulated emission of radiation）の頭字語である．レーザー光と通常の光の違いは二つある（図7・19）．さまざまな波長を含む白色光とは異なり，レーザー光はたった一つの波長しか含まない．たとえば，ヘリウムとネオンからなるレーザーは，632.8 nmの赤い光を放射する実演でしばしば見かける．この光は単に赤色というだけでなく，また他の色が混ざっていないというだけでなく，赤色の中でも632.8 nmとい

考えてみよう

Box 7・4 心とからだの問題

17世紀のフランスの哲学者ルネ・デカルトの有名な言葉に"我思う，ゆえに我あり"がある．デカルトは二元論者である．彼は，人間は二つの異なる実体から成り立っており，その一つは物理的な肉体，もう一つは非物理的な精神であると考えた．二元論は，もともとプラトンなどのギリシャの思想家が唱えた．しかしデカルトは，二元論には根本的な問題があることに気づいたのだ．つまり，非物理的な精神は，いかにして物理的な肉体と相互作用するかということである．デカルトは，その相互作用は脳の中の松果線で起こっていると考えた．デカルトの考えでは，精神と肉体とは松果線でつながっているのである．

MRIのような技術によって脳研究（神経科学）が進み，物理的な脳の活動と精神とを関係づけることが可能になってきた．たとえばMRIは，人間がある仕事をしたり，ものを見たりする際の脳の活動をモニターするために利用されている．もし松果線が非物理的な精神と物理的な肉体とがつながる場所だとすると，MRIは松果線に由来する説明不能な活動を検出するはずだ．しかし，これは検出されなかった．その代わり，研究者たちは，さまざまな思考のそれぞれが物理的な脳の場所に関係することを突き止めている．言い換えると，私たちの思考は物理的な実体に由来するのであって，非物理的な精神や魂に由来するわけではないのだ．

この種の証拠のため，多くの神経科学者は心とからだの二元論を受け入れておらず，人間の意識について，純粋に物理的な実体を通して解明しようとしている．しかし，それを究極的に突き詰めようとすると，残された問題は多い．たとえば，意識や自由意志を説明することは，二元論者の概念では比較的容易だが，純粋に物理的な概念では難しくなるのだ．別な言い方をすると，もし私たちの思考が脳内の単なる化学的な過程の結果だとすると，どのようにして私たちは自由な決定を行うのだろうか？

質 問: どう思うだろうか？ 人間はたった一つのもの，つまり物理的な実体でできているという考えは，人間の価値を低く見せたり，品位を落とすだろうか？ 人間には価値や倫理があるが，その存在は純粋に物理的だろうか？ あるいはその説明には，非物理的な精神や魂のような存在が必要だろうか？

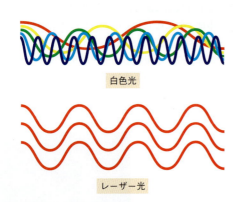

図7・19 レーザー光は，単一波長のみからなる点と，位相がそろっている点が，通常の白色光と異なる．

う単一の色調をもっているのである．レーザー光と通常の光の二つ目の違いは，指向性の違いである．ランダムな指向性をもつ通常の光とは異なり，レーザー光は谷と山がそろった，つまり"位相"がそろった波をもっている．そのためレーザー光は，非常に純粋かつ強度が高く，空間の中をまっすぐ進んで，ほとんど広がることがない．

レーザー共振器

レーザーの中では，**レーザー媒質**の分子や原子が光や電気エネルギーで励起され，電子がより高いエネルギー状態に飛び上がる．この電子が緩和して低エネルギー状態に戻るときに光を放射する．この過程は以前学んだ蛍光のようなものだ（§7・4参照）．しかしレーザーでは，レーザー媒質が二つのミラーからなる**レーザー共振器**の中に置かれている．二つのミラーの一方は，光が部分的に透過する特性をもっている（図7・20）．ミラーの方に飛んだ一つ目のフォトンは，ミラーで跳ね返され，レーザー媒質を再び通過する．これにより，別のフォトンの放出が刺激される．このとき放出されるフォトンは，最初のフォトンとまったく同じ波長と波の配列（位相）をもっている．このフォトンはレーザー共振器の中を移動し，ミラーで反射されて跳ね返り，再びレーザー媒質を透過して，さらに多くのフォトンが放出される．このように，レーザー共振器の中を行ったり来たりしながら，膨大な数のフォトンが連鎖的に放出される．光が部分的に透過するミラーを使って，ほんの一部のフォトンを共振器から取出すことにより，レー

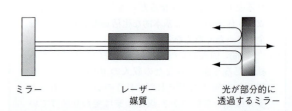

図7・20 レーザー共振器では，二つのミラーに蛍光性の物質が挟まれた構造をしている．二つのミラーの一方は，光が部分的に透過する特性をもっている．

7・7 レーザー

ザービームがつくり出されるのである.

さまざまなレーザーがあるが、それらのおもな違いはレーザー媒質である。レーザーは大きく四つのタイプに分類できる: 固体レーザー, 気体レーザー, 色素レーザー, 半導体レーザー.

固体レーザー

固体レーザーのレーザー媒質は、多くの場合、固体結晶の中の金属イオンである。初めてうまく稼働したレーザーは、クロムイオンを混入させたサファイア結晶を用いた固体ルビーレーザーであった。ルビーレーザーは694 nmの赤い光を放射する。最近、一般に利用されているレーザーは、Nd:YAGレーザーである。このレーザーでは、ネオジムイオンを混入させたYAG結晶(イットリウム、アルミニウム、ガーネットからなる結晶)を用いている。Nd:YAGレーザーは1064 nmの赤外光を放射し、その強度は中程度以上である(数W)。これらの固体レーザーは、連続的な光ビームをつくることもできるし、短いパルス光のビームをつくることもできる。Nd:YAGレーザーは製造や医療、基礎科学研究に利用されている.

気体レーザー

気体レーザーのレーザー媒質は、1種類の気体もしくは複数の気体の混合物である。最も一般的な気体レーザーはヘリウムとネオンをレーザー媒質とするレーザーだ。このヘリウム-ネオンレーザーは、632.8 nmの赤くて比較的強度の低い(mW)光を放射するレーザーである。その光ビームは鉛筆のように細い。このレーザーは比較的安価であり、

写真にあるようなヘリウム-ネオンレーザーは、大学の学生実験室でよく見かける。レーザーディスプレイでも利用されている.

製造過程での切断誘導や光学的な配列技術、ホログラフィのための光源など、主として測量分野で用いられている。ヘリウム-ネオンレーザーは、大学の学生実験室でもよく見かける。レーザーディスプレイの分野でも活躍している.

もう一つの一般的な気体レーザーはアルゴンイオンレーザーである。このレーザーは、アルゴンイオンを気体のレーザー媒質として用いている。アルゴンイオンレーザーは、中程度以上の強度(数W)で、514 nmの緑色の光を放射する。この波長以外にも、いくつかの異なる波長の可視光を放射することができる。アルゴンイオンレーザーは、ロック歌手のコンサートで利用され、印象的な視覚効果を演出している。ただし、クリーンな空気中だとレーザービームが見えないので、コンサートホールを煙や水蒸気で満たして、レーザーを使うのだ。煙や水蒸気のもやの中を明るい緑色のレーザーが直進すると、鉛筆のように細いレーザービームが輝いて見える。レーザーを操作する人は、しばしば、1本のレーザービームをいくつかのビームに分割してみせたり、ミラーボールにレーザービームを当てて複雑なパターンをつくったりする。さらに、レーザービームを素早く動かして、緑色の光でできた薄い布が揺らいでいるように見せることもできる.

アルゴンイオンレーザーは、コンサートでの印象的な視覚効果を生み出すために利用される

三つ目の一般的な気体レーザーは、二酸化炭素(CO_2)レーザーである。このレーザーは、10.6 μmの赤外光を放射する。二酸化炭素レーザーは、どの気体レーザーよりも効率的かつ輝度が高く、1000 Wまで出力できる。二酸化炭素レーザーのビームを使えば、鋼鉄を簡単に切断できる。ほかにも、溶接や掘削に利用されている.

色素レーザー

色素レーザーのレーザー媒質は水溶液に溶けた有機色素である。色素レーザーの特徴は、その波長可変性である。適切な色素を選び、レーザー共振器を正しく構成することによって、実質的には、可視光域のどんな波長でも放射することができる。色素レーザーは、基礎科学研究や医療分野で、幅広く利用されている。数年前、スタンフォード大学のA. L. ショーローによって、風変わりな色素レーザーが作られた。ショーローは、ゼラチンに含まれる有機色素を用いて、世界初の食べられるレーザーを開発し、実際に食べてみせた。そのレーザー媒質は、"ゼラチンの袋に書かれた指示に従って"作ったとのこと.

半導体レーザー（ダイオードレーザー）

すべてのレーザーのなかで，最も小さくて，しかも多くの場合，最も安価なレーザーが半導体レーザー（ダイオードレーザー）である．レーザー媒質は，2種類の半導体をサンドイッチのように重ねたものである．半導体レーザーは，中程度の強度の光しか出さないが，非常に安価に作製することができるので，スーパーマーケットのバーコードの読み取り装置やレーザーポインター，CDプレーヤーなど，さまざまな電子機器で利用されている．

7・8 レーザーの医療応用

レーザーは医療分野でも活躍している．赤外光や可視光のレーザーで生体組織を効率的に温めたり，紫外光のビームで生体組織に含まれる化学結合を直接切断したりなど，レーザーは外科医にとって不可欠な道具として利用されている．レーザービームには，外科用メスよりも優れた点がいくつかある．たとえば，皮膚や生体組織を正確に切ることができ，周辺部位への影響を最小限にとどめることができる．また，通常では届きにくい箇所でも，光ファイバーケーブルを送り込むことができる．さらに，目的に合わせて波長を選び，望んだ効果を得ることができる．

目の手術では，日常的にレーザーが使われている．たとえば，白内障患者の視力低下に関係した部位を切除したり，緑内障患者の眼圧を下げるために角膜に小さな穴をあけたりなどである．最近では，近視や遠視を治療するために，レーザーで角膜を整形することも可能になっている．この治療（レーシックとよばれている）では，高エネルギーの

新しいテクノロジー

Box 7・5 分子のダンスを鑑賞する

数年前，カリフォルニア工科大学のアハメッド・ズウェイル教授は，スウェーデンのノーベル賞委員会からの電話で目を覚ました．ノーベル化学賞の受賞が知らされたのだ．ズウェイル教授の反応は？ "妻と子どもに思わずキスしてしまいました" "私は科学が好きなだけなのです"

ズウェイル教授は "フェムト秒化学" という新しい科学領域を開拓し，ノーベル賞を受賞した．すべての生命や化学が，化学結合の切断と形成に依存している．ズウェイル教授は，化学結合の切断と形成を観察する方法を工夫したのだ．問題は何かというと，化学結合の切断や形成の過程が，10^{-15} 秒という著しく短い時間スケールで起こっているということである．たとえば，フォトンが人間の網膜に衝突するときに目の中で起こる化学的な変化，つまり炭素と炭素の結合のねじれ反応は，200 fs（f（フェムト）=10^{-15}）で完了する．ズウェイル教授が研究するまでは，誰一人として，そのようなねじれ反応をリアルタイムで観察できるとは思いもしなかった．今ではそれができるのだ．ズウェイル教授は，分子の動きを観察できるくらいの非常に速いシャッタースピードのカメラを開発した．ズウェイル教授は，分子がまさにダンスするのを観察している．たとえば，ヨウ化ナトリウムのナトリウムとヨウ素の結合は，実際にその結合が切れるまでに，10回ほど切れたりつながったりしている．

ズウェイル教授は，超短パルスレーザーを用いて研究している．彼は，原子の動きを観察できるほどの短い閃光を作った．彼の閃光レーザーは，原子というダンサーの動きを克明にとらえるストロボ光のようなものである．そのストロボ光の1回の閃光は原子のダンスのある一部分をとらえ，次の閃光はダンスの次の一部分をとらえる．これを繰返す．しかし，閃光の間に原子のダンスが進んでしまわないように，その閃光は十分に短くなくてはならない．これこそが，ズウェイル教授が克服した課題なのである．それでは，ズウェイル教授は次に何をしたいのだろう．彼はダンサーの次の動きをコントロールしたいと考えている．化学反応のリアルタイム観察を超越して，ズウェイル教授の研究の目標は，反応をコントロールすることである．彼は，超短パルスレーザーを使って，適切なタイミングで，しかも分子の適切な場所にエネルギーを与え，特定の反応のみを起こしたいと考えている．このような分子のコントロールは，まさに化学者が夢見てきたことなのだ．化学反応をコントロールできれば，有害な副産物を作らずに，有益な化学物質のみを作ることができる．このことは，ズウェイル教授が初めて挑戦するわけではない．人類が化学反応を学んで以来（おそらく，火を使うようになった原始人類），私たちは化学反応をコントロールしようとしてきた．ズウェイル教授の研究が革命的なのは，観察の特異性である．いつの日か，化学反応のコントロールが実現するだろう．

Ahmed H. Zewail

紫外光のビームで角膜に切れ込みを入れる．これによって角膜の曲率が変わり，患者の視力が矯正されるのだ．

高出力のレーザーパルスを光ファイバーケーブルに通すことができる．これを使えば，皮膚に小さい穴をあけるだけで，外科医は内臓器官を手術できる．この場合の外科医は，患部を見る内視鏡用の光ファイバーケーブルと，高出力のレーザー光を送り込むためのもう一本の光ファイバーケーブルを組合わせて用いるのだ．レーザー光は，臓器と直接相互作用して腫瘍を取除いたり，動脈の詰まりをきれいにしたり，胆石や腎臓結石を破壊するためにも利用されている．

皮膚科の専門医は，皮膚のがん性腫瘍や肌のシミを取除くためにレーザーを使用してきた．皮膚の腫瘍を除くためには，まず，腫瘍組織に選択的に結合する特別の色素を患者の患部に塗る．その色素の吸収波長の光を放出するレーザーを患部に当て，腫瘍を殺すのだ．肌のシミの治療の場合，シミの種類に合わせてレーザー光の波長を選ぶ．たと

レーザービームを使って角膜を整形する．

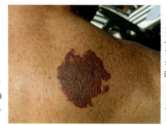

写真のようなポートワイン母斑は，適切な波長のレーザー光を照射することで取除ける．

この分子に注目

Box 7・6 レチナール

化学式: $C_{20}H_{28}O$
分子量: 284.42 g/mol
融 点: 62 ℃
構 造:

レチナール

三次元構造:

室温では，レチナールはオレンジ色の結晶である．しかし，このどこにでもあるような物質が，実は私たちがものを見るときに重要な物質である．つまり，レチナールは，光と視覚をつなぐ物質なのだ．レチナールはいくつかの異性体をもち，そのうちの二つ（11-*cis*-レチナールとオール-*trans*-レチナール）が光によって活性化される化学スイッチとしてはたらく．

網膜や目の後部は，桿体および錐体とよばれる視細胞で覆われており，それぞれが何百万もの 11-*cis*-レチナール分子をもっている．フォトンが 11-*cis*-レチナール分子に衝突すると，炭素と炭素の二重結合の一つが壊れる．これにより，分子がその形を変え（図 7・21），いくつかの段階を経て電気シグナルが生成し，それが脳で処理される．明るいところでは，毎秒ごとに膨大な数のフォトンが目に衝突している．これら数多くのシグナルが脳で統合され，画像ができあがるのだ．

11-*cis*-レチナール

オール-*trans*-レチナール

図 7・21 視覚の第一段階では，光によって 11-*cis*-レチナールがその異性体のオール-*trans*-レチナールに変換される．

えば，生まれつき顔にできるアザ（ポートワイン母斑）の治療のために，レーザー光が使われることがある．その場合のレーザー光は，肌は透過するが，赤血球には吸収される波長を用いる．医師は，肌はそのままで，アザだけを焼き取るのだ．このような技術は，ソバカス，ホクロ，シミを取除いたり，入れ墨を落とすためにも利用されている．

キーワード

クロロフィル
カロテン
フォトン
電場
波長
振動数
可視光
電磁波
紫外（UV）光
レントゲン
X線
ガンマ線
赤外（IR）光
マイクロ波
ラジオ波
ヘルツ
エネルギー状態

電子遷移
励起状態
光分解
電子緩和
リン光
蛍光
分光法
磁場
磁気共鳴画像法（MRI）
核磁気共鳴（NMR）
共鳴周波数
吸収スペクトル
緩和時間
レーザー
レーザー媒質
レーザー共振器

章末問題

1. 白色光に含まれる光を示せ．
2. 電場と磁場について説明せよ．
3. 光の波長と色（エネルギー）の関係について説明せよ．
4. 紫外線をカットするサングラスや日焼け止めの役割は何か．
5. X線の特徴は何か．
6. 暗視装置がどのようにはたらくのか説明せよ．電子レンジの場合はどうか．
7. 分光とは何か．
8. 磁気共鳴画像法（MRI）について説明せよ．
9. レーザーがどのように機能するのか説明せよ．
10. 色素レーザーの特徴は何か．
11. 医療にレーザー光を使用する利点は何か．
12. 太陽は地球から 1.5×10^8 km 離れている．光が太陽から地球に届くまでの時間を求めよ．
13. 最も近い星のアルファケンタウリは地球から4.3光年の距離にある（1光年は光が1年で進む距離）．アルファケンタウリまでの距離をキロメートル（km）で示せ．
14. 赤い物体が白色光とどのように相互作用して赤く見えるのか，図7・3の要領で示せ．
15. 以下の三つの波長の光を，フォトンのエネルギーの低い順に並べよ．
    (a) 300 nm （n＝10^{-9}）
    (b) 100 cm
    (c) 10 nm
16. 以下の3種類の光のうち，生体分子に対するダメージが最も大きいのはどれか？　その理由も答えよ．
    (a) 赤外光
    (b) 可視光
    (c) 紫外光
17. 可視光よりも波長が短い電磁波を2種類あげよ．
18. 波としての光の性質を示す図を描き，波長を示せ．可視光，紫外光，赤外光では何が異なるのか？
19. マイクロ波，赤外光，紫外光，X線のうち，エネルギーが最も大きい電磁波と最も小さい電磁波をそれぞれあげよ．
20. 93.6メガヘルツ（MHz）を示すFMラジオがある．このラジオで使われるラジオ波の波長を求めよ．
21. 携帯電話には850メガヘルツの周波数のラジオ波が使われている．この波長を計算せよ．
22. 黄色の街灯の光を分析すると，その波長は589 nm であった．この街灯に使われている元素は何か（ヒント：表7・1参照）
23. 夜空に見えるある星の光を分析すると，706 nm，656 nm，587 nm，502 nm の光の強度が強いことがわかった．この星にはどのような元素が存在するだろうか．
24. レーザーメスの執刀医が青色のタトゥーを取除こうとしている．何色のレーザーが適切だろう？　青色のレーザーを使わないのはなぜか．

復習問題の解答

復習7・1　スーパーマーケットのバーコードの読取り装置で使われるレーザーの方が波長が短い．したがって1フォトン当たりのエネルギーが大きい．

復習7・2　3×10^{17} Hz の振動数をもつX線のフォトン．フォトンのエネルギーは波長と反比例する．波長と振動数も反比例の関係にある．つまり，フォトンのエネルギーは振動数と直接比例するのだ．振動数が大きくなれば，エネルギーも大きくなる．

復習7・3　X線＜青色の可視光＜赤色の可視光＜赤外光

章のまとめ

分子の概念

　光が電場と磁場によって伝わるエネルギーの一つの形態であり，その速度が 3.0×10^8 m/s であることを学んだ（§7・2）．光は粒子と波の両方の性質をもっている．光の波長は，光の色とエネルギーを決定する．波長が短くなれば，エネルギーは大きくなる．光は電磁波ともよばれ，その波長はガンマ線（10^{-15} m）から可視領域（500 nm）を越えてラジオ波（100 m）に及ぶ．可視領域の白色光には 400 nm（紫色）から 780 nm（赤色）のさまざまな波長が含まれている．虹を見上げたりプリズムを使うことによって，白色光に含まれるさまざまな波長の可視光を見ることができる．

　物質の色は，その物質を構成する分子や原子が吸収する光の色に依存している．分子や原子による光の吸収は，異なる電子軌道の間のエネルギー間隔に依存している．分子や原子が光を吸収するとき，電子は低エネルギーの軌道から高エネルギーの軌道へと励起される（§7・4）．もし光のエネルギーが十分に大きければ，光を使って化学結合を切断したり，光分解によって分子を壊したり変化させることができる．しかし多くの場合，そのエネルギーは，緩和の過程で熱や光として放出される．分子や原子が吸収したり放射する特定の光の波長は，特定の物質の指紋のような役割を果たす．したがって，分光法（光と物質の相互作用）を用いれば，未知の物質を同定することができる（§7・5）．磁気共鳴画像法とレーザー装置は，光と物質の相互作用を利用する重要な応用である（§7・6，§7・7）．

社会との結びつき

　光は私たちの生活にとって基本的な部分を占めている．私たちは，光によってものを見ている．太陽光は地球に生命を与えるものであり，究極のエネルギー源である．人間の目は，可視光とよばれる光のほんの一部のみを見ることができる．しかし，人間は，それ以外の多くの波長をさまざまな目的に利用している．たとえば，X 線やガンマ線は医療に使われている．赤外光は暗視技術に利用されている．マイクロ波は調理に利用され，ラジオ波は通信に利用されている（§7・3）．

　人間の目は，光の強弱（黒白視覚）だけでなく，色の違いも識別できるように進化している．私たちが見る色は，見ているものに含まれる分子や原子と光との相互作用に依存している（§7・3）．

　可視領域の色によって，私たちが物質を見分けることができるのと同じように，科学者は，光のスペクトルのさまざまな領域を使って物質の"色"を観察し，それによって物質を同定することができる．この方法は分光法とよばれる（§7・5）．分光法に基づく測定は，社会にとって重要である．たとえば，大気圏上層部のオゾン濃度は分光法を使って測定されている．磁気共鳴画像法（MRI）は分光法の一つの形態であり，これを使って医師は内臓の状態を画像化している（§7・6）．MRI のような技術の開発は，人間にとってきわめて有益である一方で，難しい問題をはらんでもいる．つまり，誰がこの技術によって利益を得るのかということである．技術のコストが高すぎると，その技術を利用できなくなる人が出てくる．これは公平なことだろうか？

　レーザーを使って，密度が高くて純粋な光をつくり出すことができるようになったことも，社会に大きなインパクトを与えた（§7・7）．CD プレーヤーからスーパーマーケットのバーコードの読取り装置，レーザー誘導型の爆弾に至るまで，レーザーは，その開発以来の 40 年間で，私たちの生活を大きく変えた．

8 核化学

> 科学者は自然の法則には関与していないが，それがどうなっているのかを見つけ出すのは科学者の仕事である．
> 水素爆弾がどう使われるべきかを決めるのは科学者の仕事ではない．これを決める責任は米国民と彼らが選んだ代表者にある．
> —— J. R. Oppenheimer

目 次

- 8・1 悲 劇
- 8・2 偶然の発見
- 8・3 放 射 能
- 8・4 半 減 期
- 8・5 核 分 裂
- 8・6 マンハッタン計画
- 8・7 原子力発電
- 8・8 質量欠損と原子核の結合エネルギー
- 8・9 核 融 合
- 8・10 放射線が私たちの生活に与える影響
- 8・11 炭素年代測定とトリノの聖骸布
- 8・12 ウランと地球の年齢
- 8・13 核医学

考えるための質問

- 放射線とは何か？
- 放射線はどのように発見されたか？
- さまざまな種類の放射線はそれぞれどう違うのか？
- 原子核の崩壊とは何か？ どれくらい時間がかかるのか？
- 原子核の分割を核分裂という．核分裂はどのように起こるのか？
- どのようにして初めての原子爆弾がつくられたのか？
- 発電のために，どのように原子力が利用されているのか？
- 原子力の恩恵は何か？ そのリスクは？
- どのように放射能は人間に影響するか？
- 化石や遺物の年代を調べるために，どのように核過程が利用されるのか？
- 岩石や地球の年代を調べるために，どのように核過程が利用されるのか？
- 放射能は治療のためにどのように利用されているのか？

　本章では，原子核の変化によって，どのように放射線，つまりエネルギーをもった粒子が生み出されるのかについて学ぶ．放射線とそれができる過程に関する学問は核化学とよばれており，がん治療から熱核爆弾にいたるまで，さまざまな技術につながっている．本章を読むときには，元素の個性について考えてほしい．何が元素の個性を決めるのだろう？ もし，核の過程によってその個性が変わるとしたら？ 通常の化学では，元素はその個性を常に維持するが，核化学ではしばしばある元素が別の元素に変わるということが起こる．

　核化学の発見は，社会に非常に大きな影響を与えてきた．1945年に初めて原子爆弾が投下されて以来，私たちは核兵器による人類滅亡の脅威にさらされてきた．冷戦の時代，米国と旧ソビエト連邦は10万以上の核兵器を作った．これは，世界の主要都市のすべてを破壊し尽くすのに十分な量である．今日では，軍縮により1/5程度に減少している．

　現在の私たちの社会が直面している大きな問題は発電である．原子力は，化石燃料の燃焼に関連した問題を回避して，電力を生み出すことが可能である．化石燃料の枯渇やコストの増大など，さまざまな問題に世界は直面しており，原子力発電は依然として有望な代替エネルギー源である．しかし米国では，原子力に対して国民一般がもっているイメージの影響で，原子力発電はそれほど増えていない．原子力の恩恵とは何だろう？ 原子力のリスクは？ 原子力の恩恵はリスクを負う価値があるものなのだろうか？

8・1 悲 劇

　1986年の4月26日午前1時24分，旧ソビエト連邦チェルノブイリにあるV. I. レーニン原子力発電所の4号炉の外にいた人が，原子炉が2回爆発するのを見た．原子炉の炉心で出力が通常の120倍になってしまったことが爆発の原因だった．この爆発によって，原子炉の屋根に穴が開き，炉心の放射性物質のかけらが建物の外に飛び出した．数時間後，隣接する構造物に数人の救助作業員がよじ上り，屋根の穴から，露出した原子炉の炉心を直接見た．彼らはその夜，急性放射線中毒で亡くなってしまった．チェルノブイリでの事故は壊滅的だった．事故直後に31人が亡くなり，230人が入院する事態となった．高レベルの放射線で被曝した人は膨大な数に及ぶ．

　不幸な救助作業員たちが原子炉を直接見たそのとき，目に見えない粒子が彼らを襲ったのだ．その粒子は，ウラン原子から放出されたものだった．ウラン原子の核は，破裂

寸前のポップコーンの実のようなものである．破裂が起こると，核は分裂し，全方向に飛び散るのだ（これが放射線）．放射線は皮膚を通り抜け，細胞の中の重要な分子に損傷を与える．救助作業員が受けた全エネルギーは，いすから転げ落ちたときに受けるエネルギーに比べると小さいものである．しかし放射線として受けると，その程度のエネルギーだけで，致命的なのだ．

巨大な力を爆発させた発見はほかにはない．科学者がこれほどまでに必死に取組んだ試みもほかにはなかった．しかも，その進歩は終わることがなかった．自然の法則は，知ってしまうと簡単には忘れられないものだ．

話は19世紀も終わりに近づいたパリで始まる．パリのエコール・ポリテクニークで教授を務めていた物理学者ベクレル（Antoine-Henri Becquerel．1852～1908）は，当時発見されたX線に興味をもっていた．彼は，X線の生成にはリン光（§7・4参照）が関係しているという仮説を立てた．リン光は，物質に紫外光を照射したときに放射される可視光である．仮説を確かめるために，ベクレルはリン光を放射することが知られていたウラン塩の結晶を用いた．太陽の紫外光をウラン塩の結晶に照射すれば，X線とリン光が放射されると考えたのだ．

旧ソビエト連邦のチェルノブイリにある
V.I.レーニン原子力発電所

図8・1 ベクレルは写真乾板を黒い紙で包み，その上にウランを含んだ結晶を置いた．もしウランがX線を放射すれば，紙を通り抜けて写真乾板を感光する．

放射線は核化学の一部である．通常の化学では，原子や分子の電子が変化するが，核化学では，原子の"核"に変化が起こる．このような変化が起こると，核は放射線とよばれるエネルギーをもった粒子を放出する．この章では，放射線の偶然の発見が，いかにして原子爆弾や水素爆弾につながったのかについて学ぶ．また，原子力発電や核医学のように，放射線の平和利用についても学ぶ．

8・2 偶然の発見

1896年に放射線が偶然発見され，それが1945年7月16日のニューメキシコ州アラモゴードで爆発した最初の原子爆弾の開発につながることになる．人類がこれほどまでに

ベクレルは実験を行うために，写真乾板を黒い紙で包み，太陽光が直接感光するのを防いだ（図8・1）．ウランを含む結晶をその黒い紙の上に置き，紫外光を含む太陽光をその結晶に当てた．もしX線がリン光と共に放射されれば，黒い紙を通り抜けて，写真乾板を感光させるだろう．実験の後で写真乾板を現像してみると，はたしてフィルムが感光していた．ベクレルは，これを見て喜んだ．ただしこの

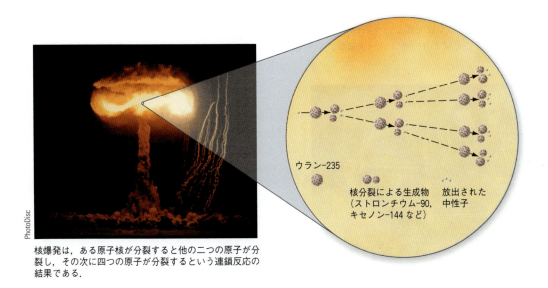

核爆発は，ある原子核が分裂すると他の二つの原子が分裂し，その次に四つの原子が分裂するという連鎖反応の結果である．

ウラン-235

核分裂による生成物　放出された
（ストロンチウム-90，　中性子
キセノン-144 など）

時点では，彼はリン光とX線の関係について間違った結論を導き出していたことになる．

この結果を確認するために，ベクレルは実験を何度も繰返し行った．しかし，天気の悪いには日光を使えないため，実験を延期せざるをえなかった．日光が出るのを待っている間，ベクレルは彼の実験用具，つまり新しく黒い紙で包んだ写真乾板とウラン結晶を机の引き出しに入れておいた．天候不順の数日が過ぎて，ベクレルは写真乾板を現像してみた．引き出しの中でも，環境中の紫外線の影響で少しくらい感光しているだろうという程度に思いながら……しかし驚くべきことに，フィルムは以前の実験と同じように感光していたのだ．ベクレルはつぎのように書き残している．"私は特に以下の結果を強調したい．同じウラン結晶を写真乾板の上に置き，同じ紙で包んで，太陽光に当てずに暗いところに置いておいた．それでも同じような写真が撮れたのだ．このことは私にとってきわめて重要で，まったく予想外のことだ．"彼は，感光した写真乾板は紫外光やリン光とはまったく関係がなく，ウラン結晶そのものが原因であることに即座に気づいた．ベクレルは，まったく新しい現象を発見し，この放射線をウラン線と名づけた．

ベクレルの研究は，パリで学ぶポーランド人の大学院生**マリー・キュリー**（Marie Sklodowska Curie. 1867〜1934）によって続けられた．キュリーは，博士論文のテーマとして，ウラン線の研究を選んだ．彼女は，ベクレルが研究したウラン線そのものに研究の焦点を絞るのではなく，ウラン線を出す他の物質を探索することから研究を始めた．彼女は才気あふれる化学者だった．夫の**ピエール・キュリー**（1859〜1906）の手助けを得て，彼女は放射線を出す物質を二つ見つけた．そのうちの一つは，未発見の元素だった．彼女はつぎのように書き残している．"私たちは，抽出した物質に未発見の金属が含まれていると考えている．私たちの一人の出生地にちなんで，その金属をポロニウムとよぶことを提案する．"キュリー夫妻はウラン線がウランに限ったものでないことを発見したのだ．そこでウラン線という名称を変更して，新しく放射能という名称を発案した．さらに実験を重ねることにより，キュリー夫妻は，放射能

は化学反応による生成物ではなく，原子自体の変化によって生み出されると考えた．

1898年，キュリー夫妻は，ラジウムという非常に放射能の強い二つ目の元素を発見した．彼らは"ラジウムの放射能は膨大なものに違いない．ウランの900倍程度であろう"と書き残している．実際に，純粋なラジウムは放射能が強く，自発的に発光する．1903年，マリー・キュリーは博士号を取得した．そして，その数カ月後には，夫であるピエール・キュリー，アンリ・ベクレルと共に，放射能の発見によってノーベル物理学賞を受賞した．マリー・キュリーは，1911年には，ラジウムとポロニウムという二つの新しい元素の発見に関する功績によりノーベル化学賞を受賞した．ノーベル賞を2回授与されたのは彼女が初めてであった．さらに，キュリー夫妻の娘のイレーヌは，夫のフレデリック・ジョリオと共に，放射能に関する功績により1935年のノーベル物理学賞を受賞している．まさに驚くべき一家である．

8・3 放射能

放射能自体は，ラザフォードによって，20世紀初頭に研究された．ラザフォードらは，放射能が核の不安定性に由来することを突き止めた．特に重元素の核は不安定であり，崩壊することによって安定化する．核が崩壊する際に，その一部が放出される．このときに放出される粒子こそが，ベクレルやキュリー夫妻が検出した放射線だったのだ．核の崩壊の過程で放出される放射線にはおもに三つのタイプがある．アルファ線，ベータ線，ガンマ線である．

アルファ(α)線

アルファ粒子は，二つの陽子と二つの中性子，つまりヘリウムの核からなる．アルファ粒子は原子核の崩壊の過程で放出される．第3章で学んだ表記法を用いると，アルファ粒子は$^4_2\text{He}^{2+}$という記号で表すことができる．核化学では原子核の変化のみを扱うので，電子を無視して，アルファ粒子を以下のように表す．

アルファ(α)粒子 ^4_2He

アルファ粒子が物質と衝突すると，それらをイオン化してしまうので，生体分子に損傷を与える．放射線が物質をイオン化する能力のことを**電離能**という．しかし，アルファ線は比較的サイズが大きいので，物質の内部に侵入しにくい．たとえば，空気中を遠くまで行くことはできないし，普通の紙を通り抜けることもできない．アルファ粒子は放射能のトレーラートラックのようなものだ．衝突すると大きな損傷を与えるが，交通渋滞の中をそれほど遠くまでいけない．

放射性崩壊は**核反応式**で表すことができる．核反応式で

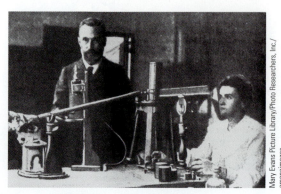

実験室のピエールとマリー・キュリー

は，崩壊前の同位体を左に書き，崩壊後の生成物を右に書く．たとえば，ウラン-238は，以下のように崩壊してアルファ線とトリウム-234になる．

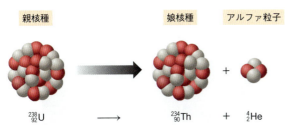

ウラン-238原子はその核の一部，つまり二つの陽子と二つの中性子を放出し，トリウム原子になる．化学反応式と同様に，核反応式も釣り合っていなくてはならない．つまり，反応式の両辺の陽子の数と中性子の数が釣り合っていなくてはならない．上記の反応式では，右辺の原子番号の合計が90+2であり，左辺の原子番号92と同じである．したがってこの反応式は釣り合っている．同様に，右辺の質量数の合計は234+4であり，左辺の質量数238と同じである．

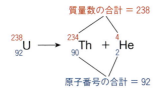

復習 8・1 核反応式が釣り合うのはどんなときか．
(a) それぞれの原子の数が，左辺もしくは右辺で等しいとき．
(b) 質量数の合計が，両辺で等しいとき．
(c) 原子番号の合計が，両辺で等しいとき．
(d) bとcの両方を満たすとき．

例題 8・1 アルファ崩壊の核反応式を書く

トリウム-230のアルファ崩壊を表す核反応式を書け．
[解答]
トリウム-230の記号（$^{230}_{90}$Th）を左辺に，アルファ粒子の記号（$^{4}_{2}$He）を右辺にして，反応式を書く．

$$^{230}_{90}\text{Th} \longrightarrow ? + ^{4}_{2}\text{He}$$

トリウムが崩壊して生成する同位体は，両辺の原子番号と質量数が釣り合うように計算することにより，求めることができる．生成物の原子番号は88であり，質量数は226である．原子番号88の元素はラジウムなので，つぎのように書くことができる．

$$^{230}_{90}\text{Th} \longrightarrow ^{226}_{88}\text{Ra} + ^{4}_{2}\text{He}$$

原子番号の合計（90）が両辺で同じであること，質量数の合計（230）も両辺で同じであることを確認する．

[解いてみよう]
ラジウム-226のアルファ崩壊を表す核反応式を書け．

ベータ（β）線

ベータ粒子は，原子核から放出されるエネルギーをもった電子であり，以下の記号で表される．

ベータ（β）粒子　　●　$^{0}_{-1}$e

電子はヘリウムの核よりも小さいので，ベータ粒子は，紙を通り抜けるが，本や金属板は通り抜けない．しかし，ベータ粒子はサイズが小さいため，アルファ粒子のような電離は起こしにくい．そのため，ベータ粒子は生体分子にそれほど損傷を与えない．ベータ粒子は，放射能の中型車のようなものだ．アルファ粒子ほどには損傷を与えないが，交通渋滞でもどんどん先に進める．ベータ線の放射を伴った核の崩壊も，核反応式で表すことができる．以下は，ポロニウムがベータ崩壊によってアスタチンになる際の核反応式である．

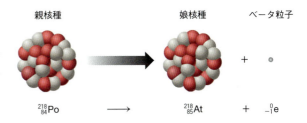

$$^{218}_{84}\text{Po} \longrightarrow ^{218}_{85}\text{At} + ^{0}_{-1}\text{e}$$

ベータ崩壊では，中性子が陽子に変わり，電子が放出される．これにより，原子番号が一つ増え，原子番号の大きな元素ができる．しかし，陽子が一つ増えて中性子が一つ減るため，質量数，つまり陽子と中性子の"総和"は変化しない．

例題 8・2 ベータ崩壊の核反応式を書く

トリウム-234のベータ崩壊を表す核反応式を書け．
[解答]
トリウム-234の記号（$^{234}_{90}$Th）を左辺に，ベータ粒子の記号（$^{0}_{-1}$e）を右辺にして，反応式を書く．

$$^{234}_{90}\text{Th} \longrightarrow ? + ^{0}_{-1}\text{e}$$

トリウムが崩壊して生成する同位体は，どのような原子番号と質量数であれば，両辺が釣り合うのかを計算することにより，求めることができる．ベータ粒子の質量数は0なので，生成物もトリウム-234と同じ質量数をもつ．生成物の原子番号を正しく求めるためには，ベータ粒子が負の原子番号をもつことに注意が必要である．つまり，両辺に釣り合いをもたせるための原子番号は91である．原子番号91の元素はプロトアクチニウムなので，つぎのように書くことができる．

$$^{234}_{90}\text{Th} \longrightarrow ^{234}_{91}\text{Pa} + ^{0}_{-1}\text{e}$$

原子番号の合計（90）が両辺で同じであること，質量数の合計（234）も両辺で同じであることを確認する．

[解いてみよう]
鉛-214のベータ崩壊を表す核反応式を書け．

復習 8・2 放射崩壊に関する以下の説明のうち，正しいものはどれか？
(a) アルファ崩壊では，質量数は変わらない．
(b) ベータ崩壊では，原子番号は変わらない．
(c) アルファ崩壊では，原子番号は変わらない．
(d) ベータ崩壊では，質量数は変わらない．

表 8・1 放射線の種類

名前	説明	記号	電離能	透過力
アルファ(α)線	ヘリウムの核	$^{4}_{2}\text{He}$	高い	低い
ベータ(β)線	電子	$^{0}_{-1}\text{e}$	中程度	中程度
ガンマ(γ)線	高エネルギーのフォトン	$^{0}_{0}\gamma$	低い	高い

ガンマ(γ)線

ガンマ線は，原子核から放出されるエネルギーをもったフォトンである．ガンマ線は以下のように表される．

$$\text{ガンマ}(\gamma)\text{線} \quad ^{0}_{0}\gamma$$

ガンマ線は，電磁波であり物質ではない（表 8・1）．したがって，ガンマ線は基本的にはアルファ線やベータ線とは異なっている．ガンマ線は，放射能のオートバイのようなものだ．ガンマ線は，物質に侵入する能力が高い．ガンマ線を止めるには，厚さ約 10 cm の鉛が必要である．しかしガンマ線は，電離はほとんど起こさない．ガンマ線は，他の種類の放射線と共に放出されることが多い．3 種類の基本的な放射線を表 8・1 にまとめた．

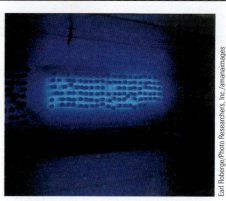

ガンマ線を放射するセシウム-137．がんの治療に用いられる．

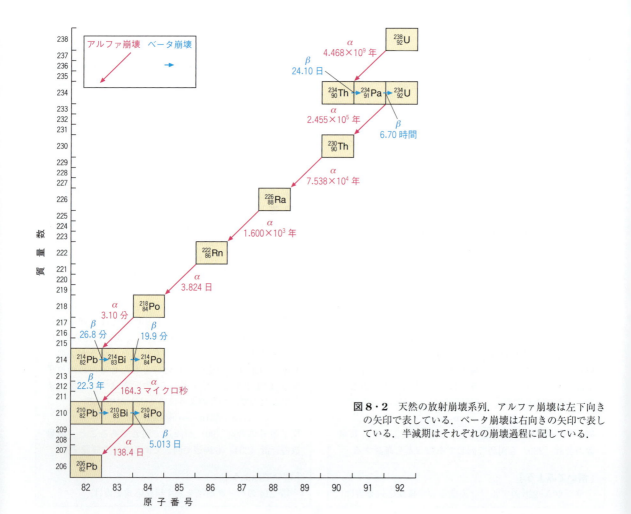

図 8・2 天然の放射崩壊系列．アルファ崩壊は左下向きの矢印で表している．ベータ崩壊は右向きの矢印で表している．半減期はそれぞれの崩壊過程に記している．

復習8・3 実験室にアルファ線, ベータ線, ガンマ線を放射する物質がある. この3種類の放射線のうち, 隣の実験室で最も検出しやすいのはどれだろう？

8・4 半減期

原子番号83のビスマスは, 安定核をもつ元素のなかでは最大の質量数をもっている. ビスマスよりも重い元素は不安定な核をもち, 放射線を発しながら, あるものは速く, あるものはゆっくりと崩壊する. 原子番号が83よりも小さいのに, 不安定で放射性崩壊する同位体元素もある. ウラン-238は天然に存在する元素としては最も質量数が大きい元素であるが, このウラン-238に始まって最終的に鉛に至る放射崩壊系列を図8・2に示す. この系列の中間体の一つは, 気体のラドンである. そのため, 米国に多くみられるようなウラン鉱床のある地域では, 土壌や周辺大気中に, わずかながらラドンが存在する. このラドンが家に流れ込み, 健康被害を与えることがある. この被害については, §8・10でより詳しく学ぶ.

放射性元素の崩壊速度は, その半減期で記述できる (表8・2). 放射性元素の**半減期**とは, 核の半分が崩壊するのに要する時間である. たとえば, 上記のようにベータ線を放出するトリウム-234の半減期は24.1日である. つまり, トリウム-234の試料に含まれるすべての核の半分が24.1日で崩壊して, プロトアクチニウム-234になるのである. もしトリウム-234が1000原子あったとすると, 24.1日後には, その内の500個しか残らない. それ以外の500個は崩壊して, 娘核種であるプロトアクチニウム-234になる. さらに24.1日後 (合計で48.2日後) には, 250個のトリウム-234しか残らない (図8・3). 一方, ウラン-238の半減期は45億年である. 地球に存在するすべてのウラン-238が放射性崩壊の途上にある. しかし, その崩壊の速度は遅く, 非常に時間がかかるのだ.

復習8・4 ある試料には, 半減期30分の元素Xが400,000原子含まれている. 1時間後の元素Xの原子数はいくつか？

表8・2 代表的な半減期

同位体	半減期
炭素-14	5730 年
リン-32	14.3 日
カリウム-40	1.25×10^9 年
ポロニウム-214	1.64×10^{-4} 秒
ラドン-222	3.82 日
ラジウム-226	1.60×10^3 年
ウラン-238	4.51×10^9 年

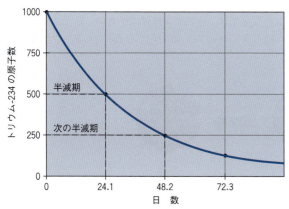

図8・3 トリウム-234の放射崩壊. 原子の数は, 半減期ごとに半分になる.

例題8・3 半減期

ラジウム-226は, 半減期 1.60×10^3 年でアルファ崩壊してラドン-222になる. ある試料には, 最初, ラジウム-226が275g含まれている. (a) 4.80×10^3 年後には, ラジウム226は何g残っているだろう？ (b) この間に, どの程度のアルファ粒子が放出されたのだろう？ (ヒント: 放射の回数は崩壊した原子の数と等しい)

[解答]
(a) 半減期が何回経過したのかを求めるために, 全時間を半減期で割るとつぎのようになる.

$$\frac{4.80 \times 10^3 \text{ 年}}{1.60 \times 10^3 \text{ 年}} = 3.00$$

ラジウム-226の量は半減期ごとに半分になる.
最初の量: 275 g
1回目の半減期の後: 275 g/2 = 138 g
2回目の半減期の後: 138 g/2 = 68.7 g
3回目の半減期の後: 68.7 g/2 = 34.4 g

4.80×10^3 年後には, 試料に含まれるラジウム-226は 34.4 g になっているだろう.

(b) 崩壊したラジウム-226の総量は,
$$275 \text{ g} - 34.4 \text{ g} = 241 \text{ g}$$
崩壊したラジウム-226の原子数は,
$$241 \text{ g} \times \frac{1 \text{ mol}}{226 \text{ g}} \times 6.022 \times 10^{23} \frac{\text{原子}}{1 \text{ mol}}$$
$$= 6.42 \times 10^{23} \text{ 原子}$$
崩壊によってアルファ粒子は一つ放出されるので, 6.42×10^{23} 個のアルファ粒子が放出されたことになる.

[解いてみよう]
ラドン-222は, 半減期 3.82 日でアルファ崩壊してポロニウム-218になる. もし, 住宅の中にラドン-222が 512 mg あり, それ以上住宅に入ってこなければ, ラドン-222は 19.1 日後にはどの程度残っているだろうか？ この間に, どの程度のアルファ粒子が住宅の中で放出されただろう？

8・5 核分裂

1930年代中頃，数人の科学者たちはつぎのように考えた．核が粒子を"放出"して軽元素になることができるのであれば，逆に粒子を"吸収"させて重元素をつくることもできるかもしれない．これが実現すれば，今までに存在しなかった元素を新しくつくることができるかもしれない．新しい元素を合成するというアイデアは，多くの優秀な科学者たちを魅了した．イタリアの物理学者**フェルミ**（Enrico Fermi，1901〜1954）とその共同研究者たちは，このアイデアの可能性を探るために，最も重い元素のウラン（原子番号92）に中性子（$^1_0$n）を衝突させる実験を行っ

核分裂の発見者，ハーンとマイトナー

フェルミ

た．彼らは，ウランの核が中性子を吸収し，続いてベータ崩壊することを期待した．このとき，中性子は陽子に変わり，原子番号93の合成元素が生成すると考えたのだ（下図）．フェルミらは実際に，ウランへの中性子衝突によってベータ線を検出した．人類史上初めての元素の合成に成功したと思い，彼らは大いに喜んだ．

フェルミの実験を検証するために，ドイツの化学者**ハーン**（Otto Hahn，1879〜1968），**マイトナー**（Lise Meitner，1878〜1968），**シュトラスマン**（Fritz Strassmann，1902〜1980）が実験を行っていた．しかし，第二次世界大戦が勃発する1年前の1938年，事情が変わった．

マイトナーはユダヤ人であったため，ドイツからの出国を余儀なくされていた．マイトナーと共同研究していた

ハーンとシュトラスマンは，ウランと中性子の衝突反応の結果を化学的に注意深く調べていた．なんと，中性子衝突によって，重元素ではなく，むしろ軽元素が二つできていたのだ．以前の報告では，いずれも重元素が生成するという結果だったため，ハーンは自身の結果との矛盾に頭を悩ませた．原子が二つに割れるところを目撃したのだろうか？ ハーンはつぎのように書き残している．"核化学者として……これほどの飛躍はなかった．核物理における今までの実験のすべてに矛盾している．"しかし，ハーンたちは正しかったのだ．ウラン原子は中性子を吸収して二つに割れる（**核分裂**）．しかも，この過程で大量のエネルギーが放出されるのだ．

核分裂反応はつぎのように表すことができる[*1]．

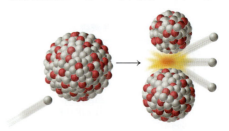

$^{235}_{92}$U + $^1_0$n ⟶ $^{140}_{56}$Ba + $^{93}_{36}$Kr + 3$^1_0$n ＋ エネルギー

ウランが分裂して軽元素と中性子，エネルギーが生み出される反応と同じような特徴をもった別の反応も起こる．前記の反応では，分裂する核種はウラン-235である．天然に最も多く存在するのはウラン-238である．ウランの同

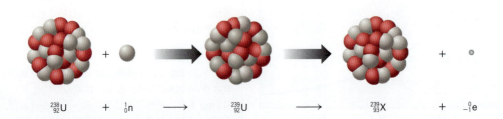

$^{238}_{92}$U ＋ $^1_0$n ⟶ $^{239}_{92}$U ⟶ $^{239}_{93}$X ＋ $^{\ 0}_{-1}$e

---

[*1] ここに示す核分裂反応では中性子が3個生成する．中性子が2個しか生成しない核分裂反応もある．ウラン-235では，1回の分裂当たり平均2.5個の中性子が生成する．

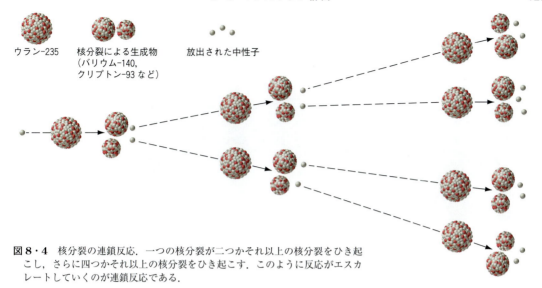

図 8・4　核分裂の連鎖反応．一つの核分裂が二つかそれ以上の核分裂をひき起こし，さらに四つかそれ以上の核分裂をひき起こす．このように反応がエスカレートしていくのが連鎖反応である．

位体のうち，核分裂するのは質量数 235 のもの（天然に存在するウランのうち 1% 未満）だけである．

　それから数週間以内に，核分裂反応を使えば，想像をはるかに超えた威力の爆弾を開発できることを示す実験が行われた．課題は，連鎖反応を起こすために，大量のウラン-235 を入手することだった．あるウランの核が分裂して中性子を放出すれば，その中性子が別のウランの分裂反応をひき起こす（図 8・4）．この反応は，つぎからつぎへと，規模を拡大させながら続く．核分裂によって放出される全エネルギーは，化学反応の百万倍以上である．核爆発の過程で，そのエネルギーは想像を超える激しさで放出されるのだ．

8・6　マンハッタン計画

　数人の米国の科学者たちは，核分裂を発見したナチス率いるドイツが，核爆弾を開発するのではないかと恐れた．彼らは，当時最も著名な科学者だった**アインシュタイン**（Albert Einstein，1879〜1955）に対して，この可能性をフランクリン・ルーズベルト大統領に警告する手紙を書くよう説得した．アインシュタインはこの説得を受入れて手紙を書いた．"この核分裂という新しい現象は，爆弾の開発につながると思われます……きわめて強力な新型爆弾です．"ルーズベルトはアインシュタインの進言を入れ，ドイツよりも先に米国が核爆弾を開発しなければならないと決意した．1941 年 12 月 6 日，ルーズベルトは爆弾の開発競争に臨むべく，動き始めた．それはまさに戦争の勝敗を決する競争であった．

　原子爆弾の開発は "マンハッタン計画" という秘密の暗号名でよばれ，その当時では最大規模の科学事業だった．数千人がかかわり，数十億ドルがつぎ込まれた．最初のブレイクスルーは，シカゴ大学にあるスカッシュのコートで起こった．フェルミがシラード（Leo Szilard，1898〜1964）と協力して，世界初の原子炉を作ったのだ．フェルミは当時，独裁者ムッソリーニのいるイタリアを逃れて米国に亡命していた．

　核反応が持続的に進行するためには，ウラン-235 の**臨界質量**を求めることが必要である．それよりもウランの量が少ないと，核分裂反応は持続しない．生成した中性子の多くが，周辺物質に吸収されて失われてしまい，ウラン-235 に中性子が吸収されなくなってしまうからである．フェルミとシラードは，大量のウランとグラファイトを使って，ウラン-235 の臨界質量を求めた．それにより 4.5 分間，核分裂反応を持続させることに成功した．原子の分裂が次の原子の分裂を誘導するというサイクルが適切に繰返され，けっして制御不能になるほどにはエスカレートしないという，ウランの核分裂反応の制御が可能になったのだ．彼らの計算が間違っていた場合に備えて，数人の若い研究者が，反応を抑えるためのカドミウム水溶液が入った水差しを持って立っていた．世界初の原子炉実験が世界初の核災害にならないように．実際には，このカドミウム水溶液が使われることはなかった．核分裂反応は計画通りに進んだのだ．次に目指すのは，核分裂反応が指数関数的に急上昇する装置，すなわち核爆弾の開発である．

復習 8・5　核分裂が継続的に起こるために臨界質量が必要な理由は？
(a) 臨界質量よりも少ないと，生成した中性子が別の核分裂をひき起こすことなく逃げ去ってしまう．
(b) 臨界質量よりも少ないと，核分裂反応が十分な熱を発生しない．
(c) 臨界質量よりも少ないと，核分裂反応の生成物が反応を止めてしまう．

物理学者フェルミとシラードは，初めての原子炉をシカゴ大学のスカッシュのコートに建設した．

おもな研究は，ニューメキシコ州ロスアラモスの砂漠にある極秘の研究施設で行われた．研究の指揮を執ったのは**オッペンハイマー**（J.R. Oppenheimer, 1904〜1967）である．核爆弾をつくる際の最大の問題は，臨界質量を達成するのに十分な量のウラン-235（天然に存在するウランのうち1%未満）を入手することだった．もう一つの可能性は，核分裂元素として新しく発見されていた合成元素プルトニウム-239を使うことである．プルトニウムの生産工場は，ワシントン州ハンフォードに建設され，ウラン処理工場はテネシー州オークリッジに建設された．どちらか一つでも

うまくいくことが期待されたのだ．

ロスアラモスには，核爆弾の設計のために米国最高の科学者たちが集まっていた．最大の困難は，いかにしてウラン-235もしくはプルトニウム-239を臨界質量に到達させるかということだった．そこで"ドラゴンをくすぐる"と名づけられた実験が行われた．臨界質量を下回る量のウランもしくはプルトニウムを含んだ塊を離しておき，それを瞬間的に結合させて瞬時に臨界状態に到達させるというものだ．この実験の結果は，核爆弾の最適な設計を決めるために使われた．二つの設計が考案された．一つはウランを使うもので，もう一つがプルトニウムを使うものである．ウランを用いる爆弾の場合は，臨界質量を下回る二つのウラン塊を，大砲の筒のような鋼鉄の両側に配置する．この中で爆薬が爆発すると，一方のウラン塊がもう一方のウラン塊の方に加速度的に接近し，臨界に達する（図8・5）．プルトニウム爆弾の設計はもう少し複雑である．臨界質量を下回るプルトニウムを，爆縮によって押しつぶすのだ．つまり，プルトニウムでできた中空の球の周りに，いくつかの爆薬を設置し，それらを同時に爆発させる．その衝撃波によってプルトニウムが圧縮され，臨界に達するのだ．

2種類の爆弾は完成し，1945年7月16日，世界初の原子力爆弾の実験が，ニューメキシコ州アラモゴード近郊のトリニティ実験場で行われた．プルトニウム爆弾は，18000トンのダイナマイトに相当する爆発力を示し，新しい時代の到来を告げた．この実験を見た人々は恐れを感じた．オッペンハイマーいわく，"われは死神なり，世界の破壊者なり．"皮肉にも，爆弾が完成した頃までにはドイツは敗北し，日本が米国とその同盟国の最大の敵として残っていた．数週間後，リトルボーイ，ファットマンと名づけられた二つの原子爆弾が広島と長崎に投下された．10万人以上の人々が，男，女，子供に関係なく，ある者は一瞬で，ある者は数時間から数週間苦しんだ後，亡くなった．日本は降伏し，第二次世界大戦は終結した．トルーマン大統領は"われわれは20億ドルを空前の科学ギャンブルにつぎ込み，それに勝った"と述べた．

図8・5 (a) リトルボーイ．通常の爆薬が，臨界質量を下回るウラン塊を，もう一方の臨界質量を下回るウラン塊に，加速度的に接近させる．二つのウラン塊が結合すると，臨界質量を越え，核分裂が始まる．(b) ファットマン．いくつかの通常爆薬がプルトニウムでできた中空の球を押しつぶし，臨界に到達させる．

考えてみよう

Box 8・1 科学の倫理

マンハッタン計画の科学者たちは,彼らの研究の倫理面を考え続けてきた.彼ら全員が,この計画が膨大な数の人間の殺戮につながる可能性があることを理解していた.しかし,多くの研究者たちは,原子爆弾の開発は避けることができず,合理的との見解をもっていた.原子爆弾は,ヒトラーの手にあるよりも,米国の手にあった方がよいと考えたのだ.C.P.スノーは"もし米国が今年それを開発しなければ,来年にはドイツにそれがあるかもしれない"と書いている.原子爆弾の開発競争での勝利をナチスドイツは目論んでいるとの考えが,米国の多くの科学者たちをこの仕事に駆り立てた.オッペンハイマーですら,原子爆弾開発の倫理面に悩んでいた."魅力的な技術を思いついたら,誰でも迷わずやってみるだろう.その開発に成功したら,そこで初めて,どうすべきか議論するのだ"と言って,自身の研究を正当化したのだ.

質問: オッペンハイマーの意見に同意するか? 科学者は,知識がどう使われるかに関係なく,知識を追い求めるべきだろうか? どうしてそう思うか? あるいはそう思わないか?

マンハッタン計画の科学部門の責任者 J. R. オッペンハイマー

原子爆弾をつくるためのおもな研究は,J. R. オッペンハイマーの指揮のもと,ニューメキシコ州ロスアラモスで行われた.

8・7 原子力発電

核分裂によって放出される膨大なエネルギーは,発電のような平和目的にも利用できる.原子炉は,原子爆弾とは違い,核分裂反応を持続的にコントロールできるように設計されている.ウラン燃料棒と制御棒とをうまく配置するのだ(図8・6).制御棒には,ホウ素やカドミウムなどの中性子吸収物質が含まれている.制御棒を出し入れすることにより,核分裂反応を制御できる.つまり,制御棒を増やせば核分裂反応は減速し,制御棒を減らせば核分裂反応は加速する.

核分裂反応によって発生した熱は,水を沸騰させ蒸気をつくり出す.それによって発電機のタービンが回り,発電できる.一般的な原子力発電所では,一日当たり50kg程度の核燃料を使って,100万人程度の都市に十分な電力を生み出すことができる.一方,火力発電所では,同程度のエネルギーを生み出すのに,約2000トンの石炭が必要である.さらに,原子力発電には,大気汚染や温室効果ガス,酸性雨など,化石燃料に関係した問題(詳しくは第9章)がない.しかし,原子力発電は,核廃棄物の処理問題や大規模事故の可能性など,大きな問題を抱えている.

原子炉の炉心に燃料棒を設置する様子

核廃棄物の処理

核廃棄物の処理は，原子力発電の大きな問題である．核燃料は，鉛筆の直径程度のウラン酸化物のペレットでできている．このペレットを棒状に積み重ね，さらにこれを束ねて核燃料集合体として利用する．核燃料集合体は18カ月ごとに入れ替える必要がある．ここで，使用済み核燃料の問題が発生するのだ．米国の原子力発電所で出る廃棄物の多くは，現在は，そのまま発電所に貯蔵されている．鋼鉄で裏打ちしたコンクリートの貯蔵室に水を満たし，その中に使用済み燃料棒を入れるのだ．この貯蔵室は原子力発電所の一時的な保存施設に作られている．

永久的な核燃料処分場の候補地として，ネバダ州ユッカマウンテンが選ばれた．しかし，オバマ政権はプロジェクトの中止を決定した．

米国議会で1982年，放射性廃棄物政策法が成立した．この法案では，永久的な核廃棄物処分場として，米国最初の地下核廃棄物貯蔵施設を建設する計画について定めている．1987年，核廃棄物処分場の候補地としてネバダ州のユッカマウンテンが選ばれた．当地の岩盤が安定していることや，人口が少ないこと，降水が少ないことが，選定の理由であった．核廃棄物は，何層もの素材でできたコンテナに入れて，岩盤をくりぬいて作った地下300mのトンネルに貯蔵することになっていた．貯蔵施設は，人間社会からも環境からも隔離された状態で，しばらくの間保存される予定だった．しかし，貯蔵施設の建設計画は物議を醸し，反対意見も多かった．そのため，当初処分施設は2010年には稼働する予定であったが，2017年に延期された．2010年の春には，オバマ政権は，ユッカマウンテン計画の中止を決定した．その後，ユッカマウンテン計画の代替案を模索するために，"米国の原子力の未来についての審議会"が設置されている．

原発事故

原子力発電の二つ目の問題は，大規模な事故の可能性である．多くの人々が，原子力発電所で核爆発が起こるのではないかとの間違った懸念をもっている．これはありえないのだ．先述の通り，核爆発を起こすには，濃縮ウランもしくはプルトニウムを慎重に圧縮して臨界量に到達させる必要がある．原子力発電所で利用されているウランはほとんど濃縮されていないのだ（原子力発電では3%のウラン-235が利用されているが，核兵器には90%のウラン-235が必要）．さらに，ウランの圧縮も起こりえない．しかし，他の事故は起こりうる．最も危険なものが，原子炉の炉心溶融（メルトダウン）である．

原子力発電所は安全に設計されているが，今までにいくつかの事故が起こっている．1979年3月28日，ペンシルヴァニア州のスリーマイル島で，誤操作のため，炉心の冷却システムが機能しなくなった．それにより水が原子炉から噴出したため，炉心の温度が数千℃に上昇し，炉心の一部が溶融してしまった．暴走する原子炉が危険な理由は，原子炉の素材が炉心溶融の熱に耐えることができず，原子炉が溶けてしまうことである．"チャイナ・シンドローム"という言葉がある．これは，核燃料が溶融して，その熱のために原子炉の底を突き抜けて，さらには地面をも突き抜けて，果ては地球の裏側の中国まで達するというブラック

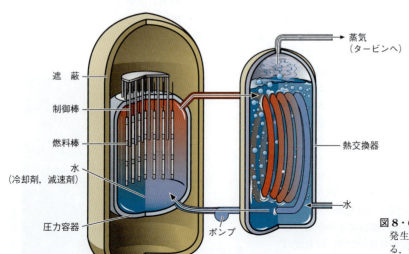

図8・6 原子炉の構造図．核分裂で発生した熱を使って水を沸騰させる．発生した蒸気で発電機のタービンを回して電力を生み出す．

ジョークだ．スリーマイル島の原子炉では，原子炉が溶けることはなかったが，水素やクリプトン，キセノンを含み，爆発性が高く放射能をもったガスが原子炉内に充満することになった．爆発を防ぐために（核爆発ではなく，よくある種類の爆発のこと），原子炉を操作する職員は，原子炉に溜まったガスを大気中に放出するという選択をした．それにより，放射能がいくらか大気中に漏れることになった．この放射性物質は非常に危険との報道がなされたが，実は健康を脅かすほどのものではなかった．発電所から 16 km 以内に住む人々が受けた平均的な放射線量は，胸部 X 線診断を 1 回受けたときの放射線量と同程度だったのだ．

二つ目は，さらに壊滅的な原発事故である．1986 年 4 月 26 日に旧ソ連のチェルノブイリで起こった．事故当日，原子炉を操作する職員が，原子炉の維持コストを下げるための実験を行っていた．実験のために，原子炉の炉心の安全機能の多くが停止されていた．実験は失敗し，核分裂反応がコントロールできなくなった．発生した熱によって，1000 トンの重さの原子炉のふたが吹き飛び，グラファイトの炉心が燃え始めた．これにより，放射性物質を含んだ破片が大気中にまき散らされた．先述のように，31 人が事故直後に亡くなり，230 人が入院する事態となった．高レベルの放射線に被曝した人は膨大な数に及ぶ．

三つ目の事故は，2011 年 3 月 11 日，日本の福島第一原子力発電所で起こった．マグニチュード 9.0 の地震で発生した津波のため，発電所の冷却システムが機能しなくなったのだ．地震の直後に原子炉は停止されたが，冷却システムがないために，核燃料の炉心が過熱した．このとき発生した水蒸気と水素の処理のために，非常措置としてガスの放出が行われたが，二度の水素爆発を起こしてしまった．この爆発によって，原子炉の建屋が壊れ，二つの原子炉の格納容器が損傷したとみられている．発電所の核燃料貯蔵プールの水が失われたことで，事態はさらに悪化した．水の消失によって核燃料が過熱し，水素が発生してもう一度爆発が起こったのだ．数回の爆発によって，チェルノブイリ事故のときほどではないが，周辺環境に多量の放射能がまき散らされた．この原発事故では，放射能での死者は報道されていない．しかし，日本政府は発電所の周囲 20 km を避難区域に設定した．被災地の除染にはかなりの年数がかかるだろう．

核廃棄物処理の問題とともに，スリーマイル島やチェルノブイリの事故は，米国での原子力発電に対する国民の支持を低下させる原因となった．福島原発事故以降，ドイツのように脱原発に舵を切った国もいくつかあるが，フランスやロシア，中国など原子力発電導入国の多くは原子力発電に積極的である．近年の石油価格の上昇や，化石燃料の枯渇の問題が深刻さを増すとともに，米国でも原子力発電について考え直す時期に来ている．米国には 104 棟の原子炉があるが，さらに 20 棟を増築することが現在検討されている．さらに数年以内に，現在のサイズの 3 分の 1 程度の小型の原子炉を建築することも予定されている．福島第一原発事故がこれらの計画の進行状況に及ぼす影響はまだわからない．

復習 8・6 原子力発電について正しくないのはどれか？
(a) 原子力発電所は，核爆弾のように爆発することがある．
(b) 原子力発電所から，処理を要する廃棄物が出る．
(c) 原子力発電所は，環境中に放射能を出すような事故を起こす可能性がある．

8・8 質量欠損と原子核の結合エネルギー

核分裂によって膨大なエネルギーが放出されることを学んだ．このエネルギーは発電に利用できる．精密に利用すれば，爆弾を作ることもできる．このエネルギーはどこから来るのだろう？ このエネルギーの根源は原子の質量に関係している．原子の質量は，陽子や中性子，電子という原子の構成成分の質量の総和になると思うかもしれない．しかし，これは違うのだ．たとえば，ヘリウム-4 は二つの陽子（質量は一つ当たり 1.0073 amu），二つの中性子（質量は一つ当たり 1.0087 amu），二つの電子（質量は一つ当たり 0.0005 amu）からできているので，その質量は 4.0330 amu と考えがちである．しかし，実験的に測定してみると，ヘリウム-4 の質量は 4.0015 amu である．陽子，中性子，電子の質量の合計と実験値との違いは，**質量欠損** とよばれている．

ヘリウムがその構成粒子から形成される際に失われた質量は，エネルギーに変換される．このエネルギーは，アインシュタインの方程式 $E = mc^2$（E=エネルギー，m=質量，c=光の速度）の質量の消失に関係している．**原子核の結合エネルギー** とよばれるこのエネルギーは，核を一つにまとめるためのエネルギーである．核子（陽子，中性子）一つ当たりの結合エネルギーは，元素の間で異なっている．最も高い値を示すのは質量数 56 の元素である（図 8・7）．このことは，質量数が 56 に近い元素が最も安定な核をもつことを意味する．そのため，ウランのように大きな原子番号をもつ原子核が，バリウムやクリプトンのように小さ

スリーマイル島の原子力発電所

な原子番号の原子核に変化すると,大きなエネルギーを放出するのである.

$$^{235}_{92}U + ^1_0n \longrightarrow ^{140}_{56}Ba + ^{93}_{36}Kr + 3^1_0n + エネルギー$$

この反応の生成物は,反応物質よりも大きな結合エネルギーをもっている.つまり,核分裂において,結合エネルギーの差こそがエネルギーの根源なのだ.言い換えると,核分裂の生成物質は反応物質よりも質量が小さい.消失した質量は,アインシュタインの方程式 $E = mc^2$ に従ってエネルギーに変換される.

8・9 核融合

核分裂では,重元素が分裂して軽元素になる.一方,核融合では,軽元素が融合して重元素になる.いずれの場合も,図8・7にあるように,生成物質は反応物質よりも大きな原子核結合エネルギーをもっているため,エネルギーが放出される.核融合は太陽のエネルギーに関係している.核融合によって,核分裂の10倍ものエネルギーが放出されるため,近年の核兵器は核融合の原理に基づいて作られている.この兵器は水素爆弾とよばれ,つぎの核融合反応を利用している.

$$^2_1H + ^3_1H \longrightarrow ^4_2He + ^1_0n + エネルギー$$

^2_1H(ジュウテリウム)と ^3_1H(トリチウム)は水素の同位体である.核融合が起こるためには,二つの正電荷をもった互いに反発し合う核が接触しなくてはならない.したがって,この反応が進行するためには,著しく高温(数百万℃)になることが必要である.水素爆弾の場合は,小さな核分裂爆弾を使ってこの熱を供給している.このように2段階の過程を経ることにより,現代の核兵器は,日本に落とされた原子爆弾の1000倍もの威力をもつようになったのだ.

もし核融合を制御できるようになれば,ほとんど無限ともいえるエネルギーを私たちの社会に供給するだろう.しかし,数百万℃に及ぶ著しい高温が必要なことと,数百万℃の物質を入れても溶けない容器の素材が存在しないため,核融合は難しい課題となっている.ただし,二つの有望な方法がある.一つは,磁石でできたドーナツ状の入れ物の中にジュウテリウムとトリチウムを入れて加速させることである.もう一つは,冷却したジュウテリウムとトリチウムのペレットをレーザーで急速に熱することであ

新しいテクノロジー

Box 8・2 核融合研究

核融合の研究は,40年間にわたって着実に進展している.この分野の発展は著しく,コンピューターディスクの保存容量が向上するスピードと比較できるほどだ.1970年代に初めて核融合実験に成功したときには,100 W(ワット)の電球をつけるのがやっとだった.1990年代に英国の欧州トーラス共同研究施設(J. E. T.)では,核融合によって1600万Wの電力を生み出すことに成功した(現在の記録).生産されるエネルギーと消費されるエネルギーの比を Q とよぶ.実験の初期には Q は0.01以下だったが,1990年代,日本のJT-60トカマク型装置では,Q が1.25を記録するまでに向上している.ITER(ラテン語で"旅"という意味)とよばれる国際共同実験により,核融合のさらなる発展が期待されている.この実験のために,7カ国(中国,インド,日本,ロシア,韓国,米国,EU)が共同して,核融合炉をフランス南部に建設している.$Q>10$ を達成し,5億Wの電力を発電することが期待されている.ITERでは2019年に最初の実験が開始される予定である.もし実験が成功すれば,ITERは実証プラントを建設し,10億Wの電力を発電することになるかもしれない.

カリフォルニア州ローレンス・リバモア国立研究所のNOVA核融合レーザー.ジュウテリウムとトリチウムを含む直径1 mmのペレットにレーザー光を照射し,核融合を起こさせる.

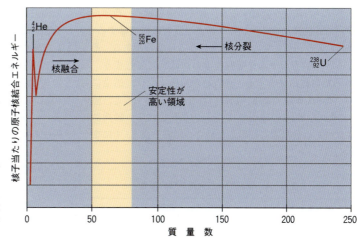

図 8・7 原子核の結合エネルギー（原子核の安定性の指標となる）は質量数 56 で最大となる。質量数 56 よりも重い核は核分裂して軽い核になり、質量数 56 よりも軽い核は核融合して重い核になる。それぞれの核反応の結果、エネルギーを放出する。

る。いずれの方法も、ジュウテリウムとトリチウムを裸の原子核の状態にし、核融合させようというものである。どちらも核融合には成功している。しかし実用化には、さらなる研究が必要である（Box 8・2 "核融合研究" を参照）。核融合を使うことは、核分裂を使うことよりも有利である。核融合燃料としてのジュウテリウムは、水の中に十分量存在しているからだ。さらに、核融合反応の廃棄物は核分裂反応の場合に比べて放射能が低く、その放射能もきわめて短寿命である。

復習 8・7　なぜ核融合も核分裂もエネルギーを放出するのか？

8・10　放射線が私たちの生活に与える影響

放射線は生体分子を破壊することができるので、私たちの生活に危険をもたらす。放射能をもった物質を体内に摂取したときが最も危険である。たとえば、低レベルのアルファ線を放射する物質が体外にあっても、ほとんど危険性はない。アルファ粒子は洋服や肌を通り抜けることができないため、内臓器官に損傷を与えることはないのだ。しかし、低レベルのアルファ線を放射する物質を摂取することは、非常に危険である。アルファ粒子が直接に内臓器官に当たるからだ。

極端に放射能が高い物質の場合は体外でも危険性はある。しかし、報道では危険性が誇張されがちなため、間違った理解をもってしまう人が多い。おそらく、放射線が目に見えないことが、放射線に対する恐怖を増幅しているのだろう。見えない放射線粒子が体を傷つけることを考えると、確かに恐ろしい。しかし、核爆弾の爆発や原子炉の炉心で直接被曝するような悲劇的な状況にでもいなければ、低レベルの放射能をもった物質が体外にあったとしても、影響は非常に小さい。ただし、それが体内に入らなければの話だが。

放射線を測定する

放射線被曝を測定する際に用いられる単位はシーベルト (Sv) である。私たちは常に放射線で被曝しており、その程度は 1 年でおよそ 0.003 Sv 程度である。この放射線の原因は表 8・3 にまとめてある。このうち、天然に存在するラドンの影響が群を抜いて大きい。人工的な放射線源による影響は、全体の約 18% である。このような放射線は私たちの体の細胞をある程度痛めるかもしれない。しかし、損傷を受けた細胞は修復されるので、影響はほとんどみられなくなる。

1 Sv までの高レベルの放射線に短時間で被曝した場合、損傷を受けた細胞は修復できないかもしれない。それにより、死んだり変質するかもしれない。もし損傷を受けた細胞が死ねば、しかもその数がそれほど多くなければ、通常は他の細胞で置き換えられるだけである。しかし、もし損

表 8・3　放射線被曝の原因とその量　米国放射線防護審議会がまとめた年平均被曝量。表中の数字は、米国民の人口に対する放射線源の内訳である。数字は平均値であり、米国での全量を推定し、米国民の数で割ることにより算出している。

原　因	量 (mSv/年)	百分率 (%)
天　然		
ラドン	2.00	55
宇宙由来	0.27	8
陸上由来	0.28	8
内部由来	0.39	11
合　計	2.94	82
人　工		
医療 X 線	0.39	11
核医学	0.14	4
消費者製品	0.10	3
職　務	<0.01	<0.3
核燃料サイクル	<0.01	<0.03
放射性降下物	<0.01	<0.03
その他	<0.01	<0.03
合　計	0.63	18

傷を受けた細胞が変質すると，異常増殖を始め，数年後にはがん性腫瘍になる．1 Sv を超える放射線に被曝すると，腸の粘膜が損傷して放射線障害になる可能性がある．そうなると，栄養素や水を吸収する力が低下してしまう．数 Sv の放射線に被曝すると免疫系が損傷を受け，感染に対して抵抗力がなくなる．4 Sv の放射線に被曝すると，感染症のため，50% の確率で 60 日以内に死亡する．瞬間的に高レベルの放射線に被曝した場合の影響を表 8・4 にまとめた．

表 8・4 瞬間的な放射線被曝の影響

量（Sv）	予想される影響
>5	死亡
1〜4	皮膚障害, 放射線障害, 入院が必要だが生存可能, がん化のリスク増加
0.2〜1	白血球の量の減少, がん化のリスク増加の可能性

放射線被曝の影響として，子孫に遺伝子異常が現れることがある．実験動物では，高レベルの放射線被曝によって，子孫に遺伝子異常が現れることがわかっている．しかし，人間を対象とした科学的な研究では，放射線被曝によって遺伝子異常の速度は増加していない．広島の被曝者を対象とした研究においても，結果は同様である．ただ，このような研究例はきわめて少ない．人間を高レベルの放射線に意図的に被曝させる研究が認められていないからである．

ラドン

ラドンは人間の放射線被曝の原因物質として群を抜いている．§8・4 で学んだように，ウラン鉱床がある地域には，土壌中や大気中にわずかながらラドンが含まれる．このような地域にある住宅では，室内空気のラドン濃度が増加している．室内の空気が温められて上昇すると，住宅の底部の空気が薄くなる．そうすると，床を通して，土壌中のラドンが室内に吸い上げられる．ラドンやその娘核種を吸い込むと，それが肺にとどまり，肺がんのリスクを増大させるのだ．確かに，米国やカナダのウラン鉱山の労働者には，ラドンを吸入することによる肺がんの増加がみられている．

住宅の中のラドン濃度は，ウラン鉱山以外では，非常に低い．したがって，リスクも非常に低い．高レベルのラドンに被曝するとがんのリスクが上昇することについては，すべての科学者の意見が一致しているが，どの程度のラドン濃度なら安全なのかについては，さまざまな意見がある．

米国環境保護庁は，ウラン鉱山の労働者にみられる肺がんの増加について調査した．空気中のラドンを測定する際の単位は pCi/L（p はピコ = 10^{-12}）である．1 キュリー（Ci）は 1 秒当たり 3.7×10^{10} 回の放射壊変と定義されている．米国環境保護庁は，およそ 400 pCi/L のラドンに被曝した鉱山労働者について調査した．なお，米国環境保護庁は，被曝量とリスクが比例関係にあると仮定して，住宅での低レベルのラドンによるリスクを算出した．たとえば，このモデルを用いると，もし 400 pCi/L のラドンがウラン鉱山の労働者のがんリスクを 10% 上昇させたとすると，40 pCi/L のラドンの場合はリスクの上昇は 1.0% である．表 8・5 のように，住宅のラドンが 4 pCi/L を超えると，居住者は有意に危険にさらされることを米国環境保護庁は示した．さらに，ラドン被曝のリスクは，喫煙者の場合に大幅に増加することも示されている．

表 8・5 米国環境保護庁によるラドンのリスク表

ラドン (pCi/L)	喫煙者[†]	非喫煙者[†]
20	14%（135 人）が肺がん	0.8%（8 人）が肺がん
10	7%（71 人）が肺がん	0.4%（4 人）が肺がん
4	3%（29 人）が肺がん	0.2%（2 人）が肺がん
2	2%（15 人）が肺がん	0.1%（1 人）が肺がん

[†] それぞれのラドン量での被曝者 1000 人中の発病者を示している．

ラドン被曝によるリスクを米国環境保護庁は過大評価していると考える科学者もいる．数百 pCi/L 程度のラドンを鉱山労働者が吸い込めば，がんのリスクを有意に上昇させるということは，すべての科学者が同意するだろう．しかし，非常に低いレベルのラドンがリスクになるとの米国環境保護庁の見解については，多くの科学者が批判的である．批判の理由の一つとして，彼らは被曝量とリスクが本当に比例関係なのかを疑っているのだ．リスクは被曝量と比例関係なのかどうかはわかっていないし，これ以下だとリスクが無視できるというような閾値があるのかどうかも明らかになっていない．肺がん患者に関する研究は多いが，住宅のラドン濃度と肺がんとの関係は示されていない．それぞれの研究の規模が小さいため，決定的な証拠が得られていないのだ．

みなさんの住宅のラドンを調べるために，比較的安価なキットが売られている．米国環境保護庁は住宅のラドン濃度を調べることを推奨している．室内のラドンを減らすための方法としては，窓を開けて換気を良くするという比較的単純なものから，ラドン換気システムを導入するという費用をかけた方法までさまざまである．

8・11 炭素年代測定とトリノの聖骸布

図 8・8 は，十字架で磔にされた犠牲者を映し出した長方形の亜麻布の写真である．この布は，イタリアのトリノにある聖ヨハネ大聖堂の聖骸布礼拝堂に保存されている．不思議なことに，この布にある像は陰画（ネガ）である．この写真を撮ってネガとして見るとより鮮明になる（ネガ

8・11 炭素年代測定とトリノの聖骸布

のネガはポジ).この布はイエス・キリストの遺骸を包んだものであり,キリストの像が奇跡的に転写されたものだと信じられてきた.もしこの布が本当にキリストの遺骸を包んだものならば,布は2000年前のものでなくてはならない.自然は,この布の年代を明らかにする証拠を,布自体に残している.その証拠を読み取り,年代を決定できれば,この布が正真正銘の聖骸布なのかを知る手がかりになるかもしれない.

この布の年代に関する証拠は,環境の中の放射性元素から得られる.放射性元素の崩壊は天然の時計であり,トリノの聖骸布のような人工的な遺物の年代測定に使えるのだ.炭素-14という同位体を利用する年代測定法がある.炭素-14は,大気圏の上層部で窒素が中性子と衝突することによって,定常的に生成している.

$$^{14}_{7}N + ^{1}_{0}n \longrightarrow ^{14}_{6}C + ^{1}_{1}H$$

炭素-14はO_2と反応してCO_2となり,光合成で植物に取込まれる.動物や人間は植物を食べるので,炭素-14はそれらの生体組織にも取込まれる.つまり,生きている生物はすべて,その生体組織に一定量の炭素-14を含むことになる.生物が死ぬと,炭素-14の取込みも停止する.その生体組織に含まれる炭素-14は,5730年の半減期で崩壊することになる.聖骸布のような古い遺物の多くは,有機物でできている.これらは過去に生きていたものなのだ.したがって,遺物に含まれる炭素-14の量は,遺物の年代を調べるために利用できる.

炭素-14年代測定法の正確さは,史料により年代が既知の人工物を利用することで確認できる.これにより,炭素-14年代測定法の誤差は5%以内であることがわかっている.この誤差の原因は,大気中の炭素-14の量が,時とともにわずかに変化するためである.しかし,炭素-14年代測定法の正確性をさらに増すことは可能である.マツの一種で,樹齢が約5000年のウェスタンブリストルコーンパインの木を利用して校正するのだ.この木の年代は,幹の年輪から正確に求めることができる.さらに,それぞれの年輪に含まれる炭素-14の量も求めることができるのだ.このように補正を行って,炭素-14年代測定法の5%の誤差を取除くことができる.さらに,生きている木の年輪と死んだ木の年輪の補正を行えば,校正可能な期間を11000年に延長することができる.これにより,炭素-14年代測定法は,11000年以下の遺物の年代をきわめて正確に求めることができるのだ.

> **分子の視点**
>
> **Box 8・3　放射線と火災検知器**
>
> 火災探知機の多くには,少量の放射性物質が含まれている.その物質からの放射線によって,探知機の中の空気分子がイオン化され,電流を生み出している.室内に煙が発生し,その煙が探知機に入ると,イオン化された空気分子は煙の粒子の方に結合する.これによって電流は減少し,アラームが鳴るのだ.
>
> 問題:この種の火災探知機を使うことによって,リスクはあるだろうか? もしそうなら,なぜ火災探知機を使うのだろう? その恩恵は何だろう?

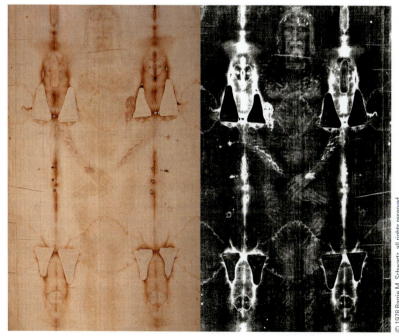

図8・8　トリノの聖骸布.裸眼で見た場合(左)と写真を撮ってネガにした場合(右).

例題 8・4 炭素年代測定法

ある化石の炭素-14 の含有量は，生体に含まれる量の 20% である．この化石の年代を推定せよ．

[解答]
化石の中の炭素-14 の相対量を年代ごとに示した表を作る．

半減期の回数	%炭素-14 (生体との相対量)	化石の年代(年)
0	100%	0
1	50%	5,730
2	25%	11,460
3	12.5%	17,190

炭素-14 の量が生体の 25% になるには，半減期が 2 回過ぎなくてはならない．したがって，この化石は 2 回目の半減期 (11,460 年) よりも少し古い．

[解いてみよう]
ある古い亜麻布に含まれる炭素-14 の量は，生体の 50% である．この亜麻布の年代を推定せよ．

年代測定法は，1988 年には，ほんのわずかな試料しかなくても，その年代を測定できるまでに進歩していた．バチカンは，トリノの聖骸布の信憑性を検証するために年代決定法を使うことを認め，聖骸布の一部を試料としてオックスフォード大学，アリゾナ大学，スイス連邦工科大学に送付した．炭素-14 年代測定法を用いて，三つの研究室はいずれも，聖骸布の年代が 750 年未満であることを明らかにした．絶対確実な実験手法というものはありえないが，この聖骸布はキリストの遺骸を包んだものではないだろう．この聖骸布はあまりにも新しすぎるのだ．

8・12 ウランと地球の年齢

放射年代測定法の二つ目の例では，より長い時間を測定するために，ウラン-238 を使っている．ウラン-238 は 45 億年の半減期で崩壊する．その過程で，多くの中間体が生成し，最終的には鉛になる．そのため，ウランを含んだ地球上の岩石はすべて，鉛も含むのだ．もし岩石がウランのみを含んで生成したと仮定したら（このこと自体は，岩石に含まれる複数の鉛の同位体の相対存在量からわかる），現在のウランと鉛の比率から，岩石の年代を求めることができる．たとえば，半減期が過ぎると，その岩石は 50% のウラン原子と 50% の鉛原子を含むことになる．さらにもう一度半減期が過ぎると，その岩石は 25% のウラン原子，75% の鉛原子となる．

地球上や太陽系で最も古い岩石は，ウランが約 50%，鉛も約 50% という組成をもっている．この岩石のウランと鉛の組成比は，地球の年齢が約 45 億年であることを教えてくれる．これは，地球の年齢を算出するために用いられる方法の一つにすぎない．他の方法ではそれぞれ異なった仮定を使っているが，いずれもほぼ同じ地球年齢を算出している．さらに，45 億年という地球年齢は，宇宙の誕生に関する宇宙論モデルとも一致している．なお，宇宙論モデルでは，宇宙の年齢は約 137 億年といわれている．たとえば，私たちは，数十億光年も離れた星を見ることができる．もし宇宙がずっと新しければ，これほど離れた星からの光は，まだ地球には届いていないだろう．私たちは実際にこれらの星を見ることができるので，宇宙が何十億もの歴史をもっていることがわかる．

例題 8・5 ウラン・鉛年代決定法

ある隕石が 25% のウランと 75% の鉛を含むことがわかった．この隕石の年代は？

[解答]
それぞれの元素の割合を年代ごとに示した表を作る．

半減期の回数	%ウラン	%鉛	岩石の年代
0	100	0	0
1	50	50	4.5×10^9 年
2	25	75	9.0×10^9 年
3	12.5	87.5	13.5×10^9 年

この隕石の年代は，9×10^9 年と思われる．

[解いてみよう]
ある岩石が 60% のウランと 40% の鉛を含むことがわかった．この岩石の年代は？

8・13 核医学

放射能は，診断と疾患の治療の両面で，医療に応用されている．診断において，医師が特定の内臓器官や組織の画像を必要とすることがある．画像化のための方法の一つに，放射性元素を用いた方法があり，テクネチウム-99m (m は準安定原子を意味する) がよく利用される．この元素を患者の体内に入れると，見たい部分に蓄積するのだ．テクネチウム-99m はガンマ線を放出する元素で，その半減期は約 6 時間である．テクネチウムから放出されたガンマ線は，体を容易に通り抜け，写真フィルムを感光させる．そのため，フィルムには，見たい内臓器官の像が写ることになる．

たとえば，盲腸の感染症と炎症である虫垂炎は，正確に診断するのが難しい．盲腸の感染を確かめるために，医師は放射能を利用できる．テクネチウム-99m を抗体に結合させ，患者に投与する．もし盲腸が感染していれば，テクネチウム-99m が結合した抗体は盲腸に蓄積する．現像したフィルムを見て，盲腸が明るく感光していれば，陽性と診断される．このフィルムがあれば，外科医は自信をもって手術して，感染した盲腸を取除くことができるのである．

放射線は，がん細胞を殺すための治療にも利用されている．放射線は細胞を殺す．しかも，ゆっくりと増殖する細胞よりも，速く増殖する細胞を効果的に殺すことができる．このため，腫瘍をねらってガンマ線を注意深く照射することにより，腫瘍を破壊することができる．健康な細胞への被曝を最小限にするために，ガンマ線はがん細胞に焦点を絞って照射する．しかも腫瘍をねらって，さまざまな角度から何度も照射するのだ．これにより，健康な細胞の損傷を最小限にしながら，腫瘍に対して最大量のガンマ線を与えて被曝させることができる．それでも，健康な細胞が損傷を受け，患者は日焼けや脱毛，吐き気，嘔吐のような副作用に苦しむことがある．副作用は不快なものだが，放射線治療は，さまざまな種類のがんと戦うための有効な手段である．

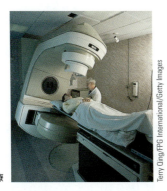

がんの放射線治療

考えてみよう

Box 8・4　放射線: 殺し屋なのか，治療師なのか？

　がんの原因になる放射線が，がんと戦うためにどのように使われているのか，不思議に思うかもしれない．この質問に対する答えは，以前のX線のときのように，リスクのことを考えれば理解できる．一般には，約1Svの放射線に被曝すると，がんのリスクが1%上昇するといわれている．がんを殺すのに必要な放射線量もこれと同程度であるため，将来のがん化の可能性を増加させる．しかし今，がんを患っているならば，そのがんがなくなる可能性は100%である．将来がんになるかもしれない1%の可能性は，これに比べれば少ないといえる．

　質　問: 放射線治療では取除ける可能性がきわめて低いほどに，がんが進行してしまっている場合がある．つまり，治療を行っても，ほとんど延命できない可能性がある．このような場合，医師と患者は難しい判断を迫られる．ほとんど延命が期待できないなかで，患者の残りの人生の質を確実に低下させるような治療を行うべきだろうか？ みなさんはどう思うだろう？

キーワード

ベクレル　　　　　　　　核分裂
マリー・キュリー　　　　アインシュタイン
ピエール・キュリー　　　シラード
電離能　　　　　　　　　臨界質量
核反応式　　　　　　　　J. R. オッペンハイマー
半減期　　　　　　　　　質量欠損
フェルミ　　　　　　　　原子核の結合エネルギー
ハーン　　　　　　　　　シーベルト
マイトナー　　　　　　　ラドン
シュトラスマン

章末問題

1. 放射能はどのように生起するのか，どのように生命体に害を及ぼすのか，原子や分子の視点で説明せよ．
2. アルファ線，ベータ線，ガンマ線の違いを説明せよ．それぞれの放射線を，電離能と透過力の点で比較せよ．
3. ラドンはどこにあるのか．また，なぜ危険なのか．
4. ルーズベルト大統領を説得して原子爆弾の開発に向かわせたのは誰か．なぜそうしたのか．
5. マンハッタン計画に関係した以下の場所について説明せよ．
   (a) ニューメキシコ州ロスアラモス
   (b) ワシントン州ハンフォード
   (c) テネシー州オークリッジ
   (d) ニューメキシコ州アラモゴード
6. フェルミによってシカゴ大学で行われた核分裂反応と，原子爆弾の核分裂反応はどう違うのか説明せよ．
7. 原子爆弾の開発に対する倫理意識があったにもかかわらず，科学者たちをマンハッタン計画に駆り立てたものは何だったのか．
8. 質量欠損と原子核結合エネルギーについて説明せよ．
9. チャイナシンドロームとは何か．
10. 核燃料廃棄物の処理のために考えられていることは何か．
11. 核融合とは何か．核反応式を書き，核融合反応を説明せよ．
12. 核融合反応の Q とは何か，説明せよ．どの程度の Q が今までに達成されているのだろう？（ヒント：Box 8・2を参照）
13. 低レベルの放射線被曝と高レベルの被曝は人間にどのような影響を与えるだろう？
14. 炭素-14 年代測定法とウラン-238 年代測定法について説明せよ．
15. なぜ，がんをひき起こす可能性のある放射線をがんの治療に利用するのだろう？
16. 以下の核反応式を書け．
    (a) トリウム-230 のアルファ崩壊
    (b) ポロニウム-210 のアルファ崩壊
    (c) トリウム-234 のベータ崩壊
    (d) ポロニウム-218 のベータ崩壊

17. 以下の核反応式の空欄を埋めよ．

   (a) ☐ → $^{233}_{92}U$ + $^{0}_{-1}e$

   (b) $^{237}_{93}Np$ → ☐ + $^{4}_{2}He$

   (c) $^{212}_{94}Pu$ → $^{212}_{95}Am$ + ☐

18. ポロニウム-214から鉛-206に至る放射崩壊の一連の核反応式を示せ．（ヒント：アルファ崩壊, ベータ崩壊, ベータ崩壊, アルファ崩壊の順に起こる）

19. フランシウム-223は3段階の放射崩壊を経てポロニウム-215になる．一連の核反応式を書け．

20. ヨウ素-131の半減期は8.04日である．20.0gのヨウ素-131は32日後には何gになっているか計算せよ．

21. 上記の問題20のヨウ素-131が崩壊によってアルファ粒子を放出したとすると，32日間でどの程度のアルファ粒子が放出されるか計算せよ．

22. ウランに中性子を衝突させて，核分裂によりテルル-137とジルコニウム-96が生成する場合の反応式を示せ．（ヒント：中性子の記号は$^{1}_{0}n$である）

23. 核融合によってジュウテリウムの核2個からヘリウム-3と中性子が生成する場合の核反応式を示せ．

24. ラドンによって2.55 mSv/年の放射線にさらされて，総被曝量が3.80 mSv/年に達したとしよう．総被曝のうち，何%がラドンによるものが計算せよ．

25. 生体の場合の12.5%しか炭素-14が存在しない化石がある．この化石の年代を求めよ．

26. 生体の場合の50%しか炭素-14が存在しない古代の巻物がある．この巻物の年代を求めよ．

27. ある隕石を調べると，ウランと鉛の比がそれぞれ30%と70%だった．この隕石のおおまかな年代を求めよ．

28. ある患者の検査のために，半減期が6.0時間でガンマ線を放出するテクネチウム-99mを利用した．テクネチウムが投与量の1/8になるまでの時間を計算せよ（体外には排出されないと仮定する）．

29. 下図は窒素-16のアルファ崩壊を表している．陽子（赤色）と中性子（灰色）の数を数え，空欄（？マーク）を埋めよ．さらに，この反応の核反応式を示せ．

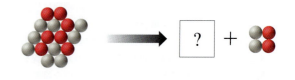

復習問題の解答

復習8・1 (d) 質量数の和と原子番号の和が，反応式の両辺で同じでなくてはならない．

復習8・2 (d) ベータ崩壊により，原子番号は変化するが，質量数はそのままである．

復習8・3 ガンマ線．ガンマ線は透過性が高いので，建物の壁を通り抜けるはずだ．

復習8・4 100,000原子

復習8・5 (a) 臨界質量は，生成した中性子が別の核に捕捉され，連鎖反応が継続するために必要である．

復習8・6 (a) 原子力発電所は核爆弾のようには爆発しない．

復習8・7 核融合と核分裂の両方において，低い結合エネルギー（核子当たり）をもつ核は，結合（核融合）もしくは分解（核分裂）して，高い結合エネルギー（核子当たり）をもつ核が生成する．このような核の変化の過程で，結合エネルギーの差分が放出される．

章のまとめ

分子の概念

ベクレルとキュリー夫妻によって発見された放射能は，不安定な核から放出されるエネルギーをもった粒子からなる（§8・1，§8・2）．アルファ線はヘリウムの核であり，高い電離能をもっているが，その透過性は低い．ベータ線は電子であり，原子核の中性子が陽子に変わるときに放出される．ベータ粒子の電離能はアルファ線よりも低いが，透過性はアルファ線よりも高い．ガンマ線は高エネルギーの電磁波である．その電離能は低いが，高い透過性をもっている（§8・3）．不安定な核は，放射線を発しながら，その半減期に従って崩壊する．放射性元素の半減期とは，核の半分が崩壊するのに要する時間である（§8・4）．

ウラン-235 やプルトニウム-239 のような重元素は，中性子を衝突させると不安定になり核分裂を起こす（§8・5）．このとき原子は分割されて，軽元素と中性子，エネルギーになる．もし核分裂が制御されていれば，放出されたエネルギーは発電に利用できる．一方，核分裂を指数関数的に急上昇させれば，原子爆弾になる（§8・6，§8・7）．水素爆弾は，太陽のように，核融合という異なるタイプの核反応を利用している．核融合では，軽元素の核が結合して重元素になる．エネルギーを生み出すすべての核反応で，質量はエネルギーへと変化している（§8・8，§8・9）．

化石や岩石に含まれる放射性元素の量を測定することにより，放射能を年代決定に利用することができる．古い岩石に含まれるウランと鉛の存在比に基づいて，地球の年齢が45億年であることがわかっている（§8・10〜§8・12）．高レベルの放射能は人間を死に追いやる．低レベルの放射線は，疾患の診断や治療のような医療行為に利用されている（§8・13）．

社会との結びつき

放射線の発見は，社会に多大な影響を与えてきた．最終的には，マンハッタン計画につながり，1945年に爆発した初めての原子爆弾が開発された．科学が与えたその威力を，社会は初めて具体的な形で見ることになったのだ．しかし，科学それ自体が日本に原子爆弾を落としたわけではない．それを実行したのは米国民なのだ．ここで考えなくてはならないことがある．私たちは，技術が与えてくれる力をどのように利用すればよいのか，ということである．それ以来，私たちの社会は，科学的な発見の倫理面を考え続けてきた．過去10年にわたって，核兵器は年間2000個の割合で非武装化されている．今日，私たちが生きている時代は，核兵器による人類滅亡の脅威から少し遠ざかっている．

核分裂は発電に利用されており，そこには化石燃料の燃焼に付随した問題はない．しかし，原子力発電は独自の問題，つまり大規模事故の可能性と廃棄物処理の問題がある（§8・7）．米国は，永久的な核廃棄物処分場を建設するのだろうか？ 私たちは，化石燃料の枯渇の問題に直面するなかで，原子力発電に方針転換するのだろうか？ 将来のエネルギー源として，核融合にどの程度の資金を投入するのだろうか？ これらはすべて，新しい1000年を迎えるなかで，私たちの社会が直面している課題である．

核で起こっている反応は，私たちが何歳なのか教えてくれる．考古学的な発見があると，それがどの年代のものなのかを調べるという難題が浮上する．この難題を解くことができれば，古の昔に起こった人間の歴史をひも解くことができるのだ．人間が誕生する前から地球は存在しており，その年齢は数十億年である．どのように人間が道具を使い始め，どのように地球上を移動していったのかも知っている．トリノの聖骸布のような遺物の年代を決定し，それが本物かどうかを決定することもできる（§8・11，§8・12）．このような科学的な観点は，私たちの社会にどのような影響を与えるのだろう？ 宗教だろうか？ 私たちが何者なのかについて，科学は何を教えてくれるのだろうか？

9　現代のエネルギー

> 一つの法則がある．あらゆる自然現象のすべてを支配している法則である．この法則には，まだ例外が見つかっていない．私が知る限り，この法則は間違っていない．エネルギー保存則とよばれる法則である．この法則は，私たちがエネルギーとよぶ量について記述している．自然界で起こるあらゆる変化の過程で，この量は変化しないというのだ．
>
> —— R. P. Feynman

目　次

- 9・1　動き回る分子
- 9・2　エネルギーへの全幅の信頼
- 9・3　エネルギーとその変換：無からは何も得られない
- 9・4　自然の熱税：エネルギーは分散する
- 9・5　エネルギーの単位
- 9・6　温度と熱容量
- 9・7　化学とエネルギー
- 9・8　私たちの社会のエネルギー
- 9・9　化石燃料からの電力
- 9・10　スモッグ
- 9・11　酸性雨
- 9・12　化石燃料の利用による環境問題：地球温暖化

考えるための質問

- エネルギーとは何か？
- 熱とは何か？　仕事とは？
- 北米ではどの程度のエネルギーが使われているのか？　それ以外の地域では，人々はどの程度エネルギーを使っているのか？
- エネルギーを生み出したり，なくすことはできるのか？
- 最も効率的なエネルギーの使い方とは？
- どのようにエネルギーを測定するのか？　温度はどのように測るのか？
- エネルギーに関係した化学をどのように利用するのか？
- 私たちの社会は今どこからエネルギーを得ているのか？　かつては？
- 化石燃料とは何か？　化石燃料の利用による環境問題とは何か？
- スモッグはおもに何でできているか？　私たちにどのような影響を及ぼすのか？
- 酸性雨とは何か？　その原因は？
- 地球は本当に温暖化しているのか？　なぜなのか？

　本章ではエネルギーについて学ぶ．エネルギーは物理的宇宙における二つの基本的な構成要素の一つである（もう一つは物質である）．エネルギーはあらゆる点で物質と関係している．たとえば第8章では，エネルギーと物質の互換性について学んだ．重要なのは，本書の最初のページから学んできた化学的な変化や物理的な変化は，ほとんどがエネルギーの変化を伴っていることだ（たとえば，コンロで気体が燃えたり，自動車のエンジンでガソリンが燃えている様子を考えよう）．この章ではエネルギーそれ自体に焦点を当てる．そして，化学的な変化とエネルギーとの関係に焦点を当てる．本章を読みながら，みなさん自身のエネルギーの利用について考えてほしい．今日エネルギーを使って何をしただろう？　自動車を運転したか？　電力を使ったか？　料理は？　シャワーは？　私たちは，毎日絶え間なくエネルギーを使っている．そのエネルギーのほとんどは（直接的に，もしくは間接的に）化学反応からきている．もしエネルギーがなければ，私たちの生活は劇変するだろう．

Joseph Neumayer/Design Conceptions

熱くなったフライパンを構成する分子や原子は，動いたり振動したりしている．その動きは，みなさんの指の分子の動きよりもずいぶん速い．

9・1　動き回る分子

　コンロの上で熱くなったフライパンに，うっかり触ってしまったことがあるだろうか？　たとえ本能的に手を引っ込めても，皮膚にはその短時間の接触の結果がやけどとして現れる．何が起こったのだろう？　フライパンを構成する原子が，そのエネルギーの一部を，熱という形で皮膚の分子に移動させ，その分子に損傷を与えたのだ．損傷を受けた分子こそが，皮膚にできたやけどの構成要素なのだ．

　熱は温度差によるエネルギーの流れである．目には見えないが，原子や分子は常に動いていて，1秒間に1兆回も

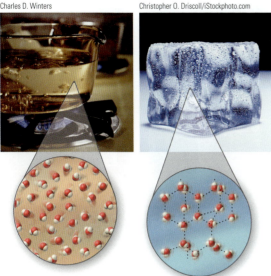

沸騰する水のように熱い物体の中では，分子は比較的速く動いている．冷たい物体の中では，分子はゆっくり動いている．

ている．米国はそのうち19%を表9・1で示す各部門で使っている．

産業部門，つまりジグソーパズルから大型のジェット機に至るまで，製造に使われるエネルギーは，米国のエネルギー消費の30%を占める．輸送部門，つまり自動車やトラック，飛行機，その他輸送に使われるエネルギーは29%である．住宅関連部門，つまり住宅での暖房や冷房，調理，照明，娯楽では，全エネルギーの22%が使われている．残りの19%のエネルギーが商業部門，つまり小売店やショッピングモール，スーパーマーケット，その他の会社で利用されている．

米国は最もエネルギーを使う国の一つである．表9・2は，各国の1人当たりのエネルギー消費量を示している．米国民は1人当たり年平均3200億J（ジュール．エネルギーの単位．§9・5で定義する）のエネルギーを消費している．このエネルギー量は，約100人の肉体労働者が年中働き続けたときのエネルギー量に相当する．別な言い方

前後に振動している．物体が熱くなればなるほど，その中の分子は速く動く．熱くなったフライパンを分子の視点で見ると，鉄原子が嵐のように動き，振動し，ぶつかり合い，時には空気中に飛び出してきている．指は壊れやすい有機分子でできている．その有機分子はゆっくり動いている．フライパンが指に触れると，無数の鉄原子が皮膚の分子に激突し，それをあっという間に壊してしまう．その巨視的な結果がやけどである．

エネルギーとそれを利用するということは，究極的には，分子の動きに関係している．調理や暖房のように，熱としてエネルギーを利用すると，分子や原子のランダムな動きは"大きく"なる．一方，エアコンや冷蔵庫のように，冷却のためにエネルギーを利用すると，分子や原子のランダムな動きは"小さく"なる．

原子や分子をランダムでなく，秩序立って動かすために，しばしばエネルギーを利用する．このようにエネルギーを使うことを"仕事"という．自動車を運転したり，エレベーターに乗るとき，私たちは仕事をするためにエネルギーを使っている．つまり，自動車やエレベーターを構成する原子や分子を，秩序立って，すべて同じ方向に，動かしているのだ．

9・2 エネルギーへの全幅の信頼

私たちはふだん，エネルギーのことをそれほど意識していない．しかし，もしエネルギーがなければ，ふだんできていることができなくなる．たった数時間でも電力がなくなれば，私たちがいかに電力に依存しているのか気づくだろう．世界では現在，年間 5.2×10^{20} J のエネルギーを使っ

表9・1 米国のエネルギー利用の分類

工業部門　30%
輸送部門　29%
住宅部門　22%
商業部門　19%

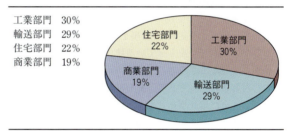

出典：米国エネルギー情報局, *Annual Energy Review*, 2009.

表9・2 1人当たりの年間エネルギー消費量

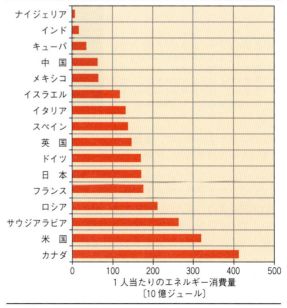

1人当たりのエネルギー消費量〔10億ジュール〕

出典：米国エネルギー情報局の2008年のデータをもとに編集．

をすると，平均的な米国民は，スイッチを回したり，アクセルを踏んだりするたびに，100人分のエネルギー消費量に相当するエネルギーを使っているのである．一方，平均的なナイジェリア国民は，ちょうど2人分の肉体労働者に相当する73億Jしか使っていない．米国の豊富なエネルギー源が，世界で最も高い生活水準を支えている．しかし，このエネルギー源には限界がある．また，エネルギーを使うことは環境問題をひき起こす．エネルギー源やそれに関連した問題に焦点を当てる前に，エネルギーとその利用に関する自然の基本法則を学ぶことにしよう．

9・3 エネルギーとその変換：無からは何も得られない

化学的変化や物理的変化では，ほとんどの場合，エネルギーの変化を伴う．たとえば，火の中で木を燃やすとき（化学的変化），燃えている木からエネルギーが放出され，周囲の空気を暖める．温かい水が入ったコップの中で氷が解けると（物理的変化），エネルギーは氷に吸収されてその氷を解かし，周囲の水を冷やす．

エネルギーとその変換についての学問を**熱力学**という．**エネルギー**の正式な定義は"仕事をすることのできる能力"である．エネルギーをもっている物体は，他の物体に対して仕事をすることができる．**仕事**の正式な定義は"物体を動かしたときの力"である．もし部屋の中でいすを押したとしたら，それは仕事をしたことになる．力を行使して物体を移動させたのだから．

図9・1 エネルギーの移動．

転がるビリヤードのボールは，その動きに伴うエネルギーをもっている．このボールは別のビリヤードのボールと衝突することにより仕事を行う．仕事をすると，転がるボールのエネルギーの一部が別のボールに移動する．

物体の全エネルギーは，**運動エネルギー**と**ポテンシャルエネルギー**の和である．運動エネルギーは物体の動きに関係し，ポテンシャルエネルギーは物体の場所や配置に関係している．たとえば，本を手で持っているとすると，その本は地球の重力の範囲内にあるので，ポテンシャルエネルギーを持っていることになる（図9・1左）．その本を手から離すと，ポテンシャルエネルギーは運動エネルギーに変換され，床に向かって加速することになる（図9・1右）．本が床にぶつかると，運動エネルギーは**熱エネルギー**に変換され，本の温度を上昇させる（図9・1右）．あまりに温度変化が小さくて，測定は簡単ではないが，床の温度もほんの少し上昇しているはずだ．落下する本の運動エネルギーを床も吸収しているのだ．熱エネルギーは物体を構成する原子や分子の動きに関係するので，運動エネルギーの一種である．

熱力学では，考える対象（**熱力学系**または**系**という）と，それとエネルギーを交換する環境（**外界**という）とを区別している．上述の例では，本が系で，空気と床が外界である．本が落下して床にぶつかると，エネルギーが系（本）から外界（空気と床）に移動する．しかし"全エネルギーは一定のままである"．つまり，外界が得たエネルギーは，系が失ったエネルギーとまったく同じなのだ．エネルギーが常に保存されるという普遍的結果は，**熱力学第一法則**とよばれ，以下のように表すことができる[*1]．

"エネルギーは生み出されることはないし，なくなることもない．系と外界との間で移動するだけである"

全エネルギーは一定で変化することがない．移動することはあるが，生み出されることはない．もし系がエネルギーを失えば，外界がそれを獲得する．逆もまた同様である（図9・2）．エネルギーを使っても，なくすことはできない．系から外界に移動させたり，あるエネルギーから別のエネルギーに変換しているだけである．たとえば，自動車を運転するとき，ガソリンの化学結合の中に貯蔵された**化学エネルギー**（ポテンシャルエネルギーの一種）を運動エネルギーに変換している．この運動エネルギーは，最終的に熱として発散される．別の言い方をすると，ガソリンの分子は持ち上げられた本のようなものだ．つまりポテンシャル

[*1] 核で起こる過程（第8章）は質量とエネルギーが置き換え可能なので，熱力学第一法則の例外となる．

図9・2 系がエネルギーを失えば，外界がそのエネルギーを得る．逆もまた同様である．

エネルギーをもっていて，他のエネルギーに変換できる．エネルギーの利用に関する問題は，エネルギーを使い尽くしてしまうことではない．エネルギーは一定なのだ．問題なのは，利用しやすく濃縮した形のエネルギー（石油のような）を，濃縮されていなくて使うのが難しいかたちのエネルギー（熱エネルギーのような）に変換していることなのだ．

熱力学第一法則は，エネルギーの利用に関して大きな意味をもっている．この法則によれば，もともとないエネルギーは生み出すことができない．つまり，エネルギーを投入しなくてもエネルギーを生み出し続ける装置の発明など，ありえないのだ．しかし人々は，そのような発明を何世紀もの間，夢見てきた．走っている間に充電でき，燃料を必要としない電気自動車や，住宅で使う全エネルギーを，エネルギーを使わずにガレージで発電する機械は，あまり現実的ではない．私たちの社会には常にエネルギーが必要なのだ．現在のエネルギー源は減少しているので，新しいエネルギー源が必要である．残念ながら，新しいエネルギー源も熱力学第一法則に従わざるをえない．無からは何も得られないのだ．

復習9・1 氷をコップの中の水に入れると，水が冷たくなる．このことは，水が熱エネルギーを失ったことを意味する．水が失った熱エネルギーはどうなったのか？
(a) なくなった．
(b) 水の周りの空気に移った．
(c) 氷に移った．

9・4 自然の熱税: エネルギーは分散する

熱力学第一法則は，いかなる過程でもエネルギーは保存されると述べている．**熱力学第二法則**では，自発的な過程，すなわち外部からの介入がない過程では，エネルギーは必ず分散する（つまり，より無秩序になるように決まっている）としている．言い換えると，エネルギーはいかなる過程でも保存されているが，自発的な過程では"より広がる"ことを熱力学第二法則は述べているのだ．たとえば，一方の端が加熱されている金属棒を考えてみよう（図9・3）．はじめ片側にあった熱は，自発的に，金属棒全体に広がっていくだろう．熱エネルギーがその反対のことをする，つまり金属棒の一方が自発的に熱くなり，他方が冷たくなることを想像できるだろうか．私たちは経験から，こんなことは起こりえないと知っている．熱力学第二法則がいうように，熱エネルギーは熱いところから冷たいところに，自発的に流れるのだ．

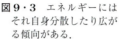

図9・3 エネルギーにはそれ自身分散したり広がる傾向がある．

エネルギーの分散（あるいはエネルギーのランダム化）は**エントロピー**ともいわれる．したがって，熱力学第二法則を言い換えると，以下のようになる．

"自発的過程では，宇宙のエントロピーは増大する"

みなさんは，エントロピーが減少しているかのように見える（つまり，エネルギーがより濃縮したように思われる）自発的な過程に心当たりがあるだろう．たとえば，寒い冬の日に，水の入ったバケツを家の外に置いておくと，その水は自発的に凍るだろう．このとき水分子は，無秩序な（エネルギーが分散している）液体から，秩序立った（エネルギーが濃縮している）固体に変化している．つまり，水分子はエントロピーが大きい状態（液体）からエントロピー

気温が0℃以下になって水が自発的に凍ると，水のエントロピーは減少する．しかし，凍結の際に熱が放出され，そのエネルギーが外界に分散されるので，外界のエントロピーは大きく増大する．

が小さい状態（固体）に変化するのだ．しかし，さらに詳しく調べてみると，エントロピーが減少するのは，"バケツの水"という系の中だけということに気づく．水が凍るときに熱が放出されるので，外界のエントロピーは増大しているのだ．この熱は外界の分子の動きを増加させ，結果として熱は分散する．熱力学第二法則によれば，外界のエントロピーの増大は，バケツの水分子によるエントロピーの減少よりも大きくなくてはならない．そうでなければ，この過程は自発的には進行しないからだ．

熱力学第二法則は，エネルギーの利用にどのように関係するのだろう？熱力学第二法則は，自発的過程では，エネルギーは分散しなくてはならないと述べている．このことは，エネルギー効率が100％になるような自発的過程はありえないことを意味する．たとえば，充電可能なバッテリーを考えてみよう．このバッテリーを使ってモーターを回転させるとする．つまり，バッテリーのポテンシャルエネルギーをモーターの運動エネルギーに変換する．バッテリーを使い切った後に，そのバッテリーを完全に充電するのに必要なエネルギーは，モーターが得た運動エネルギーよりも大きいはずだ．なぜだろう？上述の過程が進行するためには，いくらかのエネルギーが必ず外界に分散しなくては（あるいは，捨てられなくては）ならないのだ．バッテリーの放電と充電のサイクルの間，エネルギーがなくなるのではない．エントロピーを増大させるために，いくらかのエネルギーが外界に捨てられるのだ．つまり自然は，すべてのエネルギーの取引において，熱という税金を課しているのだ．

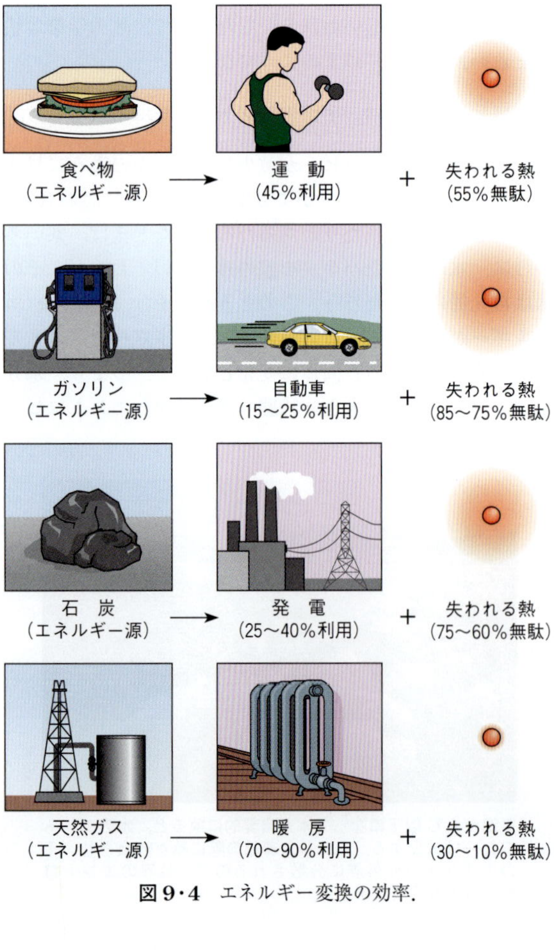

エネルギーの利用に関して，熱力学第二法則の意味は大きい．この法則によれば，まず第一に，無からエネルギーを生み出す機械を作ることはできない．また，エネルギーを投入しなくても自発的に動き続ける機械も作れない．**永久機関**は不可能なのだ．機械が動いている間はずっと，その動きのサイクルごとに，熱税を払わなくてはならない．だから機械は徐々に動かなくなって，やがて止まるのだ．

二つ目として，エネルギー取引においては，熱税が外界に捨てられるだけではない．さらに多くのエネルギーが（非効率のため）同時に捨てられる．自動車や発電機のような機械は，15〜40％の効率でエネルギーを変換する．たとえば自動車の場合，ガソリンの燃焼で放出されたエネルギーの20％しか，自動車を動かすために使われない．残りのエネルギーは，熱として捨てられる．図9・4に，いくつかのエネルギー変換について，効率が示されている．エネルギー消費過程のどの段階でも，外界にエネルギーが捨てられるので，目標の達成に必要なエネルギー変換の回数を最小限にすることが最も効果的である．たとえば，天然ガスを使って電力をつくり出し，それによって部屋を暖めるよりも，天然ガスをそのまま使って部屋を暖めた方が効率は良いのだ．

復習9・2 熱力学に関する二つの法則は，つぎのようにわかりやすく言い換えることができる．(1) あなたはけっして勝てない，(2) 収支を合わせることすらできない．これを説明するとどうなる？

9・5 エネルギーの単位

エネルギー

エネルギーの基本的な単位は，英国の科学者ジュール (James Joule. 1818〜1889) にちなんだ**ジュール**(J) である．ジュールは，全エネルギーが保存される限り，異なったタイプのエネルギーが相互に変換できることを示した．エネルギーの単位として，**カロリー**(cal) もよく使われる．1 cal は 1 g の水を 1 ℃ 上昇させるのに必要なエネルギーである．1 cal は 1 J よりも大きく，1 cal = 4.18 J のように変換できる．栄養の表示では含まれるエネルギー量として

図9・4 エネルギー変換の効率．

表9・3 エネルギー変換因子

1 カロリー (cal)	= 4.18 ジュール (J)
1 キロカロリー (kcal)	= 1000 カロリー (cal)
1 キロワット時 (kWh)	= 3.6×10^6 ジュール (J)

9・5 エネルギーの単位

表9・4 エネルギー利用のさまざまな単位

単 位	水1gを1℃上昇させるのに必要な量	100Wの電球を1時間つけるのに必要な量	平均的な米国人が1日に使う量	米国で1年間に使われる量
ジュール(J)	4.18	3.6×10^5	8.9×10^8	1.0×10^{20}
カロリー(cal)	1	8.6×10^4	2.14×10^8	2.4×10^{19}
キロカロリー(kcal)	0.001	86	214,000	2.4×10^{16}
キロワット時(kWh)	1.1×10^{-6}	0.10	250,000	2.8×10^{13}

kcal(キロカロリー)が使われ,1kcalは1000calに相当する.表9・3は,さまざまなエネルギーの単位とその変換因子を示している.表9・4には,これらの単位で,さまざまな過程に必要なエネルギー総量が示されている.

エネルギーに関係したもう一つの量は,単位時間当たりのエネルギーを意味する**仕事率**である.仕事率はエネルギー出力やエネルギー入力の割合であって,エネルギーそのものではない.エネルギーと仕事率の関係は,距離と速度の関係に似ている.速度は,ある距離を進むのにどの程度時間がかかるのかを決めている.仕事率は,ある量のエネルギーを使うのにどの程度時間がかかるのかを決めている.仕事率の基本的な単位はワット(W)であり,1Wは1J/sに相当する.表9・5には,いくつかの過程で消費される仕事率がワットで示されている.電球の明るさはワットで表示されているので,多くの消費者にとってワットはなじみ深い.100Wの電球は100J/s使うのだ.速度に時間をかけると距離になるように,仕事率(電力)に時間をかけるとエネルギーになる.

速度(km/h) × 時間(h) = 距離(km)
仕事率(電力)(J/s) × 時間(s) = エネルギー(J)

電気料金請求書では,電力消費量は通常キロワット時(kWh)という単位で表記されている.この単位は,電力と時間をかけることで得られる(キロは10^3なので,1kWは1×10^3Wである).ある電化製品が何kWh使っているのかを知りたければ,電力とその電化製品を使った時間をかければよいのだ.

電力量 = 電力(kW) × 使用時間(h)

たとえば,100Wの電球は10時間で1kWhを消費する.

復習9・3 洗濯機に貼られたラベルに"年間575kWh使用"と記載されている.このラベルが意味するのは,
(a) 電力利用
(b) エネルギー利用
(c) 稼働コスト

表9・5 電力使用の例

100W電球の電力使用	100W
人体の平均電力使用	100W
米国人の平均電力使用	10,300W
家庭での平均電力使用	1000W
典型的な火力発電所の最大生産電力	1000MW (メガワット,メガ=10^6)

例題9・1 エネルギーの単位変換

あるチョコレートチップ入りのクッキーには235kcalの栄養エネルギーが含まれている.これは何ジュール(J)に相当するだろう?

[解 答]

$$235 \text{ kcal} \times \frac{1000 \text{ cal}}{\text{kcal}} = 2.35 \times 10^5 \text{ cal}$$

$$2.35 \times 10^5 \text{ cal} \times \frac{4.18 \text{ J}}{\text{cal}} = 9.82 \times 10^5 \text{ J}$$

[解いてみよう]

小さなマッチを完全燃焼すると約512calの熱が発生する.これは何キロジュール(kJ)に相当するだろう?

例題9・2 電力量をキロワット時(kWh)で計算する

エアコンに電力規格が1566Wと表示してある.(a) このエアコンを1日当たり6時間使用するとしたら,1カ月で何kWh消費するか計算せよ.(b) kWh当たりのコストが15セントだとすると,1カ月でどれくらいのコストがかかるか計算せよ.

[解 答]

(a) エアコンの電力規格をキロワットで表すと

$$1566 \text{ W} \times \frac{1 \text{ kW}}{1000 \text{ W}} = 1.566 \text{ kW}$$

エアコンの1カ月当たりの総使用時間は

$$\frac{6 \text{ h}}{\text{日}} \times \frac{30 \text{ 日}}{1 \text{ 月}} = 180 \text{ h/月}$$

エアコンの1カ月当たりの電力量は

$$1.566 \text{ kW} \times 180 \text{ h} = 282 \text{ kWh}$$

(b) 電力量にkWh当たりのコストをかけると

$$282 \text{ kWh} \times \frac{\$0.15}{\text{kWh}} = \$42.30$$

[解いてみよう]

100Wのテレビを1日に2時間見たとすると,年間のコストはどうなるか? ただし,kWh当たりのコストは15セントとする.

9・6 温度と熱容量

温度

物体の**温度**は，その物体を構成する原子や分子の動きに関係した運動エネルギーの指標である．温度には三つの異なる尺度がある．科学者が最もよく使うのは**摂氏度**（℃）である．摂氏度では，水は0℃で凍り，100℃で沸騰し，室温はおよそ25℃である．米国でよく使われるのが**華氏度**（℉）である．華氏度という尺度では，水は32℉で凍り，212℉で沸騰する．室温はおよそ75℉である．華氏度と摂氏度では，目盛りの大きさとゼロ度の温度がいずれも異なる（図9・5）．華氏度と摂氏度には，マイナスの温度がある．しかし，**ケルビン度**（K）という三つ目の尺度では，最も低い温度を0K（絶対零度）とするため，マイナスの温度がない．絶対零度（−273℃もしくは−459℉）はすべての分子の動きが停止する温度である．それよりも低い温度はありえない．ケルビン度と摂氏度は，目盛りの大きさは同じである．唯一の違いは，ゼロ度の温度である．

これらの温度尺度の変換は比較的単純で，以下の式のように行う．

$$K = ℃ + 273$$

$$℃ = \frac{5}{9}(℉ - 32)$$

$$℉ = \frac{9}{5}℃ + 32$$

図9・5 華氏度，摂氏度，ケルビン度の比較．華氏度では摂氏度の約半分の目盛りが使われる．摂氏度とケルビン度の唯一の違いは，ゼロ度の温度である．

例題9・3 温度の変換

80℉をケルビンに変換せよ．
[解答]
まず摂氏に変換する．

$$℃ = \frac{5}{9}(80 - 32) = 26.7 ℃$$

つぎにケルビンに変換する．

$$K = 26.7 + 273 = 299.7 K$$

[解いてみよう]
400Kを華氏度に変換せよ．

熱容量

熱とは温度差による熱エネルギーの移動のことである．すべての物質は，熱せられると温度が変わる．しかし，ある熱量での温度変化の程度は，物質ごとに大きく異なっている．たとえば，もし鋼鉄のフライパンを炎の上に置くと，その温度はすぐに上昇する．しかし，そのフライパンに水を入れると，その温度変化は非常に遅い．なぜだろう？ **水は熱容量が大きいため**，鋼鉄よりも温度が変化しにくいのだ．物質の熱容量とは，その物質の温度を1℃変化させるのに必要な熱エネルギー量のことである．

水は最も熱容量が大きい物質の一つであり，その温度を変えるには多くの熱が必要だ．内陸地域から海岸に旅行したときに，温度の変化を感じたことがあるだろう．これはまさに，水の熱容量の高さが原因である．たとえば，夏のカリフォルニアでも，サクラメントとサンフランシスコでは温度差は18℃もある．サンフランシスコは20℃と涼しいが，サクラメントは38℃に近い熱さである．しかし，この二つの都市の日光の強度は同じなのだ．なぜこれほどまでに大きな温度差があるのだろう？ この2箇所の違いは太平洋である．サンフランシスコは，実質的に太平洋にあるようなものだ．熱容量が大きな水が，それほど温度を上げることなく多くの熱を吸収するため，サンフランシスコは涼しい．一方，サクラメントを取囲む大地は熱容量が小さく，多くの熱を吸収できないため，温度が上がってしまう．温度変化に対する熱の吸収能力が低いのである．

水の熱容量は非常に大きい．つまり，水の温度を変えるには多量の熱が必要である．一方，水が冷えるときには，大量のエネルギーが放出される．熱湯で大やけどをするのはこのせいだ．

9・7 化学とエネルギー

水の高い熱容量のおかげで，海岸地域は熱くなりすぎることがない．二つ目の例として，米国で38℃を越えたことがない州は二つあり，それはアラスカ州と，驚くべきことにハワイ州である．米国唯一の島州，ハワイ州は水で囲まれているため，温度が大きく変化することがないのだ．

復習9・4 つぎの二つの物質を50℃から25℃に冷却すると，どちらがより多くの熱を放出するか？ 5 kgの岩石，5 kgの水．

9・7 化学とエネルギー

すでに学んできたように，化学反応では外界とのエネルギーの交換が伴う．外界にエネルギーを放出する化学反応は，**発熱反応**とよばれている．一方，外界からエネルギーを吸収する反応は，**吸熱反応**とよばれている．天然ガスの燃焼は，発熱反応のよい例である．天然ガスの炎に手をかざしてみると，熱を感じるだろう．つまり，手が外界の一部となり，系からの熱を吸収するのだ．一方，スポーツでけがをしたときに使う冷湿布は，吸熱反応の好例である．冷湿布の中の分子が化学反応を起こすと，その分子がエネルギーを吸収する．このエネルギーは外界からやってくる．冷湿布を筋肉痛の部分に貼ると，筋肉は外界の一部になり，冷湿布の中の分子にエネルギーが奪われる．こうして，筋肉が冷えるのだ．

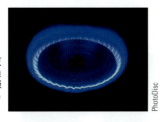

天然ガスの燃焼は発熱反応である．発熱反応は負の ΔH をもっており，吸熱反応は正の ΔH をもっている．

化学反応によって吸収したり放出される熱量は，**反応エンタルピー**（ΔH_{rxn}）によって定量化できる．たとえば，天然ガスの燃焼の反応エンタルピーは $\Delta H_{rxn} = -49.3$ kJ/g CH_4 である．これは，メタン1 gが燃焼すると，49.3 kJが放出されることを意味する．

$$CH_4 + 2O_2 \longrightarrow CO_2 + 2H_2O \quad \Delta H = -49.3 \text{ kJ/g } CH_4$$

慣例では，ΔH は系から見たときのエンタルピー変化を表す．したがって，マイナスの反応エンタルピーは発熱反応を意味し，プラスの反応エンタルピーは吸熱反応を意味するのだ．もし，系がエネルギーを失えば（発熱反応のように），ΔH の符号は負になる（銀行口座からお金を引き出した場合を考えてみよう．そのときの符号は負になる）．一方，系がエネルギーを獲得すれば（吸熱反応のように），ΔH の符号は正になる（銀行口座にお金を入れた場合を考えてみよう．そのときの符号は正になる）．反応エントロピーの数値が大きくなればなるほど，反応によって吸収したり放出される熱量は，反応物質の単位グラム当たりで大きくなる．

燃料として利用される物質は，発熱反応を起こさなくてはならない．そして，単位グラム当たり，できるだけ大きなエネルギーを放出しなくてはならない．燃焼に関する反応エンタルピーは**燃焼エンタルピー**（ΔH_{com}）とよばれる．燃焼エンタルピーをみれば，異なった燃料間でエネルギー含量の直接比較が可能になる．表9・6にいくつかの燃料の燃焼熱が示されている．単位グラム当たりで放出されるエネルギー量が，燃料ごとに異なることに注目してほしい．たとえば，ガソリン成分のイソオクタンは，木や石炭よりもエネルギー含量が大きく，燃料として有用である．

復習9・5 二つの水溶液をビーカーの中で混合すると，反応が起こって温度が低下する．この反応は発熱反応か，それとも吸熱反応か？ ΔH の符号は正か，それとも負か？

表9・6 燃料の燃焼熱

燃料	燃焼熱	
	(kJ/g)	(kcal/g)
松材	−21	−5.1
メタノール	−23	−5.4
エタノール	−30	−7.1
石炭	−28	−6.8
イソオクタン（ガソリンの成分）	−36	−8.7
天然ガス	−49.3	−11.8
水素	−143	−34.2

例題9・4 反応エンタルピー

36.0 gの CH_4 の完全燃焼により放出されるエネルギー(kJ)を計算せよ．(ただし，$\Delta H_{rxn} = -49.3$ kJ/g CH_4)

[解答]

$$36.0 \text{ g } CH_4 \times \frac{-49.3 \text{ kJ}}{\text{g } CH_4} = -1.77 \times 10^3 \text{ kJ}$$

負の符号はエネルギーが放出されることを意味する．

[解いてみよう]

386 gのイソオクタン(C_8H_{18})の完全燃焼により放出されるエネルギー(kJ)を計算せよ．(ただし，$\Delta H_{rxn} = -36$ kJ/g C_8H_{18})

9・8 私たちの社会のエネルギー

1970年以前は，エネルギーは当たり前のように使われていた．多くの米国人は，世界にはエネルギーが有り余るほどあって，しかも常に安価で手に入ると信じていた．しかしこの幻想は1970年代に終わる．北米がエネルギー危機に直面したのだ．ガソリンが制限され，ガソリンスタンドには長い列ができた．1ガロン当たり30セントだった

ものが，1ドルに急上昇した．米国人は，今のエネルギー源が無限ではないことを認識した．原油価格の高騰はいったん収束したが，1990年代に，技術発展によって経済がかつてないレベルに拡大し，エネルギー価格が徐々に上昇していった．今世紀のはじめには，エネルギー価格は記録を更新した．1981年に記録したガソリンの最高値は，2008年に塗り替えられた．その直後の2008年と2009年の大規模な不景気によって，ガソリン価格は低下した．しかし，経済の回復と中東の混乱の影響で，ガソリン価格は再び上昇し始めている．

私たちはどこからエネルギーを得ているのだろう？ 図9・6は，米国でのエネルギー源別のエネルギー利用の経年変化を示している．私たちのエネルギーの83%は化石燃料（石油，天然ガス，石炭）から得ている．表9・7には，現在のおもなエネルギー源と，枯渇までのおおよその時間が示されている．なお枯渇までの時間は，現在の消費速度に基づいて算出している．枯渇までの時間はあくまで予想でしかない．しかし，化石燃料が無限ではなく，新しいエネルギー源の開発が必要なことは明白なのだ．

化石燃料はおもに炭化水素である．第6章で学んだように，**天然ガス**はメタンとエタンの混合物である．**石油**は多様な炭化水素を含んでいる．炭素を5原子含むペンタンから，18原子かそれ以上の炭素を含む炭化水素までさまざまである．**石炭**はおもに，200原子かそれ以上からなる長鎖の炭素化合物と環状の炭素化合物である．化石燃料を構成する分子は，先史以来の植物や動物が吸熱反応によって産生したものだ．化石燃料の分子は大きなエネルギーをもっている．これらのエネルギーは，究極的には，太陽から来ている．なぜなら，古代の植物は太陽のエネルギーを使って，**光合成**とよばれる反応によって，エネルギー分子を合成したからだ．

$$\text{太陽光} + 6CO_2 + 6H_2O \longrightarrow 6O_2 + C_6H_{12}O_6$$

グルコース（$C_6H_{12}O_6$）はエネルギーをため込んだ分子であり，植物や動物によって使われている．先史時代の植物の中で起こった化学反応と，その死によってゆっくりと起こった一連の化学反応の組合わせによって，グルコースは化石燃料へと変化し，それを私たちが今日利用しているのだ．この過程には数百万年という時間が必要である．化石燃料が自然にできるのを待つならば，少し待たなくてはならない．

表9・7 米国のエネルギー源別エネルギー消費

燃料	割合(%)	枯渇までの時間(年)[1]
石　油	37	43
天然ガス	25	61
石　炭	21	129
原子力	8	85[2]
バイオマス	4	無限
水　力	3	無限
その他	1	

[1] 埋蔵量と現在の消費速度より算出．
[2] *Uranium 2005: Resources, Production, and Demand* より．世界埋蔵量と現在の原子力発電所での利用量から算出．
出典：米国エネルギー情報局，*International Energy Outlook* 2010のデータをもとに編集．

植物は光合成とよばれる過程で太陽エネルギーを利用している．このエネルギーはグルコース分子の化学結合に蓄えられる．

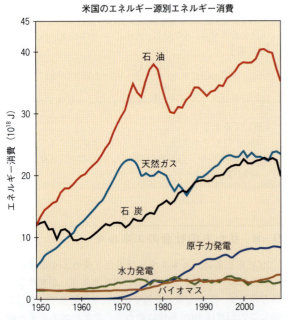

図9・6 米国でのエネルギー源別のエネルギー利用の経年変化（出典：米国エネルギー情報局，*Annual Energy Review* 2009）

化石燃料の化学結合にため込まれたエネルギーは，**燃焼**反応，つまり光合成の逆の反応によって取出される．たとえば，ガソリンに含まれるオクタンは，以下のように燃焼する．

$$2C_8H_{18} + 25O_2 \longrightarrow 16CO_2 + 8H_2O + \text{エネルギー}$$

エネルギーをため込んだ分子（オクタン，C_8H_{18}）は，酸素と反応して二酸化炭素と水を生成し，さらにエネルギーを放出する．このエネルギーがエンジンのシリンダーの中の空気を膨張させ，自動車を前進させるのだ．天然ガスや石炭の燃焼も同じように進行する．酸素を消費して二酸化炭素と水，エネルギーを生み出すのだ．

9・9 化石燃料からの電力

米国の電力の約 65% は,化石燃料を燃焼することにより生産されている(図9・7).火力発電所では,化石燃料の燃焼反応で生じた熱を利用して水を沸騰させ,発生した蒸気で発電機のタービンを回している(図9・8).発電機が生み出した電力は,送電線を使ってそれぞれの建物に送られる.発電所は,需要に応じて,発電を行っている.つまり,発電所は電力の貯蔵は行わない.一日の中でも電力の需要は変動するので,需要に合わせて燃料の投入が調節されている.みなさんが照明を付けると,近くの発電所で

分子の視点

Box 9・1 キャンプファイヤーの煙

キャンプは熱い炎を囲んでワイワイやるから楽しい.火を起こす技術が未熟で,煙しか出ないと興ざめだ.煙の出やすさは,炎の熱さに大きく依存する.つまり,炎が熱ければ熱いほど,煙は少ないのだ.

問題: なぜ温度が低い炎は煙が多く,温度が高い炎は煙が少ないのだろう? この理由を分子レベルで説明できるだろうか?(ヒント: 温度が低すぎると,燃焼は不完全になる)

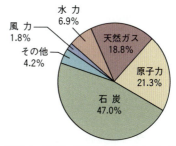

図9・7 米国での発電に利用されるエネルギー源(出典: 米国エネルギー情報局,*Annual Energy Review* 2009)

はその分だけ多くの燃料が使われることになる.発電所のエネルギー出力はワットで表される.典型的な火力発電所では1ギガワット(GW,ギガ=10^9)の電力が生み出されている.これは100万戸に十分な電力に相当する.

例題 9・5 燃焼の化学反応式を書く

LPガスの主成分のプロパン(C_3H_8)について,燃焼の化学反応式を書け.

[解答]
いかなる化石燃料の燃焼でも,燃料と酸素が反応物質であり,二酸化炭素と水が生成物である.
釣り合っていない反応式は

$$C_3H_8 + O_2 \longrightarrow CO_2 + H_2O$$

まず炭素の数を釣り合わせる.

$$C_3H_8 + O_2 \longrightarrow 3CO_2 + H_2O$$

つぎに水素の数を釣り合わせる.

$$C_3H_8 + O_2 \longrightarrow 3CO_2 + 4H_2O$$

最後に,酸素の数を釣り合わせる.

$$C_3H_8 + 5O_2 \longrightarrow 3CO_2 + 4H_2O$$

[解いてみよう]
タバコのライターに使われているブタン(C_4H_{10})について,燃焼の化学反応式を書け.

9・10 スモッグ

オクタンのような炭化水素の燃焼では,理想的には,二酸化炭素と水だけが生成する.しかし,燃焼過程で起こる他の反応や,化石燃料に含まれる不純物のために,二酸化

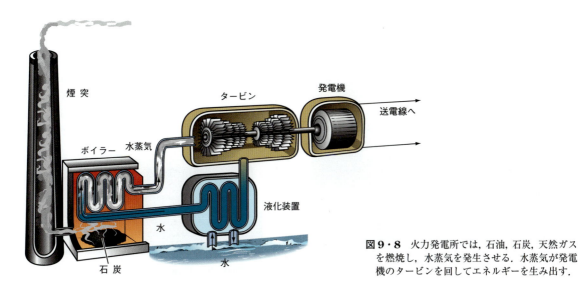

図9・8 火力発電所では,石油,石炭,天然ガスを燃焼し,水蒸気を発生させる.水蒸気が発電機のタービンを回してエネルギーを生み出す.

炭素と水以外の物質も生成する．その中には，環境にとって望ましくない影響をもつ物質も含まれる．これらの物質については，大気中での濃度も含めて，第 11 章で詳しく学ぶ．ここでは，そのような物質を紹介し，化石燃料の燃焼とどのように関係するのかを学ぶ．

一酸化炭素: 心臓に負担をかける

自動車のエンジンでは，燃焼反応は常に完全とはいかない．完全燃焼であれば二酸化炭素（CO_2）が生成するが，不完全燃焼の場合は一酸化炭素（CO）が生成する．一酸化炭素は無色透明で無味無臭の気体である．自動車の排気ガスに含まれるため，都市部では一酸化炭素の濃度が高くなる．一酸化炭素は，血液中のヘモグロビンという酸素を運搬するタンパク質に結合し，血液の酸素運搬能力を低下させる．このため，一酸化炭素は有害なのだ．以下のように，一酸化炭素は酸素と入れ替わってヘモグロビン（Hb）と結合する．

$$\text{Hb-}O_2 + CO \longrightarrow \text{Hb-}CO + O_2$$

一酸化炭素と結合してしまうと，ヘモグロビンはもう酸素を運搬できなくなる．高濃度の一酸化炭素は致死的である．自動車の排気ガスに含まれる一酸化炭素での自殺事件がしばしば起こっている．一酸化炭素は，低濃度では心臓や循環器に負担をかけ，心臓発作のリスクを上げる．

窒素酸化物: 汚染大気の茶色

化石燃料には不純物の窒素が含まれており，空気中には窒素が存在しているので，燃焼反応の副生成物として一酸化窒素（NO）が生成する．

$$N_2 + O_2 \longrightarrow 2NO$$

結果として，自動車の排気ガスや火力発電所から一酸化窒素が放出される．一酸化窒素は空気中で酸素と反応し，二酸化窒素（NO_2）が生成される．

$$2NO + O_2 \longrightarrow 2NO_2$$

二酸化窒素は茶色の気体である．スモッグが発生すると茶色になるのはそのせいだ．二酸化窒素は目や肺を刺激する．スモッグがひどい日には目が焼けるように感じるが，その原因の一部は二酸化窒素である．のちほど，大気中の水蒸気と二酸化窒素が反応して酸性雨の成分になることにふれる．

オゾンと PAN: 目の痛みとゴムのひび割れ

不完全燃焼のもう一つの結果は，部分的に燃焼した炭化水素の放出である．この部分的に燃焼した炭化水素は，日光の存在下で二酸化窒素と反応し，オゾン（O_3）とペルオキシアセチルニトラート（PAN, $CH_3CO_2NO_2$）を生成する．この二つは，スモッグの構成要素のなかでも特に毒性の高い分子である．

$$\text{炭化水素} + NO_2 + \text{日光} \longrightarrow \underset{\text{オゾン}}{O_3} + \underset{\text{PAN}}{CH_3CO_2NO_2}$$

オゾンと PAN は**光化学スモッグ**のおもな構成要素である．これらは肺を刺激したり，呼吸を困難にしたり，目の痛みの原因になったり，ゴム製品をボロボロにしたり，農作物に被害を与えたりする．オゾンと PAN の生成は日光に依存しているため，スモッグの発生は夏に増加する．

自動車のタイヤのようなゴム製品のひび割れは，おもにオゾンと PAN の生成による．

ガス浄化装置

都市部での大気汚染物質の濃度を下げるために，自動車にはガス浄化装置が搭載してある（図 9・9）．ガス浄化装置には**触媒**とよばれる物質が利用されている．触媒とは，自身が消費されることなく，化学反応を促進する物質のことである．ガス浄化装置の触媒は，炭化水素の完全燃焼と一酸化窒素の分解を促進している．エンジンの排気ガスに含まれる一酸化炭素，一酸化窒素，部分酸化された炭化水素は，ガス浄化装置に通すと，その中の触媒の表面に結合する．部分酸化された炭化水素は，触媒表面で酸素と反応

メキシコシティの光化学スモッグ．茶色に見えるのは，主として NO_2 による．

図 9・9 自動車のガス浄化装置の断面模型．

し，以下のように燃焼過程を完全なものにする．

$$CH_3CH_2CH_3 + 5O_2 \xrightarrow{触媒} 3CO_2 + 4H_2O$$

一方，一酸化窒素は一酸化炭素と反応し，以下のように窒素と二酸化炭素を生成する．

$$2NO + 2CO \xrightarrow{触媒} N_2 + 2CO_2$$

このような触媒反応により，ガス浄化装置は，一酸化炭素，一酸化窒素，部分酸化された炭化水素という三つの有害な大気汚染物質の放出を抑えている（図9・10）．部分酸化された炭化水素と一酸化窒素は，スモッグの生成の鍵を握っているので，ガス浄化装置によって，スモッグも減らすことができる．

9・11 酸性雨

化石燃料の燃焼は**酸性雨**とよばれる環境問題をひき起こす．酸の化学と酸性雨については，第13章で詳しく学ぶ．ここでは，酸性雨やその影響に関係が深い大気汚染物質に集中する．

酸性雨のおもな原因は二酸化硫黄である．二酸化硫黄は化石燃料，特に石炭の燃焼によって生成する．石炭には硫黄の不純物が含まれるので，石炭の燃焼によって二酸化硫

写真にあるような石炭を燃焼する火力発電所からは，数百万トンのSO_2が毎年大気中に放出されている．

黄（SO_2）が生成する．

$$S + O_2 \longrightarrow SO_2$$

大気中に放出された一酸化窒素（NO）と二酸化窒素（NO_2）は，NO_xと総称される．NO_xも酸性雨の原因になる．米国では，NO_xやSO_xのような大気汚染物質が，年間3000万トン以上，大気中に放出されている．二酸化硫黄の年間放出量の65%とNO_xの20%は電力産業によるものである．SO_2やNO_xが水と反応すると，酸性雨の原因となる酸が生成する（図9・11）．酸はH^+イオンを生成する化合物である．H^+は非常に反応性が高く，その濃度が高くなると，魚が死んだり，森林にダメージを与えたり，建築材料を破壊する．酸性雨の問題は，米国の北東部とカナ

図9・10 ガス浄化装置は炭化水素の完全燃焼を促進する．さらにNOとCOをN_2とCO_2に変換する．

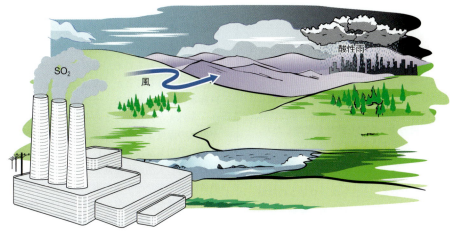

図9・11 主として火力発電所から放出されたSO_2が水と反応して酸になると，酸性雨が発生する．

ダの東部で非常に深刻である．米国中西部の火力発電所で発生した大気汚染物質が，風によって東に運ばれるのだ．

湖や河川への影響

アディロンダック山地にある湖の多くでは，酸性のレベルが，魚の生息に適した値を超えている．湖水の酸性度があまりに高く，何も住めないのだ．まさに，死の湖である．米国の東部の湖の多くが，このように酸性雨の影響を大きく受けているといえるだろう．

建物への影響

酸は金属や石材，大理石，塗料などの建築材料を溶かす．酸は鋼鉄のさびつきを促進し，橋や鉄道，自動車など，鋼鉄の構造物に損傷を与える．酸性雨は建物や像の損傷にも関係している．歴史的価値の高いものや，文化的価値の高いものも被害にあっている．たとえば，ポール・リビアの墓碑は酸性雨によって浸食が進み，リンカーン記念館の大理石は徐々に溶けている．また，米国の国会議事堂にも，酸性雨による被害の兆候が現れている．

森林への影響と視界の低下

酸性雨は樹木の生育や病気への抵抗性を下げるため，森林にも影響を与えている．樹木が酸性雨に直接触れたり，酸性の雨水を吸い上げることによって，影響は現れる．さらに，酸性雨が森林の生態系にとって重要な養分を溶出させてしまうことも大きな問題である．メーン州からジョージア州にかけて，アパラチア山脈の尾根に生息するアカマツの木は最大級の被害を受けている．

大気に放出された二酸化硫黄は，視界を低下させる．風光明媚な観光地でも視界の低下が起こっている．二酸化硫黄は大気中の水蒸気と結合し，硫酸エアロゾルとよばれる小さな水滴になる．米国環境保護庁によれば，米国東部で起こっている視界低下の問題の50%以上は，このエアロゾルが原因とのことだ．

酸性雨の被害を受けた森林

9・12　化石燃料の利用による環境問題：地球温暖化

太陽からの光量と地球から放射される熱量に基づいて地球の気温を計算すると，理論的には，私たちが実際に感じている気温よりも33℃ほど低くなる．この差は，地球を取囲む大気の層に由来している．大気には**温室効果ガス**が含まれており，可視光は大気を透過するが，熱，つまり赤外光は大気を透過しにくくなっている（図9・12）．温室のガラスは，太陽の可視光を透過させる．太陽からの可視光は，温室の中の植物や土などの物質に吸収され，熱に変換される．その熱のエネルギーは，赤外光として再放出される．しかし，温室のガラスは赤外光を吸収するので，赤外光は温室から外に逃げられなくなる．このエネルギーは温室に捕捉されるため，温室の中は外よりも温かくなるのだ．似たようなことが，天気の良い日に駐車場に置かれた自動車の中でも起こる．ガラスの窓は可視光は透過させるが，赤外光が外に逃げるのを防ぐため，自動車の中の温度が外気の温度よりも高くなる．天然の温室効果のおかげで，地球の平均気温は私たちにとって快適な温度になっているのだ．もし天然の温室効果がなくなれば，ハワイのような熱帯地域でも，一年中，氷点下になるだろう．

最も影響が大きい温室効果ガスは二酸化炭素である．二酸化炭素は大気中に約0.04%含まれている．二酸化炭素は10 μmの赤外光を非常に効率良く吸収する．この赤外光の

この分子に注目

Box 9・2　二酸化硫黄

化学式：SO_2
分子量：64.07 g/mol
融点：-72 ℃
沸点：-10 ℃
ルイス構造：:Ö—S̈＝Ö:
三次元構造：

二酸化硫黄は無色で不燃性だが，強い刺激臭をもった気体である．二酸化硫黄は硫黄を直接燃焼したり，硫黄を含んだ化合物を燃焼することよって生成する．特に石炭のような化石燃料を燃焼したり，鉄や銅を鉱石から抽出する産業で発生する．硫黄は火山爆発によっても放出される．

二酸化硫黄にはいくつかの有益な利用法がある．その一つが，果物や野菜，ジュース，ワインの防腐剤である．また，食品工場での消毒剤，繊維やわらの脱色剤としても利用されている．

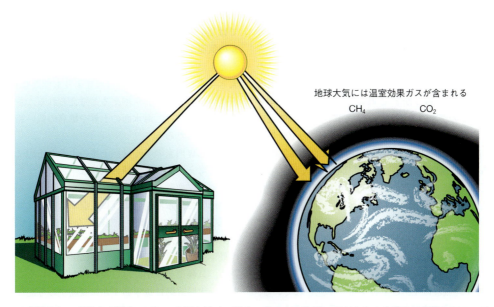

図 9・12 太陽からの可視光は温室のガラスを通り抜け，温室の中にある物質に吸収されて赤外光に変換される．ガラスは赤外光を透過させないので，赤外光は温室から外に出ることができない．太陽からの可視光は地球の大気を通り抜け，地球上の物質によって赤外光に変換される．赤外光は，CO_2 や CH_4 のような温室効果ガスのために，地球の大気の中に捕捉される．温室効果ガスは可視光を通すが，赤外光は通さないのだ．

分子の視点

Box 9・3 どの化石燃料が良いのか？

すべての化石燃料が地球温暖化に同じように寄与するわけではない．地球温暖化との関係で化石燃料を分類する方法の一つは，CO_2 の単位放出量当たりのエネルギーを比較することである．CO_2 の単位放出量当たりのエネルギーが大きければ，あるエネルギーを得るために放出される CO_2 の量が少なくなる．つまり，地球温暖化の観点では，そのような化石燃料がよいことになる．ガソリンの成分のオクタンと天然ガスの成分のメタンを比べてみよう．それぞれの燃焼時の化学反応と反応エンタルピーは以下の通りである．この場合，反応エンタルピーは kJ/g で示すよりも，kJ/mol で示した方が便利だ．

$$C_8H_{18} + \frac{25}{2} O_2 \longrightarrow 8CO_2 + 9H_2O$$

$$\Delta H = \frac{-5472 \text{ kJ}}{\text{mol (オクタン)}}$$

$$CH_4 + 2O_2 \to CO_2 + 2H_2O$$

$$\Delta H = \frac{-890 \text{ kJ}}{\text{mol (メタン)}}$$

1 mol のオクタンの燃焼により，8 mol の CO_2 と 5472 kJ のエネルギーが発生する．一方，1 mol のメタンの燃焼により，1 mol の CO_2 と 890 kJ のエネルギーが発生する．

それぞれの反応で発生する CO_2 のグラム数を計算し，CO_2 の単位放出量当たりのエネルギーを計算する．

オクタンの場合：

$$8.00 \text{ mol } CO_2 \times \frac{44.0 \text{ g}}{1 \text{ mol}} = 352 \text{ g } CO_2$$

$$\frac{5472 \text{ kJ}}{352 \text{ g } CO_2} = \frac{15.5 \text{ kJ}}{\text{g } CO_2}$$

メタンの場合：

$$1.00 \text{ mol } CO_2 \times \frac{44.0 \text{ g}}{1 \text{ mol}} = 44.0 \text{ g } CO_2$$

$$\frac{890 \text{ kJ}}{44.0 \text{ g } CO_2} = \frac{20.2 \text{ kJ}}{\text{g } CO_2}$$

計算の結果，メタンは 20.2 kJ/g CO_2 のエネルギーを発生し，15.5 kJ/g CO_2 のエネルギーを発生するオクタンよりも，30% 多いことがわかる．つまり，地球温暖化の観点では，オクタンよりもメタンの方が良い化石燃料なのだ．ちなみに，石炭は CO_2 の単位放出量当たりのエネルギーがオクタンよりもさらに低い．つまり石炭は，地球温暖化の観点では，最も罪深いことになる．

問題：プロパンの燃焼エンタルピーは -2215 kJ/mol である．地球温暖化の観点で，プロパンをオクタンやメタンと比べてみよう．

波長は,地球からの放射が最も多い波長に相当する.全世界での化石燃料の燃焼と森林の伐採によって,大気中のCO_2は過去100年間で30%増加した(図9・13).コンピューターを使った気候モデルでは,CO_2の増加によって地球の気温が上昇することが予想されている.気温の変化は実際に起こっているのだろうか? これについては図9・14を見てみよう.このグラフからわかるように,地球の気温は長い期間にわたって変動している.しかし,この100年間は上昇傾向にあり,特にこの10年間は記録的な高気温になっている.地球温暖化を研究する研究者の多くが,気温の上昇はCO_2の増加が原因だと考えている.地球温暖化はすでに始まっているようだ.

大気中のCO_2の増加が続くと,地球の温暖化はさらに進むだろう.もし化石燃料の燃焼がこのまま続くと,2050年には,CO_2の濃度は産業革命以前の2倍になるだろう.コンピューターでの気候モデルでは,大気中のCO_2が2倍になると,平均気温は1.9℃上昇すると予想されている.しかし,気温の上昇は地球上で一様に起こるわけではない.

他の地域と比べて,より気温が上昇する地域もある.北米では2.8〜5.6℃の温度上昇が見込まれている.このレベルの気温上昇は,大きな環境問題をひき起こすと思われる.たとえば,降雨領域が北に移動し,現在の森林や耕作地は大きく変わるだろう.気候は現在よりも極端なものになり,干ばつやハリケーンが増えると考えられる.さらに,極地域の氷床が解け,海水面の上昇や標高の低い都市の浸水が問題になるだろう.

しかし専門家の多くは,上述のような予想には注意を要すると考えている.地球の気候は,さまざまな要因によって,過去に変動してきたからだ.たとえば,太陽放射の変動の影響で,氷河期のように気温が低い時代もあった.また,気温モデルの信頼性も問題になっている.実際に起こった気温上昇は,さまざまな気候モデルが予想した気温範囲の最下端を推移している.気温に影響を与える要因が多いため,気候モデルが非常に複雑になっていることは問題である.太陽放射は毎年わずかに変動する可能性があり,海は熱とCO_2の両方を吸収する.気流も変動する.耕作地

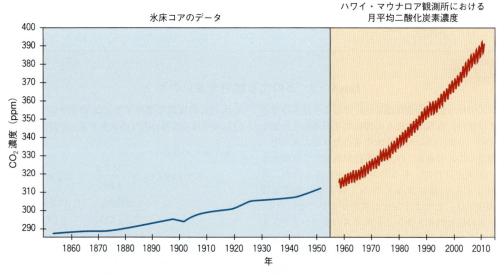

図9・13 化石燃料の燃焼(CO_2の生成)や森林伐採(CO_2を吸収する森林の破壊)のため,大気中のCO_2濃度は何年も増加の一途をたどっている.右のグラフでは,樹木や植物の成長の季節差によるCO_2の季節変動もみられる.つまり,夏は樹木や植物の成長が盛んなのでCO_2濃度は減少し,冬には成長が遅いのでCO_2濃度は増加する.データはハワイのマウナロア観測所と氷床コアより.(出典: 米国エネルギー省の二酸化炭素情報分析センター,および米国商務省の海洋大気庁)

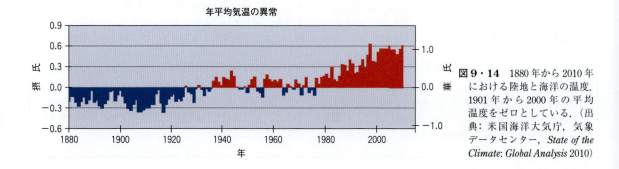

図9・14 1880年から2010年における陸地と海洋の温度.1901年から2000年の平均温度をゼロとしている.(出典: 米国海洋大気庁,気象データセンター,*State of the Climate: Global Analysis* 2010)

や森林，その他の多くの変動要因を気候モデルに加えると，状況はきわめて複雑になっていくのだ．

地球温暖化は複雑であるが，科学者の多くは深刻な問題ととらえている．ただ，それぞれの科学者の反応はさまざまである．CO_2の排出を抑制するために，政府は直ちに対策をとるべきと考える科学者は多い．ただ，なかには，温暖化はゆっくりと進行しているので，気温モデルの不確定性を考慮すると，明白な答えが得られるまで注意深く研究を続けるのがよいと考える研究者もいる．

京都議定書：温室効果ガスの排出を減らすためのステップ

1997年，気候変動に関する国際会議が開かれ，温室効果ガスの排出を削減する条約が採択された．会議が京都で開催されたため，この条約は京都議定書とよばれている．京都議定書では，2012年までに，6種類の温室効果ガスを1990年比で5％削減することを先進工業国に課している．世界の193カ国が京都議定書に加わり，2005年にこの条約は発行している．京都議定書を批准していない唯一の先進工業国が米国である．米国では，多くの州がそれぞれ独立してCO_2の削減に向けた対策をとっている．たとえば，カリフォルニア州では，地球温暖化対策法2006を成立させ，2020までに，1990年当時のレベルに温室効果ガスを削減することを決めている．これは7年遅れで，京都議定書に近いレベルまでCO_2を削減しようというものだ．京都議定書は2012年に期限が満了し，その後継となる条約についての議論が進んでいる．

新しいテクノロジー

Box 9・4 炭素を閉じ込める

化石燃料の燃焼によって二酸化炭素が生成する．しかし，生成した二酸化炭素は大気に行くしかないのだろうか？米国エネルギー省は，そうは考えていない．エネルギー省は，米政府と大学，産業界の連携によって，二酸化炭素を"貯留"したり固定する技術を開発すべく，すでに動き始めている．最もシンプルな計画は，排気ガスが大気に放出される前に，排気ガスから二酸化炭素を取除こうというものである．より複雑なシナリオは，炭化水素燃料から炭素を取除き水素を製造するというものだ．水素は工場での主要な燃料になる．

どちらの場合も，二酸化炭素を固定するための何かが必要である．研究者たちは，環境にやさしい方法で，二酸化炭素を処分する方法を探索している．候補として有望なものは，配管を使って深海に二酸化炭素を送り込む方法と，地下の帯水層や採掘不可能な石炭層に二酸化炭素を直接注入する方法である．これらについては，処分場所の保全やコスト面での検討が現在進んでいる．

別の可能性として，二酸化炭素は大気から直接貯留できるかもしれない．これには，森林化のような天然の貯蔵庫の増強や，光合成を模倣する新しい技術などが含まれる．また，太陽光を使って二酸化炭素を他の有用な物質に直接変換する技術の開発も検討されている．

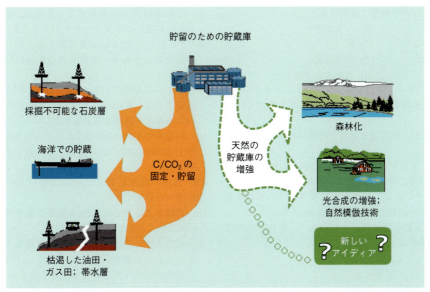

科学者は二酸化炭素を貯留する方法を研究している．二酸化炭素が大気に入ることにより，温室効果が増強され地球温暖化が進行するのを妨げようとしているのだ．（出典：1999年，連邦エネルギー技術センター，米国エネルギー省）

9. 現代のエネルギー

キーワード

熱	摂氏度
熱力学	華氏度
エネルギー	ケルビン度
仕事	熱容量
運動エネルギー	発熱反応
ポテンシャルエネルギー	吸熱反応
熱エネルギー	反応エンタルピー
熱力学系	燃焼エンタルピー
外界	化石燃料
熱力学第一法則	天然ガス
化学エネルギー	石油
熱力学第二法則	石炭
エントロピー	光合成
永久機関	燃焼
ジュール	光化学スモッグ
カロリー (calorie)	触媒
仕事率 (電力)	酸性雨
温度	温室効果ガス

章末問題

1. 熱い物体と冷たい物体の違いは何か.
2. 分子の立場で熱と仕事について説明せよ.
3. 米国は年間にどの程度のエネルギーを消費しているのか?
4. エントロピーとは何か. なぜエントロピーが重要なのか.
5. 永久機関とは何か. なぜそのような機関は存在しないのだろう?
6. 以下の語句について簡潔に説明せよ.
   (a) 熱 (b) エネルギー
   (c) 仕事 (d) 系
   (e) 外界 (f) 発熱反応
   (g) 吸熱反応 (h) 反応エンタルピー
   (i) 運動エネルギー (j) ポテンシャルエネルギー
7. 発熱反応では外界の温度はどうなるか. 吸熱反応ではどうか.
8. 熱容量とは何か. 熱容量と温度との関係についても説明せよ.
9. さまざまなエネルギー源を今のまま使い続けたとして, それぞれどの程度の時間で枯渇するだろうか?
10. 火力発電所でいかにして電力が生産されているのか説明せよ. 何ワットの電力を生産できるか.
11. スモッグの主要な構成成分を四つあげ, それぞれの影響について説明せよ.
12. 酸性雨のおもな原因は何か.
13. 温室効果について説明せよ.
14. 地球温暖化とは何か. なぜ起こっているのだろう? その証拠はあるのだろうか?
15. この100年間でCO_2はどの程度増加したか. 温度はどの程度変化したか.
16. 以下のように単位を変換せよ.
    (a) 1456 cal を kcal に変換.
    (b) 450 cal を J に変換.
    (c) 20 kWh を cal に変換.
17. 200 kcal のエネルギーが含まれるチョコレートチップ入りのクッキーがある. これは何kWhに相当するか. このクッキーに含まれるエネルギーで, 100 W の電球を何分点灯させることができるか.
18. 以下の機器の月間電気料金を計算せよ. ただし, 1 kWh 当たりの電力を 15 セントとする.
    (a) 100 W の電球 (1日当たり5時間利用)
    (b) 600 W の冷蔵庫 (1日当たり24時間利用)
    (c) 12,000 W の電子レンジ (1日当たり1時間利用)
    (d) 1000 W のトースター (1日当たり10分間利用)
19. 以下の変換をせよ.
    (a) 212 °F を °C に変換.
    (b) 77 K を °F に変換 (液体窒素の温度).
    (c) 25 °C を K に変換.
    (d) 100 °F を K に変換.
20. 米国の史上最低気温は, 1971年1月23日, アラスカ州のプロスペクトクリークで記録された−80 °F である. この気温を摂氏度およびケルビン度に変換せよ.
21. 以下の物質の燃焼によって生成するエネルギーを kJ で計算せよ.
    (a) 50 kg の松材.
    (b) 2.0×10^3 kg の石炭.
    (c) 60 L のタンクに入ったガソリン (オクタンの密度を0.7028 g/mL とする).
22. 利用エネルギー量は, エネルギーを取出す効率を考慮して, 以下のように求めることができる.

    消費エネルギー量 × 効率 = 利用エネルギー量

    ただし, 効率はパーセントではなく小数として計算に用いる.
    (a) この過程が30%の効率だった場合, 455 kJ を消費するとどの程度のエネルギーを利用できるか.
    (b) 1日当たり 2200 kcal を摂取する人がいる. このうちどの程度のエネルギーを身体的な仕事に利用できるだろうか.
    (c) 車である場所に行くために 5.0×10^3 kJ のエネルギーが必要である. 車のエネルギー効率を20%として, この車のエネルギー消費量を計算せよ.
    (d) 発電所で 1.0×10^9 J のエネルギーを生産するとする. 効率を34%として, この発電所のエネルギー消費量を計算せよ.
23. 部屋の温度を 10 °C 上げるために 5.0×10^3 kJ の熱エネルギーが必要である.
    (a) 天然ガスを使って80%の効率で熱を得るとすると, 何gの天然ガスが必要か.
    (b) 電力を使って80%の効率で熱を得るとすると, どの程度の石炭が必要か計算せよ. ただし, 石炭の燃焼によって30%の効率で電力を生産できるとする.
24. 上記の問題23について, 大気中に放出される CO_2 の量を計算せよ.
    (a) メタンの燃焼に関する反応式を用いて, 天然ガスの燃焼によって何gのCO_2が生成するのか計算せよ.

(b) 石炭の燃焼の場合，5.25 kJ のエネルギー生成につき 1 g の CO_2 が生成すると仮定して，何 g の CO_2 が生成するか計算せよ．

25. 15.0 ガロンのガソリンの完全燃焼によって大気中に放出される二酸化炭素の量(kg)を，以下の指示に従って計算せよ．
(a) ガソリンがオクタン(C_8H_{18})でできていると仮定する．オクタンの燃焼の反応式を示せ．
(b) 15.0 ガロンのガソリンに含まれるオクタンの物質量(mol)を計算せよ．ただし，1 ガロン = 3.78 L，オクタンの密度は 0.79 g/mL とする．
(c) 燃焼の反応式に基づいてオクタンの物質量を二酸化炭素の物質量に変換し，最終的に二酸化炭素の量(kg)を求めよ．

26. 1950 年代，米国のエネルギー消費量はその生産量とほぼ同じであった．しかし，それ以来，消費量と生産量の隔たりが大きくなっている．今日では米国のエネルギー生産量は消費量よりも少なく，不足分は輸入に頼っている．輸入するエネルギーの多くは石油である．左下のグラフを見てみよう．
(a) 1949 年～2009 年のエネルギー消費の増加量（ジュール）を求めよ．この期間の年間平均増加量も計算せよ．
(b) 1949 年～2009 年のエネルギー生産の増加量（ジュール）を求めよ．この期間の年間平均増加量も計算せよ．
(c) 2009 年の生産量と消費量の隔たり（ジュール）を計算せよ．
(d) 上述の a と b で求めたように，エネルギーの消費と生産が今後も続くとすると，2025 年における米国のエネルギー生産量と消費量を求めよ．両者の隔たり（ジュール）についても計算せよ．

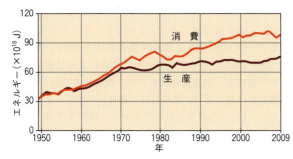

米国のエネルギー消費量とエネルギー生産量の推移（出典：米国エネルギー情報局, *Annual Energy Review* 2010）

復習問題の解答

復習 9・1 水の熱エネルギーが氷に移動して氷を解かした．

復習 9・2 エネルギーは保存されるので（第一法則），けっして勝つことができない．つまり，エネルギー取引では，存在しないエネルギーを得ることはできない．エネルギーは分散するので（第二法則），収支を合わせることすらできない．つまり，エネルギー取引では，常に熱税を払わなくてはならない．

復習 9・3 (b) kWh はエネルギーの単位なので，ラベルに記載されている数字は家電が使う年間エネルギー量を意味する．

復習 9・4 水の方が大きな熱容量をもつので，放出する熱量が多い．水を温める方には多くのエネルギーが必要であり，水を冷やすと多くのエネルギーが放出される．

復習 9・5 これは吸熱反応であり，ΔH の符号は正である．系は外界からエネルギーを吸収し，温度が下がる．

章のまとめ

分子の概念

　私たちは個人として生きるために,そして社会として,エネルギーを必要としている（§9・2）.エネルギーは物体間で移動させることができる.このとき熱が使われるので,物体の温度が変わる.エネルギーは,ある物体が別の物体に力を及ぼしてそれを動かす仕事によって移動させることもできる.いずれの場合も,エネルギーの移動には分子の動きの変化が伴っている.すべてのエネルギー移動は,エネルギーは生み出されることもなくなることもないという熱力学第一法則に従う（§9・3）.さらに,エネルギー移動のたびに自然の熱税を払うべくエネルギーが常に失われるという熱力学第二法則にも従う（§9・4）.

　私たちが必要とするエネルギーの多くは,化石燃料の燃焼反応のような発熱性の化学反応によって得られる.化学反応によって生み出される,もしくは吸収される熱量は反応エンタルピーとよばれている（§9・5〜§9・7）.化石燃料は大きな負の燃焼エンタルピーをもっているので,燃焼時に大きな熱量を放出する.このため,化石燃料は良いエネルギー源となる.化石燃料は古代植物や古代動物に由来しており,主としてメタンやプロパン,オクタンのような炭化水素を含んでいる（§9・8）.炭化水素の燃焼によって,主として二酸化炭素と水が生成するが,それ以外の副産物も生成する.燃焼反応の生成物のいくつかが環境問題をひき起こしている（§9・9〜§9・12）.

社会との結びつき

　空調や冷凍で温めたり冷やしたりする際には,エネルギーを使って熱を移動させている.自動車やトラック,飛行機を動かす際にも,エネルギーを使って仕事をしている.熱力学第一法則によれば,無からはエネルギーを得ることはできない.たとえば,エネルギーを投入しなくても自発的に動き続ける永久機関は不可能なのだ（§9・3）.熱力学第二法則は,エネルギー利用についての実用的な方法を教えてくれる.つまり,エネルギー消費過程のどの段階でも,エネルギーの一部が捨てられるので,エネルギー変換の回数を最小限にすることが最も効果的だ（§9・4）.たとえば,天然ガスを使って電力をつくり出し,それによって部屋を暖めるよりも,天然ガスをそのまま使って部屋を暖めた方が効率は良い.

　石油や天然ガス,石炭のような化石燃料は良いエネルギー源だが,理想的とはいえない.燃焼によって一酸化炭素,窒素酸化物,オゾンからなるスモッグが発生し,都市の大気汚染と人間の健康被害がひき起こされる（§9・10）.さらに,化石燃料の燃焼によって硫黄酸化物が生成し,窒素酸化物と共に,酸性雨の原因となる.酸性雨は湖や河川,建築材料,森林にダメージを与える（§9・11）.燃焼のおもな生成物の二酸化炭素は,地球の温室効果を増強し,地球の平均気温の上昇の要因となっている（§9・12）.気候モデルの予測によると,化石燃料の燃焼が抑制されなければ,このような温度上昇はさらに悪化するだろう.

10 未来のエネルギー：太陽などの再生可能エネルギー源

> 心というものは，いったん大きなアイディアが膨らんでしまうと，もとの大きさには戻らないものだ．
> —— *Oliver Wendell Holmes*

目　次

- 10・1　究極のエネルギー源：太陽
- 10・2　水力発電：世界で最も使われている太陽エネルギー源
- 10・3　風力発電
- 10・4　太陽熱エネルギー：太陽光の集光と貯蔵
- 10・5　太陽光発電エネルギー：光から直接，電力へ
- 10・6　エネルギーの貯蔵：太陽エネルギーの悩みの種
- 10・7　バイオマス：植物からエネルギー
- 10・8　地熱発電
- 10・9　原子力発電
- 10・10　効率と節約
- 10・11　2050年の未来予想図

考えるための質問

- 化石燃料が欠乏し，化石燃料の環境への悪影響も続くとしたら，どんなエネルギー源で代替することができるだろう？
- 地球に降り注ぐ太陽光の量は，私たちが必要とするエネルギーを十分与えてくれるのか？
- 水力発電とはなんだろう？
- 風力発電は今どうなっているのだろう？
- 太陽光発電は今どうなっているのだろう？ さまざまな太陽光発電はそれぞれどうだろう？
- バイオマス発電は？
- 地熱発電は？
- 原子力発電の役割は今後拡大するのだろうか？ それとも縮小するのだろうか？
- エネルギーはどうすれば貯蔵できるのだろう？
- 2050年には私たちのエネルギー源はどうなっているだろう？

本章では，再生可能なエネルギー源について学ぶ．まだ顕著ではないが，エネルギー源と関連技術はゆっくりと変化している．化石燃料のコストの増加を考えると，そのような変化は今後ますます急速になるだろう．そして私たちの社会は，再生できない炭素燃料から，炭素を使わない再生可能燃料に軸足を移すことになるだろう．この章を読みながら，どこからエネルギーを得るのかみなさん自身で考えてほしい．自動車はなぜ走っているのか？ どうやって家を暖かくしているのか？ このような質問に対する答えは，これからの50年で変わることになるだろう．これからの半世紀で，私たちが利用するエネルギーは変化し，その使い方も変わることになるだろう．化石燃料がまったく使われなくなることはないだろう．ある種のエネルギー生産では，化石燃料はあまりにも便利なのだ．ただ，化石燃料の役割は小さくなり，その分を他の形態のエネルギーや新しい技術で補うようになるだろう．風力発電や太陽熱発電，太陽光発電，バイオマス，電気自動車，ハイブリッド自動車など．このような技術が化石燃料の優位性を徐々に浸食し，環境への負荷を低下させていくことにもなるだろう．

10・1　究極のエネルギー源：太陽

太陽は中程度の大きさと歴史をもち，天の川銀河（銀河系）に位置している．銀河系にある何千億という数の恒星のなかで，太陽は平凡な恒星である．太陽で起こっている核融合反応は 10^{26} W もの電力を生み出し，それを定常的に宇宙空間に放出している．太陽は何十億年もそうしてきたし，これからの数十億年以上も同様だろう．10^{26} W のおよそ10億分の1（10^{17} W）が地球に届く．まるで，大金持ちが路上に1000億円を落として，通行人の一人がたまたまそのうちの100円を拾ったほかは誰も気づかず通りすぎているようなものだ．もしそのエネルギーの1/100（この例では1円）だけでも，うまく捕まえて貯蔵できれば，エネルギー問題は解決するだろう．

太陽エネルギーを利用するうえでの最大の障害は，量ではない．太陽エネルギーの量は必要以上にあるのだ．問題なのは，その密度が低いことである．たとえば，夏の晴れた日でも，1 m² の土地に降り注ぐエネルギーは約 1000 W である．もしこのエネルギーを100%の効率で集めることができたとしても（典型的な太陽電池の効率は約10%），1日で獲得できるエネルギーは約 33,400 kJ だ．一方で，15ガロン（およそ 57 L）タンクのガソリンには，およそ 170万 kJ のエネルギーが含まれている．濃縮されたエネルギーという点では，化石燃料を上回るのは難しい．にもかかわらず米国は，少なくとも理論的には太陽エネルギーで自国の必要エネルギーを賄えると考えている．図 10・1

には，米国全体で必要なエネルギーを得るためには，どの程度の土地が必要なのかを示している．この図の中の四つの黒丸に降り注ぐ太陽エネルギーを，もし10％の効率で捕まえることができれば，米国全体で必要なエネルギーのすべてを賄うことができる．しかし，太陽エネルギーのおもな障害はコストである．太陽エネルギー技術は非常に高価なのだ．ただ，化石燃料のコストは上昇しており，太陽光技術のいくつかはコスト面で化石燃料と対抗できるようになりつつある．

図 10・1 地図の中の黒丸は，米国の全エネルギーの発電に必要な国土面積を表す．太陽光のエネルギーを10％の効率で発電できると仮定して国土面積を算出している．

現在使われているおもな再生可能エネルギー源には，水や木材，風，バイオ燃料がある．図10・2に，60年間のそれぞれの利用量を示す．太陽熱発電や太陽光発電のようなエネルギー源も増え始めているが，現在の発電量はきわめて少ない．

10・2 水力発電：世界で最も使われている太陽エネルギー源

水力発電は米国の全電力の約6％を生産している．しかも，二酸化炭素や窒素酸化物，硫黄酸化物をまったく放出せず，スモッグにも関係がない．水力発電によって電力の1/3以上を賄っている国もいくつかある．水力発電は，世界で最も利用されている太陽エネルギー源である．水力発電は太陽エネルギーを間接的に利用するものだが，そのエネルギーは究極的には太陽から来ている．太陽光によって海の水が蒸発し，雲ができて雨が降る．雨水は山を流れ下って川となり，ダムでせき止められる．つまり水の動きでエネルギーを蓄えているのだ．ダムから水を落として発電機のタービンを回し，電力を生産する（図10・3）．雨が降れば再びダムに水がたまるので，水力発電は再生可能なエネルギー源といえる．しかも無限に利用できるように思われる．

水力発電は，あらゆる面で究極のエネルギー源のように思える．クリーンで効率的，かつ再生可能なのだ．しかし，いくつか不利な点がある．水力発電のおもな問題は，ダムを建設できる川が少ないことである．米国ではダムを建設できる川の42％にすでにダムが建設されている．環境保全の観点から，新しいダムを建設するのは難しいだろう．発展途上国では，水力発電の数が増えている．世界エネルギー会議では，発展途上国で水力発電が現在のほぼ10倍になると見込んでいる．

魚が泳いでダムを乗り越えられるようにするための魚道．

水力発電の問題の二つ目は，水生生物に与える影響である．ダムは，サケのように産卵場所まで遡上するような魚類の産卵行動を妨害する．魚道という一連の小さなプールを作って魚がダムを乗り越えられるようにできれば，この

図 10・2 再生可能エネルギーの消費量の推移（1949〜2009年）．出典：米国エネルギー情報局，*Annual Energy Review* 2009．

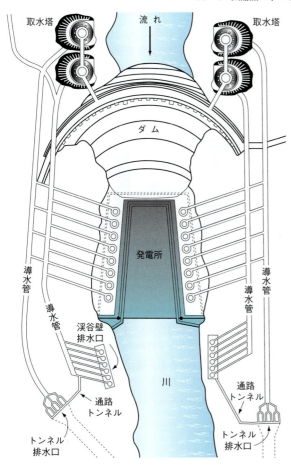

図10・3 ダムから水が流れると発電機のタービンが回って発電できる．ダムの水に蓄えられたポテンシャルエネルギーは，ダムから川に流れる際に電気エネルギーに変換される．

問題は軽減できる．さらにダムは，河口への淡水と栄養分の供給を止めてしまい，そこでの生態系を壊してしまう．

その他の問題は，水力発電にはダム決壊による洪水の危険性があることだ．ダムの建設によって，河川の景観にも影響が出る．発電所とコンクリートの山のようなダムの構造そのものが，河川の景観を永久的に変えてしまう．さらに，上流の渓谷では洪水がしばしば起こる．水力発電所の候補地の多くが，風光明媚な環境にある．誰もその環境を壊したくはないのだ．このため，ダムの建設には常に反対がつきまとう．

10・3 風力発電

風力発電は米国で40,180メガワット（MW）の電力を供給している．これは全エネルギーの2%に相当する．米国の風力発電は毎年13%の割合で増加している．2010年，世界では194,000 MWが風力発電で生産され，毎年20%の割合で増加している．水力発電と同様に，風力発電も間接的に太陽エネルギーを利用している．太陽で空気が暖められると，膨張して上昇気流が発生する．その空隙を埋めるように，冷たい空気が流れ込み，風が生じる．この風を利用して発電機のタービンを回し，発電を行うのだ．1980年代には風力発電の振興のために奨励策や税制優遇措置などがとられた．風力発電は最初は期待外れのスタートを切った．当時の風力発電には火力発電の10倍のコストがかかったのだ．しかし現在では，風力発電による電力の価格（kWh当たり5セント以下）は火力発電による価格（kWh当たり約7セントに上昇）と十分競争できるようになった．このため風力発電所は商業的に電力を生産している．風力発電はクリーンで効率的，再生可能で，大気に何も放出しない．

カリフォルニア州パームスプリングス近郊の風力タービン．

風力発電には不利な点がいくつかある．何千もの風力タービンを丘の中腹に建設すると景観を損ねる．広大な土地も必要である．この問題は放牧地帯の中に風力発電施設を建設することにより軽減できる．風力タービンを設置する土地を放牧のために活用し，風力発電のためだけの土地の確保の必要性を減らすのだ．ヨーロッパでは，土地確保の必要性をなくす目的で，沖合に風力タービンを建設している例もある．風力発電に関する二つ目の大きな問題がある．風は断続的であり制御不能なのだ．必要なときにいつでも吹いてくれるわけではない．そのため，風力発電は必ずその他のエネルギー源や蓄電技術と組合わせて利用しなければならない．

10・4 太陽熱エネルギー：太陽光の集光と貯蔵

もし太陽エネルギーを直接用いる場合の問題が太陽エネルギーの密度の薄さにあるのならば，その密度を高くすればよいのでは？この原理はシンプルで，晴れた日に虫眼鏡を使った経験があれば理解できる．虫眼鏡を使って太陽光を一箇所に集光すれば，紙に火がつくほど加熱できる．太陽熱発電所では，これと同じ原理が使われている．ただ，レンズの代わりに，太陽熱発電所ではミラーを使って太陽光を集光している．集光点では，水蒸気をつくって発電するのに十分な温度を得られる．太陽熱のエネルギーを利用するために，現在三つの異なる方法がある．太陽熱発電タワー，トラフ式太陽熱発電，ディッシュ式太陽熱発電である．これらの技術には将来性があり，その利用は大きく増

加しているが，現在は米国全体の発電量の0.25%でしかない．

太陽熱発電タワー

米国エネルギー省の協力のもと，1982年にソーラー・ワン（Solar One）という10 MWの太陽熱発電タワーが，カリフォルニア州ダゲットに建設された．1996年，ソーラー・ワンはソーラー・ツー（Solar Two）へと改装された．ソーラー・ツーには，夜中でも数時間の発電が可能になるように，エネルギーを貯蔵する仕組みが導入された．太陽熱発電タワーの周辺には，ヘリオスタットとよばれる数百個の太陽追尾ミラーが設置され，タワーの最上階にある集熱器に太陽光を集光している（図10・4）．集光された太陽光は，断熱貯蔵タンクの中を循環する溶融塩に熱を与える．必要なときに溶融塩をタンクから出して水蒸気を発生させ，これによってタービンを回して発電するのだ．高温の溶融塩は長時間貯蔵できるので，太陽光がないときでも発電が可能になる．この方法での発電コストはkWh当たり12セントである．ソーラー・ツーは太陽熱発電タワーの実現可能性の実証に成功し，1999年にその役割を終えて閉鎖された．PS10とよばれる初の商業用の太陽熱発電タワーが，スペインのセビリアで2007年から稼働している．PS10は11 MWを発電する．PS20とよばれる二つ目の太陽熱発電タワーも，PS10と同じ地域に2009年に完成している．PS20は20 MWを発電している．スペインではさらにいくつかの太陽熱発電タワーの開発プロジェクトが進行中である．米国では，イヴァンパ（Ivanpah）とよばれる370 MWの太陽熱発電タワーをカリフォルニアのモハベ砂漠に建設するプロジェクトが現在進行中である．

スペイン，セビリア近郊で稼働するPS10とPS20．

トラフ式太陽熱発電

太陽熱の二つ目の技術では，太陽光を集光するために大きなトラフを使う（図10・5）．トラフに沿って集熱管が通してあり，集光によって管の中の合成オイルを熱するのだ．加熱されたオイルを熱交換器に移動させ，水を沸騰させる．このとき発生した水蒸気で発電機のタービンを回して発電する．曇りの日や夜間は，天然ガスを燃やして合成

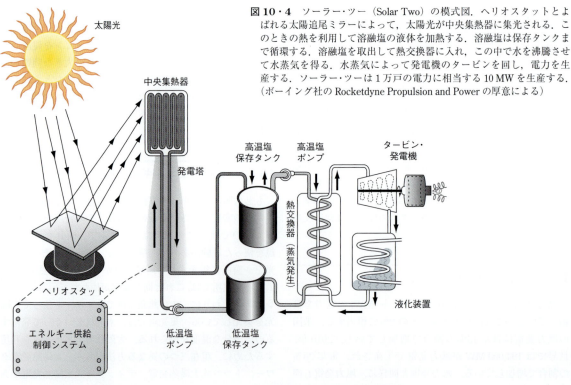

図10・4　ソーラー・ツー（Solar Two）の模式図．ヘリオスタットとよばれる太陽追尾ミラーによって，太陽光が中央集熱器に集光される．このときの熱を利用して溶融塩の液体を加熱する．溶融塩は保存タンクまで循環する．溶融塩を取出して熱交換器に入れ，この中で水を沸騰させて水蒸気を得る．水蒸気によって発電機のタービンを回し，電力を生産する．ソーラー・ツーは1万戸の電力に相当する10 MWを生産する．（ボーイング社のRocketdyne Propulsion and Powerの厚意による）

オイルを加熱し，発電を行う．南カリフォルニアには九つのトラフ式太陽熱発電所が稼働しており，350 MW の電力を発電している．米国では，モハベ・ソーラーパークという 553 MW のトラフ式太陽熱発電所の新設計画も進行中である（ちなみに，典型的な火力発電所では 1000 MW の電力を発電している）．化石燃料を燃焼する火力発電所に比べると発電の電力は低いが，既存のトラフ式太陽熱発電所は，25 年間にわたって約 35 万戸に電力を供給し続けている．トラフ式太陽熱発電所の所有者は米国エネルギー省と共に，発電所の操業・維持コストを下げる努力をしている．現在のコストは kWh 当たり 12 セントである．しかし，技術改良のための努力が続けられ，新しい実験的な発電所もできているので，近い将来にコストが下がることが期待されている．

ビンに熱を供給して発電する．日光が十分でないときには，ディッシュ式太陽熱発電はディーゼルや天然ガスなどの他の燃料と組合わせて利用されている．ディッシュ式太陽熱発電を利用した，インペルアルバレー・ソーラー 2 とよばれる南カリフォルニアのプロジェクトが，現在開発中である．この 3 万個のディッシュ式太陽熱発電装置からなる施設が完成すれば，750 MW の電力が発電できる．このシステムのコストは，kWh 当たり 9〜12 セントである．ただ，このコストはさらなる技術開発により下落すると期待されている．

図 10・5 トラフの中で太陽光は集熱管に集光される．集熱管には合成オイルが入っている．合成オイルは循環して熱交換器に入り，そこで水を沸騰させて水蒸気を生成する．

トラフ式太陽熱発電のトラフ

ディッシュ式太陽熱発電

太陽熱発電の三つ目はディッシュ式である．ディッシュ式太陽熱発電装置は，集光器，レシーバー，エンジンという三つの部分からなる（図 10・6）．コレクターはディッシュ型反射板，つまりディッシュ（皿）の形の小さな反射板を集めたもので，太陽光を中央のレシーバーに集光するのだ．レシーバーは熱源としてはたらき，エンジンやター

米国の国立再生可能エネルギー研究所にある 25 kW ディッシュ式太陽熱発電システム．

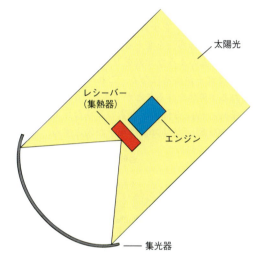

図 10・6 ディッシュ式太陽熱発電では，太陽光が反射ディッシュ（集光器）によって集光されてレシーバーに熱を与える．この熱を使ってエンジンが発電する．

例題 10・1　効率の計算

12.2 m² の有効面積をもつトラフが 3.3 kW の電力を発電している．このトラフには単位面積当たり 1.0×10^3 W/m² の太陽光エネルギーが降り注いでいるとする．このトラフの発電効率を計算せよ．

[解　答]
まず，トラフに降り注ぐ総エネルギー量を計算する．

$$12.2 \text{ m}^2 \times 1.0 \times 10^3 \frac{\text{W}}{\text{m}^2} = 1.22 \times 10^4 \text{ W}$$

$$\text{効率(\%)} = \frac{\text{出　力}}{\text{入　力}} \times 100\%$$

$$= \frac{3.3 \times 10^3 \text{ W}}{1.22 \times 10^4 \text{ W}} \times 100\% = 27\%$$

[解いてみよう]

太陽熱発電タワーのまわりに 50 個のヘリオスタットがある．それぞれのヘリオスタットの有効面積は 2.7 m² である．タワーは 29.7 kW の電力を発電している．ヘリオスタットには単位面積当たり 1000 W/m² の太陽光エネルギーが降り注いでいるとして，タワーの発電効率を計算せよ．

10・5　太陽光発電エネルギー：光から直接，電力へ

太陽エネルギー技術のなかで，おそらく最もよく知られているのが，太陽電池時計や太陽電池電卓で使われている太陽電池である．太陽電池は，いろいろな意味で究極のエネルギー源である．つまり，光を直接電力に変換し，ノイズも汚染もない．太陽電池は，電気伝導性を制御できる半導体という素材でできている．

一般的な半導体はシリコンである．シリコンは炭素のように 4 価である．シリコンは，他の元素（ドーパント dopant とよばれる）を少量混ぜて**ドープ**（dope）することにより，電気伝導性を変えることができるため便利である．5 価のヒ素のような元素をドープすると（図 10・7），シリコンは電子が豊富になる．これにより **n 型シリコン**とよばれる半導体を作ることができる（n は負 negative を意味する）．一方，3 価のホウ素のような元素をドープすると（図 10・8），シリコンは電子が欠乏する．これによ

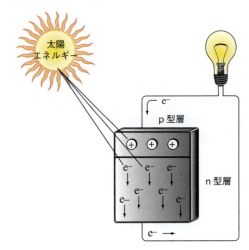

図 10・9　太陽電池に光が当たると，電子が高エネルギー状態に励起される．これにより，n 型側から p 型側に電子が移動し，電流が生まれる．

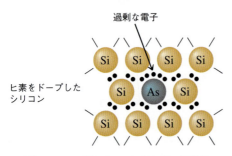

図 10・7　n 型シリコンには 5 価の元素がドープされている．

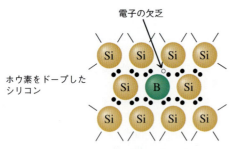

図 10・8　p 型シリコンには 3 価の元素がドープされている．

り **p 型シリコン**とよばれる半導体を作ることができる（p は正 positive を意味する）．どちらの場合も，得られた半導体は電気伝導性が向上する．つまり，ドーパントを多く使えば使うほど，電気伝導性は増大するのだ．

n 型シリコンと p 型シリコンを接触させて **p-n 接合**をつくると，電子は n 型側から p 型側に動く傾向がある．しかし，これにはエネルギーが必要で，光によってこのエネルギーを供給することができる．光を当てると電子が励起されて高いエネルギー状態に遷移する．これにより，電子が n 型側から p 型側に移動できるようになる．この移動電子が外部電線を通るようにすれば，電流が生まれるのだ（図 10・9）（電気とは，電線の中の電子の流れのことである）．

太陽電池のおもな問題はコストが高いことである．シリコンのような半導体は製造コストが高い．太陽電池の生産もコストが高い．さらに，太陽電池は効率が低く，入射したエネルギーの 10〜20％しか電力に変えることができない．太陽電池の電力生産コストは，1970 年には kWh 当たり 5 ドルだった．しかし，1980 年代に行われた研究開発の結果，今では kWh 当たり 20 セントにまで大幅に下がっている（表 10・1）．

表 10・1　太陽電池の kWh 当たりの発電コストの推移

1970 年	1980 年	1990 年	2000 年	2010 年
$5.00	$1.00	$0.25	$0.25	$0.20

図 10・10　ドイツのバイエルン州アルンシュタインにある Erlasee ソーラーパークには多くの太陽追尾型の太陽電池が設置され，12 MW の電力を出力している．

コストが高いにもかかわらず，太陽電池は発電に利用され始めている．たとえば，スペインとドイツは太陽光発電所を建設し，数MWから60MWの電力を発電している（図10・10）．米国では，ネバダ州のボールダーシティ（48MW），フロリダ州のアルカディア（25MW），カリフォルニア州のブライス（21MW）の3箇所に大きな太陽光発電施設がある．太陽電池は，時計や電卓，バッテリー，夜間照明，高速道路の公衆電話ボックスのように，さまざまな分野で応用されている．太陽電池は宇宙産業でも応用され，人工衛星や宇宙探索機に電力を供給している．さらに，太陽電池で動く自動車や飛行機の試作機が開発されている．化石燃料の枯渇や環境問題が危惧される一方で，太陽電池の価格は下がっている．将来の電力源として，太陽電池はますます魅力的になっている．

太陽光発電システムを搭載した一人乗りの自動車

復習10・1 太陽光発電システムを利用して，複数人が乗れる大型車をつくることは簡単だろうか？ なぜ簡単なのだろう？ あるいはなぜ難しいのだろう？

例題10・2 太陽電池の面積

太陽電池を使って，750Wの送水ポンプを駆動させる．太陽から降り注ぐエネルギーを$1.0\times10^3\,\text{W/m}^2$，太陽電池の効率を15%として，必要な太陽電池の面積を計算せよ．

[解答]
太陽電池の効率が15%なので，必要な入力電力は

$$750\,\text{W}\times\frac{1.0}{0.15}=5.0\times10^3\,\text{W}$$

太陽電池の必要総面積は

$$5.0\times10^3\,\text{W}\times\frac{\text{m}^2}{1.0\times10^3\,\text{W}}=5.0\,\text{m}^2$$

[解いてみよう]

高速道路の電話ボックスでは，電源として太陽電池が使われている．太陽電池の面積を$0.16\,\text{m}^2$として，この太陽電池が電話ボックスに供給する電力を計算せよ．前出の例のように，太陽から降り注ぐエネルギーを$1.0\times10^3\,\text{W/m}^2$，太陽電池の効率を15%とする．

10・6 エネルギーの貯蔵：太陽エネルギーの悩みの種

太陽光をエネルギー源とする場合，エネルギー密度が薄いこと以外の大きな問題点は発電の中断である．夜中や曇りの日にどうなるかを考えればわかるだろう．太陽光のエネルギー源は，化石燃料と組合わせて用いるか，エネルギーを貯蔵する仕組みと共に利用する必要がある．太陽エネルギーを貯蔵する最も簡単な方法は，上述のソーラー・ツーの設計のような熱の利用である．この方法の問題は貯蔵時間が短いことである．最良の断熱材を用いても，熱を貯蔵できるのは1日か2日がせいぜいなのだ．

さらに永続的な貯蔵方法は，第14章で詳述するバッテリーである．しかし，バッテリーでエネルギーを貯蔵するのは費用がかかり，エネルギーのコストを上げてしまう．バッテリーそのものが高価で，サイズも大きいためコストがかかる．たとえば，典型的な自動車のバッテリーが貯蔵できるエネルギーは約3000kJだ．15ガロンタンクのガソリンに相当するエネルギー（170万kJ）を貯蔵するには，自動車のバッテリーが570個も必要なのだ．バッテリーへのエネルギーの貯蔵についての二つ目の問題は，熱力学第二法則に関係している．エネルギー変換のたびに，いくらかのエネルギーが外界に失われる．自然の熱税を払うためだ．上述のように，外界に失われるエネルギーは，理論的に必要な最小限の量よりも多いことがほとんどである．電力は，貯蔵して後から利用するよりも，生産したらすぐ使う方が効率的なのだ．

エネルギーを貯蔵するもう一つの方法は，直接，化学結合の中に貯蔵することである．たとえば，太陽光のエネルギーで水分子の化学結合を切断し，水素と酸素をつくり出すことができる．

$$2\text{H}_2\text{O}+\text{エネルギー}\longrightarrow 2\text{H}_2+\text{O}_2$$

これは**電気分解**によって実現できる．つまり電流によって水を分割して水素と酸素にするのだ．水素はガスボンベの中に貯蔵できる．電気分解の逆反応，つまり水素の燃焼を後から行って，エネルギーを取出すことができる．水素の燃焼はクリーンで，空気中で簡単に行うことができる．生成物は水だけである．

$$2\text{H}_2+\text{O}_2\longrightarrow 2\text{H}_2\text{O}+\text{エネルギー}$$

宇宙計画では，ロケットを宇宙に飛ばすために水素が使われている．しかし，スペースシャトル・チャレンジャー号の事故のように，水素爆発の危険がある．水素のエネルギーを安全に取出す方法として，燃料電池とよばれる装置があ

スペースシャトルは推進力を得るために水素燃料の燃焼を利用している．

分子の視点

Box 10・1 水素

化学式: H_2
モル質量: 2.0 g/mol
沸　点: $-252.8\,°C\ (20.4\,K)$

ルイス構造: H:H

三次元構造:

水素燃料仕様の自動車

すべての恒星の主成分である水素は，宇宙で最も豊富な元素だ．しかし，水素(H_2)ガスとしては，地球の大気中には 0.00005％ しか存在しない．このため水素は，地球では，水のような水素を含んだ化合物から製造しなくてはならない．水素という気体には色がなく，においも味もない．水素には燃焼性があり，空気と混ぜると爆発性が生じる．グラム当たりで考えると，水素の燃焼により，ガソリンの4倍のエネルギーが生み出される．このことは，水素がエネルギー源として有望なことを示している．水素は現在，ロケットの燃料，溶接，アンモニアやメタノールの製造，塩化水素の製造，脂肪や油の水素化，原子融合反応に利用されている．もし水素の製造コストが下がれば，水素の直接燃焼や水素燃料電池での発電などを通じて，水素が将来のエネルギーになると思われる．

る（第14章で詳述）．燃料電池の中で，電気化学的な過程により水素と酸素が反応するので，燃焼を伴わずに電力を生産できるのだ．スペースシャトルには燃料電池が搭載されており，これを使って発電を行っている．燃料電池の中での反応生成物，つまり水は，宇宙飛行士の飲料水として利用されている．この場合もやはり，最大の問題はコストである．さらに，バッテリーの場合と同様に，エネルギーを化学結合の中に貯蔵し，それを燃料電池で取出す過程で，自然の熱税のために，いくらかのエネルギーが外界に失われる．

10・7 バイオマス: 植物からエネルギー

自然は**光合成**により太陽のエネルギーを効率的に捕捉し，それを貯蔵している．光合成では，植物は太陽からのエネルギーを受けて，CO_2 と H_2O をエネルギーをもったグルコース($C_6H_{12}O_6$)と O_2 に変換している．

$$太陽光 + 6CO_2 + H_2O \longrightarrow C_6H_{12}O_6 + 6O_2$$

植物は生存と成長のためにグルコースを利用している．さらに植物は，グルコースを数珠つなぎにしてデンプンやセルロースをつくり，自身の中に貯蔵している．つまり，植物は太陽のエネルギーを蓄えるエネルギー貯蔵庫なのだ．

植物に含まれるエネルギーを取出す方法は二つある．最も直接的なのは，植物を燃焼し，放出された熱を使って発電するというものだ．確かに，熱を生み出すために木材を燃焼するのは，バイオマスエネルギーの一形態ではある．しかし，木材の成長にはあまりにも時間がかかる．したがって，トウモロコシやサトウキビのように，成長が速い植物が利用されている．二つ目の方法は，エタノールのような液体燃料を植物から得ることである．トウモロコシやサトウキビは，酵母を使って容易に発酵できる．発酵によってグルコースはエタノールと二酸化炭素に変換される．

$$C_6H_{12}O_6 \xrightarrow{酵母} 2CH_3CH_2OH + 2CO_2$$

エタノールは透明な液体で，輸送も簡単である．エタノールを燃焼すれば，きれいにエネルギーを取出せる．もちろん，植物を燃焼するということは，直接であれ発酵後であれ，CO_2 を生成する．CO_2 は地球温暖化の要因になる．しかし同時に，植物が成長するときには CO_2 を消費する．つまり，植物の成長によって吸収される CO_2 の量と燃焼時に放出される CO_2 の量とは釣り合いがとれているのだ．

バイオマスエネルギーの大きな問題は土地である．耕作地の多くは食料生産に利用されているため，それをエネルギー生産のための土地利用に切り替えるのが難しい．さらに，農作物の植栽，利用，加工にはエネルギーが必要である．にもかかわらず，限られた分野で見れば，バイオマスエネルギーは他のエネルギー源と共存できる可能性があ

エタノールをガソリンに加えて利用する地域もある．

考えてみよう

Box 10・2 再生可能エネルギーの法制化

再生可能エネルギーの利用を奨励するために，米国の多くの州は再生可能エネルギーの供給義務化基準（RPS）をもっている．RPSは電力会社に対して，一定割合の再生可能エネルギーの導入を義務づけている．たとえば，イリノイ州では，2025年までには，州で使う電気の25％を再生可能エネルギーで発電しなくてはならないと定めている．図はRPSの整備状況を示している．ただ，目標値は各州さまざまで，ペンシルヴァニア州では2020年までに8％の導入を目指し，メーン州では2017年までに40％の導入を目指している．法制化の影響は顕著に現れた．RPSをもつ州では，再生可能エネルギーの利用が急速に進んでいるのだ．

濃い色の州は，2009年の時点で，再生可能エネルギーの供給義務化基準をもっている（バーモント州，バージニア州，ノースダコタ州，サウスダコタ州，ユタ州の5州では，強制力をもった基準ではなく，自主目標を定めている）．

る．トウモロコシやサトウキビから生産されたエタノールは，自動車の燃料として利用できる．ブラジルでは，輸送分野で利用される全エネルギーの20％がエタノールで賄われている．米国では，ガソリンに10％程度のエタノールが含まれている．最近では，フレックス燃料車とよばれる自動車やトラックが，85％のエタノールと15％のガソリンの混合燃料（E85とよばれる）で走っている．エタノールには酸素が含まれるので，エタノールとガソリンの混合燃料は純粋なガソリンよりも，特に寒い天候でも，完全燃焼しやすい傾向がある．不完全燃焼を減らすことができれば，一酸化炭素や炭化水素の放出も低減するのだ．

10・8 地熱発電

地熱エネルギーは地球内部の高熱によって生み出される．地震活動地帯では，自然にできた地殻の亀裂から，もしくは岩盤に穴をあけることによって，ときには300℃を越える熱を取出すことができる．カリフォルニア州のガイザーのような場所では，地球内部から放出される水蒸気を直接利用してタービンを回し，発電することができる．カリフォルニア州では，約1900 MWを地熱エネルギーで発電しており，190万戸の電力を賄っている．

地熱発電所は地球内部から放出される水蒸気を利用して発電を行っている．

地熱エネルギーには化石燃料が抱えているような問題はほとんどない．しかし，地熱エネルギーに特有の問題があり，その多くは地熱エネルギーの利用性が限られていることによる．地表近くに地熱エネルギーをもっているのは，地震活動地帯と火山地帯に限られる．実際に，カリフォルニア州のガイザーのように，天然の水蒸気を直接使って発電できるような好条件の場所は，世界中でも，ガイザーともう1箇所しかない．地熱発電に関係した二つ目の問題は，使用済みの水蒸気の廃棄である．使い終わった水蒸気は，大気中に放出することもできる．しかし，その水蒸気には硫黄やアンモニアが含まれていて，環境汚染の危険性があるのだ．したがって，使用済みの水蒸気は，液化して地中に戻したり，海に廃棄されることがある．しかし，その廃棄水の塩濃度が高く，装置の腐食や環境の汚染が問題になっている．

10・9 原子力発電

第8章では，核分裂反応によって放出された熱を利用して発電できることを学んだ．原子力発電では，スモッグや二酸化炭素のように，化石燃料に関係した有害物質は放出されない．しかし，原子力発電を行うと放射性廃棄物ができるので，この処分を行う必要がある．原子力発電の二つ目の問題は，ウラン-235の供給に限りがあることである．ウラン-235の存在量は天然に存在するウランの1％未満なのだ．残りの99％はウラン-238であるが，ウラン-238は核分裂を起こさない．現在の使用量と世界の埋蔵量から試算すると，ウラン-235は，あと85年で枯渇するだろう．しかし，**増殖炉**とよばれる新しいタイプの原子炉を導入す

ることにより，核燃料の供給を100倍にすることができる．増殖炉を利用すれば，核分裂を起こさないウラン-238を核分裂を起こすプルトニウム-239に変換できるのだ．この過程では，ウラン-238に中性子を衝突させてプルトニウム-239をつくり出している．

$$^{238}_{92}U + ^{1}_{0}n \longrightarrow ^{239}_{92}U$$

ウラン-239はきわめて不安定なので，以下の二つのベータ崩壊が起こりプルトニウム-239が生成する．

$$^{239}_{92}U \longrightarrow ^{239}_{93}Np + ^{0}_{-1}e$$
$$^{239}_{93}Np \longrightarrow ^{239}_{94}Pu + ^{0}_{-1}e$$

増殖炉は，ウラン-235以外の残り99%のウランを核分裂性のプルトニウムに変換できる．この過程は，核燃料の埋蔵量が100倍になるのと同じ意味をもつ．つまり，ウラン-235だけだと85年で枯渇するはずの核燃料が，その100倍の8500年間も利用できることになる．

原発事故への恐怖や核廃棄物の問題から，米国は原子力発電をさらに増やすことに慎重である．しかし，近年のエネルギーコストの上昇によって，原子力発電への関心が高くなっている．日本で起こったマグニチュード9.0の地震と福島第一原子力発電所の事故によって，米国での原子力発電への関心がどうなるのか，注視する必要がある．ヨーロッパでは，原子力発電への依存度を75%にまで増やしている国もある．

福島第一原子力発電所での原発事故までは，米国では原子力発電所を増やすことに関心が寄せられていた．

核融合を利用した発電技術の開発が進めば，原子力発電の方向性が大きく変わる可能性がある．もし技術的なハードルが取除かれれば，核融合は未来のエネルギー源としてきわめて魅力的である．核融合反応の燃料は無尽蔵に存在する．さらに廃棄物の放射能が低く，その半減期も短いのだ．

10・10 効率と節約

将来のエネルギー源としてさまざまな新技術が開発されているが，エネルギーのコストは上昇し続けるだろう．エネルギーの全体的なコストを一定に保つためには，エネルギーの節約と効率化が必要である．エネルギー源の枯渇や環境問題の観点でも，ほぼすべてのエネルギー源に対して節約と効率化が重要である．もしすべての消費者が節約家

表10・2 米国の各住宅でのエネルギー消費

用 途	消費量（ジュール）	割合（%）
暖房	4.89×10^{18}	47
エアコン	0.66×10^{18}	6
温水器	1.79×10^{18}	17
家電（冷蔵庫を含む）	3.11×10^{18}	30

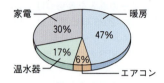

出典: 米国エネルギー情報局, *2001 Residential Energy Consumption Survey Data.*

になれば，つまり彼らがエネルギーの一部を節約するようになれば，環境への負荷は最小限になるだろう．

米国のエネルギー消費の1/4は輸送によっている．もし，歩いたり，自転車に乗ったり，相乗りしたり，公共交通機関を利用すれば，エネルギーの節約の効果は大きいだろう．自動車はどんどん効率的になっている．トヨタ社のプリウスのようなハイブリッド電気自動車は，1Lで21kmも走るほど燃費が良い．

表10・2に示すように，住宅でのエネルギー消費を分類した．最もエネルギーを消費しているのは暖房である．つまり，家屋を断熱することが非常に重要なのだ．建築基準法が変わり，新築家屋には高い効率基準が求められるようになっている．たとえば，窓を二重窓に変えることで，暖房のコストを10〜20%減らすことができる．暖房の温度

二重窓は熱を効率良く保持するので，エネルギー消費を10〜20%減らすことができる．

を下げたり，セーターをもう一枚着たり，ブランケットを使うことでも，ずいぶん節約できる．さらに，電気ヒーターではなく，天然ガスのヒーターを利用した方がよい．すでに学んだように，自然はエネルギー変換のたびに熱税を徴収するのだ．電気ヒーターが使う電気は，多くの場合，化石燃料を燃焼して発電している（図10・11）．化石燃料を燃焼して発生した熱を直接利用するガスヒーターの方が，3倍効率が良いのだ．

住宅でのエネルギー消費のうち2番目に大きいのが温水器である．水は熱容量が大きいので，水を温めるには多く

10・10 効率と節約

のエネルギーが必要である．温水器の温度を65℃から50℃に下げることにより，使用エネルギーを30%減らすことができる．温水器を断熱したり，古いモデルのものを効率の良い新しいものに変えることにより，さらなる節約が可能である．

照明器具や冷蔵庫のような家電は，住宅でのエネルギー消費のおよそ1/3を占めている．もし可能であれば，白熱電球を蛍光灯に変えた方がよい．蛍光灯の方がエネルギー効率が良いのだ．白熱電球と蛍光灯にそれぞれ手を近づけてみればわかるだろう．白熱電球は熱く感じる．つまりエネルギーが熱として失われているのだ．一方，蛍光灯は熱を感じない．つまりエネルギーが効率良く光に使われているのだ．蛍光灯は単位エネルギー当たり，白熱電球の4倍の光を放出する．さらに，発熱しない蛍光灯を使えば，暑い季節にエアコンへの負荷が減る．

家電ごとの消費エネルギーとコストを表10・3にまとめた．エネルギー消費量が大きいのは冷蔵庫である．ガレージに余分な冷蔵庫や冷凍庫を置くのをやめれば，かなりの節約になる．家電の効率は，ここ数年向上している．米国では新しい家電には，年間のエネルギーコストと比較効率を明記したエネルギーガイド・ラベルを貼ることが，連邦法で義務づけられている．何度も言うが，可能であればいつでも，電化製品よりも天然ガスを使った機器を利用する方が効率が良い．コンロやオーブン，洗濯物の乾燥機などは，天然ガスを利用したものに変えた方が効率が良い．調

表10・3　家電の年間消費電力量と年間コスト

家電	年間の平均電力量 (kWh)	年間の平均コスト (ドル)
洗濯乾燥機	1079	119
コーヒーメーカー	116	13
電子レンジ	209	23
食器洗い機	512	56
冷蔵庫・冷凍庫	1,239	136
浴室	2300	253
ステレオ	81	9
テレビ（ブラウン管）†	426	47
テレビ（プラズマ）†	957	105
DVDプレーヤー	70	8
パソコン（デスクトップ）	262	29
パソコン（ラップトップ）	77	8

出典：米国エネルギー情報局，*Residential Energy Consumption of Electricity by End Use*, 2001．コストはkWh当たり11セントとして計算．
† ノーザンバージニアエレクトリック社（バージニア州マナサス）のテレビを例に，1日当たり8時間視聴するとして算出．

理も，可能であればいつでも，電子レンジを利用した方が効率が良い．電子レンジは，通常のコンロを使う場合に比べて，調理に使うエネルギーが1/5になる．さらに，電子レンジはエアコンに負担をかけない．通常のコンロだと，料理の材料だけでなく，部屋にも熱を与えてしまうのだ．

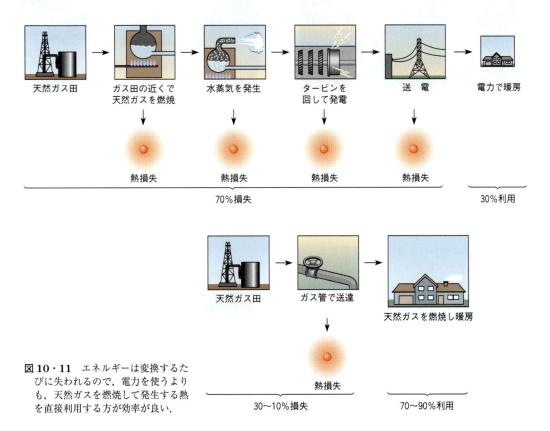

図10・11　エネルギーは変換するたびに失われるので，電力を使うよりも，天然ガスを燃焼して発生する熱を直接利用する方が効率が良い．

> 新しいテクノロジー

Box 10・3　燃料電池自動車とハイブリッド電気自動車

主要な自動車メーカーの多くは，燃料電池自動車とハイブリッド電気自動車を開発している．燃料電池自動車は，内部に燃焼するエンジンを搭載していない．燃料電池が生み出す電力で走るのだ．燃料電池は燃料の化学反応を利用して電流を生み出している．燃料は定期的に補充すればよい．2003 年，ゼネラルモーターズ(GM)社は，モーターショーでハイドロジェン 3 とよばれる燃料電池自動車を披露した．この自動車は 5 人乗りで，トップスピードは 160 km/h．一度燃料を入れれば 400 km 走行できる．その 2 年後に，GM 社はシークウェルという燃料電池搭載型 SUV を発表した．これは燃料を入れれば 480 km 走行でき，非常に加速が良い(10 秒で 0 km/h から 96 km/h に加速)．GM 社によれば，シークウェルは，ガソリン車よりも加速が良く，ハンドリングしやすく，製造も簡単で，安全とのことだ．さらに，排気ガスは水蒸気しか出さないことも特徴だ．他の自動車メーカーも似たような試作車を開発中である．ただ，2000 年代末の経済危機のため，GM 社を含めた多くの自動車メーカーが，燃料電池自動車の開発スピードを遅くしている．

主要な自動車メーカーの多くは，すでにハイブリッド電気自動車を販売している．ハイブリッド電気自動車は電力(内部で発電されている)とガソリンの両方で走っている．トヨタ社のプリウスは，1997 年に世界で初めて発売されたハイブリッド電気自動車である．プリウスは，ガソリンで動く小さなエンジン(1.8 L，98 馬力)と電気モーター(80 馬力)を搭載している．電気モーターが必要なときにトルクを発生するため，エンジンは通常よりもかなり小さくてすむのだ．プリウスには，通常のブレーキでは失われる運動エネルギーを回収する回生ブレーキが搭載されている．このエネルギーはバッテリーに蓄えられるので，後から使うことができる．プリウスは米国市場で最もエネルギー効率の良い自動車である(市街地であれば，ガソリン 1 L で 21 km 走る．高速道路では 20 km)．今日ではホンダ社のシビック，シボレー社のシルバラードのように，多くのハイブリッド電気自動車が販売され，燃費も 40% 程度に上がっている．

ゼネラルモーターズの燃料電池車シークウェルは 480 km を走り，排気ガスは水蒸気のみ．

トヨタの 2011 年度版ハイブリッド電気自動車プリウスは 1 L で 21 km も走る．

10・11　2050 年の未来予想図

2050 年の冬のある日．すでに化石燃料の利用は減り，米国全体のエネルギー消費の 10 % にすぎなくなっている．エネルギーが効率的に使われる部屋で目を覚ます．コンピューターが，その日の天候をチェックし，最も効率よく部屋の温度を快適に保てるように，一日中，目を光らせている．屋根の上の太陽電池パネルは，太陽が地平線から顔を出すと一斉にその方向を向き，地平線の反対側に沈むまで，最適な角度で太陽の動きを追尾する．燃料電池の補助システムに貯蔵された水素の量は，連日の雨天のため半分にまで減っているが，晴れればまたもとのレベルに戻る．

各家庭で太陽光発電を行うようになり，中央管理の発電量は大幅に減少した．中央管理の発電は，ビジネス街や商業施設が集中する都市部のように，大量のエネルギーを必要とする場所のために存在する．化石燃料を燃焼する火力発電所の多くはその役割を終え，核融合炉に置き換わっている．核融合炉では数千 MW が生産され，その半分が電

屋上に設置した太陽電池によって，将来，中央管理の発電が必要なくなるかもしれない．

考えてみよう

Box 10・4　エネルギーの未来予想図

§10・11 の未来予想図はおそらくあまりにも楽観的すぎるだろう．私たちのエネルギーの未来が必ずしも明るいわけではない理由がわかるだろうか？ もしエネルギーのコストが 2 倍や 3 倍になったら？ 私たちの生活はどう変わるだろうか？

力として利用される．残りの半分は，水分子の O—H 結合を切って水素燃料を製造するために使われる．製造された水素ガスは，配管で水素ステーションに送られる．水素ステーションで自動車の水素貯蔵システムに水素燃料を充塡する．この水素貯蔵システムの中では，小さな円筒状の金属固体がネットワークを形成している．水素分子は非常に小さいので，金属原子同士の間隙に容易に入り込んで吸着する．この水素貯蔵システムが，超軽量になった自動車に水素を供給する．水素ステーションで水素を充塡すれば，1000 km 以上も走れる．新型の飛行機やバス，トラック，モノレールがすべて水素で動く．

効率化によって，21 世紀のはじめと比べても，エネルギーのコストはほんのわずかしか上昇していない．核融合や太陽光発電技術，水素ガスによるエネルギーの貯蔵技術のような新技術は，化石燃料の 3 倍のコストがかかる．しかし，輸送や暖房のようなエネルギー過程の効率が 2 倍良くなり，正味のエネルギーコストの増加は 15% 程度に抑えることができる．

新技術の開発による真の勝者は環境である．21 世紀の最初の 40 年間続いた地球温暖化は今や終息し，地球の平均気温は 2020 年のレベルを維持する．水素の燃焼反応では基本的には水しか生成しないので，多くの都市で大気汚染がなくなる．水素ガスを空気中で燃焼すると，副産物として NO_2 が生成する．この NO_2 は，すべての自動車に設置が義務づけられているガス浄化装置で捕捉されるので，大気中には出ない．酸性雨も減少する．米国中西部の火力発電所の多くは閉鎖されたり，核融合炉で置き換わっているため，人為起源での SO_2 の放出はほとんどなくなっている．米国北西部やカナダの湖や河川の水質は回復し，再び多くの生き物が住めるようになっている．

キーワード

ドープ　　　　　　　電気分解
n 型シリコン　　　　光合成
p 型シリコン　　　　増殖炉
p–n 接合

章末問題

1. 太陽のエネルギーを利用する場合の障害は何か．
2. ダムを使ってどのようにエネルギーを生産するのかを述べよ．
3. 風力発電機はどのように電力を生産するのか．
4. 太陽熱発電タワーではどのように発電が行われているのか説明せよ．
5. 太陽熱エネルギーの有利な点と不利な点について説明せよ．
6. 半導体とは何か．n 型，p 型の意味は？
7. 太陽電池を利用した発電の有利な点と不利な点は何か．
8. バイオマスエネルギーの有利な点と不利な点は何か．
9. 原子力発電の有利な点と不利な点は何か．不利な点はどのように克服できるか．原子力発電に関する認識は最近どのように変わってきているか．
10. 輸送や家庭でのエネルギー利用において，エネルギーはどのように節約できるか．
11. 将来のエネルギーのコストを上げないようにするために，効率が重要な理由を説明せよ．
12. 今月の電気料金に 195 ドルと記載されている．ただし，1 kWh 当たり 15 セントである．もし 1 kWh 当たり 12 セントのコストが必要な太陽エネルギーに変更したとすると，毎月いくら払うことになるだろう？
13. 今月の電気料金に 245 ドルと記載されている．ただし，1 kWh 当たり 15 セントである．使ったのは何 kWh か．何 J に相当するか．
14. 585 W の太陽光を捕捉して 68 W の電力を生産する太陽電池がある．この太陽電池の発電効率を計算せよ．
15. 1487 W の太陽光を捕捉して 16% の効率で発電する太陽電池がある．この太陽電池が発電する電力を計算せよ．
16. 電気自動車が抱える問題の一つは，化石燃料の燃焼により電力を生産していることである．つまり，電気自動車は間接的に有害なガスを排出していることになる．この問題は電気自動車を太陽光エネルギーで充電すれば解決できる．電気自動車の充電ステーションを建設するために必要な太陽電池の面積 (m^2) を計算せよ．ただし，充電ステーションでは電気自動車を 4〜6 時間で充電できるように 5.0 kW の電力を生産しなくてはならない．太陽光エネルギーの密度を 1.0×10^3 W/m^2 とする．また，太陽電池は 18% の効率で太陽エネルギーを電力に変換できるとする．
17. 地球に降り注ぐ平均太陽光エネルギーは 10^{17} W である．1 年当たりに地球に降り注ぐ太陽光エネルギーをジュール (J) で求めよ．さらに，この太陽光エネルギーを世界のエネルギー消費量（およそ 4.9×10^{20} J）と比較せよ．
18. 温水浴槽には毎月 448 kWh の電力が必要である．太陽光エネルギーを 50% の効率で直接熱に変換できるとすると，変換装置の表面積 (5.0 m^2) は十分だろうか？ ただし，太陽光エネルギーの密度を 1.0×10^3 W/m^2 とする．ただ，太陽光エネルギーは 1 日当たり 8 時間利用できるとする．
19. 100 W の電球を点灯させる電力を得るために必要な太陽電池の面積 (m^2) を求めよ．ただし，太陽光エネルギーの密度を 1.0×10^3 W/m^2 とする．また，太陽電池は 15% の効率で発電できるとする．

20. 世界の再生可能エネルギーの消費量はこの30年間増加し続けており，その傾向が今後も続くと考えられている．以下のグラフを見ながらつぎの設問に答えよ．

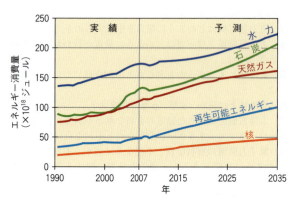

出典：Energy Information Administration (EIA), International Energy Outlook 2010.

(a) 1990年から2035年までの間，世界の再生可能エネルギーの消費量はどの程度増加すると予測されているか．また，年平均増加量はどの程度か．

(b) 1990年から2035年までの間，再生可能エネルギーの消費量の増加率はどの程度と予測されているか．年平均増加率はどの程度か．

復習問題の解答

復習10・1 太陽光発電システムを利用して，複数人が乗れる大型車をつくるのは，おそらく簡単ではないだろう．太陽光の密度が低いからだ．たとえ車の表面に降り注ぐ太陽光エネルギーをすべて集めたとしても，必要なエネルギーを得るには不十分だろう．p.161の写真にある車は，通常の車よりずいぶん軽量で，しかも一人乗りだから，なんとかそのエネルギーを太陽光発電でまかなえるのだ．

章のまとめ

分子の概念

太陽は常に地球のおもなエネルギー源であり続けている（§10・1）．もし太陽がなければ，私たちの惑星は不毛の地であり，生命は生存できないだろう．太陽からのエネルギーは，私たちの社会が必要とするエネルギーを十分与えてくれる．しかし，いくつかの技術的，経済的な問題を克服しなくてはならない．私たちの社会は，何年にもわたって，水力発電という形で間接的に太陽のエネルギーを利用している（§10・2）．間接的な太陽エネルギーの利用に関するもう一つ形態が風力発電であり，近年，成功を納めているものもある（§10・3）．

太陽エネルギーを直接利用する場合の基本的な問題は，エネルギー密度の薄さと発電の中断である．太陽熱エネルギー源では，エネルギー密度の問題は解決している．水を沸騰するのに十分な温度に達するように，太陽光を集光するのだ（§10・4）．発生した水蒸気で発電機のタービンを回して発電する．南カリフォルニアや世界にあるいくつかの太陽熱エネルギー発電所では，晴れた日に商業的に電力を生産している．

太陽電池はさまざまな観点で究極のエネルギー源であるが，依然としてコスト高が問題になっている．しかし将来にわたって，価格は減少し続けるだろう（§10・5）．その他の太陽技術と同様に，太陽電池には発電の中断の問題がある．太陽エネルギーが主流になるには，エネルギーを安価にかつ効率的に貯蔵する方法が非常に重要である（§10・6）．

他の再生可能エネルギーには，バイオマス，地熱発電，原子力発電がある（§10・7〜10・9）．厳密に言えば再生可能ではないが，増殖炉を利用した核分裂反応と核融合反応は，近い将来のエネルギーになるだろう．

化石燃料に関係した環境問題や枯渇問題，および代替エネルギーのコストの問題が叫ばれている．私たちの現在の生活レベルを維持するためには，エネルギー効率と節約が非常に重要である（§10・10）．

社会との結びつき

私たちの社会は常に，そしてますますエネルギーを必要としている．化石燃料の枯渇や環境問題のため，代わりになるものを探す必要に迫られている．しかし，私たちは長い間，便利で比較的安価なエネルギー源を利用してきた．社会として，利便性が低く，高価なエネルギー源は受け入れがたい．そのため，現在開発中のエネルギー源は，さらに安価で便利なものになる必要がある．

いくつかの地域では，規制撤廃によって，消費者はさまざまな企業から電力を購入できるようになった．そのような企業のうちのいくつかは，環境に優しい再生可能エネルギー源のみで発電した電力を供給している．消費者には選択肢があるが，彼らの多くは賢明な選択をするための知識がほとんどない．多くの場合，このような企業が提供する電力は，既存のものよりも安価である．

市民の反対により，米国では原子力発電が増えていない．電力需要は減っていないので，私たちはさらに化石燃料に依存するか，代替エネルギーを模索するしかない．

代替エネルギーのことを常に考えながら，エネルギーの節約に加わってほしい．エネルギー源の種類やそれぞれの使い方を決めるのは，私たちの社会なのだ．

11 私たちを取巻く空気

> 人々は自分の感覚で物事を判断しがちである．空気は目で見えないので，空気が何かをしているとは思っていないし，空気のことを無と考えている．
>
> —— *Robert Boyle*

目　次

- 11・1　エアバッグ
- 11・2　気体は粒子の群れである
- 11・3　気　圧
- 11・4　気体の特性どうしの関係
- 11・5　大気圏：その中には何があるのか？
- 11・6　大気圏：その層構造
- 11・7　大気汚染：対流圏の環境問題
- 11・8　大気汚染を浄化する：大気浄化法
- 11・9　オゾン層の破壊：成層圏の環境問題
- 11・10　モントリオール議定書：
　　　　　クロロフルオロカーボンの全廃
- 11・11　オゾン層破壊に関する迷信

考えるための質問

- もし分子が見えるとしたら，気体はどのように見えるのだろう？
- 気圧とは何か？ どのように測定するのか？
- 気圧や温度が変わると，気体の体積はどのように変化するのか？
- 大気はどのような気体で構成されているのか？
- 大気圏の構造はどうなっているのか？
- 空気の汚染物質は何なのか？ どのように汚染物質ができるのか？
- 空気の汚染を減らすために，私たちの社会は何をしているのか？
- オゾン層破壊とは何だろう？ なぜそれが起こるのか？ それを止めるために何が行われようとしているのか？

　本章では，大気圏とそれを構成する空気について学ぶ．空気は気体である．つまり，空気を構成する分子は，固体や液体のようには，互いに結合していない．気体原子や気体分子には，互いの間に大きな空間がある．したがって，決まった体積をもつ固体や液体とは対照的に，気体は体積を変化させることができる．このような気体の特性は，風や嵐，気球に関係している．ストローで飲み物を飲めるのも気体のこの特性のおかげである．

　空気は身の回りの大気を構成している．空気の中には何があるのだろう？ 空気はどのように汚染されるのだろう？ 空気の質は良くなっているのか，それとも悪くなっているのか？ 人間の活動が空気の質に与える影響を調べることによって，上述の質問に対する答えを見つけよう．大気汚染の多くが，第9章で学んだ化石燃料の燃焼によっていることがわかるだろう．法制化がうまくいっていることもわかるだろう．米国における1970年の大気浄化法とその改正法は，私たちが毎日吸い込んでいる空気の質を改善してきた．

11・1　エアバッグ

　道路が雨で濡れていて，多くの車で混み合っている．携帯電話をいじっていると，目の前の信号が急に赤に変わった．瞬時にブレーキを踏むが，遅すぎた．前方を走っていた車と衝突．次の瞬間，顔の前には膨らんだエアバッグが現れる．このような衝突の経験をしたことがあるだろうか．1980年代の開発以来，エアバッグは多くの人命を救ってきた．空気のクッションが，ほんの一瞬で，運転者と車体

図 11・1　自動車に衝撃が加わると，エアバッグの中の化学反応によって固体が気体に変換され，ドライバーを守るクッションの役割を果たす．

の間に現れるのだ.

エアバッグの中では，密集度が高くほとんど体積がない固体を，密集度が低く大きな体積をもつ気体へと変換している（図 11・1）．車に衝撃が加わると，それを電気センサーが感知して，以下のような化学反応をエアバッグの中でひき起こす．

$$2NaN_3(固体) \longrightarrow 2Na(固体) + 3N_2(気体)$$

この反応では，2 mol の NaN_3 の固体（体積は 0.1 L よりも小さい）から 3 mol の窒素ガス（45 L）が生成する．一瞬にして起こる 450 倍の体積増加が，ダッシュボードやフロントガラスに運転者が衝突するのを防ぐ．エアバッグに放出された気体は，どんな気体でもそうであるように，960 km/h の速度で動き続けている．互いに衝突したり，エアバッグの壁に衝突したりする．エアバッグの形はこのような衝突の結果なのだ．衝突の総和は**気圧**とよばれている．

気圧は空気とそれを構成する気体に関する固有の量である．海水面での地球の空気の気圧は 1.03 kg/cm² だ．気圧は，空気中に含まれる分子とそれ以外のものとが定常的に衝突することによって生じている．地球を取囲む空気の層は**大気圏**とよばれている．もし大気圏がなければ，私たちは存在できないだろう．地球の大気圏は呼吸に必要な酸素を与えてくれる．さらに，大気圏は波長が短くて危険な放射線から私たちを守っている．風や雨，夕焼け，青空にも大気圏は関係している．もし大気圏が突然消えてなくなったら，暗くて真空の宇宙にいるような状態になり，私たちは数分で死ぬだろう．エアバッグに満たされた気体は，大気圏の 80% を占める気体と同じ窒素である．本章では，大気圏とそれを構成する気体の両方について学ぶ．

11・2 気体は粒子の群れである

今までにそれを見てきたことがあるように
それは本当は，と物理学者は言う
ある夏の夕方にサドベリーの湿地帯に出かけた
太陽に向かって，木の形をしたものが
突然炎のように見えた
それは黒くて沸き立つような煙でできていた

その暗号のようなゆらめきを双眼鏡で解読しようとした
ハッキリわかったのは，煙は実はブヨの群れだったのだ
何万と言うブヨが絶えず踊っている
たくさんのブヨの動きが一つになって
どちらにも見えるようなはっきりとした形ができている
炎のようにも見えるし，木のようにも見える

煙はかき消してもまた現れる
鏡で鏡を見るように同じ形なのだ
まさに見えるようになるのだ
煙が大きくなるまで見ていた
夜になって，別の煙を飲み込んだのがわかった
湿地帯でたくさんの隠された流れに囲まれて
コンコルドから海の方に曲がりくねって動いていく
　　　　　　　　（Howard Nemerov, "ものをみる"）

もし分子を見ることができれば夕暮れがどう見えるのか，この詩は垣間見せている．この観点では，気体は詩に出てくるブヨの群れのようなものだ．それぞれのブヨを気体分子だとしよう．気体分子と同じように，ブヨの大きさは，ブヨとブヨの間の距離に比べて非常に小さい．しかし，ブヨは絶えず動いているので，その群れは全体として大きな空間を占める．ブヨの群れの中に手を突っ込んだとしよう．手にたくさんのブヨが衝突するのがわかるだろう．同じことが分子でも起こっているのだ．この本を読んでいるとき，みなさんは気体分子に常にたたきつけられている．息をするたびに，膨大な数の気体分子を吸い込んで，その内のいくらかを使い，残りを吐き出す．私たちのまわりの空気は，ブヨの群れではなく分子の群れだが，味がなく，においもなく，しかも目に見えない．しかし，その影響を感じることはできる．すべての瞬間で，私たちは空気に依存しているのだ．

大気は重力によって地球に張りつく薄いブランケットのようなものだ．

波長が短い光は長い光よりも効率的に大気分子によって散乱されやすい．このため空は青く見える．もし大気がなければ，空は真っ黒になるだろう．

気体分子は気体分子間の空間に比べると非常に小さい．

11・3 気　圧

　気圧は気体分子が物質の表面に常時衝突することにより生じている．風船やタイヤが膨らんだ状態を保ったり，ストローで飲み物を飲めるのは，気圧がはたらくからだ．つまり気圧は，私たち自身を含めて，すべてのものを常に押している．気圧は，一定温度のもとで，単位体積当たりに存在する気体分子の数に直接比例する．分子の数が多くなれば衝突も多くなり，結果として気圧が大きくなる．高度が高くなると気圧は減少する．これは単位体積当たりの分子の数が高度とともに減少するためである．山に登ったり，飛行機が上昇すると，気圧が下がって耳に痛みを感じることがある．耳には小さな空間があって，その中に気体分子が捕捉されている．通常の状況では，その空間の中の気圧は外部の気圧と同じである．つまり，鼓膜の両側で衝突している分子の数は同じなのだ．しかし，高度の上昇によって外部の気圧が下がると，気圧の不均衡が起こって，鼓膜の両側で衝突する分子の数が変わる．このとき鼓膜はストレスを受け，結果として痛みを生じる．

　気圧の単位は単位面積当たりに加わる力で表される．メートル法では，ニュートン/平方メートル（N/m^2）やパスカル（Pa）で表される．気圧については，いくつかの単位が一般的に用いられている（表11・1）．

表11・1　気圧の単位と海水面での気圧

単　位	略　号	海水面での気圧
ミリメートル水銀	mmHg	760
ト　ル	Torr	760
気　圧	atm	1
パスカル	Pa	101,325
ニュートン /m^3	N/m^2	101,325

　表の最初に出てくる単位（mmHg）は，どのようにして気圧計で気圧を測るのかに関係している．図11・2(a)には底浅の容器に片方をつけたガラスチューブが描かれてい

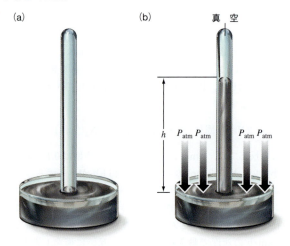

図11・2　(a) 液体の入った容器にガラス管をつける．ガラス管の中の液面の高さはガラス管の外側の液面と同じ．(b) ガラス管の内部を真空にすると，ガラス管の中の液面は上昇する．これはガラス管の外側の液面を押す大気圧が原因である．

る．分子はガラスチューブの内側の液面と外側の液面を同じ気圧で押し下げている．結果として，液面の高さはチューブの内側と外側で同じである．もし，真空をつくって，チューブの上部にある分子を取除いたとすると，両方の気圧は同じではなくなる（図11・2b）．チューブの外側の液面にかかる気圧が大きくなり，チューブの内側の液面が押し上げられる．同じようなことがストローで飲み物を飲むときにも起こっている．口がストローの上部に真空をつくり出し，外圧によって，飲み物がストローの中で押し上げられるのだ．

　真空にしたチューブの中で水が上がる高さは，水の表面を押し下げる外圧に依存している．つまり，気圧が大きくなれば，水は高く上がる．もし，海水面で，完全に真空になったチューブを容器につけると，外圧によって水は10 m上がるはずだ．高度が高くなると気圧が下がるので，

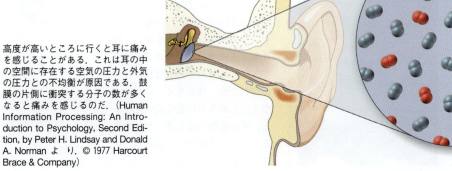

高度が高いところに行くと耳に痛みを感じることがある．これは耳の中の空間に存在する空気の圧力と外気の圧力との不均衡が原因である．鼓膜の片側に衝突する分子の数が多くなると痛みを感じるのだ．(Human Information Processing: An Introduction to Psychology, Second Edition, by Peter H. Lindsay and Donald A. Norman より．© 1977 Harcourt Brace & Company)

水はそれほど高くは上がらなくなる．エベレストの頂上だと，水は3 m しか上がらないだろう．

真空にしたチューブの中での水の高さは，気圧を測定するために利用できる．ただ，10 m というのは不便である．したがって，より密度の大きい液体（通常，水銀 Hg）が**気圧計**で用いられる．海水面で水銀は，真空にしたチューブの中で 760 mm 上昇する．このような理由で，mmHg という気圧の単位が用いられている．気圧は海水面では 760 mmHg だが，エベレストの頂上では 240 mmHg である．ほかには，表 11・1 に示す大気圧（atm）がよく利用される．

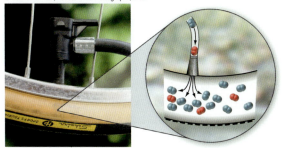

ポンプでタイヤに空気分子を押し込む．空気分子が多くタイヤに入れば，空気分子とタイヤの壁の衝突は増す．このためタイヤが固くなったように感じる．

天気予報では降水確率を予測するために気圧を利用する．気圧が高いと荒天を吹き飛ばす傾向があるため，晴れの予想となる．一方，気圧が低いと荒天を呼び込む傾向があるため，雨の予想となる．風は，ある地域と別の地域で気圧が異なる場合に生じる．

気圧に加えて，他の三つの基本的特性が気体に関係している．一つ目が気体の"量"である．これは mol で測定でき，記号 n で表される．二つ目が気体の体積（V）であり，L で表される．三つ目が気体の温度（T）であり，K（ケルビン）で表される．

気圧が低いと荒天を呼び込む傾向があるため，雨の予想となる．気圧が高いと荒天を吹き飛ばす傾向があるため，晴れの予想となる．

> **分子の視点**
>
> ### Box 11・1　ストローで飲む
>
> ストローを使って飲むときには，ストローの中の圧力をストローの外よりも下げている．外圧が飲み物の表面をストローの外から押し，ストローの中の飲み物を押し上げる．そして，口の中の入るのだ．子供たち，特にファストフードのレストランによく行く子供たちが，短いストローをつないで長いストローを作っているのをしばしば見かける．私の子供たちは，床に置いたグラスの中の飲み物をイスの上に立って長いストローでズルズル音を立てて飲みたがる．こんなことが可能なのだろうか？　高い建物の屋上からストローで飲み物を飲むことはできるのだろうか？
>
> **問題**: ストローを刺したときに，完璧に真空にできるとしよう．海水面でストローを使い場合に，長さの上限はどの程度だろう？　その上限はエベレストの頂上だと変わるだろうか？　なぜ？

11・4　気体の特性どうしの関係

上述の気体の特性，つまり物質量，体積，温度，圧力は互いに関係している．もしこれらの一つを変えると，他の特性も変わる．気体の特性間の関係は気体の法則とよばれている．

体積と圧力: ボイルの法則

体積と圧力の関係はボイルの法則とよばれている．ボイルの法則では，"温度が一定のとき，気体の体積が減少すると圧力は増加する"．たとえば，気体の入ったシリンダーの体積を減少させたとすると，シリンダーの中の気体の圧力は増加する（図 11・3）．体積と圧力は反比例の関係にある．つまり，体積が小さくなると圧力は大きくなる．ボイルの法則は $V = a/P$ と表すことができる．なお，a は定数である．この方程式はつぎのように表すこともできる．

$$P_1 V_1 = P_2 V_2$$

この方程式によって，圧力もしくは体積の一方が変化した場合に，他方を計算して求めることができる．ただし，それ以外の特性（温度，物質量）は一定でなくてはならない．P_1 と V_1 はある系のはじめの圧力と体積，P_2 と V_2 は最終的な圧力と体積である．圧力増加と体積減少の関係を分子の観点で説明すると，分子が存在する空間が小さくなると，単位面積当たりの衝突頻度が高くなり，結果として圧力が増加するのだ．

スキューバダイビングでは，ボイルの法則が非常に重要である．ダイバーが海の中を上がったり下がったりする際

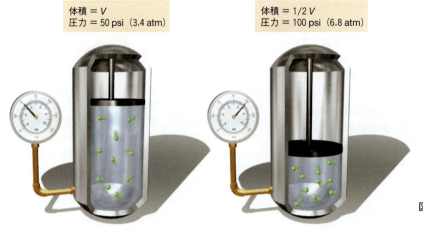

図 11・3 空気の入ったシリンダーの体積が半分になると，気体の圧力は 2 倍になる．

に，圧力が変化する．水深 10 m ごとに，圧力は 1 atm ずつ増加する．海水面では 1 atm，水深 10 m で 2 atm，水深 20 m で 3 atm のように．圧力が増加した場合，ダイバーはその圧力と一致した圧力の空気で呼吸をする必要がある．たとえば，ダイバーが水深 10 m の地点にいるとする．このとき圧力調整器が作動して空気の圧力を 2 atm にする．もし圧力が調整されなければ，ダイバーは呼吸することができない（図 11・4）．ただ，圧力を加えた空気で呼吸をすることはリスクを伴う．たとえば，もしダイバーが 2 atm の空気を吸い込み，急に上に泳いで 1 atm の水面付近にまで行くとする．このとき肺の中の空気の体積はどうなるだろう？ ボイルの法則に従えば，空気は拡張するので，ダイバーにとっては非常に危険で，重篤な負傷につながる可能性もある．ダイバーは，ふつうに呼吸をしながら，ゆっくり上昇しなくてはならない．その間に，圧力調整器が外圧に合わせて空気の圧力を調整し，事故を防いでいる．ダイバーはけっして息を止めてはならない．圧力調整器が役割を果たせるように，ふつうに呼吸をすることが重要なのだ．

復習 11・1 体積 1.0 L，圧力 2.0 atm の気体サンプルがある．温度を一定に保って体積を 2.0 L にすると，圧力はどうなるだろう？
(a) 1.0 atm (b) 2.0 atm (c) 3.0 atm (d) 4.0 atm

図 11・4 (a) 水深 10 m では，ダイバーには 2 atm の圧力がかかっているので，同じ圧力の空気で呼吸する必要がある．(b) もしあまりに速く上昇すると，圧力の減少によって肺に含まれる気体の体積が増加し，ダイバーは深刻なけがを負う可能性がある．

> **例題 11・1 ボイルの法則**
>
> 気圧 760 mmHg の海水面に体積 1.00 L の風船がある．気圧 240 mmHg のエベレストの頂上では，この風船の体積はどうなるか計算せよ．
> [解 答]
> まず V_2 について式を解く．
> $$V_2 = \frac{P_1 V_1}{P_2}$$
> つぎに，P_1, V_1, P_2 に数値を代入する．
> $$V_2 = \frac{760 \text{ mmHg} \times 1.00 \text{ L}}{240 \text{ mmHg}} = 3.17 \text{ L}$$

> [解いてみよう]
> 体積 2.0 L の空のガソリン缶が気圧 1.0 atm の海水面にある．この空のガソリン缶を水に沈めて圧力を 4.0 atm にしたところ缶がつぶれて小さくなった．このつぶれた缶の体積を計算せよ．ただし，温度は変わらないとする．

体積と温度：シャルルの法則

体積と温度の関係はシャルルの法則とよばれている．シャルルの法則では，"圧力が一定のとき，気体の温度が上昇すると体積は比例的に増加する"．シャルルの法則を実演しようと思えば，膨らんだ風船を熱くなったトースターの少し上に置いてみればよい．風船の中の気体の温度が上昇し，風船がさらに膨らむ様子を観察できるだろう．シャルルの法則は $V = bT$ と表すことができる．なお，b は定数であり，T はケルビン度である．この方程式はつぎのように表すこともできる．

$$\frac{V_1}{T_1} = \frac{V_2}{T_2}$$

この方程式によって，温度もしくは体積の一方が変化した場合に，他方を計算によって求めることができる．V_1 と T_1 はある系の始めの体積と温度，V_2 と T_2 は最終的な体積と温度である．

冬の温まった部屋でも，シャルルの法則の影響を観察することができる．天井に近いところは，床に近いところよりも温かい．空気は温められるとシャルルの法則に従って膨張する．これによって空気の密度が下がり，温かい空気が天井の方に上昇する．気球では浮力を得るために，これと同じ効果を利用している．気球の中の空気が温められると，その体積が増加する．このとき密度が下がって浮力が増すのだ．海岸地域で午後に吹く風もシャルルの法則の結果である．内陸の空気が太陽で温められて上昇する．その地表付近の空いた空間に対して，海岸からの冷たい空気（海は熱容量が大きいので，海岸は比較的温度が低い）が流れ込むため，風が発生するのだ．

復習 11・2 体積 1.0 L の気体サンプルが温度 200 K に置いてある．圧力一定のもとで温度が 400 K に上昇すると，体積はどうなるだろう？
(a) 0.50 L (b) 1.0 L (c) 2.0 L (d) 4.0 L

例題 11・2 シャルルの法則

可動性のピストンが付いたシリンダーに温度 25 ℃，体積 0.50 L の気体が入っている．圧力一定のもとで温度を 75 ℃ にすると，気体の体積はどうなるだろう？

[解 答]

最終的な体積を求める必要があるので，まず V_2 について式を解き，与えられた数値を代入する．温度をケルビンに変換することを忘れてはならない（℃ + 273 = K）．

$$V_2 = \frac{V_1}{T_1} T_2 = \frac{0.50\,\text{L}}{298\,K} \times 348\,K = 0.58\,\text{L}$$

[解いてみよう]

風船の中に温度 30.0 ℃，体積 1.0 L の気体が入っている．温度 100.0 ℃ では体積はどうなるか？ただし，圧力は変化しないとする．

気体の法則の統合

二つ以上の気体の特性が同時に変化することが時々ある．このような場合には，以下のように統合された気体の法則を利用する．

$$\frac{P_1 V_1}{T_1} = \frac{P_2 V_2}{T_2}$$

この式によってボイルの法則とシャルルの法則を統合し，圧力，温度，体積の変化の影響を同時に決定することができる．

復習 11・3 ある温度と圧力のもとで，気体が 3.0 L の容器に入っている．この気体を 6.0 L の容器に移し，その温度（ケルビン度）を 2 倍にした．このとき圧力はどうなるか？
(a) 圧力は 2 倍に増加する． (c) 圧力は 1/4 に減少する．
(b) 圧力は 4 倍に増加する． (d) 圧力は変わらない．

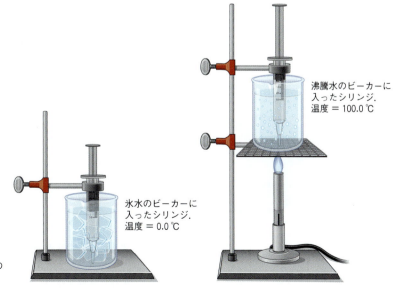

沸騰水のビーカーに入ったシリンジ．温度 = 100.0 ℃

氷水のビーカーに入ったシリンジ．温度 = 0.0 ℃

温度が上昇するとシリンジの空気の体積が増加する．

> **例題 11・3　気体の法則の統合**
>
> 風船を膨らませたところ，気圧 1.0 atm，温度 25 ℃ で体積は 2.0 L だった．この風船を気圧 0.80 atm，温度 5.0 ℃ の山頂に運んだ．このとき風船の体積はどうなるか計算せよ．
>
> ［解　答］
> 統合した気体の法則の式を考える．まず V_2 について式を解き，与えられた数値を代入する．温度をケルビンに変換することを忘れてはならない．
>
> $$V_2 = \frac{P_1 V_1 T_2}{T_1 P_2} = \frac{1.0 \text{ atm} \times 2.0 \text{ L} \times 278 \text{ K}}{298 \text{ K} \times 0.80 \text{ atm}} = 2.3 \text{ L}$$
>
> ［解いてみよう］
> 自転車のタイヤの体積が，気圧 1.0 atm，温度 25 ℃ の条件下で，0.30 L だった．山に登ると温度が 35 ℃，気圧は 0.90 atm になった．このときのタイヤの体積を計算せよ．

11・5　大気圏：その中には何があるのか？

大気圏を構成する空気は，数種類の異なる気体の混合物である．大気中に含まれる主要な気体とその相対的な存在量（体積での百分率）を表 11・2 に示す．単位は ppm である．非常に少ない量を表す際に，ppm はよく用いられる．パーセント（％）が百分率を表すように，ppm は百万分率を表す．たとえば，ネオンは大気中に 18 ppm の濃度で存在するが，これは 100 万個の大気原子や大気分子のうち，ネオンが 18 個あることを意味する．

N_2（窒素）

窒素は大気中で最も豊富に存在する気体である．大気のほぼ 4/5 は窒素なのだ．窒素には味や色，においがない．かつ不燃性で，比較的不活性である．呼吸すると窒素は肺の中に入り，ほとんど変化せずにそのまま外に出る．植物はタンパク質を合成して生存するために窒素を必要とする．しかし，植物には窒素分子ではなく窒素原子が必要なので，N_2 の強力な三重結合を切断しなくてはならない．土壌中のある種の細菌が窒素の三重結合の切断を行っている．この過程は **窒素固定** とよばれ，植物が直接利用できる硝酸化合物（NO^{3-} を含む化合物）をつくるために重要である．硝酸化合物は植物が成長するうえでの律速因子の一つなので，肥料には硝酸化合物が豊富に含まれている．

O_2（酸素）

酸素は大気のほぼ 1/5 を占め，窒素よりも反応性が高い．酸素は燃焼や鉄のサビ，塗装の色落ちに関係している．動物が生きるためにも重要である．私たちが空気を吸い込むと，その中の酸素のおよそ 1/4 が血流に取込まれ，身体中の細胞に送られる．細胞では，酸素はグルコースと反応し，エネルギーを生み出す．この過程は呼吸とよばれている．

$$C_6H_{12}O_6 + 6O_2 \longrightarrow 6CO_2 + 6H_2O + エネルギー（呼吸）$$

ちなみに，二酸化炭素はそれぞれの細胞から肺に戻され，外に吐き出される．

CO_2（二酸化炭素）

二酸化炭素は植物の成長において中心的な役割を果たす．これは，植物が光合成をするためである．植物は二酸化炭素と水を使ってグルコースをつくる．呼吸とはまさに反対の反応だ．

$$6CO_2 + 6H_2O + エネルギー \longrightarrow C_6H_{12}O_6 + 6O_2（光合成）$$

さらに，大量の CO_2 が地球の海洋で吸収され，最終的には岩石や土壌に含まれる炭酸塩になる．ただ，この炭素原子は永遠にその場所にとどまるわけではない．自然のサイクルの中で CO_2 は，植物の分解や岩石の風化，火山の噴火，動物の呼吸によって，再び大気中に放出されるのだ．地球の炭素原子は，このように，空気と植物，動物，岩石の間を常に行ったり来たり（サイクル）している．私たちの身体に含まれる炭素原子は，平均して，およそ 20 回サイクルする．

アルゴン，ネオン，ヘリウム

アルゴン，ネオン，ヘリウムはいずれも不活性な（化学的な反応性がない）気体である．ネオンはネオン標識に使

表 11・2　乾燥空気の組成

気　体	体積百分率（％）	大気分子 100 万（ppm）個中の分子の数
窒素（N_2）	78	780,830
酸素（O_2）	21	209,450
アルゴン（Ar）	0.9	9,340
二酸化炭素（CO_2）	0.04	385
ネオン（Ne）	0.0018	18
ヘリウム（He）	0.00052	5.2
その他	0.0004	4.0

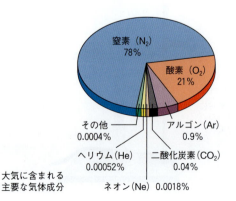

大気に含まれる主要な気体成分

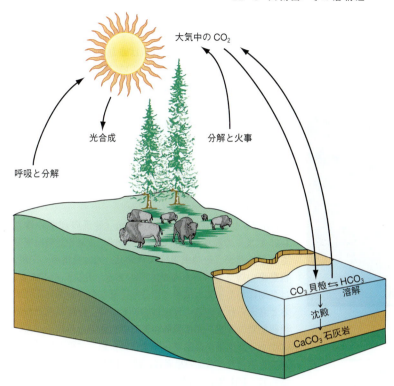

炭素サイクル．平均的な炭素原子はおよそ20回炭素サイクルを経験する．(Chemistry and Chemical Reactivity, Third Edition, by John C. Kotz and Paul Treichel, Jr. より．© 1994, Saunders College Publishing. 許可を得て転載)

われている．アルゴンは，エレクトロニクス産業で，特に不活性条件が必要なときに利用されている．ヘリウムは気球で利用されている．液体状態のヘリウムは，0 K に近い極低温をつくり出すために利用されている．

11・6　大気圏：その層構造

大気圏は高度によって組成や気圧が変わる．高度が高くなると気圧は下がる（図 11・5）．高度の高いところに行って，気圧の低さのために息切れを感じたことがあるだろう．気圧が低いと空気分子が少ない．十分な酸素を得るために，肺はいつもよりも忙しく働かなくてはならないのだ．

図 11・5　高度が高くなると気圧は減少する．

大気圏は高度によって四つに分けることができる（図 11・6）．最も高度が低く地表に近いのが **対流圏** である．対流圏は地表から高度 10 km までの領域をいう．地球の生命体はすべて対流圏に存在している．世界最高峰のエベレストでさえ対流圏を越えてはいない．雲や雨のような気象現象は，すべて対流圏で起こっている．対流圏の気象の影響を受けるのを避けるため，ジェット機のパイロットの多くは，対流圏のさらに上空の **成層圏** を飛行することを選択する．成層圏は高度 10 km から 50 km までの領域をいう．成層圏にはオゾン（O_3）が含まれている．オゾンは対流圏では大気汚染物質だが，その上空の成層圏ではオゾンは天然に存在しており，なくてはならない構成因子である．オゾンは有害な紫外光を吸収し，地球上の生命を紫外光の悪影響から守っているのだ．

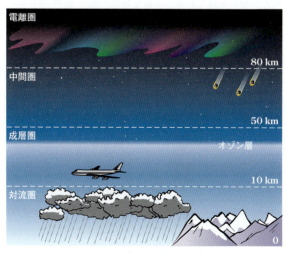

図 11・6　大気圏の構造．

成層圏の上空（地表の50 km以上）には**中間圏**と**電離圏**がある．地球の大気圏に突入する隕石は，この二つの領域で燃え尽きて，"流れ星"として観察できる．オーロラや極光とよばれる現象は，イオン性の気体粒子が電離圏の中を高速で動いて光を発する結果，観察される．

オーロラや極光は電離圏で形成される．

11・7 大気汚染: 対流圏の環境問題

米国のどの主要都市の空気にも汚染物質が含まれている．大気汚染物質の多くは化石燃料の燃焼により発生することを第9章で学んだ．汚染物質は大気全体では微量(ppm程度)だが，その化学反応性は非常に高く有害である．大気汚染物質は，目や肺のように空気に触れている敏感な器官に悪影響を及ぼす傾向がある．血流に乗って心臓や他の内臓器官に影響を及ぼすこともある．表11・3には，主要な大気汚染物質と米国環境保護庁が定めたそれぞれの環境大気質基準が示されている[*1]．それぞれの基準値は，環境保護庁が安全と考える上限値を示している．汚染物質のいくつかには，年間平均最大値と24時間平均最大値の両方が定められている．年間平均最大値と24時間平均最大値の一方のみが定められているものもある．基準値の単位の多くはppmである．PM-2.5とPbは$\mu g/m^3$（$1\mu g = 10^{-6}g$）で報告されている．

SO₂（二酸化硫黄）

二酸化硫黄はおもに石炭を燃焼する火力発電所や製錬工場から放出される．二酸化硫黄は強力な刺激物であり，呼吸器系に影響を与える．高レベルの二酸化硫黄に曝露されると，呼吸器疾患や肺の免疫力の低下のような健康被害が起こる．呼吸器や循環器に疾患をもつ人は，二酸化硫黄によって症状が悪化することがある．子供や高齢者，および喘息や気管支炎，肺気腫の患者は，特に二酸化硫黄の濃度上昇に敏感である．第9章で学んだように，二酸化硫黄は酸性雨の主要な前駆物質でもある．

PM-2.5

PM-2.5というのは，直径$2.5 \mu m$（砂浜の細かい砂の1/25程度）の粒子状物質の略語である．PM-2.5の組成はさまざまだが，その由来は森林火災，火力発電所，工場，自動車の排気ガスがおもなものである．発生したPM-2.5は長期にわたって大気中に浮遊し，私たちの肺や血流に入ると考えられている．健康被害としては，呼吸器疾患や循環器疾患の悪化，免疫機能の低下，肺組織の損傷，がんなどがある．子供や高齢者，および肺疾患，循環器疾患，インフルエンザ，喘息の患者は，特にPM-2.5に敏感である．さらに，PM-2.5は視界を悪くしたり，建物の汚れの原因になったりする．

農地を耕す際に発生するほこりは浮遊粒子となり，大気中を長期間漂うと考えられている．このような粒子はPM-2.5とよばれ，その直径は$2.5 \mu m$よりも小さい．サイズが小さいため，PM-2.5は呼吸によって肺の深部に侵入し，健康に悪影響を及ぼすと考えられている．

表11・3 米国の環境大気質基準

	SO₂ (年平均)	PM-2.5 (年平均)	CO (8時間平均)	O₃ (8時間平均)	NO₂ (年平均)	鉛 (3カ月平均)
最大量 主起源	0.03 ppm 電力会社，製錬工場	$15 \mu g/m^3$ 耕起，建設業，未舗装道路，火事	9 ppm 自動車	0.0075 ppm 自動車（間接的）	0.053 ppm 自動車，電力会社	$0.15 \mu g/m^3$ 自動車，製錬工場，バッテリー工場

出典: EPA National Primary and Secondary Ambient Air Quality Standards.

[*1] 米国環境保護庁は小さいサイズの粒子への関心を強めている（大きい粒子にはそれほど注目していない）．たとえば2006年，健康への影響についての証拠が不十分として，米国環境保護庁はPM-10（$10\mu m$よりも小さい直径の粒子状物質）に対する基準値を取消した．

CO（一酸化炭素）

自動車から放出される一酸化炭素は有害物質である．一酸化炭素は血液が酸素を運ぶ能力を低減する．高濃度の一酸化炭素にさらされると死に至る．低濃度では，心臓や循環系に大きな負担がかかる．一酸化炭素への曝露によって生じる健康被害には，視覚の低下，作業能力の低下，手先の器用さの低下，学習能力の低下などがある．特に狭心症や末梢血管疾患などの循環器疾患の患者は，一酸化炭素に敏感である．

一酸化炭素（CO）は自動車が不完全燃焼を起こすと排出される．含酸素燃料の使用を義務づけられている地域もある．この燃料には酸素が含まれているため，ガソリンの完全燃焼が促進され，COの排出が減少する．

O_3（オゾン）

第9章で学んだように，オゾンは光化学スモッグの構成因子である．自動車の排気ガスに日光が当たるとオゾンが生成する．オゾンには鼻を刺激するような特徴的なにおいがあり，しばしば電気機器の近くや雷雨のときに高濃度で発生したオゾンのにおいを経験することがある．成層圏では，オゾンは紫外光を遮蔽する役割をもつ．しかし対流圏や地表付近にオゾンが発生すると，目や肺を刺激する汚染物質となる．低濃度でも6〜7時間オゾンにさらされると，健常人でも明らかに肺の機能が低下し，胸痛や咳，吐き気，肺うっ血の症状が現れることがわかっている．動物を使った実験では，長期わたってオゾンにさらされると，肺の構造が損傷を受けることがわかっている．オゾンはゴムや農作物，樹木に損傷を与える．

NO_2（二酸化窒素）

二酸化窒素は自動車や電力事業（こちらは比較的少ない）から放出され，肺や目への刺激物となる．スモッグの茶色に二酸化窒素は関係している．さらに二酸化窒素はオゾンを生成する前駆物質であり，酸性雨に寄与している．子どもが長期的に二酸化窒素にさらされると，急性呼吸器疾患になることがある．

Pb（鉛）

鉛は主として製錬工場やバッテリー工場から排出され，さまざまな経路で体内に取込まれる．たとえば，空気中の鉛を吸入したり，食物や水に含まれる鉛を摂取したりなどである．鉛は長期にわたって体内に蓄積し，腎臓や肝臓，神経系に障害を与える．鉛の過剰摂取は，発作や精神発達障害，行動障害をひき起こす神経障害の原因になる．胎児，幼児，子どもは特に敏感である．

11・8 大気汚染を浄化する：大気浄化法

米国の多くの都市で大気汚染が悪化し，健康被害や環境問題が深刻化するなかで，立法府の議員たちは大気汚染を規制するための法制化に取組み始めた．1970年，連邦議会は大気浄化法を可決した[*2]．この包括的な連邦法は，環境汚染物質の排出を規制するとともに，米国環境保護庁に表11・3に示す環境大気質基準を制定する権限を与えるものである．この法律は，1975年までにすべての州で基準を達成することを目標にしていた．しかしこの目標は達成されなかった．これを受けて1977年，連邦議会は改正大気浄化法を可決した．改正法では新しい目標が明確にされ，法的強制力がさらに強化されている．

このような法制化の結果，都市部での汚染は非常に減少した．道路を走る自動車の数が大きく増加したにもかかわらず（自動車の総走行距離は1980年比で2倍），都市部での汚染は減少したのだ．この減少の多くは，自動車の排気管からの排気ガスの排出が減ったことによる．今日の自動

表11・4 環境大気質基準が満たされていない地域に居住する米国民の数（2008年，汚染物質別）．

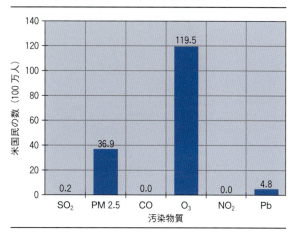

出典：EPA Air Trend for 2008.

[*2] 訳注：日本では大気汚染防止法がこれにあたる．

車は1960年代のものに比べて60〜80%も汚染物質の排出が減少している．図11・7には，1990〜2008年における6種類の大気汚染物質の排出量の推移が，環境大気質基準に対する相対値として示されている．注目に値するのは，オゾンと鉛以外の汚染物質は，基準値を下回っているということだ．さらに，すべての汚染物質の濃度がこの期間，減少を続けている．図11・8は，2001〜2008年に，基準値を達成できなかった汚染物質が一つでもあった場合に，その日数を都市別に示している．空気が"健康的ではない"日は減少しているといえよう．

大気汚染の法制化は前進したが，問題も残されている．表11・4は，環境大気質基準が満たされていない地域に居住する米国民の数を，汚染物質別に示している．残っている問題の一つは，地上のオゾン濃度だ．

1990年の改正大気浄化法では，環境大気質基準を満たしていない地域に対して法令遵守を求める計画を多く含んでいる．空気の質が悪くなればなるほど，より劇的な方策が必要になってくる．この方策には，ガソリンの完全燃焼を促進する含酸素燃料の使用や，自動車やトラックからの排出に関するより厳しい基準の設定がある．さらに，全車両の代替燃料への切り替えなどを条件に，大気汚染物質を排出する企業への操業許可を行うというものも含まれている．改正法には，法令を守らなかった地域に対して，連邦政府がいつ・どのようにして制裁措置をとるのかを定めた

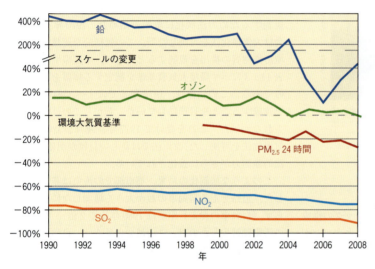

図 11・7 1990〜2008年における6種類の大気汚染物質の排出量の推移が，環境大気質基準に対する相対値として示されている．（出典：EPA Air Trends Report 2008）

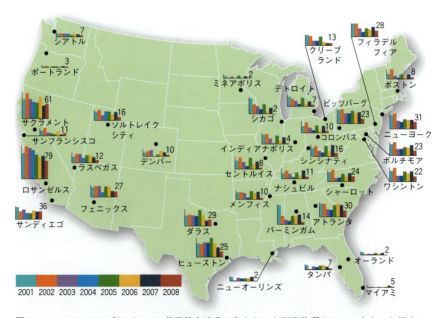

図 11・8 2001〜2008年において，基準値を達成できなかった汚染物質が一つでもあった場合に，その日数を都市別に示している．（出典：EPA Air Trends Report 2008）

条項も含まれている．このような方策をとっているにもかかわらず，米国の多くの主要都市では，オゾンと PM-2.5 の濃度が環境大気質基準を越え続けている．

この自動車は LP ガスとして知られる液体プロパンで走っている．非常に排気ガスが少ないクリーンな燃料である．

11・9 オゾン層の破壊: 成層圏の環境問題

オゾンは対流圏では大気汚染物質である．しかし成層圏では，オゾンは天然に存在する物質であり，大気圏に必要不可欠な分子である．オゾンの最も重要な役割は，太陽から放射された紫外 (UV) 光の吸収である．紫外光は UV-A (320〜400 nm) と UV-B (280〜320 nm) の二つに分類できる．UV-B は波長が短く，エネルギーが高い．UV-B は人間には有害である．過剰の UV-B を浴びると皮膚がんのリスクが高まったり，白内障の発症，免疫の低下，皮膚の老化のような影響がある．UV-B は食物や海洋生態系にも悪影響を与える．つぎに示す反応のように，オゾンは UV-B を吸収し，UV-B が地球表面に届く量を減らしている．

$$O_3 + 紫外光 \longrightarrow O_2 + O$$

オゾン分子が紫外光を吸収すると O_2 と O に分解する．生成した酸素 (O) 原子は非常に反応性が高いので，すぐに O_2 と反応して，以下のように O_3 が再生成する．

$$O_2 + O \longrightarrow O_3 + 熱$$

この反応サイクルが何度も繰返される．反応のたびに紫外光が熱に変換され，地球表面が過剰な紫外光に曝露されるのを防いでいる．オゾンはこうして地球上の生命を守っているのだ．

クロロフルオロカーボン: オゾン層の破壊者

科学者たちは 1970 年代に，成層圏のオゾン層を破壊しているのは**クロロフルオロカーボン (CFC)** という合成化合物ではないかと疑い始めた．最も一般的な CFC はフロン-11 とフロン-12 である (図 11・9)．CFC は 1930 年代に開発され，当時は夢の化合物と見なされていた．CFC には色，におい，毒性がない．化学的に不活性であり，比較的安価に合成できる．CFC は室温付近に沸点をもつという特性がある．この特性のため，さまざまな応用において CFC は有用な化合物となった．当時の冷蔵庫やエアコンには，アンモニアや二酸化硫黄が利用されていたが，これらは毒性と反応性が高い．CFC はアンモニアや二酸化硫黄を代替する化合物として非常に有用だったのだ．さらに，CFC はスプレーを噴霧するための高圧ガス，ファストフードの入れ物のような多孔質の製品を生産するための泡立て物質，エレクトロニクス産業で必須の工業溶剤などとして利用されてきた．

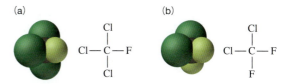

図 11・9　(a) フロン 11．(b) フロン 12．

皮肉なことに，化学的に不活性という CFC の特性が環境問題をひき起こすことになる．人間が原因となった大気汚染物質の多くは，化学的な攻撃によって大気圏の下部で破壊される．しかし化学的に不活性な CFC は，化学的な攻撃から生き延びるのだ．その結果，CFC は上昇を続けて成層圏に達し，そこで紫外光を浴びて光分解する．この

この分子に注目

Box 11・2　オゾン

化学式: O_3　　　三次元構造
分子量: 48.00 g/mol
融　点: −193 ℃
沸　点: −111.9 ℃　　ルイス構造: :Ö═Ö─Ö:

オゾンは青みを帯びている気体で，きわめて反応性が高い．オゾンには刺激臭があり，激しい雷雨の際に自然に生成したオゾンのにおいを経験することがある．オゾンは対流圏では光化学スモッグの構成因子として生成し，成層圏では天然に生成する．成層圏のオゾンは紫外光から私たちを守る役割をもっている．オゾンは紫外光を効率良く吸収するので，紫外光 (250 nm) だけしか見えない人がいたとしたら，その人には真昼でも空は真っ暗に見えるだろう．成層圏を飛ぶ飛行機には，オゾンを取除くための客室用空気フィルターを設置する必要がある．さもなければ，乗客は胸痛や咳，吐き気を経験することになるだろう．

実験室ではオゾンは酸素に高い電圧を与えることによってつくり出せる．オゾンは空気や水の殺菌や繊維の脱色に利用されている．

とき塩素原子(Cl)が生成する．

$$CF_2Cl_2 + 紫外光 \longrightarrow Cl + CF_2Cl$$

塩素原子は，以下の触媒サイクルにあるように，オゾンと反応する．

$$Cl + O_3 \longrightarrow ClO + O_2$$
$$O_3 + 紫外光 \longrightarrow O + O_2$$
$$ClO + O \longrightarrow Cl + O_2$$

最初の反応で，塩素原子はオゾンと反応して一酸化塩素(ClO)と O_2 を生成する．この反応でオゾンが1分子破壊される．2番目の反応で，紫外光がオゾンを分解する（この反応は成層圏で起こっている天然の過程）．しかし，3番目の反応で，最初の反応で生成したClOがOと反応し，オゾンの再生成を妨げてしまう．一連の反応の結果，一つの塩素原子が二つのオゾン分子を破壊し，塩素原子が再生成される．したがって，塩素原子が何度も上述の反応を起こし，この触媒サイクルの結果，膨大な数のオゾンが破壊されるのである．

極地域でのオゾン層の破壊

南極上空のオゾン層に大きな穴（オゾンホール）があいており，CFCがその原因になっていることを科学者が発見したのは1985年のことである．驚くべきことに，50％ものオゾンが南極上空で破壊されていたのだ．オゾンホールの形成は一時的で，南極の春，つまり8月から11月に限って現れる．過去のデータを調べてみると，オゾンホールは1977年以降，毎年春に形成されていたことが明らかになった（図11・10）．さらに，大気中のCFCから放出された塩素とオゾンホールの形成が強く相関することが明らかになった．もし南極上空のオゾン層破壊が北極や他の人口密集地域で起こったら，非常に深刻な結果をまねくだろう．つまり，オゾン層破壊に伴う紫外光の増加によって，皮膚がんや白内障が増加し，さらに植物や野生動物にも重大な影響が及ぶと予想される．

オゾン層の破壊はなぜ南極上でのみ起こるのか？なぜ世界の他の地域では起こらないのか？科学者たちは数年間，このような疑問に頭を悩ませていた．CFCや他の含塩素化合物の分布は，成層圏のどの領域でもほぼ同じである．このような化合物がオゾン層を破壊するのであれば，なぜ南極上空だけなのだろうか？この疑問に対する答えは，南極特有の地形と気候にある．冬の南極上空の成層圏は，極渦とよばれる渦巻き状の気流によって，隔離された状態になる．極渦の内側の気温はきわめて低いため，極域成層圏雲とよばれる雲が冬の南極上空に形成される．極域成層圏雲を形成する氷の微粒子は，化学的な貯蔵庫から塩素を遊離させる触媒として機能する．この化学的な貯蔵庫とは，成層圏に入った合成化合物に由来する塩素から生成した $ClONO_2$ のような化合物のことである．この過程の最も重要な反応はつぎの通りである．

$$ClONO_2 + HCl \xrightarrow{極域成層圏雲} Cl_2 + HNO_3$$

気体の塩素分子は気相に放出される．南極が春になって太陽が昇り，太陽光によって Cl_2 の結合が切断されると，塩素原子が生成する．この塩素原子が上述のようにオゾンを

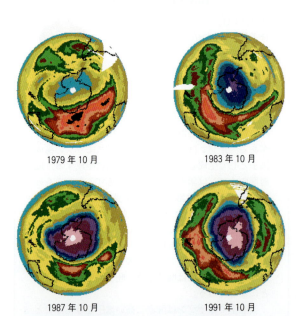

図11・10　1979〜1991年の各10月における南極のオゾン濃度の推移．青色と紫色はオゾン濃度が低いことを示す．この間，オゾン濃度の低下が続いている．

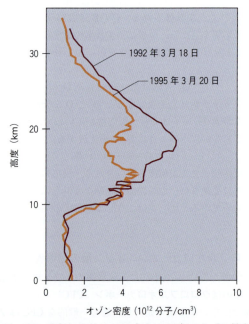

図11・11　北極における1992年と1995年のオゾン量を高度ごとに比較．1995年の寒冬には，CFCからの塩素によりオゾンが40％減少したと考えられている．(P. von der Gathen, Alfred Wegener Institute の厚意による．*Chemical and Engineering News*, May 24, 1993 より，許可を得て改変)

新しいテクノロジー

Box 11・3　オゾンの測定

1960年代のはじめから，科学者たちは人工衛星を宇宙空間に送り込み，そこから地球を観察してきた．人工衛星は，最初は，地球表面の大雑把な画像しか送り返してこなかった．今日では，大気中のオゾンのように，時々刻々変化する地球の重要な情報を人工衛星でモニターできるようになった．1978年からNASAは人工衛星を使って大気中のオゾンをモニターしている．今ではNASAは地球の上空740 kmの軌道を周回する地球探査衛星に搭載したオゾン全量分光器（Total Ozone Mapping Spectrometer, TOMS）で大気中のオゾンを測定している．この装置は，紫外光散乱を二つの異なる波長で比較することにより，オゾン量の計測を行っている．二つの波長における信号強度の差が測定地点のオゾン量に関係するのだ．オゾン量はドブソン単位で報告される．これは成層圏にあるオゾンを海水面に集めたとした場合のオゾンの厚みに相当する（1 mm＝100ドブソン単位）．地球の平均的なオゾン量は約300ドブソン単位である．南極上空のオゾンホールではオゾンは約100ドブソン単位にまで減少している．

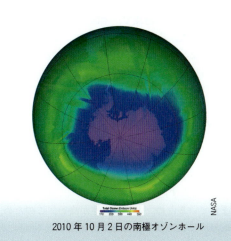

2010年10月2日の南極オゾンホール

破壊するのだ．南極は夏になると極渦が衰えて極域成層圏雲が消失し，オゾン層は回復する．南極とそれ以外の地域の違いは，極域成層圏雲で起こる触媒反応によって，貯蔵された塩素が反応性の高い塩素原子になるかどうかなのだ．南極以外の地域には極渦や極域成層圏雲がないため，全球的にオゾン層の壊滅的な減少が起こることはない．1995年のノーベル化学賞は，このような複雑な現象と反応を解明した科学者に授与された．

科学者たちは，北極圏でもオゾン層の破壊が起こるのではないかと考えていた．しかし，北極圏では極渦が非常に弱く，気温も南極ほどには低下しないので，北極圏では極域成層圏雲が形成されにくい．ただ，冬が南極のように寒くなることがあれば，北極圏でもオゾンが減少するだろうと考えられていた．1995年に北極圏の冬は歴史的な寒さに見舞われた．その年の春，北極圏上空の成層圏では，実際にオゾン濃度が記録的な減少を示した（図11・11）．この年はオゾン濃度が通常よりも40％程度の減少を示した地域もあった．

全球的なオゾン層破壊

極地域でのオゾンの減少は，全球的なオゾン層破壊の予兆なのだろうか？南極ほど劇的ではないが，全球的に成層圏のオゾン濃度は低下している．"オゾン層破壊の科学アセスメント"とよばれる国連環境計画研究は，北半球の中緯度より北の地域で，1979年以降，オゾンが6％減少したと結論づけている．赤道に近くなるほど，オゾンの減少量は小さい．北半球の中緯度以北は人口密集地域なので，そこでのオゾンの減少は非常に厄介な問題である．オゾン層の破壊が進んでいる事実が明らかになり，クロロフルオロカーボン（CFC）や他のオゾン破壊物質の規制強化に向けた国際的協力が進んだ．これによりさらなるオゾン層の減少にブレーキがかかったのだ．これについては次節で説明する．

11・10　モントリオール議定書：クロロフルオロカーボンの全廃

クロロフルオロカーボン（CFC）の規制強化は1978年に始まった．まず消臭剤やヘアスプレーのような家庭用スプレーでのCFCの利用が全面的に禁止された．1987年には，2000年までにCFCの使用量を50％削減することを謳ったモントリオール議定書に23ヵ国が調印した．しかし，オゾン層破壊へのCFCの寄与が決定的になるに従って，2000年までにこれらの化合物の全廃を求める条約改正（ロンドン改正）がなされた．米国での1990年の改正大気浄化法でも，CFCの規制強化について定めている．1992年には，米国のブッシュ大統領が，期限をさらに短縮して1996年1月までにCFCを全廃することを強く求めた．モントリオール議定書に参加した先進国はそれを受入れ，CFCの早期全廃が決まった．

CFC全廃までに残された時間が短いことは，さまざまな産業に多大なプレッシャーを与えた．彼らは非常に素早い対応を見せた．冷凍産業や空調産業は，フロン-12（CCl_2F_2）

の使用を止め，ハイドロフルオロカーボン-134a（CH_2FCF_3）に転換した．このような代替物質がわずか3年で開発されたのは，目覚ましい進歩といえるだろう．ハイドロフルオロカーボン（HFC）には塩素が含まれていない．つまり，オゾンを壊すことがないのだ．エレクトロニクス産業も大きく転換した．カリフォルニア州のサンノゼにあるIBMの製造工場は，1987年の時点で，米国で最もCFCを排出する産業施設だった．その10年後，この工場からのCFCの排出はゼロになった．水を使った電子部品の洗浄・乾燥技術への完全移行に成功したのだ．

しかし，それ以外の産業では，オゾン層破壊の恐れのない化合物への切り替えは徐々に進められている．たとえば，発泡物質の製造においては，HFCは利便性に欠けている．このため，発泡物質の製造産業では，暫定的な化合物として，ハイドロクロロフルオロカーボン（HCFC）を利用している（図11・12）．HCFCには塩素が含まれているため，オゾン層を脅かす危険性はある．しかし，HCFCには水素も含まれているため，より反応性が高い．このため，HCFCは成層圏に入る前に対流圏で分解される傾向にある．モントリオール議定書と米国の1990年改正大気浄化法では，移行措置として，HCFCの使用を認める条項がある．しかし，HCFCもオゾン層を破壊する可能性があるので，HCFCもやがて全面禁止になる．HCFCのうち最もオゾン層破壊の可能性が高いものについては，2003年にすでに全廃されている．オゾン層破壊の可能性が低いものについても，2030年までに全廃されることになるだろう．

ほとんどの人は，新しい冷蔵庫にはフロン-12ではなくHFC-134aが使われていることや，冷蔵庫の壁の発泡体がHCFCを使って作られていることに気づいていないだろ

図11・12　ハイドロクロロフルオロカーボン（HCFC）には水素，塩素，フッ素が含まれている．塩素原子はオゾン層を破壊する可能性があるが，HCFCには水素原子が含まれるためCFCより反応性が高く，HCFCは対流圏で分解されやすい．

う．消費者にとって最もわかりやすい変化は，古い自動車のエアコンに入っているフロンを交換するときだろう．選択肢の一つが，在庫のフロンを買うことだが，これは年々価格が上がっている．もう一つの選択肢は，HFC-134aを使ったエアコンに切り替えることである．環境にやさしいエアコンへの移行を推奨するために，新しいエアコンを300ドル程度に抑えて提供する自動車メーカーもある．

モントリオール議定書の制定により，大気中の塩素の濃度（と紫外光に起因する皮膚がんの発症）はすでに頭打ちとなり，図11・13に示すように減少傾向すら現れている．オゾンホールの規模は安定しており，2075年には元に戻ると考えられている（図11・14）．

11・11　オゾン層破壊に関する迷信

オゾン層破壊の歴史のあらゆる場面で，CFC原因説の妥当性について迷信を拡散する著名人がいた．ある人は，CFCの全廃は"環境オタク"のやったことだとか，科学

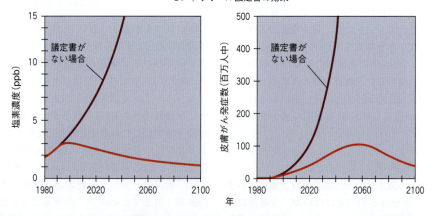

図11・13　モントリオール議定書により，成層圏の塩素は減少した．これにより紫外光が原因となる皮膚がんの発症も低下すると考えられる．紫の線は，もしモントリオール議定書がなければ，成層圏の塩素濃度と皮膚がんの発症がどうなるかを示している．赤い線は，モントリオール議定書による成層圏の塩素の減少と皮膚がんの減少を示している．いずれも，今後の予想を含んでいる．（出典：Scientific assessment of Ozone Depletion: 2006, World Meteorological Organization European Commission）

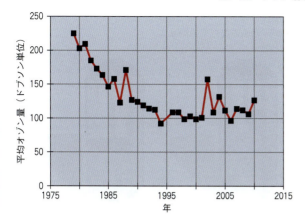

図11・14 南極上空で各年の9/21から10/16の間に測定された平均オゾン濃度.（出典：NASA ozone hole watch, http://ozoneholewatch.gsfc.nasa.gov/idex.html）

者が研究費を得るためにやったことだと言う．確かに，個人的な利益のために偏った立場をとる人々はいるかもしれない．しかし，CFC 原因説は非常に強力であり，科学界の多くが支持している．以下にオゾン層破壊に関する二つの迷信を紹介し，それぞれへの反論を述べる．

迷信1：CFC は空気よりも重いため成層圏には侵入しえない．

　確かに CFC の分子量は 100 g/mol なので空気よりは重い．しかし，もしこのことが原因で CFC が大気と混ざらないのであれば，酸素の分子量は 32 g/mol，窒素は 28 g/mol なので，私たちは純粋な酸素で呼吸をしているはずだ．この迷信が本当なら，重い酸素は地面に近く，軽い窒素はその上に存在するからだ．もちろんこれは間違っている．大気は常にかき混ぜられている．そのため大気中での気体の分布は分子量とは相関しない．1970年代以降，成層圏の数千もの空気試料で CFC の存在が確認されている．CFC は人工的な化学物質であり，天然には CFC の産生源はないのだ．

迷信2：火山のような天然の塩素放出源の方が，CFC よりも多くの塩素を成層圏に送り込んでいる．

　火山が膨大な量の塩素を放出しており，その量は大気中の CFC の塩素よりも多いのは本当である．しかし，オゾン層の破壊に関与するのは成層圏に入った塩素だけだ．CFC は化学的に安定なので，成層圏に入ってオゾン層に損傷を与える．一方，火山から放出される塩素は，主として HCl という化学形をとっており，非常に反応性と親水性が高い．このため，火山から放出された HCl は，ほとんど対流圏を越えて上昇することができない．HCl は雨に溶け込んだり，火山噴火時の水蒸気に溶け込んで，すぐに大気から取除かれてしまう．実際，1991年のピナツボ火山の爆発の後でも，成層圏の塩素濃度はほとんど変化しな

かった．一方，CFC は水に溶けないため，降雨では大気から取除かれない．このため CFC は大気中に長時間滞留し，やがて成層圏に入る．さらに，1950年当時と比べて成層圏の塩素の量は5倍になっており，これは CFC の使用量の推移と相関している．

復習11・4 隣人がプールに塩素を入れるのは止めた方がよいと言っている．彼は塩素がオゾン層を破壊することを耳にしたらしいのだ．あなたなら隣人にどう答えるだろう？

キーワード

気　圧	成層圏
大気圏	中間圏
気圧計	電離圏
窒素固定	クロロフルオロカーボン（CFC）
対流圏	

章末問題

1. 圧力とは何か．
2. 高度が変わると耳が痛くなるのはなぜか．
3. 気圧はどのように天候に影響を与えるのか．
4. 気体の温度と体積の関係について説明せよ．
5. 熱気球について説明せよ．海岸地域で風が吹きやすいのはなぜか．シャルルの法則に基づいて説明せよ．
6. 大気中の主要な気体成分とその存在率を示せ．
7. なぜ酸素は動物にとって重要なのか．反応式を使って説明せよ．
8. 炭素原子が変化するサイクルについて説明せよ．平均的な炭素原子はこのサイクルを何度繰返すか．
9. もし大気がなくなると地球はどうなるか．
10. 都市部の大気にみられる6種類の主要な汚染物質を列挙せよ．それぞれの発生源も示せ．
11. オゾンがいかにして紫外光を吸収するのか，化学反応式を用いて説明せよ．
12. CFC は規制前はどのように使われていたか．
13. 南極以外の地域でオゾンの減少は観測されているだろうか？ どの程度深刻なのだろう？
14. HFC とは何か．HFC はオゾンを減少させるか？
15. CFC の規制の影響を消費者が感じるのはどのような機会だろう？
16. CFC は空気よりも重いので成層圏には侵入しないという間違った意見について説明せよ．
17. エベレストでの気圧はおよそ 0.31 atm である．この単位を mmHg に変換せよ．
18. 725 mmHg を以下の単位に変換せよ．
    (a) Torr
    (b) atm
    (c) N/m^2
19. 0.60 atm の飛行機の中で風船が膨らんで 2.5 L になって

いる．1.0 atm の海水面ではこの風船の体積はどうなるか．

20. ジェット機はおよそ 245 mmHg の成層圏下部を飛行することがある．ある乗客が荷物をビニール袋に入れ，それを小さくまとめて密封してスーツケースに入れておいた．ビニール袋の荷物の体積は 0.35 L であった．もしスーツケースの収納庫が加圧されていないとすると，ビニール袋の荷物の体積は成層圏下部ではどうなるか．

21. 風船を 25 ℃ で膨らませると，体積が 2.5 L になった．この風船を 77 K の液体窒素に浸した．風船の体積は最終的にはどうなるか．（注：もし実際にこの実験を行うとすると，風船の体積はもっと小さくなるだろう．風船の中の気体成分のいくつかが凝結するためだ．風船を温めれば元の大きさに戻るだろう）

22. ピストンのついたシリンダーが太陽の光で温められている．25 ℃ での気体の体積が 1.30 L だったとすると，35 ℃ では体積がどうなるか計算せよ．

23. 可動性のピストンがついたシリンダーがある．その中の気体の体積は，40 ℃, 7.0×10^2 Torr の条件下で 0.4 L だった．圧力が 2.0×10^2 Torr になり，温度が 80 ℃ になったとすると，気体の体積はどうなるか計算せよ．

24. 最大定格 34.0 psi（ゲージ圧）の自動車のタイヤを膨らませて 9.8 L にした．その時のタイヤの圧力は 33.0 psi，温度は 9.0 ℃ であった．暑い日に高速道路で車を運転すると，タイヤの温度は 70.0 ℃ に上昇し，体積は 10.1 L に膨らんだ．この条件下で，タイヤの圧力は最大定格を超えるかどうか計算せよ．（注：ゲージ圧は絶対圧と大気圧の差である．大気圧は 14.7 psi として，絶対圧を求める）

25. 容器の壁に分子が衝突することにより圧力が発生する．なぜ体積が減少すると圧力が上昇するのか，下図を見ながら分子の視点で説明せよ．

復習問題の解答

復習 11・1 （a）1.0 atm．体積と圧力は反比例の関係にあるため，体積が 2 倍になると圧力は 1/2 になる．

復習 11・2 （c）2.0 L．体積と温度は比例関係にあるので，温度が 2 倍になると体積も 2 倍になる．

復習 11・3 （d）体積が 2 倍になる効果（圧力を 1/2 に減少させる）と温度が 2 倍になる効果（圧力を 2 倍に増加させる）は互いに打ち消しあう．

復習 11・4 オゾン層に到達した塩素だけがオゾンを破壊すると隣人に教えてあげよう．プールに入れる塩素は非常に反応性が高いので，対流圏を通り抜けて成層圏に到達することができない．

章のまとめ

分子の概念

気体は分子でできていて，分子間の距離は分子自身の大きさよりもはるかに大きい．さらに 960 km/h の速度で動いており，常に互いにもしくは周囲の物質にぶつかっている（§11・2）．気体分子と周囲の物質との衝突の総和が圧力に関係している．気体の圧力，体積，温度は気体の法則によって関係づけることができる（§11・3）．ボイルの法則では，圧力と体積が反比例の関係にあることを示している．つまり，一方が増加すれば他方が減少するのだ．シャルルの法則では，圧力と温度が比例関係にあることを示している．つまり，一方が増加すれば他方も増加する（§11・4）．

私たちが吸い込んでいる空気は，主として窒素（4/5）と酸素（1/5）からなる気体の混合物である（§11・5〜§11・6）．人間は空気の中に汚染物質を放出してきた．それらは，たとえ濃度が低くても，私たちの健康と環境に悪影響を及ぼしている（§11・7〜§11・8）．

冷蔵庫やエアコン，発泡剤，エレクトロニクス産業で利用されている合成化合物の CFC は，成層圏に塩素原子を送り込み，成層圏のオゾンを破壊していることが明らかになった．対流圏のオゾンは大気汚染物質だが，成層圏のオゾンは有害な紫外光を吸収するため，必要不可欠な大気成分である．CFC は極地域のオゾン層を破壊し，地球全体でもオゾン濃度も減少させている（§11・9〜§11・11）．

社会との結びつき

空気の圧力やその変化は風，嵐，気球に関係している．高度が高いところに行った時の耳の痛みにも関係している．人間は 1.0 atm の平均気圧の環境で進化してきたのだ．空気がなければ，私たちは生きていくことができない（§11・3）．

大気汚染によるさまざまな影響が明らかになり，私たちの社会は大気質の向上のために法制化を進めてきた．1970年に大気浄化法が連邦議会を通過し，その後何度か改正されてきた．それ以来，大気汚染物質の濃度は減少しているが，まだやるべきことは残っている（§11・8）．多くの米国人が，特にオゾンや PM2.5 のような汚染物質の濃度が高い街に住んでいる．その濃度は，米国環境保護庁が安全と考える濃度を越えている．

CFC によるオゾン層の破壊は，私たちの社会に大きな影響を与えた．地表に到達する紫外光の量が増加すると，健康被害が増加する．特に重要なのは，皮膚がんのリスクが増加することである．モントリオール議定書により，1996年1月にオゾン層を破壊する化合物の生産が全廃された（§11・10）．HCFC のように比較的有害性の低い化合物も，数年以内に全廃される．環境に関する法制化と同様に，CFC の全廃もうまくいったといえる．大気中の CFC の濃度は頭打ちとなり，数年以内に減少に転じると考えられている．オゾンホール自体も，今世紀末までには消失すると予想されている．

12 身の回りの液体と固体: 特に水

> 物質の粒子同士にどんな力がはたらくのかによって，すべてが決まる．あらゆる自然現象はこのような力によって起こるのだ．
>
> —— *Roger Joseph Boscovich*

目　次

- 12・1　重力がなければ，こぼれない
- 12・2　液体と固体
- 12・3　分子の解離: 融解と沸騰
- 12・4　すべてを束ねる力
- 12・5　分子の匂い: 香水の化学
- 12・6　溶　液
- 12・7　水: 変わり者の分子
- 12・8　水: どこにあるのか？ なぜそこにあるのか？
- 12・9　水: 純粋なのか？ 汚染されているのか？
- 12・10　硬水: 健康には良いが配管には悪い
- 12・11　生物学的汚染
- 12・12　化学的汚染
- 12・13　水質を保証する: 飲料水安全法
- 12・14　公共の水処理
- 12・15　家庭での水処理

考えるための質問

- なぜ雨水は球状なのだろう？
- 固体，液体，気体の分子的な違いは何だろう？
- 物質が溶けたり沸騰すると何が起こるのだろう？
- 液体や固体の場合，どんな力が分子同士を互いに結びつけるのだろう？
- 分子の構造を見て，液体，固体，気体の区別がつくだろうか？
- 固体と液体の混合物（たとえば，塩水）の性質は純粋な液体の性質とどう違うだろう？
- 水はなぜそれほど重要なのか？ どれほど珍しいのか？
- 身の回りにあるさまざまな水は純粋なのか？ そうでなければ，何が入っているのか？
- 飲料水を汚染するのはどんな物質か？
- 家庭で水をきれいにするにはどうしたらよいのか？

　前章では，大気と大気を構成する気体について学んだ．本章では，液体と固体（特に水）について重点的に学ぶ．液体と固体は分子同士に働く引力によって成り立っている．分子間の引力が強くなると，物質は室温で液体か固体の状態をとるようになる（気体にはなりにくい）．私たちの惑星で最も重要な液体は水である．水はいろいろな意味で珍しい液体なのだ．たとえば，水は固体状態の方が液体状態よりも軽い性質をもつ．このため氷は水に浮かぶのだ．本章では，なぜこうなるのか学ぶ．みなさん自身がどれほど水に依存しているか考えてほしい．水がないとどのくらい生きていられるだろうか？ もし水が汚染されていたらどうなるだろうか？ 米国の飲料水安全法（1974年）では，水業者に安全な水の提供を求めている．さらに，もし安全でなければそれを知らせることも求めている．水は最も貴重な資源であり，適切な法制化によって守らなくてはならない．

12・1　重力がなければ，こぼれない

　地球上では液体の性質は重力に影響を受ける．互いにくっつきやすいという液体の重要な性質は，重力の影響で多少見えづらくなっている．無重力の環境におかれた液体を見たことがあるだろうか？ 非常に変わったふうに見える．たとえば，宇宙飲料はプラスチックの小袋に入っている．飲むときには，宇宙飛行士は小袋に穴を開け，液体を絞り出して口の中に誘導する．スペースシャトル内の映像では，宇宙飛行士たちが楽しそうに飲み物を絞り出す様子がときどき映し出される．つまり，重力がないので，こぼれないのだ（図 12・1）．絞り出された液体は空間を漂い，

図 12・1　スペースシャトルの宇宙飛行士が飲み物を空中に絞り出すと，液体の塊は空中で形を保っている．これは分子間にはたらく凝集力のためだ．

ゼリーのようにプルプルしている．宇宙飛行士はそのゼリーのような浮かんだ液体に口をつけ，ズルズルと吸い込む．

もし邪魔が入らなければ，無重力の環境におかれた液体は球状になるだろう．もし風や重力のような形をゆがめる力が加わらなければ，ワックスの効いた車の上に落ちた水滴や雨粒は球状になるだろう．なぜ水滴は球状になるのだろう？ なぜ液体や固体はそのような状態で存在しているのだろう？ この二つの疑問に対する答えは実は同じで，分子にはたらく凝集力がそうさせているのだ．液体と固体は**凝集力**，つまり分子間にはたらく引力によって形成されている．この力がなければ，液体や固体は存在できず，すべての物質が気体になる．また，この力のおかげで，分子が互いの接触を最大にするように動き，液体は球状になろうとする．球は幾何学的に表面積と体積の比が最小になる形である．球になることにより，それぞれの分子を取囲む分子の数を最大化できるのだ（図12・2）．

本章では，液体，固体，溶液（液体と固体もしくは異なる液体の均一な混合物）について学ぶ．特に，地球上で最も重要な液体の水に注目する．さらに，水を汚染する物質とその規制についても学ぶ．

12・2 液体と固体

すでに学んだように，物質は通常三つの状態をとる：気体，液体，固体である．このような物質状態の特徴は，それらを構成する分子間の相互作用によって決まる．気体状態の分子は互いの距離が大きく離れていて，図12・3(a)に示すように，速い速度で動いている．分子間の引力は熱エネルギーに比べて弱く，結果として分子間にはほとんど相互作用がはたらいていない．一方，液体状態の分子は互いに密に接触し，図12・3(b) に示すように，強く相互作用している．しかし，分子は自由に動き回ることができる．固体状態の分子は決まった場所から動かず，図12・3(c) に示すように，せいぜいその場所で振動するくらいである．

液体の例として，コップに入った水を考えてみよう．コップの中の分子は，まるで磁石のように，その隣の分子に引きつけられる．しかし，磁石がどっしりと動かないのに対して，分子は熱エネルギーを受けて常に動いている．水分子の一つ一つは，動き回ったり，振動したり，他の水分子に衝突したり，水分子と水分子の間に滑り込んだり，ランダムに動く．その一瞬一瞬では，どの水分子も隣の水分子に引きつけられている．ただ，その引力は分子を一箇所につなぎ止めるほどは強くない．つまり，液体状態の分子は常に動いているのだ．

水分子がコップの中でランダムに動くと，水の表面に到達することもある．表面は分子にとっては安定した場所ではない．表面には相互作用する他の分子がほとんどいない

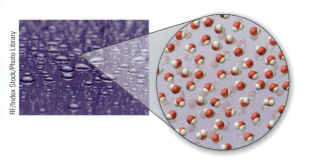

図12・2 ワックスの効いた車の上に落ちた水滴は球状になる．球は幾何学的に表面積と体積の比が最小になる形である．球になることにより，それぞれの分子を取囲む分子の数を最大化できる．

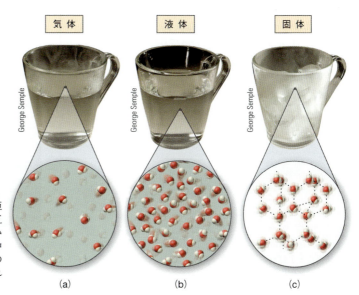

図12・3 (a) コップの中に熱湯が入っている．蒸気に含まれる分子は気体なので，分子間の距離は大きく離れている．そして分子同士も相互作用していない．(b) 液体の中の分子は互いに相互作用しながら動いている．(c) 固体の中の分子は決まった場所に固定されている．その場所で振動することはあるが，その場所を離れることはない．

のだ．小さな磁石一つが小さな磁石の集団の表面にある場合と，その磁石の集団の中に埋もれている場合を考えてみよう．もし分子が液体の表面に達したときに，たまたま速く動いたとすると，その分子は表面での比較的弱い引力を打ち破って大気中に飛び出すことがある（図12・4）．これが**蒸発**という現象なのだ．

図12・4 液体の中の分子は常にランダムに動いている．たまたまエネルギーを得た分子が，周囲の分子との引力を打ち破って大気中に飛び出すことがある．

それぞれの分子の動きやすさこそが，私たちがよく知っている液体の特徴の原因だ．たとえば，液体には決まった形がない．しかし容器の形に合わせることはできる．つまり液体は流れたり，注ぎ込むことができる．そのまま放置すれば蒸発し，加熱すれば沸騰する．加熱によって熱運動が増加し，相互作用から自由になるのに十分なエネルギーを分子の大部分に与え，それらを蒸発させる．液体を圧縮できないことや気体に比べて密度が高いことなど，液体のさまざまな性質は，分子同士が密に接触していることに関係している．

今度は液体と固体を比べてみよう．固体の例として，氷を考える．氷を構成する水分子は，あらゆる意味で，液体を構成する水分子と同等である．しかし，水分子の動きと配置は両者で異なっている．氷は熱エネルギーが小さい．つまり分子はほとんど動かず，互いに相互作用しやすい．再びたくさんの磁石を想像してみよう．ここでは，磁石は固定されていて，その三次元的な配置には秩序がある（図12・5）．磁石の位置と配向は，磁石の間にはたらく引力によって維持されている．氷の中のそれぞれの分子は振動している．しかしその平均的な位置は決まっている．氷のような固体では，粒子は長距離にわたって秩序を保っている．これを**結晶性固体**という．結晶形固体の中の分子や原子の繰返しパターンを**結晶構造**という．私たちがよく知っている氷の性質は，氷の中の分子が比較的動きにくいことに由来する．たとえば，氷は流れないし，注ぐこともできない．比較的固く，粉々にするには大きな力が必要である．

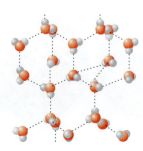

図12・5 氷の中の水分子は，結晶構造とよばれる三次元的なパターンの中に規則正しく並んでいる．

12・3 分子の解離：融解と沸騰

固体，液体，気体という物質の状態は，分子や原子間にはたらく凝集力と熱エネルギーという二つの因子によって決まる．熱エネルギーはランダムな分子の運動である．つまり温度が高くなるほど，分子の運動も大きくなる．マイナス10℃の温度におかれた氷では，凝集力が支配的である．分子は同じ場所にとどまり，熱エネルギーは分子を振動させる程度である．氷の温度を上げていくと，分子の振動はどんどん大きくなる．0℃にまで上昇すると，分子は自由になって動き出す．このとき氷が解けるのだ．このように固体が溶解する温度を**融点**という．融点は固体の中の原子や分子の凝集力の強さに依存している．凝集力が強くなるほど，融点は高くなる．

液体の水を加熱し続けると，分子はさらに速く動くようになる．100℃にまで温度が上昇すると，分子は凝集力に

分子の視点

Box 12・1 アイスクリームを作ってみよう

アイスクリームを作ったことがあるだろうか？あるとしたら，それは水の融点を変化させて液体のクリームを固めた経験があるという意味だ．アイスクリームメーカーの外側には水と岩塩が入っている．十分な量の塩を水に入れると，氷の融点がマイナス10℃に下がる（ちなみに，氷の融点は凝固点ともいう．凝固と融解は同じ温度で起こるからだ）．このような現象を凝固点降下という．これは水分子同士にはたらく凝集力を邪魔した結果である．塩を構成するイオン（Na^+とCl^-）が水の凝集力を邪魔して，水の融点を下げるのだ．

問題：雪の多い地域では，冬になると道路に塩をまくことがある．なぜだろう？

© Paul Kastner

自家用のアイスクリームメーカーでは，水の凝固点を下げるために塩を使う．塩，氷，水の懸濁液がマイナス10℃に達すると，凝固してアイスクリームになる．

完全に打ち勝つのに十分なエネルギーを獲得し，液体状態から脱却する．これが水の沸騰なのだ．このとき，表面の分子のみならず，液体内部にあった分子も凝集力に完全に打ち勝つのに十分なエネルギーを獲得する．分子は周囲の分子の束縛から自由になり，水蒸気になる．水分子が液体状態から気体状態に変化するとき，泡が形成される（図12・6）．このように液体が沸騰する温度を**沸点**という．

図12・6 水が沸点に達すると，内部の分子は凝集力に完全に打ち勝つのに十分なエネルギーを獲得して気体になる．この気体が沸騰した水の泡なのだ．

水の融解や沸騰では，熱エネルギーは凝集力と競争をしている．これにより，分子が周囲の分子から引き離され，液体状態や気体状態に変化する．しかし，液体でも気体でも，水であることは変わらない．分子の中の化学結合を破壊しているわけではない．分子間にはたらく力に打ち勝っているだけなのだ．水分子の中の化学結合を切断するには，数千℃もの温度が必要である．

物質の融解や沸騰が起こる温度は，その物質を構成する分子や原子にはたらく凝集力の大きさに依存する．ダイヤモンド[*1]のように，分子や原子の凝集力が非常に強い物質は，高い融点と高い沸点をもっている．つまり，ダイヤモンドの中の原子を無理矢理引き離そうとすると，非常に大きなエネルギーが必要になるのだ．一方，マニキュアの除光液（アセトン）やガソリンのように，凝集力が弱い分子や原子からなる物質は，融点と沸点が低い．

室温（<25℃）よりも低い沸点をもつ分子は，室温では気体である．たとえば，ブタン（C_4H_{10}）は約0℃で沸騰するので室温では気体である．一方，ヘキサン（C_6H_{12}）は69℃で沸騰するので室温では液体である．ジエチルエーテルのような物質は室温付近に沸点をもち，寒い日には液体で，暑い日には気体になる．

ブタン

分子の凝集力の強さは分子の構造に関係しているので，分子の構造を学ぶことにより，凝集力の強さを見積もることができる．つまり，ある分子が室温で液体になりやすいのか，気体になりやすいのかを予想できるのだ．そのためには，次節で凝集力の種類について学ぶ必要がある．

復習12・1 物質Aは物質Bを構成する分子よりも強い分子間力をもつ分子でできている．沸点が低いのはどちらの物質か？

復習12・2 水の描像が示されている．三つの描像のうち，水が沸騰して蒸気になった様子を最もよく表すのはどれだろう？

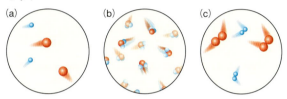

12・4　すべてを束ねる力

すべての固体と液体は，それを構成する分子や原子にはたらく凝集力によって束ねられている．私たち自身の身体は固体と液体の複雑な混合物なので，私たちですらこのような力によって束ねられているのだ．凝集力がなければ，すべての物質は気体として存在する．分子間にはたらく主要な凝集力は，強度が強くなるように列挙すると，分散力，双極子相互作用，水素結合である．

分　散　力

最も弱い凝集力は**分散力**（ロンドン力ともいう）であり，すべての原子や分子にはたらく．分散力は，原子や分子の電子雲がわずかに変動することにより生じる．分子や原子の中では，電子は必ずしも均等には分布しない．ある瞬間にわずかに電子が偏在することによって，図12・7(a)に示すような**瞬間双極子**が形成されるのだ．瞬間双極子は5章で学んだ極性結合と似ている．おもな違いは，極性結合

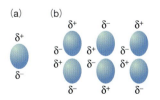

図12・7　(a) 原子や分子の電子雲のランダムな変動により瞬間双極子が形成される．(b) 一方の瞬間双極子の正極が他方の瞬間双極子の負極と相互作用するように配列する．

[*1] ダイヤモンドは，共有結合によって凝集する原子結晶の例である．共有結合はきわめて強力なので，ダイヤモンドの融点は数千℃になる．

が永久双極子であるのに対して，瞬間双極子は一瞬でしかないことだ．にもかかわらず，瞬間双極子は分子間にはたらく引力を生み出すことができる．ある分子や原子に瞬間双極子が生じると，図12・7(b) に示すように，その隣の分子や原子に瞬間双極子が誘起される．このように分子や原子は互いに引力を及ぼし合っている．つまり，瞬間双極子の正極は別の瞬間双極子の負極を引きつける．分散力の大きさは分子や原子の大きさに比例する．分子や原子が大きくなるほど，分散力は強くなる．さまざまな希ガス（表12・1）やアルカン（表12・2）の沸点を比較すると，沸点と分子量（もしくは原子量）の相関がわかりやすい．

表12・1　希ガスの沸点　原子量が大きいほど分散力も大きい．したがって，原子量が大きいほど沸点が高くなる．

希ガス	分子量（g/mol）	沸点（K）
He	4.0	4.2
Ne	20.2	27.1
Ar	39.9	87.3
Kr	83.8	119.8
Xe	131.3	165.0

表12・2　アルカンの沸点　アルカンでは，分子量が大きいほど沸点が高くなる．これは分子量が大きいほど分散力が大きくなるためである．

アルカン	分子量（g/mol）	沸点（K）
ペンタン	72.2	309
ヘキサン	86.2	342
ヘプタン	100.2	371
オクタン	114.2	399

分子量が大きくなると，凝集力は大きくなり，沸点は上昇する．しかし，表12・1と表12・2からわかるように，分子量だけでは沸点は決まらない．たとえば，クリプトン（モル質量83.8 g/mol）の沸点は119.8 Kだが，ペンタン（クリプトンのモル質量より軽い）の沸点は309 Kである．分子量（もしくは原子量）は，一連の似たような元素や化合物を比較する際に，分散力の大きさの指針として利用できるにすぎない．まったく異なる元素や化合物を比較する場合には利用できない．

双極子相互作用

双極子相互作用は**極性分子**がもつ凝集力であり，分散力よりも強い．極性分子には**永久双極子**がある．このため隣の分子との間で強い引力がはたらく．5章で学んだように，電気陰性度が異なる原子は**極性結合**を形成する．極性結合では，電子は結合に関与する二つの原子間で不均一に共有される．この結果，結合に関与する二つの原子に部分負電荷と部分正電荷がそれぞれ存在することになる（図12・8）．ただ，分子の極性結合は，分子全体の極性につながることもあれば，つながらないこともある．H-ClやH-Fのように，極性結合をもつ単純な二原子分子の場合は必ず極性分子になる．しかし，多原子分子の場合，極性結合が相殺されて分子全体としては無極性になることがありうる．たとえば，二酸化炭素（CO_2）には二つの極性結合（それぞれのC=Oは極性結合）がある．しかし，二酸化炭素は直線構造をもっているため（図12・9），二つの極性結合は相殺され，分子全体としては無極性になるのだ．

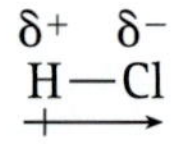

$$\overset{\delta+}{H}-\overset{\delta-}{Cl}$$

図12・8　異なる電気陰性度の原子が結合を形成すると，電子は不均一に共有される．この結果，結合に関与する二つの原子に部分正電荷と部分負電荷がそれぞれ存在することになる．

$$\overset{\leftarrow}{O}=C=\vec{O}$$

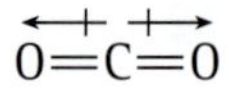

図12・9　二酸化炭素の二つの極性結合（C=O）は相殺され，分子全体としては無極性になる．

例題12・1　沸点を相対的に予想しよう

Cl_2 と Br_2 ではどちらが沸点が高いだろう？

［解　答］

Cl_2 と Br_2 はいずれもハロゲン分子なので，分散力の大きさは分子量に比例する．Br_2 は Cl_2 よりも分子量が大きいので，Br_2 の方が Cl_2 よりも沸点が高いと予想できる．

［解いてみよう］

C_8H_{18} と $C_{10}H_{22}$ ではどちらが沸点が高いだろう？

分子の極性の決定方法を思い出すために，§5・7を復習してみよう．有機化合物の場合，炭化水素，つまり炭素と水素だけからなる分子には極性がないことを思い出そう．したがって，メタン（CH_4）やヘキサン（C_6H_{14}），ベンゼン（C_6H_6）のような分子は無極性分子である．O-HやC-Cl，C-Fのような極性基をもつ有機化合物は極性分子である場合が多い（図12・10a）．ただし，すべての極性結合が相殺されるような幾何学的配置をもつ分子は無極性分子である（図12・10b）．

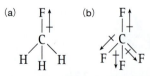

図12・10　(a) フルオロメタンでは，極性結合（C-F）は相殺されないので，分子全体として極性をもつようになる．(b) 四フッ化炭素では，四つの極性結合（C-F）が相殺されるので，分子全体としては無極性になる．

極性分子には永久双極子があるので，極性分子同士の間にはたらく凝集力は，無極性分子同士にはたらく凝集力よりも強い．永久双極子は，一方の双極子の正極が別の双極子の負極と相互作用するように配列する（図12・11）．そ

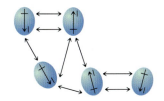

図12・11 極性分子では，分子の正極が別の分子の負極に引きつけられるので，強い凝集力がはたらく．

の結果，極性分子の沸点は，似たような分子量をもつ比極性分子よりも高くなる．エタンとホルムアルデヒドを考えてみよう．エタンは炭化水素なので無極性分子である．エタンにはたらく唯一の凝集力は分散力であり，これは比較的弱い．ホルムアルデヒドには，極性結合のC=Oが含まれている．ホルムアルデヒドには双極子相互作用がはたらくため，エタンよりも沸点が高くなる．

分　子	モル質量(g/mol)	沸点(℃)
エタン(CH_3CH_3)	30.0	−88.0
ホルムアルデヒド(CH_2O)	30.0	−19.5

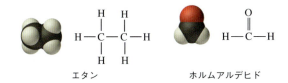

極性分子同士は互いに引きつけ合う．しかし，極性分子は無極性分子とはそれほど強く相互作用しない．これは巨視的に見ると劇的である．非常に極性が高い物質を無極性物質と混ぜるとどうなるだろう．たとえば，水とガソリンだとどうだろう？この二つは混ざらない．極性の高い水

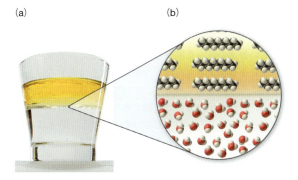

図12・12 (a) 油は無極性分子でできている．一方，酢は主として極性分子の水でできている．このため油と酢は二層に分離する．(b) 界面の分子の描像．水分子は極性をもっている．しかし，油を構成する分子は極性をもっていない．

分子は水分子とは引きつけ合うが，ガソリンを構成する無極性分子の炭化水素とは相互作用しない．水分子同士の強い相互作用の結果，ガソリンは水からはじき出されてしまうのだ．このように極性分子と無極性分子は互いに分離しやすいため，サラダドレッシングは常に2層に分かれる（図12・12）．サラダドレッシングは極性の高い水と無極性物質のサラダ油でできている．水だけで洗っても食器や洋服がきれいにならないのもこのためだ．石けんが入っていない水で洗っても，ベタベタした手はそのままなのだ．

分子の視点

Box 12・2　石けん：調整役の分子

極性分子の水は無極性分子の油を溶かすことができない．油にとっては，水は良い溶媒ではないのだ．しかし，石けんを加えれば，油は容易に水に溶けるようになる．洋服や肌に付いた油汚れは，石けん水で洗い流すことができる．これは，無極性分子の油と極性分子の水の両方に相互作用することができるという，石けんの特別な性質のおかげなのだ．石けん分子の一方の端は極性だが，もう一方の端は無極性である．

$$CH_3CH_2CH_2CH_2CH_2CH_2CH_2CH_2CH_2COO^-Na^+$$
無極性　　　　　　　　　　　　　　　　　極性

結果として，石けんは油と水の両方に対して凝集力をもっている．油汚れの付いた食器に石けん水を流すと，石けん分子の一方が油と結合する．

$$油・CH_3(CH_2)_7CH_2COO^-Na^+・水$$

石けん分子のもう一方は水に浸かったままである．つまり石けん分子は水と油の両方と強く結合して，両者のつなぎ役を務めている．このような石けんの特別な性質によって，食器に付いた油汚れは水に溶けて排水溝に流れるのだ．

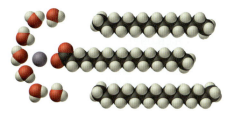

石けんの分子は水と油脂の両方と強く相互作用する

問　題：石油を製油所に運ぶタンカーが座礁すると，石油が海に流れ出すことがある．この石油は水と混ざるだろうか？流れ出した石油を除去する方法として，石けんを加えることは有効な方法といえるだろうか？なぜそう思うのか？あるいはなぜそう思わないのか？

例題 12・2　分子が極性かどうか予想しよう．

以下の分子のうち，極性分子はどれか？
(a) O_2　　　　(b) H–Cl
(c) $CHCl_3$　　(d) CH_3CH_3
(e) CH_3OH　(f) CCl_4

[解　答]
(a) O_2 は極性分子ではない．O_2 には極性結合がない．
(b) H–Cl は極性分子である．H–Cl には極性結合が含まれており，他の極性結合で相殺されない．
(c) $CHCl_3$ は極性分子である．$CHCl_3$ には三つの極性結合 (C–Cl) とわずかに極性をもった結合 (C–H) 一つが含まれている．これらは互いに相殺されない．
(d) CH_3CH_3 は炭化水素なので極性分子ではない．
(g) CH_3OH には極性結合 (O–H) が含まれているので極性分子．
(f) CCl_4 には四つの極性結合 (C–Cl) が含まれている．しかし，CCl_4 は対称性が高い四面体型の構造をもつため，極性結合が相殺される．したがって，CCl_4 は無極性分子である．

[解いてみよう]
以下の分子のうち，極性分子はどれか？
(a) HF　　　　(d) CH_3CH_2OH
(b) N_2　　　(e) $CH_3CH_2CH_2CH_3$
(c) CH_3Cl

水素結合

F や O，N と結合した H 原子をもつ極性分子には，**水素結合**という凝集力がはたらく．水素結合は分子間にはたらく凝集力であって，分子を形成する際に原子同士を結びつける"化学"結合と混同してはならない．水素結合をもつ分子からなる物質は高い沸点をもっている．この沸点は，分子量から推定される沸点よりもはるかに高い．たとえば，プロパンとエタノールを比べてみよう．

分　子	モル質量(g/mol)	沸点(℃)
プロパン($CH_3CH_2CH_3$)	44.1	–42.1
エタノール(CH_3CH_2OH)	46.1	78.5

エタノールの分子量は，プロパンよりもわずかに大きい程度だ．しかし，エタノールの沸点は，プロパンより 100 ℃ 以上も高い．エタノール分子の H 原子と隣のエタノール分子の O 原子との間には強い凝集力がはたらいている（図 12・13）．この強い凝集力が水素結合とよばれるものであり，高い沸点の原因なのだ．

エタンと硫化水素，メタノールについて考えてみよう．いずれも似たような分子量をもっている．エタンは無極性分子である．エタンには分散力しかはたらかないので，沸点が最も低い．硫化水素は極性分子である．硫化水素には双極子相互作用がはたらくため，エタンより沸点がわずか

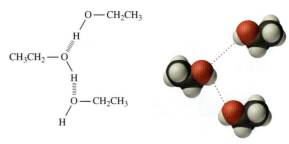

図 12・13　一方のエタノールの水素原子と他方のエタノールの酸素原子には，水素結合という強力な凝集力がはたらいている．

に高い．メタノールも極性分子である．ただ，メタノールは酸素原子と結合した水素原子をもっている．つまりメタノールには水素結合がはたらくのだ．そのため，メタノールの沸点は三つの化合物のなかで最も高い．そしてメタノールだけが室温で液体なのだ．

分　子	モル質量(g/mol)	沸点(℃)
エタン(CH_3CH_3)	30.0	–88.0
硫化水素(H_2S)	34.0	–60.3
メタノール(CH_3OH)	32.0	64.7

例題 12・3　沸点を相対的に予想しよう

つぎの分子のうち一つは室温で液体である．どれだろう？　その理由は？
　　　　CH_3　　CH_3OH　　C_2H_6

[解　答]
分子量は多少異なっているが，CH_3OH だけが水素結合をもつ．したがって CH_3OH が室温で液体である（沸点は CH_4：–161.5 ℃，CH_3OH：64.7 ℃，C_2H_6：–88.6 ℃）．

[解いてみよう]
つぎの分子のうち沸点が最も高いのはどれか？
　　　　NH_3　　Ne　　O_2　　NO

12・5　分子の匂い：香水の化学

新しい香水のびんを開けることを想像してみよう．心地よい匂いを想像するだろう．今度は香水を構成する分子に何が起こるのか考えてみよう．すべての液体がそうであるように，びんの中の分子は，熱エネルギーのために，動き回ったりぶつかり合ったりしている．しかし，香水は 1 種類の分子しか含まないような純粋な液体ではない．香水はさまざまな凝集力をもつ多数の分子の混合物なのだ．びんを開けたときに，最初に匂う分子は最も凝集力が弱い分子である．そのような分子は，室温でも周囲の分子の束縛から自由になれる分子であり，びんの中から空気中に拡散する．その分子を吸い込むと，鼻にあるセンサーと相互作用

して，その情報が脳に送られ，最終的に心地よい匂いとして解釈されるのだ．もちろん，多くの人々が心地よいと感じる匂いを見つけるのは簡単ではない．そこが香水産業の腕の見せどころなのだ．

蒸発しやすい液体は高い**蒸気圧**をもち，**揮発性**が高い．簡単には蒸発しない液体は蒸気圧が低く，**不揮発性**である．香水の構成成分とは異なり，水は蒸気圧が低い．水でも香水と同じように蒸発が起こる．ただ，水の蒸発速度が遅いだけなのだ．もし水の入ったコップを数日間放置しておくと，水の蒸発によって，水面が少しずつ下がっていく．すでに学んだように，表面の水分子はときどき大きなエネルギーを獲得し，液体を離れて気体になる．水の蒸発は香水の蒸発よりも遅い．水には水素結合がはたらいていて，比較的凝集力が強い．液体の分子は凝集力が強いほど自由になりにくい．結果として蒸気圧が低くなる．香水にはさまざまな分子が含まれていて，蒸気圧が高いものもあれば低いものもある．蒸気圧が高いものほど早期の匂いをつくり出し，蒸気圧が低いものほど長く続く匂いをつくり出す．このため，香水はつけてから数時間経つと匂いが変わるのだ．

もう一つの高揮発性液体の例が，アセトン（CH_3COCH_3）を主成分とするマニキュアの除光液である．アセトンは極性分子だが，水素結合はない．アセトンには水素原子はあるが，酸素に直接結合していないのだ．アセトンの凝集力は双極子相互作用である．室温で液体になり揮発性が非常に高いというアセトンの性質は，その凝集力で決まっている．アセトンを机の上に数滴こぼすと，すぐに蒸発する．アセトンの蒸発を観察すると，この現象の特徴がさらによくわかる．蒸発は吸熱反応なのだ．アセトンが皮膚に付いたとしよう．アセトンが蒸発するとき冷たく感じる．蒸発は熱を吸収し，皮膚の温度を下げるのだ．人間は汗の蒸発を使って自身の身体を冷ましている．身体が熱をもつと汗腺で汗がつくられる．この汗が蒸発するときに熱を吸収し身体を冷ますのだ．

復習 12・3 ペンタン，オクタン，デカンを等量含む混合液がある．この混合液をふたのないビーカーに入れて一晩放置しておいた．この混合液に含まれる三つの成分のそれぞれの量は，翌日の朝にはどうなっているだろう？

蒸発は吸熱反応なので，蒸発が起こると熱が吸収される．体温が上がって汗をかくと，汗が蒸発して身体が冷やされるのだ．

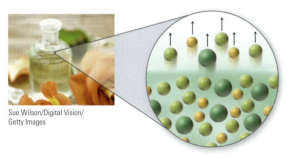

香水の中の分子には比較的弱い分子間力しかはたらいていない．このため，多くの分子が液体状態から離脱し，周囲の空気中に拡散する．

分子の視点

Box 12・3　ガソリンの劣化

芝刈り機やリーフブロワーのような園芸機器に使うために，ガソリンを家に貯蔵することがある．ガソリンの容器のふたを開けておくと，時間が経つにつれてガソリンが劣化してしまう．このように劣化したガソリンは，新しいものほど簡単には着火できないし，芝刈り機に入れても始動しづらくなる．

問　題：ガソリンが劣化するときに，何が起こるのだろう？ 分子の視点で理由を考えてみよう．（ヒント：ガソリンは複数の炭化水素の混合物である）

12・6　溶　　液

溶液とは2種類以上の物質からなる均一な混合物（§1・7参照）のことである．ガソリン，海水，コーヒー，血液はいずれも溶液の例だ．溶液の主要な構成要素が**溶媒**であり，少数要素は**溶質**とよばれている．たとえば，砂糖水は砂糖（溶質）と水（溶媒）から成り立っている．本書では，水溶液，つまり水を溶媒とする溶液に特に焦点を当てる．混ぜれば何でも溶液になるわけではない．たとえば，水と油はいくらかき混ぜても分離したままだ．溶液になるかどうかは，混合物の構成要素の間の相互作用に依存している．もし構成要素が互いに引き合うのであれば，溶液ができる．砂糖と水を混ぜると溶液ができるのは，砂糖分子と水分子が両方とも極性分子であり，互いに引き合うからなのだ．

濃度は溶液の重要な特性である．濃度とは溶媒の総量に対する溶質の量のことをいう．濃度を表すためによく使われるのが，**重量百分率**と**体積百分率**である．たとえば，重量百分率5%の砂糖溶液には，溶液100gに対して砂糖5gが含まれている．体積百分率3%の酢酸溶液には，溶液100mLに対して酢酸3mLが含まれている．

モル濃度(M)も濃度の表記によく使われる．これは，溶質の物質量(mol)を溶液の体積(L)で割って得られる．

$$モル濃度(M) = \frac{溶質(mol)}{溶液(L)}$$

非常に濃度が低い場合によく使われるのが，百万分率(ppm)である[*2]．溶液では，百万分率は以下のように溶質と溶液の重量を用いて表すことが多い．

$$ppm = \frac{溶質(g)}{溶液(g)} \times 10^6$$

濃度に関する四つ目の一般的な単位は mg/L である．これは溶液の体積 (L) に対する溶質の重量 (mg) で表される．1 L の水溶液は約 1000 g に相当するので，計算上では mg/L は ppm と同等である．

$$mg/L = \frac{溶質(mg)}{溶液(L)}$$

例題 12・4　溶液のモル濃度

20 g の NaCl を水に溶かして 500 mL の水溶液を作る．この塩化ナトリウム水溶液のモル濃度を計算せよ．

[解　答]
まず NaCl の物質量(mol)を計算し，水溶液の体積で割る．

$$20\,g \times \frac{1\,mol}{58.4\,g} = 0.34\,mol$$

$$M = \frac{0.34\,mol}{0.500\,L} = 0.68\,M$$

[解いてみよう]
40 g の砂糖（分子量：342 g/mol）を水に溶かして 200 mL の水溶液を作る．この水溶液のモル濃度を計算せよ．

例題 12・5　体積とモル濃度から溶質の量(g)を求めよう

0.53 M の NaCl 水溶液 2.8 L には何 g の NaCl が含まれているか計算せよ．

[解　答]
モル濃度の単位は mol/L である．したがって，モル濃度は mol と L の変換因子である．体積とモル濃度を使って NaCl の物質量(mol)を求め，NaCl の分子量 (58.4 g/mol) を使って NaCl の量(g)を計算する．

$$2.8\,L(溶液) \times \frac{0.53\,mol\,NaCl}{L(溶液)} \times \frac{58.4\,g}{mol} = 87\,g\,NaCl$$

[解いてみよう]
0.78 M の NaF 水溶液 1.3 L には何 g の NaF が含まれているか計算せよ．

例題 12・6　溶液の濃度を ppm で計算しよう

100.0 g の硬水のサンプルに 0.012 g の炭酸カルシウム (CaCO$_3$) が含まれている．炭酸カルシウムの濃度を ppm で計算せよ．

[解　答]

$$\frac{0.012\,g\,CaCO_3}{100.0\,g(溶液)} \times 10^6 = 120\,ppm$$

[解いてみよう]
75.0 g の水道水のサンプルに 8.1×10^{-5} g のフッ化ナトリウム(NaF)が含まれている．フッ化ナトリウムの濃度を ppm で計算せよ．

例題 12・7　溶液の濃度を mg/L で計算しよう

250 mL の水道水のサンプルに 0.38 mg の鉛が含まれている．鉛の濃度を mg/L で計算せよ．

[解　答]
まず，mL を L に変換する．

$$250\,mL \times \frac{1\,L}{1000\,mL} = 0.250\,L$$

つぎに，鉛の量(mg)を溶液の体積(L)で割る．

$$\frac{0.38\,mg}{0.250\,L} = 1.5\,mg/L$$

[解いてみよう]
400 mL の水道水のサンプルに 0.22 mg の銅が含まれている．銅の濃度を mg/L で計算せよ．

12・7　水：変わり者の分子

水は地球上で最もありふれた液体である．水は河川や湖，海洋，雲，氷，雪の主成分であり，すべての生命体にとって不可欠の構成要素である．さらに，水はきわめて特殊な分子でもある．水の分子量はたった 18.0 g/mol なのに，室温で液体なのだ．沸点も 100 ℃ とかなり高い．水と同程度の分子量をもつ化合物のなかに，水ほど高い沸点をもつ分子はない．たとえば，窒素（分子量＝ 28 g/mol）や酸素（分子量＝ 32 g/mol），二酸化炭素（分子量＝ 44 g/mol），アルゴン（原子量＝ 40 g/mol）の分子量は水よりも大きい．しかし，いずれも室温では気体なのだ．水は生命の中心でもある．地球では，水があるところには，どこにでも生命が存在する．木星の衛星エウロパのように，液体の水が存在する惑星が地球以外に太陽系にあるかもしれない，そこには生命が存在するかもしれないと考える科学者もいる．

[*2] 百万分率(ppm)は百分率(％)に似ている．百分率は 100 分の 1 である．1％の溶液は 1 g の溶質が 100 g の溶液に溶けていることを意味する．1 ppm の溶液とは 1 g の溶質が 1,000,000 g の溶液に溶けていることを意味するのだ．

水の特殊性はその構造に関係がある（図12・14）．水は非常に極性が高い．しかも，他の水分子と水素結合を形成できるO-H結合を二つもっている（図12・15）．水が気体になるには，水素結合が切断されて水が自由にならなくてはならない．これには非常に大きなエネルギーが必要だ．水の沸点が高いのはこのためなのだ．

図12・14　水の構造．

水は自然のどこにでもある．

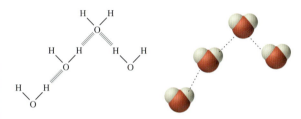

図12・15　液体の水では水素結合が形成されている．

水にはもう一つ特殊な性質がある．水以外の液体は凍ると体積が小さくなるが，水は凍ると膨張する．水のこの性質は氷の結晶構造に関係している（図12・16）．水素結合のため，水が凍ると六角形の結晶構造をとる．この結

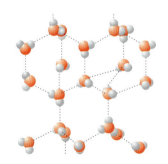

図12・16　氷で形成される水素結合．氷の結晶構造が原因で，氷は液体の水よりも密度が小さい．

晶構造における水分子間の距離は，液体の場合に比べてわずかに長い．そのため，氷の体積は液体の水よりも大きい．一見単純に思えるこの性質は，非常に大きな影響を地球に与えている．氷の方が液体の水よりも密度が小さいため，氷は水に浮かぶ．結果として，海に氷山はできるが，海底まで凍ることはない．冬になって湖の表面に薄い氷の層ができると，それよりも深いところは断熱されて凍らなくなる．そのおかげで，水生生物は冬も生き延びることができるのだ．もし氷が水に沈む性質をもつならば，湖全体が凍結し，水生生物は絶滅を余儀なくされるだろう．

山の浸食にも氷の膨張は関係している．日中，岩石のひび割れに流れ込んだ水は，夜になるとゆっくり凍結する．岩石の割れ目で氷が膨張するときに発生する力は，大きな岩を動かすのに十分なほど大きい．このため，早朝に山道を自動車でドライブするのは危険である．早朝は温度が最も低く，水が凍って大きな岩が落石を起こす危険性が最も高いのだ．

氷の膨張は生物組織の細胞の損傷にも関係している．細胞の中の水が凍ると細胞を破裂させる．レタスやブロッコリーを冷凍庫に入れた経験があれば，細胞の破裂の影響を目にしたことがあるだろう．解凍すると野菜がグニャグニャになるはずだ．冷凍食品産業では，**急速冷凍**という方法を使って，凍結によって起こる損傷を最小限にしている．水分子が規則正しく配列して理想的な結晶構造をとる前に，非常に速く食品を凍結させるのだ．この急速冷凍によって氷の膨張が抑えられ，細胞の破裂が防げる．

一度冷凍したレタス（右）は元の状態（左）には戻らない．冷凍によって水が細胞の中で膨張し，レタスの細胞を破壊するからだ．

水のもう一つの特殊な性質は，多くの有機化合物や無機化合物を溶解できることである．水は生命に重要な化学反応にとって最も基本的な溶媒である．さらに，栄養分や生物学的に重要な分子を体中に送達する役割をもっている．人間は食料がなくても1カ月以上生きることができるが，水がなければ数日で死んでしまう．

12・8　水：どこにあるのか？なぜそこにあるのか？

　地球の表面の2/3は海で覆われており，地球の水のほとんど（97.4%）は海にある．残りの2.6%は主として極地の氷冠，氷河，地下水である．地球上のすべての水のうち，湖や河川に存在する水は，わずか0.014%である．つまり，使いやすい水は，このほんのわずかな量だけなのだ．

　地球の水はどこから来たのだろう？　地質学者の多くは，地球上の水は火山の噴火に起因すると考えている．原始地球では，火山の噴火により大気中に膨大な量の水が放出された．ただ，原始地球の表面は非常に熱いので，放出された水は凝結できない．つまり原始地球では，大気中に放出された水によって分厚い雲が形成され，地球のほとんどがこの雲で覆われていたのだ．やがて地球の表面の温度が下がると，原始地球で分厚い雲を形成していた水が凝結し，土砂降りの雨として地上に降る．雨は標高の低いところに集まり，そこが海になった．地球の表面の大部分は水で覆われている．しかし，海は地球の大きさに比べると比較的浅い．地球をゴルフボールの大きさだとすると，最も深い海でもゴルフボールのくぼみよりも浅い．

地球をゴルフボールの大きさだとすると，最も深い海でもゴルフボールのくぼみよりも浅い．

陸水は海からやってくる（図12・17）．このような海と陸との水のやりとりを**水循環**という．水循環ではまず，太陽光のエネルギーによって海の水が蒸発し，不揮発性の塩が後に残る．蒸発により生成した淡水は大気中で雲として集合し，最終的には凝結して雨となる．雨の大部分は海に降るが，その一部は陸地に降り，雪や氷，湖，河川，陸水として陸地にたまっていく．この陸水はやがて海に戻っていき，水循環は完結する．

12・9　水：純粋なのか？汚染されているのか？

　水質は人間の健康にとって重要である．世界の病気の約80%に水が関係している．私たちは1日に約2Lの水を飲むので，わずかでも有害な物質が飲料水に含まれていると，長い期間では大きな影響が出てくる．ところで，純粋な水とは何だろう？　汚染された水とは何だろう？　飲料水について説明する際に，純粋とか，精製されたとか，蒸留されたとか，消毒されたなどのさまざまな表現が使われる．それぞれどう理解すればよいのだろう？

　まず，"純粋"な水というものは，身の回りにはほとんどない．身の回りの液体と同様に，水にはさまざまな元素や化合物が含まれている．身の回りの水は水溶液なのだ．純粋な水は化学の実験室でのみつくることができる．そこで，どんな物質が飲料水に潜んでいるのかに焦点を当ててみよう．たとえば，カルシウムイオンやマグネシウムイオンは私たちの身体に良いものだ．一方，細菌や鉛は有毒なものだ．

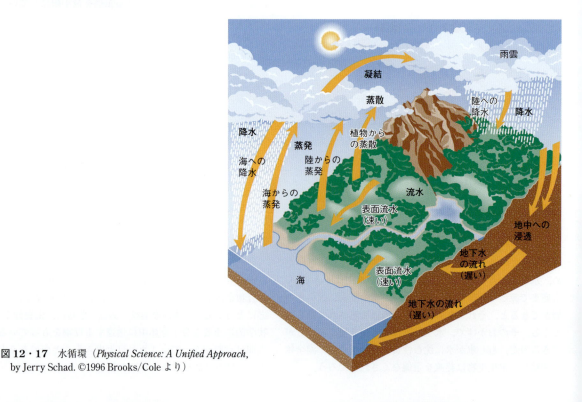

図12・17　水循環（*Physical Science: A Unified Approach*, by Jerry Schad. ©1996 Brooks/Cole より）

12・10 硬水: 健康には良いが配管には悪い

水道水に含まれる最も一般的な不純物はカルシウムイオンとマグネシウムイオンである．この二つのイオンは，水が石灰岩質の土壌を通過する際に供給される．カルシウムイオンとマグネシウムイオンはいずれも必要な栄養分であり，サプリメントを服用する人も多い．カルシウムとマグネシウムが豊富な水を**硬水**という．水に含まれるすべてのカルシウムイオンが炭酸カルシウムになると仮定して，硬水の程度（硬度）を計算することができる．

分類	硬度（ppm $CaCO_3$）
硬度がきわめて低い（軟水）	<15
硬度が低い（軟水）	15〜50
中程度の硬度	50〜100
硬度が高い（硬水）	100〜200
硬度がきわめて高い（硬水）	>200

硬水は健康には悪影響がないが，困った特性がある．硬水に含まれるカルシウムとマグネシウムが，配管や固定具，調理器具，食器に白いうろこのような沈殿物を残すのだ．硬水は石けんの泡立ても悪くする．カルシウムイオンとマグネシウムイオンが石けんと反応し，油脂を溶けにくくする．この反応物はぬるぬるした膜のようなもので，皮膚や浴槽に付着して"汚れの輪"を残す．

このような作用を避けるために，硬水軟化装置を家庭に導入する人もいる．この装置には塩化ナトリウムが充填されていて，硬水に含まれるカルシウムイオンとマグネシウムイオンをナトリウムイオンで置き換えるのだ．ナトリウムイオンはうろこのような沈殿物をつくらず，石けんとも反応しない．しかし，ナトリウムイオンは高血圧のリスクを上昇させるので，血圧の高い人や心臓に問題を抱える人は使わない方がよい．

硬水を使うと配管や固定具に白いうろこのような沈殿物が残る．

> **例題 12・8　不純物の濃度 (ppm) から不純物の量 (g) を計算しよう**
>
> 55.0 ppm の $CaCO_3$ を含む硬水のサンプルがある．この水を 1.50 L 飲むと，何 g の $CaCO_3$ を消費したことになるか計算せよ．なお，水の密度は 1.00 g/mL とする．
>
> [解　答]
>
> 55.0 ppm という $CaCO_3$ の濃度は，10^6 g の水に 55.0 g の $CaCO_3$ が含まれていることを意味する．つまりこの濃度は，水(g) と $CaCO_3$(g) の変換因子なのだ．まず，水の体積(1.50 L)を質量(g)に変換する．
>
> $$1.50\,\cancel{L}\,(水) \times \frac{1000\,\cancel{mL}}{1\,\cancel{L}} \times \frac{1.0\,g}{\cancel{mL}} = 1.50 \times 10^3\,g\,(水)$$
>
> つぎに，水の質量(g)から $CaCO_3$ の質量(g)を得る．
>
> $$1.50 \times 10^3\,\cancel{g\,(水)} \times \frac{55.0\,g\,CaCO_3}{1 \times 10^6\,\cancel{g\,(水)}}$$
>
> $$= 8.25 \times 10^{-2}\,g\,CaCO_3$$
>
> [解いてみよう]
>
> 2.0 ppm の NaF を含む水溶液がある．この水溶液 25 L には何 g の NaF が含まれるか計算せよ．

この分子に注目

Box 12・4　トリクロロエチレン (TCE)

化学式: $CCl_2 = CHCl$
分子量: 131.4 g/mol
融　点: $-84.8\,°C$
沸　点: $86.7\,°C$
三次元構造:
ルイス構造:

トリクロロエチレンは無色透明の液体である．塩化炭化水素なので，比較的活性が低く，不燃性でもある．トリクロロエチレンはわずかに極性をもっており，少量であれば水に溶ける．このためトリクロロエチレンは油，塗料，ニスの溶媒や油性洗浄剤として利用されている．さらに，ドライクリーニング業界や化学業界，製薬業界でも広く利用されている．

トリクロロエチレンにさらされるとアルコールで酔ったような症状が現れる．高レベルのトリクロロエチレンにさらされると死に至る．低レベルのトリクロロエチレンでも，長期間にわたってさらされると，がんのリスクが増加すると考えられている．

トリクロロエチレンは米国環境保護庁が水道水に含まれる濃度をコントロールしている化合物の一つである．現行の法律では，水道水に含まれるトリクロロエチレンの濃度は 0.005 mg/L 以下であることが求められている．（訳注: 日本の水質基準では 0.01 mg/L）．

12・11 生物学的汚染

河川の近隣地域などへの生物廃棄物の投棄によって，地表水や地下水の生物学的汚染が起こっている．この場合の汚染物質は，肝炎やコレラ，腸チフス，赤痢をひき起こす微生物である．このような疾患の多くは，先進国ではすでに撲滅されている．しかし，発展途上国や第三世界の国々では，依然として深刻な水質汚染の問題として残っている．

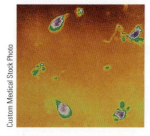

ジアルジアのような微生物で水が汚染されると，胃腸の疾患がひき起こされる．

北米でときどき問題になる生物学的汚染には，ジアルジアやレジオネラのような微生物とさまざまなウイルスがある．ジアルジアとウイルスは主として人や動物の糞尿廃棄物が原因である．もし身体に侵入すると，これらは胃腸疾患をひき起こす．レジオネラは天然水にときどき含まれており，レジオネラ症（肺炎に似た急性呼吸器感染）をひき起こす．飲料水の生物学的汚染はただちに人間に健康被害をもたらす．生物学的に汚染された水は，飲む前に沸騰させる必要がある．数分間沸騰させることにより，ほとんどの微生物は死ぬ．

12・12 化学的汚染

汚染をひき起こす化学物質はさまざまな経路から地下水に入る．たとえば，産業廃棄物の投棄によって河川が汚染されると，地下水が直接的に汚染される．また，工場からの有害気体の排出によって間接的に地下水が汚染されることもある．農業で利用する殺虫剤や肥料も問題である．これらは降雨によって土壌中に拡散し，最終的に飲料水の供給源を汚染することがある．家庭からの排水，塗料，油も水質汚染の原因になっている．水質汚染をひき起こす化学物質をつぎの三つに分類しよう：有機物質，無機物質，放射性物質．

有機汚染物質

米国環境保護庁では，水質を汚染する有機物質を揮発性有機物質と不揮発性有機物質の二つに分類している．揮発性の有機汚染物質には，ベンゼンや四塩化炭素，塩化炭化水素の多くが含まれる．不揮発性の有機汚染物質には，エチルベンゼン，クロロベンゼン，トリクロロエチレン(TCE)がある．どちらの種類の有機汚染物質も肥料やガソリン，殺虫剤，塗料，溶媒を起源としている．このような有機汚染物質が身体に入ると，がんのリスクが上昇し，肝臓，腎臓，中枢神経系に悪影響が生じる．

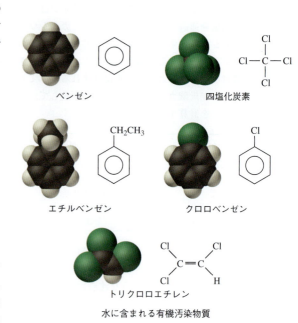

水に含まれる有機汚染物質

無機汚染物質

無機汚染物質には，アスベストのように，がんをひき起こす物質が含まれる．アスベストは天然鉱床や貯水システムのセメントから水の中に浸出する．硝酸イオンも無機汚染物質である．硝酸イオンは動物廃棄や肥料，汚染処理タンク，下水から水に混入する．硝酸イオンは，特に1歳未満の子どもには非常に危険で，硝酸イオンを摂取するとチアノーゼを起こす．硝酸イオンが赤ちゃんの血液のヘモグロビンと反応し，ヘモグロビンが酸素を運べなくなるのだ．硝酸イオンは不揮発性なので，水を煮沸しても取除くことができない．硝酸イオンで汚染された水を煮沸すると，硝酸イオンの濃度がさらに高くなってしまう．煮沸によって水はいくらか蒸発するが，不揮発性の硝酸イオンは揮発せずに水の中に残る．このため，硝酸イオンの濃度が高くなるのだ（図12・18）．

水銀や鉛のような金属も無機汚染物質である．水銀や鉛は腎臓や中枢神経系に悪影響を及ぼす．水銀は天然鉱床やバッテリー，電気スイッチから水に混入する．鉛は主として古い家屋の配管から水に混入する．1986年以降の配管設備では，鉛を含まない配管，はんだ，融剤を使用しなくてはならない．しかし，古い配管設備には依然として大量に鉛が含まれている．

古い配管の家屋や建物に住んでいる場合には，つぎの二つを実行することにより，鉛の摂取を最小限にすることができる．一つ目として，蛇口をひねってしばらく水を流し，水が冷たくなるまで待って採水する．場所にもよるが，5

秒から数分かかるかもしれない．これにより，配管の中に長くとどまって鉛を含んだ水を流し切ることができる．二つ目として，鉛は冷たい水よりも熱い水に溶けやすいので，飲み水には冷たい水道水だけを使うことだ．特に乳児用ミルクをつくるときはそうした方がよい．熱い水が必要なら，冷たい水道水をコンロで熱すればよい．以上の二つを実行することにより，飲料水からの鉛の摂取を最小限にでき，家族の健康を守れる．

<u>復習 12・4</u>　古い家屋には鉛の配管が使われている．この配管を通って出てきた水を飲む前に煮沸すべきだろうか？その理由は？

放射性汚染物質

ウラン鉱床の多い地域では，放射性不純物によって水が汚染されることがある．この場合，ウランやラジウム，ラドンなどが汚染物質であり，いずれも天然起源である．放射性汚染物質を摂取するとがんのリスクが高まる．2011年の福島第一原子力発電所で起こったような原子力事故でも，飲料水の汚染が起こることがある．記憶に新しい出来事として，福島での事故では，放射性物質による水質汚染が起こった．日本政府は，東京の水道水が幼児の飲料水としては安全でないと発表した．ただ，後日行われた再調査の結果，水道水に含まれる放射性汚染物質の濃度は低下し，上述の警告は短期間で解除された．

12・13　水質を保証する：飲料水安全法

すべての米国民に対して高い水質を保証するために，米国連邦議会は 1974 年，飲料水安全法を成立させた[*3]．1986 年の改正飲料水安全法によって，米国環境保護庁は，公共の飲料水に含まれる可能性のある 90 種類の汚染物質に対して，最大汚染濃度を設定できるようになった（表 12・3）．15 以上の団体や 25 人以上に水を供給する公共水道事業主には，水道水の定期的な水質検査が義務づけられている．米国環境保護庁が定める最大汚染濃度を越えた汚染物質が一つでもあれば，速やかに汚染物質を除去しなくてはならない．さらに公共水道事業主は，管轄の州当局と消費者に，汚染について報告する義務がある．消費者には地方のメディア経由で周知されたり，直接手紙で知らされる場合もある．消費者に対して，水道水の安全利用について説明することも義務づけられている．生物学的汚染と硝

例題 12・9　汚染物質の濃度 (mg/L) と水の体積から汚染物質の量を求めよう

45 L の水の中に 0.12 mg/L のクロロベンゼンが含まれている．クロロベンゼンの量 (mg) を計算せよ．

[解答]

クロロベンゼンの濃度 (mg/L) を水の体積 (L) とクロロベンゼンの質量 (mg) の変換因子として用いる．

$$45\,L(水) \times \frac{0.12\,\text{mg}(クロロベンゼン)}{L(水)}$$

$$= 5.4\,\text{mg}(クロロベンゼン)$$

[解いてみよう]

185 L の水の中に 15 mg/L の硝酸塩が含まれている．硝酸塩の量 (mg) を計算せよ．

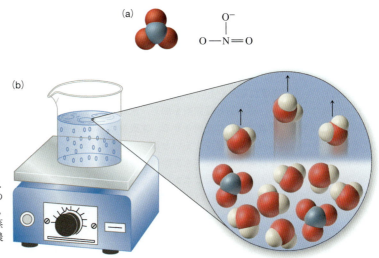

図 12・18　(a) 硝酸イオン（NO_3^-）．(b) 硝酸イオンのような不揮発性の物質を含んだ水溶液が沸騰すると，水分子は蒸発するが硝酸イオンは蒸発しない．そのため，硝酸イオン濃度は高くなる．

[*3]　日本では，水道法に基づく水質基準が定められている．

酸イオンによる汚染の場合は，ただちに健康に影響する．それ以外の汚染物質の最大汚染濃度は，生涯期間での安全を念頭に設定されている．しかも，多少余裕をもって設定されるのが一般的である．米国環境保護庁によれば，最大汚染濃度をわずかに上回る濃度の汚染物質を摂取しても，それが短期間であれば有害ではないとしている（ただし，生物学的汚染と硝酸イオンによる汚染は例外である）．

ジアルジアや鉛のような汚染物質については，米国環境保護庁は公共水道事業主に対して，水処理施設から水道へ輸送する過程の汚染を防止するための物質を水に添加することを求めている．

表 12・3　飲料水の最大汚染濃度（米国環境保護庁）

汚染物質	最大汚染濃度(mg/L)
生物学的汚染	
ジアルジア	ゼロ
レジオネラ	ゼロ
揮発性有機汚染物質	
ベンゼン	0.005
四塩化炭素	0.005
1,1,1-トリクロロエタン	0.2
トリクロロエチレン	0.005
不揮発性有機汚染物質	
クロロベンゼン	0.1
ジブロモクロロプロパン	0.0002
ダイオキシン	3.0×10^{-8}
無機汚染物質	
水銀	0.002
硝酸塩	10
鉛	ゼロ
銅	1.3
放射性汚染物質	
ウラン	0.03

残留するので，水処理施設から水道に水が送られた後も，生物学的汚染も防ぐことができる．

生物学的汚染を防ぐために，オゾンを入れたり紫外(UV)光を照射することがある．いずれも水に含まれる細菌を殺菌する方法である．しかし，オゾンは分解して酸素になってしまう．紫外光は処理施設での殺菌に限定される．したがってこの二つの方法は，処理施設より先の配管や貯水タンクで起こる生物学的汚染には対処できない．最後に，水が酸性だった場合は中和処理を行う．酸性の水は，配管に含まれる鉛や銅のような金属を溶かしやすいので，必ず中和する必要があるのだ．虫歯を防止するために，水に少量のフッ素を添加する給水域も多い．

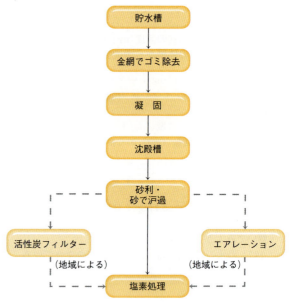

図 12・19　水の処理過程

12・14　公共の水処理

飲料水に関する米国環境保護庁の基準を満たすために，公共水道事業主は水の精製と処理を行ったうえで水道に水を届けている（図 12・19）．まず，貯水槽の水を目の細かい金網に通して，水に含まれる魚やその他の水生生物，葉，枝，ゴミ，破片を取除く．そのあと凝固剤を加え，水の中の不純物を凝固させて浮遊させたり沈殿させる．沈殿物は沈殿槽で取除き，浮遊物は水の表面ですくいとる．

つぎに，残った粒子を取除くために，水を砂利や砂に通して沪過する．表面積の大きい活性炭に水を通して処理する地域もある．有機分子が活性炭の表面に吸着するので，有機分子を取除けるのだ．活性炭は定期的に処理すれば何度も利用できる．この次にエアレーションという処理が行われることがある．水を噴霧して細かい霧状にし，揮発性の不純物を揮発させるのだ．つぎに塩素で処理して，生物学的汚染をひき起こす細菌を殺す．なお，塩素は水の中に

12・15　家庭での水処理

水道水の水質を家庭でさらに向上させるために，さまざまな家庭用水処理システムが販売されている．本当に家庭用水処理システムが必要なのかと疑問に思うかもしれない．そもそも水道水はそのまま飲んでも大丈夫なのか？ 公共の水道を利用している場合，健康を守るという意味では，家庭での水道水の処理は必要ないと米国環境保護庁は考えている．つまり家庭用水処理システムを利用する場合の目的は，水道水の硬度が高すぎるので低くするとか，透明度が低い水道水を透明にする，まずい水道水を美味しくするなど，健康を守る以外のことになるだろう．公共水道事業主から特別の説明がないかぎり，水道水をそのまま一生飲み続けても安全だと米国環境保護庁は主張している．

しかし，米国環境保護庁の主張に賛同できないという意見は多い．米国環境保護庁の主張に異議を唱える人たちは，少なくとも清潔で美味しい水を使うためには，家庭で

12・15 家庭での水処理

水道水の処理を行うことが必要だと考えている．さらに彼らは，公共水道事業主が見落とした有害な化合物を家庭で取除くことも重要だと考えている．

活性炭フィルター

家庭での水道水の処理で最も安価なのは活性炭フィルターである．活性炭フィルターには，化学処理によって表面が清浄になった細かい炭素粒子が含まれている．水道水の不純物が炭素粒子の清浄な表面に吸着するのだ（図12・20）．活性炭フィルターは，特に水道水の不快な味と臭いの原因となる有機性不純物と塩素の除去に効果的である．ただ，活性炭フィルターには寿命がある．炭素の表面が最終的にはすべて不純物で覆われて，吸着能力を失ってしまうからだ．定期的に新しい活性炭フィルターに取替える必要がある．

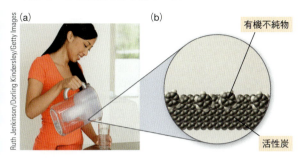

図12・20 (a) 水道水の不快な味や臭いを除去するために，写真にあるようなフィルターを水道の蛇口に取付けて利用することがある．(b) 活性炭フィルターは，水道水に含まれる有機不純物を吸着する．有機不純物は活性炭の表面にくっつくのだ．

硬水軟化装置

最も一般的な家庭用水処理システムは，おそらく硬水軟化装置だろう．このシステムでは，**ゼオライト**というイオン交換物質で硬水を処理するのだ．ゼオライトは金属イオ

考えてみよう

Box 12・5　米国環境保護庁の批判

米国環境保護庁と米国環境保護庁に権限を与えている立法府の議員は，水質問題に関して批判を受けることがある．産業界や経済界では一般に，現状の水質は十分よいので規制を緩和してほしいと考えている．彼らは顧客に提供するサービスのコストを最小限にしたいのだ．一方，環境団体では一般に，水質はまだ改善の余地があり，産業界や経済界にはさらに規制を求めるべきと考えている．

たとえば，天然資源保護協議会と環境ワーキンググループは1995年に刊行した報告書の中で，5300万人以上の米国人が鉛，大腸菌，有毒な化学物質で汚染された水道水を飲んでいると述べている．さらに，汚染された水道水によって年間1200人が死に至り，700万件以上の健康被害が起こっていると報告されている．

1995年6月2日のワシントンポスト紙には環境ワーキンググループの座長によるつぎのような発言が掲載されている．"われわれの調査は，水質保全に関する法律はさらに強化すべきであり，緩和すべきではないことを物語っている．これが米国の現状なのだ．"

一方，報告書を人騒がせだと批判する人もいる．ワシントンポスト紙は米国水道協会の会長の発言も掲載している．"米国民は，飲料水の安全のためであればお金を払う．しかし，効果がない対策にはお金を払いたくないのだ．"

究極的には，地域の水道事業者が採用すべき規制の程度は，立法に携わる政治家を選ぶ市民の手にゆだねられている．科学者はデータを提供することはできる．しかしすべての測定には不確実性が伴っている．科学者は不確実なことに慣れているが，大衆はしばしば白黒のはっきりした答えを求めたがる．明確な答えを出せないことは，よくあることなのだ．

覚えておかなくてはならないのは，科学者は途方もなく少量の不純物まで測定できることだ．たとえば，米国の米国環境保護庁は，飲料水に含まれるトリクロロエチレンの濃度を0.005 mg/L以下にすることを求めている．この基準だと，200,000 Lの水を飲んでやっと1 gのトリクロロエチレンを摂取することになる．これは裏庭の水泳プールの水の量に相当する．ちなみに，トリクロロエチレンの致死量は，ラットでの実験結果から外挿すると，500 gである．つまり水泳プール500杯分の水を飲めば致死量に相当するトリクロロエチレンを摂取することになる．

トリクロロエチレンを500 g摂取すれば即死する．ただ，より少量でも長期間摂取すると他の影響が現れる可能性がある．マウスを使った実験では，トリクロロエチレンが発がん物質であることがわかっている．つまり，トリクロロエチレンは少量でもがんのリスクを増加させるのかもしれないのだ．しかし，それがどの程度の量なのか，まだわかっていない．政治家や監督官庁が直面する最も困難な問題は，不確実性に対して何をすべきかということなのだ．用心しすぎるくらい用心せよという格言がある．しかし，経済的な理由によって，必ずしも必要でない規制の程度は制約を受けてしまう．

質問：この問題をどう思うだろう？　規制を強化した方がよいだろうか？　それとも緩和すべきだろうか？　なぜそう思うのか？　水質が期待したよりも低かったという経験をしたことがあるだろうか？

ンを含んだ鳥かごのような形状をもつ固体物質である．ゼオライトにははじめナトリウムイオンが含まれている．このナトリウムイオンが硬水に含まれるカルシウムイオン，マグネシウムイオンと交換するので，硬水を軟水に変えることができるのだ．しばらく使っていると，ゼオライトの中にはナトリウムイオンがなくなり，カルシウムイオンとマグネシウムイオンがたまってくる．高濃度の塩化ナトリウム水溶液をゼオライトに流すことにより，逆のイオン交換を行い，ナトリウムイオンを含んだゼオライトを再生することができる．

逆浸透

化学浸透は，水が低濃度溶液から高濃度溶液に流れ込む自然現象である．浸透セルを使うと化学浸透を理解しやすい（図12・21）．浸透槽では半透膜で2種類の溶液が仕切られている．半透膜は水は透過できるが溶質は透過できない．塩水と純水が浸透槽のそれぞれ異なる側に入っているとすると，化学浸透によって，純水が半透膜を通り抜けて塩水に入り，塩水の液面が上がるのだ．

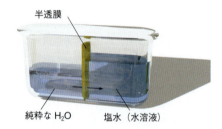

図12・21 浸透槽では，半透膜を通して，純粋な水を含む側から塩水側に水が流れる．

逆浸透（図12・22）では，浸透槽の塩水側に圧力をかける．つまり，上述の化学浸透とは逆方向，つまり塩水を純水の方向に動かそうとするのだ．このとき塩水の中の水は半透膜を透過できる．しかし溶質は透過できない．結果として，塩水から純水を得ることができるのだ．このように逆浸透で水道水を精製できる．逆浸透は海水から淡水を生産する脱塩工場でも，さらに大きな規模で利用されている．

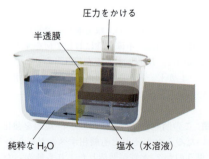

図12・22 逆浸透では，浸透槽の塩水側に圧力をかけ，塩水を純水の方向に動かす．塩水の中の水は半透膜を透過できるが，溶質は透過できない．

キーワード

凝集力	揮発性
蒸発	不揮発性
結晶性固体	溶液
結晶構造	溶媒
融点	溶質
凝固点降下	濃度
沸点	重量百分率
分散力	体積百分率
瞬間双極子	モル濃度（M）
極性分子	急速冷凍
永久双極子	水循環
極性結合	硬水
水素結合	ゼオライト
蒸気圧	

章末問題

1. 液滴の形状はなぜ球なのか．
2. 気体，液体，固体の違いを分子の観点で説明せよ．
3. 以下の語句を説明せよ．
   (a) 沸点
   (b) 融点
   (c) 凝集力
4. 以下の凝集力を説明し，力が強くなる順に並べよ．
   (a) 分散力
   (b) 双極子相互作用
   (c) 水素結合
5. 石けんがどのように汚れを落とすのか説明せよ．
6. 汗をかくとなぜ涼しく感じるか．
7. 水の特徴は何か．なぜそのような水の特徴が重要なのか．
8. 水循環について説明せよ．
9. $CaCO_3$ の濃度（ppm）に基づいて水を分類せよ．
10. 水に含まれる汚染物質を四つに分類せよ．さらに，それぞれについて二つずつ例をあげよ．
11. 水道水からの鉛の摂取を最小限するにはどうすればよいか．
12. 水道水がどのように処理されているか説明せよ．
13. 家庭で行われる以下の水処理について説明し，それぞれどのような不純物を取除けるのか説明せよ．
    (a) 活性炭フィルター
    (b) 硬水軟化装置
    (c) 逆浸透
14. ブタンは室温で気体である．一方，ヘキサンは液体である．なぜこのような違いが生まれるのか．
15. つぎの化合物のうち，沸点が最も高いのはどれか．それはなぜか．
    (a) $CH_3CH_2OCH_3$
    (b) $CH_3CH_2CH_2OH$
    (c) $CH_3CH_2CH_3$
16. 以下の化合物はすべて室温で液体である．どれが最も揮発性が高いか．
    (a) $CH_3CH_2CH_2OH$（プロパノール）

(b) O   (アセトン)
    ‖
CH₃CCH₃

(c) CH₃CH₂OH （エタノール）

17. 以下の化合物を極性, 無極性に分類せよ.
    (a) H_2O
    (b) $CH_3CH_2CH_3$
    (c) CH_3CH_2OH
    (d) H_2
    (e) ヘキサン

18. 香水に入れる物質を決める際に, 香水産業はどのような尺度を利用しているか.

19. 15 g の KCl を含む 325 mL の水溶液のモル濃度を計算せよ.

20. 2.2 M のスクロース水溶液 2.8 L には何 g のスクロース ($C_{12}H_{22}O_{11}$) が溶解しているか？

21. 2.3% の NaCl 水溶液 225 mL には何 g の NaCl が溶解しているか. ただし, この水溶液の密度を 1.0 g/mL とする.

22. 250 g の硬水の試料に $CaCO_3$ が 0.20 g 含まれている. この硬水の硬度を ppm で示せ. さらに, この硬水を分類せよ.

23. 水道水におよそ 1 ppm のフッ化ナトリウム (NaF) が含まれていることがある. 1 日当たり 0.8 kg の水道水を飲むとすると, 何 g の NaF を摂取することになるか.

24. 475 mL の水を井戸からくみ上げて水銀の分析を行ったところ, 0.005 mg の水銀が含まれていることがわかった. 井戸水に含まれる水銀の濃度を mg/L で表せ. この井戸水は飲料水として安全だろうか？

25. 鉛の濃度が高い水の試料がある. この水を煮沸することによって, 鉛の濃度を下げることができるだろうか？その理由は？

復習問題の解答

復習 12・1 物質 B. 分子間にはたらく力が弱くなると融点と沸点が下がる.

復習 12・2 b. 水は沸騰しても化学結合は切断されないし, 新しい化学結合ができることもない. 水分子は気体の水蒸気になっても水分子のままである.

復習 12・3 三つの炭化水素には分散力しかはたらかない. しかも, これらは構造的に似ているため, 分散力の大きさは分子量と共に大きくなると考えられる. 最も分子量が小さいペンタンは, 最も早く蒸発するだろう（翌朝にビーカーに残っている量は最も少ない）. オクタンはその次に分子量が大きいので, ペンタンより遅く, デカンより早く蒸発するだろう. 最も分子量が大きいデカンは最も遅く蒸発する. したがって, 翌朝の混合液の中にはデカンが最も多く残り, オクタン, ペンタンの順に少なくなると予想できる.

復習 12・4 いいえ. 鉛は揮発性ではないので, 鉛を含んだ水を煮沸しても, 鉛の濃度が高くなるだけだ. 煮沸によって水は少し蒸発するが, 鉛は蒸発せずに残ってしまう.

章のまとめ

分子の概念

本章では，液体と固体という，凝集力で分子や原子同士が保持された物質状態について学んだ（§12・2）．この凝集力の大きさを決めているのは分子の構造である．そのため，分子の構造は融点や沸点，揮発性といった巨視的な特性にもつながっている（§12・3）．

最も弱い凝集力は分散力である．分散力はすべての分子と原子にはたらいている．分散力の大きさは，分子や原子の大きさと共に増加する．双極子相互作用は分散力よりも大きい．双極子相互作用は極性結合をもつ分子にはたらく．あらゆる凝集力の中で最も強いのが水素結合である．水素結合は酸素や窒素，フッ素に水素原子が直接結合した分子がもつ凝集力である（§12・4）．

身の回りの液体のほとんどは，純水ではなく溶液である．つまり，固体や液体の溶質が液体の溶媒に溶けた混合物なのだ（§12・6）．水溶液は非常にありふれている．水は分子量が小さい割には凝集力がきわめて大きい特異な溶液である（§12・7）．水は海と雲の間を絶えず行ったり来たりしている．このことを水循環という（§12・8）．

飲料水は通常純粋ではなく，水以外の物質が含まれている．そのいくつかは無害であり，健康に良いものも含まれている．しかし，有害な物質も含まれている（§12・9〜§12・15）．

社会との結びつき

すべての固体と液体に凝集力がはたらいている．ダイヤモンドのように高い融点をもつ固体では，非常に強い凝集力がはたらいている．一方，ヘリウムのように沸点が低い気体には，弱い凝集力しかはたらいていない（§12・3）．

水素結合は特に重要な凝集力である．水素結合は水の沸点が他の物質に比べて異常に高いことに関係している．私たちの身体をつくるタンパク質の折りたたみにも重要である（§12・4）．DNAの鎖を二本鎖にしているのも水素結合である．

水は私たちの社会にとって貴重な資源である．多くの国で水が汚染し，病気や死亡事故が起こっている．米国では特に清潔で信頼できる水質の水が供給されている．米国の高い水質は，飲料水安全法のような環境に関する法制化のおかげである（§12・13）．私たちの社会が直面し続けている問題の一つは，規制の程度に関する問題である．環境団体はもっと規制せよと言い，経済団体は規制を緩和せよと言う．究極的には，判断は市民にゆだねられている．実際にどの程度規制が必要なのだろう？

飲料水の水質は米国環境保護庁が常に監視している．米国環境保護庁はさまざまな汚染物質に対して最大汚染濃度を定めている（§12・14〜§12・15）．水質の管理体制は十分整っていて，水道水をそのまま一生飲み続けても安全だと米国環境保護庁は考えている．

13 酸と塩基: 酸味と苦みにかかわる分子

> 知識とは聖なる牛である．私に課せられた課題はいかにして牛の角を避けながら乳を搾るかである．
>
> ── Albert Szent-Gyorgyi

目　次

- 13・1　酸っぱいと感じるものには酸が含まれている
- 13・2　酸の性質: 酸味と金属の溶解
- 13・3　塩基の性質: 苦みと滑りやすい感覚
- 13・4　酸と塩基: 分子としての定義
- 13・5　強酸と弱酸，強塩基と弱塩基
- 13・6　酸と塩基の濃度を求める: pH という尺度
- 13・7　一般的な酸
- 13・8　一般的な塩基
- 13・9　酸性雨: 化石燃料の燃焼による余分な酸性度
- 13・10　酸性雨: その影響
- 13・11　酸性雨の浄化: 1990 年の改正大気浄化法

考えるための質問

- 酸の性質は？
- 塩基の性質は？
- 酸と塩基を分子の観点で考えるとどうなる？
- 酸の強さをどのように測る？
- 何が一般的な酸なのか？
- 何が一般的な塩基なのか？
- 制酸剤とは何か？
- 酸性雨とは何か？　どうやってできるのか？
- 酸性雨が環境に与える影響は？
- 酸性雨に対してどのような対策がとられているか？

　本章では酸と塩基について学ぶ．酸と塩基はさまざまな食品に入っている．また，トイレ用洗剤やパイプ詰まり用洗剤のような多くの生活消費材で使われている．アミノ酸はタンパク質の構成要素である．遺伝暗号は四つの塩基を含んだ配列で伝達される．酸と塩基，およびそれらの化学は非常に重要なのだ．今週オレンジジュースを飲んだだろうか？　もし飲んだとすれば，オレンジジュースに含まれるクエン酸を飲んだことになる．石けんを使ったことがあるだろうか？　もし使ったことがあれば，塩基の滑りやすい感覚を経験したことになる．本章では酸と塩基の性質を分子レベルで学ぶ．酸と塩基に関する実例をいくつかあげたいと思う．おそらくみなさんがよく知っているものだろう．さらに，酸に関係した環境問題の酸性雨についてもふれる．酸性雨は淡水生物や森林，建築物を脅かしている．酸性雨のおもな原因は石炭の燃焼である．米国の北東部とカナダ東部では，酸性雨が大きな問題になっている．

　の酸味は酸，つまりプロトンを放出する分子に原因がある．プロトン，つまり水素イオン（H^+）は舌にあるタンパク質分子と反応する．この反応によってタンパク質分子の形が変化して脳に信号が送られると，私たちは酸っぱいと解釈するのだ．食品が酸性になればなるほど，酸っぱく感じる．ライムは酸の含有量が多いので非常に酸っぱく感じる．トマトにはそれほど酸が含まれないので，わずかに酸味を感じる程度である．

酸味の原因の大部分は酸である．

ライムとレモンには酸が多く含まれている．

　酸とその逆の化学物質の**塩基**は身の回りにある．私たちは酸と塩基を食べ，嗅ぎ，さまざまな家庭用製品や医薬品として使っている．本章では酸と塩基の性質と利用について学ぶ．さらに以前学んだ酸性雨について，より化学的な視点に立って学び直す．

13・1　酸っぱいと感じるものには酸が含まれている

　子どもたちが顔をしかめるもの，シェフが創作に使うもの，ワインの醸造家が芸術的に使うもの，それが酸の酸味である．酸はリンゴの新鮮な酸味やレモネードのピリッとする味，良いワインのほのかな切れ味の原因なのだ．食品

13・2　酸の性質：酸味と金属の溶解

有名なスパイのジェームズ・ボンドが刑務所に入っている．どう見ても逃げられそうにない．しかし，英国秘密情報局の科学者は，またしてもボンドの不運を見越して手を打っていた．ボンドはペンを取出した．このペンは金でできていて，もちろん中には硝酸が入っている．ボンドは鉄格子に硝酸を吹きかける．鉄格子はすぐに溶け，ボンドは刑務所から脱出した．

映画やテレビで描かれるほど簡単ではないが，酸は多くの金属を溶解する．1セント硬貨を濃硝酸に入れたり，小さな鉄の釘を塩酸に入れると，数分で完全に溶けてしまうだろう．

酸は金属を溶解する．写真のように硝酸は，1セント硬貨の素材である銅を溶かす．溶液の色が青緑になっているのは，銅イオンのためである．銅が溶解すると銅イオンが生成するのだ(1983年以降に製造された1セント硬貨は大部分が銅でできている)．

酸の二つ目の特徴は酸味である．実験室の化学物質はけっして口に入れてはならないが，食品には天然由来の酸が多く含まれている．私たちは毎日それらを味わっている．レモン，酢，ヨーグルト，ビタミンCの酸味は，それぞれに含まれる酸の量によって異なる．

酸の三つ目の特徴は，塩基と反応して水と**塩**(えん)を生成する**中和**反応である．たとえば，塩酸(HCl)は水酸化ナトリウム(NaOH)と反応して水と塩化ナトリウム(NaCl)を生成する．

$$HCl + NaOH \longrightarrow H_2O + NaCl$$
酸　　塩基　　　　水　　塩

酸の四つ目の特徴は**リトマス試験紙**を赤に変色させることである(図13・1)．これは実験室では特に便利だ．リトマス試験紙には酸で赤くなり，塩基で青くなる色素が含まれている．リトマス試験は単純で，リトマス試験紙を酸性度を調べたい溶液に入れるだけでよい．リトマス試験紙が赤くなれば酸性で，青くなれば塩基性だ．

まとめると，酸の特徴は以下の通りである．

- 酸は金属の多くを溶解する．
- 酸には酸味がある．
- 酸は塩基と反応して水と塩を生成する．
- 酸はリトマス試験紙を赤に変える．

実験室でよく使う酸を表13・1に列挙する．この表の中の硫酸(H_2SO_4)と硝酸(HNO_3)は，化学肥料や爆薬，色素，紙，接着剤の製造に利用される．塩酸(HCl)は工具店で購入することができる．塩酸は金属物の洗浄や，食品の加工によく利用される．有機酸の酢酸(CH_3COOH)は酢に少量含まれている．酢酸は食品の防腐剤としてもよく利用される．

表 13・1　実験室の一般的な酸

名　前	化学式	利　用
塩　酸	HCl	金属の洗浄，食品加工，鉱石の製錬
硫　酸	H_2SO_4	肥料の製造，爆薬，色素，接着剤
硝　酸	HNO_3	肥料の製造，爆薬，色素
リン酸	H_3PO_4	肥料や界面活性剤の製造，食品や飲料の香味用添加物
酢　酸	CH_3COOH	酢に含まれる．プラスチックやゴムの製造，食品の保存料や樹脂・油の溶媒としての利用

濃度の高い酸は多くの場合，危険である．生地にこぼれると，生地の素材を溶解する．濃度の高い酸が皮膚に触れると，重度のやけどができる．濃度の高い酸を摂取すると，口やのど，胃，消化管に損傷を与える．濃度の高い酸を大量に摂取すると，死に至る場合がある．

図 13・1　酸は青いリトマス試験紙を赤に変える．

濃硫酸のように濃度の高い酸は危険である．生地を溶かし，皮膚に深刻なやけどを負わせる可能性がある．

復習 13・1 つぎのうち,酸の性質に関係ないものはどれ？
(a) 酸 味
(b) 揮発性
(c) 塩基を中和する能力
(d) 金属を溶解する能力

表 13・2 実験室の一般的な塩基

名 前	化学式	利 用
水酸化ナトリウム	NaOH	酸の中和,石油処理,石けんやプラスチックの製造
水酸化カリウム	KOH	石けんやペンキ除去剤の製造,綿花処理,電気メッキ
炭酸水素ナトリウム	$NaHCO_3$	制酸剤,CO_2 の供給源,消火器や洗浄剤での利用
アンモニア	NH_3	界面活性剤,シミの除去,植物色素の抽出,肥料や爆薬,合成繊維の製造

13・3 塩基の性質:苦みと滑りやすい感覚

酸の場合と同様に,塩基にも特徴がある.石けんで手を洗うと,滑る感覚を経験する.これは塩基の特徴なのだ.石けんは塩基である.塩基はすべて,肌に付くと滑る感覚を与える.石けんが口に入ったことがあれば,塩基のもう一つの特徴を経験したかもしれない.そのとき苦みを感じなかっただろうか？ コーヒー,マグネシア乳(水酸化マグネシウム),医薬品の苦みは塩基が原因なのだ.

塩基の三つ目の特徴は酸と反応して水と塩を生成することである.たとえば,水酸化カリウム(KOH)は硫酸(H_2SO_4)と反応して水と硫酸カリウム(K_2SO_4)の塩を生成する.

$$2KOH + H_2SO_4 \longrightarrow 2H_2O + K_2SO_4$$
塩基　　酸　　　　　水　　塩

この反応により,塩基は酸を中和できる.塩基は赤いリトマス試験紙を青に変える(図 13・2).

例題 13・1 酸・塩基の中和反応式を書いてみよう

硝酸(HNO_3)を水酸化カリウム(KOH)で中和する場合の化学反応式を書いてみよう.
[解　答]
すべての中和反応式は以下のように成り立っている.
$$酸 + 塩基 \longrightarrow 水 + 塩$$
ただし,塩は酸からの陰イオンと塩基からの陽イオンで構成される.この場合はつぎのように書く.
$$HNO_3 + KOH \longrightarrow H_2O + KNO_3$$
酸　　　塩基　　　　水　　塩

[解いてみよう]
硫酸(H_2SO_4)を水酸化ナトリウム(NaOH)で中和する場合の化学反応式を書いてみよう.

図 13・2 塩基は赤いリトマス試験紙を青に変える.

塩基の特徴をまとめるとつぎのようになる:
- 塩基は滑る感覚を与える.
- 塩基は苦い.
- 塩基は酸と反応し,水と塩を生成する.
- 塩基はリトマス試験紙を青に変える.

一般的な塩基を表 13・2にあげる.水酸化ナトリウムは苛性ソーダともよばれ,石油の処理,石けんやプラスチックの製造に利用される.炭酸水素ナトリウムは重曹ともよばれ,制酸剤としても洗浄剤としてもよく使われる.濃度が高い塩基は一般に危険である.皮膚に触れるとやけどができる.濃度が高い塩基を摂取すると,口やのど,胃,消化管に損傷を与える.

13・4 酸と塩基: 分子としての定義

スウェーデンの化学者アレニウス(Svante Arrhenius, 1859〜1927)は,酸と塩基の挙動に関してつぎのような定義を考えた.

アレニウス酸: 溶液中で水素イオン(H^+)を生成する物質

アレニウス塩基: 溶液中で水酸化物イオン(OH^-)を生成する物質

これは酸と塩基に関する"アレニウスの定義"として知られている.この定義は酸と塩基の化学の大部分に当てはまるが,すべてに適用できるわけではない.たとえば,アンモニア(NH_3)は塩基であるが OH^- が含まれていない.アレニウスの定義では,アンモニアは水と反応して OH^- を生成する.

$$NH_3 + H_2O \longrightarrow NH_4^+ + OH^-$$

酸と塩基に関するより広範な定義がブレンステッド–ローリーの定義である.この定義は NH_3 に対してより自然に適用でき,水を含まない溶液でもうまく現象を説明できる.

酸と塩基に関するブレンステッド-ローリーの定義は，H^+イオン（プロトン）の移動に焦点を当てている．HClのような酸が水の中でプロトンと塩化物イオンに解離すると，プロトンはそのままでは存在せず，水分子と結合する*1．

$$H\!:\!\ddot{Cl}\!:\longrightarrow H^+ + :\!\ddot{Cl}\!:^-$$

$$H^+ + H\!:\!\ddot{O}\!: \longrightarrow H\!:\!\ddot{O}\!:\!H^+$$

この二つの式を一つにまとめると，プロトンがHClからH_2Oに移動しているのがわかりやすい．

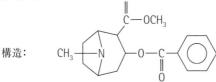

　　　酸　　　　塩基

ブレンステッド-ローリーの定義では，酸と塩基はつぎのように定義される．

ブレンステッド-ローリー酸: プロトン供与体
ブレンステッド-ローリー塩基: プロトン受容体

上述の反応では，HClは酸としてはたらき，H_2Oは塩基としてはたらいている．ブレンステッド-ローリーの定義はより広範であり，より多くの物質を酸や塩基として考えることができる．たとえば，アンモニアは非共有電子対をもっているので，よいプロトン受容体となる．

　塩基　　酸

アンモニアは水からプロトンを受取り，塩基としてはたらくのだ．

この分子に注目

Box 13・1　コカイン

化学式: $C_{17}H_{21}NO_4$
分子量: 303 g/mol
融点: 93 ℃

構造:

三次元構造:

コカインは揮発性の白い固体である．水に溶かすと塩基としてはたらく．コカインは**アルカロイド**とよばれる塩基の一種である．アルカロイドは窒素を含んで塩基としてはたらく化合物をさす．アルカロイドの多くが毒をもっている．コカインは局所麻酔のために医療で用いられているが，中毒をひき起こす強力なドラッグとしての違法使用の方がよく知られている．コカインは神経細胞の間ではたらく神経伝達物質の量を増やし，強い高揚感や覚醒感を生み出す．しかし体内からコカインがなくなると，神経伝達物質の量が元に戻り，憂鬱感だけが残る．このため再びコカインを欲するようになるのだ．

コカインは南米植物のコカの葉から抽出される．他の塩基と同様に，コカインは酸と反応して塩を生成する．

コカインと塩酸を反応させると不揮発性のコカイン塩酸塩が生成する．コカインはこの形でコカの葉から抽出される．ドラッグの常習者は，コカイン塩酸塩を鼻から吸引して血流に入れる．白い粉末は鼻の粘膜に容易に吸着し，危険ではあるが望んだ効果を得ることができる．

ドラッグの使用者は，コカイン塩酸塩よりもさらに効果の高い物質を乱用することがある．コカイン塩酸塩を塩基と反応させると，塩酸塩は純粋なコカインになる．これはクラックとよばれている．クラックは揮発性の粉末で，あぶると簡単に気化する．気化したクラックを吸引すると，数秒で脳に達するので，急速に高揚感を得ることができるのだ．しかし，ドラッグが体内からなくなるのも速いので，急速に憂鬱感に襲われる．その結果，クラックの使用者はさらに強くクラックを欲しがるようになる．

コカイン塩酸塩は南米植物のコカの葉から抽出される．

---

*1　H^+は電子をもたない単純な陽子であることに気づいてほしい．その反応性は電子に対する親和性が原因である．塩基には電子対が含まれており，プロトンと反応して安定な電子配置になる．

例題 13・2 ブレンステッド-ローリーの酸と塩基はどれだろう

以下の反応の中で，ブレンステッド-ローリーの酸と塩基に相当するのはどれか．
$$CH_3COOH + H_2O \longrightarrow CH_3COO^- + H_3O^+$$

[解答]
CH_3COOH（酢酸）はプロトン供与体なので酸である．H_2O はプロトン受容体なので塩基である．

[解いてみよう]
以下の反応の中で，ブレンステッド-ローリーの酸と塩基に相当するのはどれか．
$$C_5H_5N + H_2O \longrightarrow C_5H_5NH^+ + OH^-$$

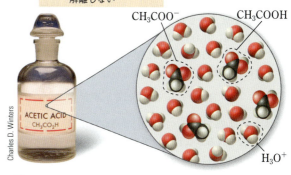

図 13・4 CH_3COOH 水溶液には CH_3COOH, CH_3COO^-, H_3O^+ が含まれている．CH_3COOH は弱酸なので，CH_3COOH は部分的にしか解離しない．

13・5 強酸と弱酸，強塩基と弱塩基

上述のように，塩酸（HCl）は水の中で以下の反応のように解離する．
$$HCl + H_2O \longrightarrow H_3O^+ + Cl^-$$

HCl の水溶液には，実質的には HCl は存在しない．つまり，HCl はすべて H_3O^+ と Cl^- に解離しているのだ（図 13・3）．HCl のように完全に解離する酸のことを**強酸**という．硝酸（HNO_3）や硫酸（H_2SO_4）も強酸である．

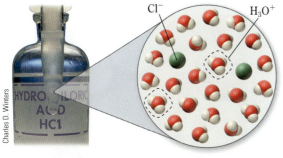

図 13・3 HCl 水溶液には H_3O^+ と Cl^- は含まれるが HCl は含まれてない．HCl は強酸なので，すべての HCl は H_3O^+ と Cl^- に解離している．

これを酢酸（CH_3COOH）の場合と比べてみよう．
$$CH_3COOH + H_2O \rightleftharpoons H_3O^+ + CH_3COO^-$$
この反応は HCl の場合と同じように見えるかもしれない．しかし，重要な違いがある．CH_3COOH の水溶液には，かなりの量の CH_3COOH が含まれているのだ（図 13・4）．HCl の場合，すべての HCl 分子が解離している．HCl とは異なり，CH_3COOH 分子の多くは解離せずに残っている．このことは，反応式中の方向の違う 2 本の矢印で示されている．CH_3COOH のように，完全には解離しない酸を**弱酸**

表 13・3 一般的な弱酸と弱塩基

弱酸		弱塩基	
酢 酸	CH_3COOH	アンモニア	NH_3
ギ 酸	$HCOOH$	エチルアミン	$C_2H_5NH_2$
安息香酸	C_6H_5COOH	ピリジン	C_5H_5N
クエン酸	$C_3H_5O(COOH)_3$	アニリン	$C_6H_5NH_2$

という（表 13・3）．

この点では，強塩基と弱塩基はそれぞれ強酸と弱酸に似ている．NaOH のような**強塩基**は，水の中で完全に解離する．
$$NaOH \longrightarrow Na^+ + OH^-$$
NaOH 水溶液には Na^+ と OH^- は含まれるが，NaOH そのものは存在しない．一方，**弱塩基**は水をイオン化するはたらきをもつ．弱塩基のよい例がアンモニア（NH_3）である．アンモニアは水と混ざるとつぎのような反応を起こす．
$$NH_3 + H_2O \rightleftharpoons NH_4^+ + OH^-$$
往復矢印は反応が偏らないことを示している．NH_3 水溶液には NH_3, NH_4^+, OH^- が含まれるのだ．

復習 13・2 HF は弱酸である．HF 水溶液に関する以下の記述のうち，正しいのはどれか？
(a) HF 分子はすべて解離している．
(b) 解離している HF 分子もある．
(c) 解離している HF 分子は一つもない．

13・6 酸と塩基の濃度を求める：pH という尺度

水溶液の酸性度は通常 H_3O^+ の濃度（mol/L あるいは M）で記述される．しかし，酸水溶液に含まれる H_3O^+ の濃度は，必ずしも酸それ自体の濃度と同じではない．強酸なのか弱酸なのかによって異なるのだ．たとえば，1 M の濃度

の HCl 水溶液（強酸）には 1 M の濃度の H_3O^+ が含まれる．しかし，1 M CH_3COOH 水溶液（弱酸）に含まれる H_3O^+ の濃度は 1 M よりもかなり低い．そのため，酸それ自体の濃度よりも，H_3O^+ の濃度を使って水溶液の酸性度を記述するのがふつうである．H_3O^+ の濃度は，以下のようにカッコ書きで簡潔に表される．

$$[H_3O^+] = H_3O^+ のモル濃度$$

純水には 25 ℃ で 1×10^{-7} M（0.0000001 M）の濃度の H_3O^+ が含まれる．これは，水にはつぎのような酸と塩基の反応がわずかに起こるためである．

$$H_2O + H_2O \rightleftharpoons H_3O^+ + OH^-$$

$[H_3O^+] > 1\times10^{-7}$ M であれば，その水溶液は "酸性" である．$[H_3O^+]$ が大きくなるほど，水溶液の酸性度は増す．$[H_3O^+] < 1\times10^{-7}$ M であれば，その水溶液は "塩基性" である．

酸性度と塩基性度をコンパクトに示すために，**pH** という尺度が考案されている．この尺度では，pH が 7 の場合が中性，7 より小さい場合が酸性，7 より大きい場合が塩基性である（図 13・5）．溶液の pH が下がるほど，酸性度は高くなる．水溶液の pH は $[H_3O^+]$ と対数関係にある．pH の値が 1 変わるごとに，$[H_3O^+]$ は 10 倍ずつ変わる（表 13・4）．たとえば，pH が 3 の水溶液の $[H_3O^+]$ は 0.001 M であるが，pH が 2 の水溶液の $[H_3O^+]$ は，その 10 倍の 0.01 M である．

復習 13・3 水泳プールの理想的な pH は 7.2 である．実際にプールの pH を測ってみると 6.5 だった．プールを理想的な pH にするには，酸と塩基のどちらを加えればよいか？

13・7 一般的な酸

レモンの pH は 2.0 なので非常に酸っぱい．レモンやライム，オレンジ，グレープフルーツの酸味の原因となる酸はクエン酸である．柑橘類は，酸性食品の多くと同様，腐敗しにくい．これは微生物の多くが pH が低い環境で生存できないからだ．酸性度の低い食品は酸で保存したり，乳酸菌で発酵させることにより，腐敗しにくくすることができる．この技術はピクリング（酸洗い）といい，キュウリ（ピクルス）やキャベツ（ザワークラウト）を保存する際によく使われる．

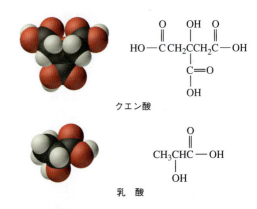

クエン酸

乳酸

柑橘類にはクエン酸が含まれる．

表 13・4 pH と H_3O^+ 濃度の関係

	$[H^+]$	pH	例
酸 性	1.00	0	HCl（1 M）
	1.00×10^{-1}	1	胃液
	1.00×10^{-2}	2	レモンジュース
	1.00×10^{-3}	3	酢，リンゴ
	1.00×10^{-4}	4	炭酸水，ビール
	1.00×10^{-5}	5	雨水
	1.00×10^{-6}	6	牛乳
中 性	1.00×10^{-7}	7	純 水
塩基性	1.00×10^{-8}	8	卵の白身
	1.00×10^{-9}	9	重曹の水溶液
	1.00×10^{-10}	10	マグネシア乳
	1.00×10^{-11}	11	アンモニア
	1.00×10^{-12}	12	石灰岩の懸濁液
	1.00×10^{-13}	13	パイプ詰まり用洗剤
	1.00×10^{-14}	14	NaOH（1 M）

酢やサラダドレッシングの酸味は酢酸が原因である．英語の酢（vinegar）は酸っぱいワインを意味するフランス語 vin aigre に由来する．ワインを長期間，酸素に触れさせると，酢酸ができる．新しく開けたワインボトルでも，

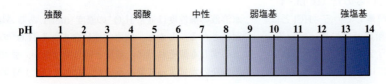

図 13・5 pH という尺度

保存が不適切であれば，酢酸のにおいと味がする．つまり，酸素がワインボトルに入り込み，エタノールの一部を酢に変えたのだ．せっかくのシャルドネがサラダドレッシングのようになる．砂糖を代謝して酢酸などの酸を生成する酵母もいる．このような酵母は，パン生地を酸性にして酸っぱくするために使われる．サワードウ（パン種）でつくったパンにはこの酵母が使われている．

その他の一般的な酸として，塩酸（HCl）がある．塩酸は胃に比較的高濃度で含まれており，嘔吐物の不快な酸味の原因である．リン酸（H_3PO_4）は，ソフトドリンクやビールに酸味をつけるために添加されることがある．炭酸は二酸化炭素と水の反応で生成される．すべての炭酸飲料には炭酸が含まれている．

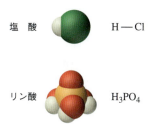

酢は酢酸と水からなる溶液である．

サリチル酸はもともと柳の木の樹皮に含まれている．このサリチル酸からつくられるのがアセチルサリチル酸，つまりアスピリンである．アスピリンはあらゆる医薬品のなかで最もよく使われている．アスピリンは酸なので酸味がある．ただ，この酸味はアスピリンの薬効には関係ない．アスピリンの薬効は，プロスタグランジンという化合物の生成を阻害することにより発揮される．プロスタグランジンは神経系での痛みの情報伝達や発熱，炎症に関係している．アスピリンは体内でプロスタグランジンが生成しないようするため，痛み，発熱，炎症の三つを和らげるのだ．

ワインに含まれる酸

すべてのワインに酸が含まれている．その濃度はワインの体積に対して0.60％から0.80％である．さまざまな酸がワインには含まれているが，それぞれが独特の風味をもっており，ワインの酸味に関係している．これらの酸のバランスを適切にすることがワインの醸造家の腕の見せどころだ．ワインの酸の起源は二つある．一つはブドウそのものの酸である．ブドウには天然の酸が含まれている．二つ目は発酵による酸である．発酵の過程で細菌が砂糖をエタノールと二酸化炭素に変換する．このとき酸を生成したり酸を変化させたりする．

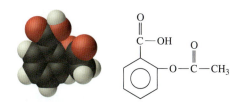

アセチルサリチル酸

すべてのワインに酸が含まれている．

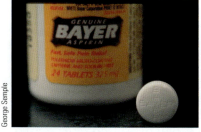

アセチルサリチル酸はアスピリンの主要な構成成分である．

ワインの柑橘系の風味はクエン酸が原因である．クエン酸はレモンやライム，オレンジにも含まれている．ワインに含まれるリンゴの風味はリンゴ酸が原因である．シャルドネに特徴的なバターのような風味は乳酸が原因である．このバターのような風味は，ブドウに含まれるリンゴ酸を乳酸に変換する細菌株によって強調される．この変換過程はマロラクティック発酵とよばれている．ワインには酒石酸も含まれる．酒石酸は特に酸っぱい．酢酸もワインに含まれる．酢酸は酢に含まれる酸である．酢酸が多すぎると，そのワインは失敗作と見なされることが多い．

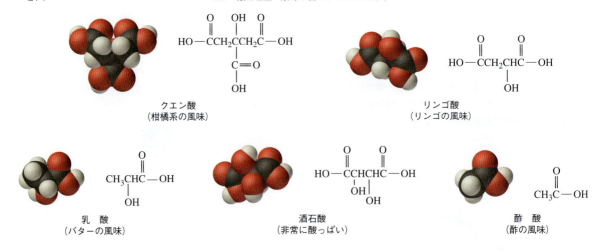

クエン酸
(柑橘系の風味)

リンゴ酸
(リンゴの風味)

乳酸
(バターの風味)

酒石酸
(非常に酸っぱい)

酢酸
(酢の風味)

13・8 一般的な塩基

塩基性の食品や飲料が表 13・4 に含まれないのは偶然ではない．塩基に対して感じる不快な苦みは，アルカロイドに警告するために進化の過程で獲得したものかもしれない．アルカロイドは窒素を含んだ塩基性の有機化合物の一種で，毒になることがあるのだ．カフェインのように，いくつかのアルカロイドは嗜好品として消費されている．正確には，だんだんと好きになる嗜好品というべきだろう．その他のアルカロイドには，モルヒネ，ニコチン，コカインがある．

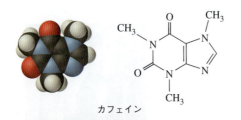

カフェイン

コーヒーの苦みの一部はカフェイン(塩基)が原因である．

塩基は制酸剤に含まれる主要な構成成分である．さまざまな制酸剤があるが，つぎの塩基のうち一つもしくは数種類が含まれている：炭酸水素ナトリウム($NaHCO_3$)，炭酸カルシウム($CaCO_3$)，炭酸マグネシウム($MgCO_3$)，水酸化マグネシウム $Mg(OH)_2$，水酸化アルミニウム $Al(OH)_3$ である．制酸剤は水の中で解離して金属イオンと塩基になる．たとえば炭酸水素ナトリウムの場合，水溶液中でナトリウムイオンと塩基の炭酸水素イオン(HCO_3^-)になる．

$$NaHCO_3 \longrightarrow Na^+ + HCO_3^-$$
炭酸水素イオン

炭酸水素イオンはよいプロトン受容体なので，塩基としてはたらく．

制酸剤

炭酸水素ナトリウムは重曹という名前で売られている．炭酸水素ナトリウムは水に直接溶け，制酸剤として服用できる．炭酸水素ナトリウム，クエン酸，アスピリンの混合物が，Alka-Seltzer® という名前の制酸剤として販売されている．クエン酸が炭酸水素イオンの一部と反応して気体の CO_2 を発生させるので，シューと泡立つ．

$$HCO_3^- + H_3O^+ \longrightarrow CO_2(気体) + 2H_2O$$
塩基　　酸

この泡は制酸剤が胃酸を中和する薬効には関係ない．しかし，商業的には役立ち，服用するときに心地よく感じるのだ．残った大部分の炭酸水素イオンは過剰な胃酸を中和する．このときの反応は上述の反応とまったく同じである．炭酸水素ナトリウムからなる制酸剤にはナトリウムイオンが多く含まれるので，血圧が高い人はこの種の制酸剤を避けた方がよいだろう．

炭酸カルシウム($CaCO_3$)は Tums® の主要な構成成分である．炭酸カルシウムは炭酸水素ナトリウムの場合と似た反応で胃酸を中和する．

$$CO_3^{2-} + 2H_3O^+ \longrightarrow CO_2(気体) + 3H_2O$$
塩基　　酸

炭酸カルシウムのカルシウムは骨粗鬆症という骨の病気を防ぐので，栄養素として必須である．Tums® の1錠には，1日当たりの推奨摂取量の20%のカルシウムが入っている．ただ，カルシウムを過剰に摂取すると便秘になるので避けた方がよい．

水酸化マグネシウム $Mg(OH)_2$ はマグネシア乳の主要な構成成分である．塩基性の OH^- イオンが酸を中和する．しかし，マグネシウムイオンは腸の下部で水を吸収するため，お通じを良くする効果がある．マグネシア乳は多量に摂取すると便秘薬としてはたらく．Mylanta® のような制酸剤の多くには，$Mg(OH)_2$ に加えて $Al(OH)_3$ が入っている．水酸化アルミニウムの OH^- は胃酸を中和するが，アルミニウムイオンには便秘を起こしやすくする効果がある．お通じを良くするマグネシウムイオンと便秘を起こしやすいアルミニウムイオンを混ぜて使うと，互いの効果を相殺する傾向がある．同様の効果を得るために，水酸化マグネシウムに炭酸カルシウムを混ぜて利用することもある．

塩基は家庭用の洗浄剤としても利用されている．アンモニアは床や窓の洗浄剤として一般的に使われている．水酸化ナトリウムはパイプ詰まり用洗剤の主要な構成成分である．水酸化ナトリウムは髪の毛や油脂は溶かすが，酸とは違って，パイプの銅や鉄は溶かさないのだ．

多くの家庭用品に塩基が含まれる．

> **分子の視点**
>
> ### Box 13・2　ハチ刺されと重曹
>
> ハチに刺されたときの家庭での処置は，まず毒針を取除き，患部を石けんで洗い，重曹（$NaHCO_3$）のペーストを塗る．傷口に重曹を塗ると痛みが和らぐのだ．
>
> 問題：重曹（$NaHCO_3$）はハチ刺されの痛みを和らげる．このことから，ハチ刺されによって何が起こると考えられるだろうか？重曹がどのようにはたらくか，化学反応を書いてみよう．
>
>

酸と塩基で焼く

焼き菓子には，二酸化炭素が入ったくぼみを生地につくるために膨張剤が使われている．生地を焼くと，二酸化炭素が入ったくぼみのために，軽くてふわふわしたケーキやビスケット，パンができるのだ．気体の二酸化炭素をつくるために，ベーキングパウダーが使われる．ベーキングパウダーには炭酸水素ナトリウム（$NaHCO_3$），硫酸ナトリウムアルミニウム $NaAl(SO_4)_2$，リン酸水素カルシウム（$CaHPO_4$）が含まれている．$NaAl(SO_4)_2$ と $CaHPO_4$ は水と混ざると酸としてはたらく．H_3O^+ は炭酸水素ナトリウムの HCO_3^- と反応し，CO_2 と H_2O を生成する．

$$HCO_3^- + H_3O^+ \longrightarrow CO_2（気体） + 2H_2O$$

この反応は生地を焼いているときに起こる．温かい二酸化炭素の気体が生成し，生地の2倍から3倍も膨らんだ焼き菓子ができる．重曹（炭酸水素ナトリウム）と酢（酢酸）という二つの一般的なキッチン製品を使って，同じような効果を得ることもできる．この二つを混ぜると，酸と塩基の中和反応が起こり，二酸化炭素が生成して泡立つのだ．

パンには少し違った膨張法が使われる．ゆっくり膨らませるのだ．パンを作るために，酵母という生物を生地に加える．酵母の入った生地を温かいところに置いておくと，生地が膨らむ．このとき，酵母が砂糖をエタノールと二酸化炭素に変換している．生地を焼いているときにエタノールは蒸発する．一方，CO_2 は膨らむので軽くてふわふわのパンができる．

焼き菓子を作るために酸と塩基の化学が利用されている．生地に二酸化炭素が入ったくぼみを作るのだ．この二酸化炭素が入ったくぼみのおかげで，軽くてふわふわのケーキやビスケット，パンができる．

13・9 酸性雨：化石燃料の燃焼による余分な酸性度

9章で学んだように，硫黄と窒素の不純物により，化石燃料，特に石炭を燃焼すると気体のSO_2とNO_2が生成する．これらの気体は大気中の水蒸気と酸素と反応して硫酸と硝酸を生成し，最終的には**酸性雨**として地上に降ることになる．

$$2SO_2 + O_2 + 2H_2O \longrightarrow 2H_2SO_4$$
$$4NO_2 + O_2 + 2H_2O \longrightarrow 4HNO_3$$

酸性雨の酸性度はどの程度なのか？ 汚染されていない純粋な雨水のpHは7.0だと思うかもしれない．実は違う．大気中の二酸化炭素の影響で，雨水はもともとわずかに酸性である．二酸化炭素は水と反応し，弱酸の炭酸を生成する．

$$CO_2 + H_2O \longrightarrow H_2CO_3$$

CO_2で飽和した水のpHは5.6である．一方，米国の雨水のpHは4.6から6.1の範囲にある（図13・6）．つまり，二酸化炭素以外の物質も雨水を酸性にし，そのpHを低下させていると考えられる．米国では主として北東部で酸性雨が降っている．これは，米国中西部の火力発電所から排出された汚染物質が北東部に風で運ばれた結果なのだ．

雲の基底部では大気中の汚染物質の濃度が最大になるため，雲の水滴は著しく酸性となる．米国北東部では，そのpHは5を大きく下回る．雨水が大気中のCO_2濃度から予想されるpHよりも酸性になるのは，その大部分が化石燃料の燃焼に伴う汚染物質が原因である．余分な酸性度の約10%は，SO_2を放出する火山の噴火のような自然現象に原因がある．

13・10 酸性雨：その影響

酸性雨に含まれるH_3O^+の影響は，酸性雨がどこに降るかによって変わってくる．土壌や天然水には，かなりの量の塩基性イオンが含まれていることが多い．たとえば，岩石の風化によって供給される炭酸水素イオン（HCO_3^-）などである．このような塩基は，土壌や湖は大量に流入する酸を中和し，酸性雨の危険性を最小限にできる．しかし，塩基性イオンを含まない土壌や天然水も多い．そのような土壌や天然水は，急速な酸性化に非常に敏感である．

湖や河川への影響

表層水調査（NSWS）という米国の湖水と河川水の酸性度に関する大規模研究では，酸性雨によって，米国東部の2000以上の湖と河川の酸性度が上昇していることが明らかになっている．このような湖や河川の多くでは，酸性度の上昇の影響でカワマスなどの魚種が全滅している．水生生物がまったく生息しない，いわば死の湖になるほど酸性度が上昇している最悪の湖もある．カナダ東部も米国の発電所から排出された汚染物質の影響を受けている．カナダ

ニューヨーク州のアディロンダック湖ではかつてカワマスが生息していたが，酸性雨の影響で今ではみられなくなってしまった．

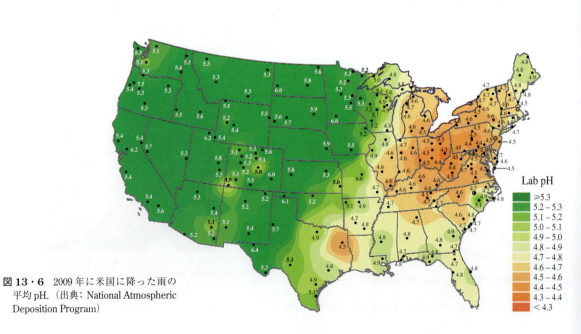

図13・6 2009年に米国に降った雨の平均pH．（出典：National Atmospheric Deposition Program）

政府の推定によれば，カナダ東部の 14,000 の湖が酸性になっている．これは，少なくとも部分的には，米国からの汚染物質の排出の影響だと考えられている．

建物への影響

酸は金属や石材，大理石，塗料などの建築材料を溶かす．酸は鋼鉄のさび付きを促進し，橋や鉄道，自動車など，鋼鉄の構造物に損傷を与える．酸性雨は建物や像の損傷にも関係している．そこには，歴史的価値の高いものや，文化的価値の高いものも含まれている．先述のように，たとえば，ポール・リビアの墓碑は酸性雨によって浸食が進み，リンカーン記念館の大理石は徐々に溶けている．また，米国の国会議事堂にも，酸性雨による被害の兆候が現れている．

酸性雨によってさまざまな素材が損傷を受けている．

森林への影響と視界の低下

酸性雨は森林にも影響を与え，樹木の生育や病気への抵抗性を低下させている．樹木が酸性雨に直接触れたり，酸性の雨水を吸い上げることによって，そのような影響は現れている．さらに，酸性雨が森林の生態系にとって重要な養分を溶出させてしまうことも大きな問題である．最も影響が大きいのは，メーン州からジョージア州にかけて，アパラチア山脈の尾根に生息するアカマツの木である．

大気に放出された二酸化硫黄は，視界を低下させる．風光明媚な観光地でも視界の低下が起こっている．二酸化硫黄は大気中の水蒸気と結合し，硫酸エアロゾルとよばれる小さな水滴になる．米国環境保護庁によれば，米国東部で起こっている視界低下の問題の 50% 以上は，このエアロゾルが原因とのことだ．

13・11 酸性雨の浄化：1990 年の改正大気浄化法

米国連邦議会は 1990 年，酸性雨の被害の拡大を受けて，大気浄化法にいくつかの修正を加えた改正大気浄化法を可決した．改正大気浄化法では，2010 年までに二酸化硫黄の排出を 1980 年当時の半分にまで削減することを電力会社に求めている（図 13・7）．米国環境保護庁は 2005 年，大気浄化に関する州間規定を定め，米国東部の 28 州に対して，SO_2 と NO_2 の排出をさらに削減することを求めた．それにより，これらの州では，2015 年までに SO_2 と NO_2 の排出をそれぞれ 2003 年の 57% と 61% に削減する必要がある．図 13・7 には，米国の 1980 年から 2009 年における SO_2 の総排出量の推移が示されている．図を見てわかるように，上述の二つの法制化が，大気への SO_2 の排出量に大きな影響を与えている．

電力会社が二酸化硫黄の排出を削減しようと思えば，柔軟に対応することができる．排出を減らす方法の一つは，硫黄含量の低い石炭を使ったり，石炭を燃焼する前に硫黄を取除くことである．石炭を砕いて水で洗浄することにより，50% 程度の硫黄を除去できる．排出を減らす二つ目の方法は，排気ガスから二酸化硫黄を除去することである．

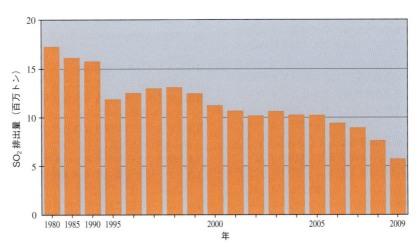

図 13・7 1980 年から 2009 年の間の SO_2 の排出量の推移．SO_2 の排出量を制限する法制化のため，SO_2 の排出量は減少している．（出典：米国環境保護庁）

発電所の煙突に**煙道ガス洗浄器**を設置するのだ．このガス洗浄器から排気ガスに水と石灰岩の混合物を噴霧し，二酸化硫黄を捕捉して大気中に逃げるのを防ぐのだ．排出を減らす三つ目の方法は，エネルギーの節約とエネルギー利用の効率化を顧客に推奨することである．

電力会社が取りうる対応にさらに柔軟性をもたせるために，米国連邦議会は二酸化硫黄の"排出権取引制度"を整備した．この制度では，一年間に排出できる二酸化硫黄の量，すなわち排出権が各発電所に割り当てられている．排出権は毎年縮減される．なお，排出権は電力会社の間で売買できる．たとえば，低硫黄の石炭を採掘できそうな電力会社は，二酸化硫黄の排出を目標値以上に削減できるはずである．この場合，余った排出権を別の電力会社に売って，低硫黄石炭の採掘コストを補填することができるのだ．

酸性雨の影響は深刻であったが，科学者たちはこの問題はなんとか解決できると考えている．確かに，北米の多くの湖の酸性度が改善していることが最近の研究で示されている．これは SO_2 の排出削減の結果なのだ．

考えてみよう

Box 13・3 実際に役立つ環境保護

オハイオ州クリーブランドにある Clean Air Conservancy のような環境保護団体は，二酸化硫黄の排出権を買い取り，その権利をそのまま失効させている．つまり，排出権が利用されるのを防いでいるのだ．年間の排出許容量は一定なので，排出権を失効させれば，大気中に放出される二酸化硫黄を1トン程度減らせるのだ．

質問：大量の排出権が失効すると，排出権の価格にはどのような影響が及ぶだろう？ 消費者にはどのように影響するだろう？

キーワード

酸	アルカロイド
塩 基	強 酸
塩	弱 酸
中 和	強塩基
リトマス試験紙	弱塩基
アレニウス	pH
アレニウス酸	酸性雨
アレニウス塩基	煙道ガス洗浄器
ブレンステッド-ローリー酸	
ブレンステッド-ローリー塩基	

新しいテクノロジー

Box 13・4 酸性雨の影響を中和する

科学者は技術が及ぼす負の影響を打ち消すために，別の技術を使うことがある．酸性雨の場合，硫黄の不純物を含んだ石炭の燃焼によって，二酸化硫黄が発生する．二酸化硫黄は大気中の酸素と水と反応して硫酸を生成する．これが雨として降水し，湖や河川を酸性化する．しかし，私たちは酸が塩基で中和できることを知っている．なぜ発電による負の影響を打ち消すために，塩基による中和を行わないのか？

科学者はまさにこれを実行してみた．天然の塩基である石灰岩の粉末を酸性雨で酸性化した水に添加するのだ．この方法はライミング（石灰中和）とよばれている．ノルウェーとスウェーデンでは，ライミングによって何百もの湖がうまく回復している．ただ，米国ではライミングはあまり一般的ではない．問題はライミングには多大なコストがかかることと，効果が一時的であることである．酸性雨が降り続けば，水は再び酸性化してしまうのだ．しかしライミングは，酸性雨の酸性度が低下するまでの間，湖を死の湖に変えないための一つの方法になるかもしれない．

章 末 問 題

1. 食品に含まれる酸はどのような風味だろう？
2. 塩基の性質について説明せよ．
3. 一般的な酸を五つ列挙し，その用途を説明せよ．
4. 一般的な塩基を四つ列挙し，その用途を説明せよ．
5. 酸と塩基に関するブレンステッド-ローリーの定義について説明せよ．
6. pH という尺度は対数である．これは何を意味するか．
7. レモンやライム，オレンジの酸味の原因はどの酸か．
8. 酢酸は何に含まれているか．
9. 一般的な酸をいくつかあげ，どこに含まれているか答えよ．
10. アルカロイドとは何か．
11. 制酸剤はどのようにはたらくのか．
12. 酸性雨の原因になる大気汚染物質をあげよ．それらはどこから放出されるのか？
13. 米国では雨の酸性度はどうなっているだろう？ 米国で降る酸性雨の起源について説明せよ．
14. 環境や建築物の素材への酸性雨の影響について述べよ．
15. ヨウ化水素酸（HI）を水酸化ナトリウム（NaOH）で中和する場合の化学式を書け．
16. 以下の反応において，ブレンステッド-ローリーの酸と塩基はどれか示せ．
    (a) $HClO_2 + H_2O \longrightarrow H_3O^+ + ClO_2^-$
    (b) $CH_3NH_2 + H_2O \rightleftharpoons OH^- + CH_3NH_3^+$
    (c) $HF + NH_3 \rightleftharpoons NH_4^+ + F^-$

17. ルイス構造を用いて，水とアンモニアの化学反応を書け．さらに，この反応におけるブレンステッド-ローリーの酸と塩基を示せ．

18. 科学者が2種類の水溶液をつくるとする．一つは 0.01 M の HCl 水溶液，もう一つは 0.01 M の CH₃COOH 水溶液である．HCl 水溶液の pH は 2 である．CH₃COOH 水溶液の pH は 2 よりも大きいだろうか，小さいだろうか？ 説明せよ．

19. 以下の溶液の pH を求め，それぞれを酸性，中性，塩基性に分類せよ．
    (a) $[H_3O^+] = 0.01$
    (b) $[H_3O^+] = 10^{-9}$
    (c) $[H_3O^+] = 10^{-7}$
    (d) $[H_3O^+] = 10^{-5}$

20. pH が 4 の水溶液について，H_3O^+ の濃度を求めよ．

21. 制酸剤に含まれる以下の成分が，過剰な胃酸を中和する際の化学反応式を示せ．
    (a) NaHCO₃
    (b) Mg(OH)₂

22. 胃酸に 0.05 M の HCl が 0.200 L 含まれるとする．この HCl を完全に中和するのに必要な制酸剤 Mg(OH)₂ の量は何 g か．

23. SO₂ が大気中で硫酸に変わる際の化学反応を記せ．

24. 以下のフッ化水素酸 (HF) の描像を参考に，HF が強酸か弱酸か説明せよ．

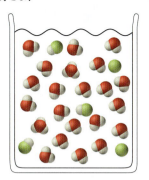

復習問題の解答

復習 13・1 b. 揮発性は酸に特有の性質ではない．

復習 13・2 b. 水溶液の中で部分的に解離するのが弱酸である．

復習 13・3 このプールの pH は低すぎる（酸性度が高すぎる）．塩基を加えて過剰な酸を中和し，pH を上げる必要がある．

章のまとめ

分子の概念

酸には酸味，金属の溶解，塩基の中和，青いリトマス試験紙を赤に変える，といった特徴がある（§13・1，§13・2）．分子として酸は H⁺ を放出するプロトン供与体と定義されている（§13・4）．一方，塩基には苦味，滑る感覚，酸の中和，赤いリトマス試験紙を青に変える，といった特徴がある（§13・3）．分子として塩基は OH⁻ を放出する物質やプロトン受容体と定義されている（§13・4）．酸と塩基には強（水の中で完全に解離），弱（水の中で部分的に解離）がある（§13・5）．溶液の酸性度や塩基性度は pH という尺度で決められている．pH＝7 だと中性，pH＞7 だと塩基性，pH＜7 だと酸性である（§13・6〜§13・8）．

化石燃料の燃焼によって窒素酸化物と硫黄酸化物が生成する．これらが酸素や水と反応し，酸性雨になる．酸性雨によって湖や河川が酸性化し，水生生物に危害を与えている．酸性雨は建物や森林の被害にもつながっている（§13・9〜§13・11）．

社会との結びつき

酸と塩基は私たちの生活や自然の過程，環境にとって不可欠である．ライムやレモン，ピクルス，ワインなどのさまざまな食品に酸が含まれている．食品に塩基が含まれることはまれである．ただ，コーヒーのように，だんだんと好きになるような嗜好品のいくつかには塩基が含まれている．塩基は制酸剤や洗浄剤には一般的に含まれている．

酸性雨は米国北部とカナダで大きな問題になっている．1990 年の米国の改正大気浄化法では，化石燃料を燃焼する火力発電所に対して，硫黄酸化物の排出を大幅に削減することを求めている．その結果，米国北東部とカナダの雨水の pH は改善されてきた．しかし，依然として多くの湖が酸性雨の被害を受けている．現状の法制化が問題の解決に十分かどうかは，現時点ではまだわからない．

14 酸化と還元

> コップ一杯の砂糖にビーカー一杯の熱した硝酸をかけると，基礎化学のすごい光景が見られる．その瞬間を見れば，誰でも驚いてしまうだろう．実際，そのせいで近くのテニスの試合を中断させてしまったことがある．
>
> —— *Theodore H. Savory*

目次

14・1 さ び
14・2 酸化と還元の定義
14・3 一般的な酸化剤と還元剤
14・4 呼吸と光合成
14・5 電池：化学で作る電気
14・6 燃料電池
14・7 腐食：さびの化学
14・8 酸化，老化，酸化防止剤

この章で学ぶこと

- さびとは何か？
- 酸化と還元はどのように定義できるだろうか？
- 一般的な酸化還元反応にはどのようなものがあるだろうか？
- 電池はどのようにして動くのだろうか？
- 燃料電池はどういうもので，どのようにして動くのだろうか？
- さびを防ぐためにどのように化学を活用できるだろうか？
- 酸化と老化はどのように関連づけられるだろうか？

この章では，酸化還元反応とよばれる，化学反応のなかでも重要な内容を学ぶ．酸化還元反応は，自然界でも，工業でも，日常生活でもよく起こっている．たとえば鉄のさびや，髪の脱色や，傷の消毒はすべて酸化還元反応が関与している．この章を読むにあたって，なじみのあるこの反応が起こるときに原子と分子には何が起こっているかを想像してみよう．髪の脱色の過程で目に見える出来事の原因も，分子のことを考えるとわかる．この場合には髪の色の原因となる分子を永久に変化させる酸化還元反応が原因だ．酸化還元反応は代謝にも関係する．人間は酸素を細胞内に取込めるように呼吸し，細胞では人間が生き続けるための酸化還元反応に酸素が使われる．燃焼は現代社会においてエネルギーを得る主要な手段だが，酸化還元反応は燃焼でも起こる．いつの日か，燃焼反応の代わりに，より環境にやさしいやり方でエネルギーを生成する他の酸化還元反応が使われるようになるかもしれない．

14・1 さ び

鉄のさびと他の金属の腐食によってかかる費用は，米国全体で年間で約3000億円（米国のGDPの3.2%）にものぼる．鉄が空気と湿気にさらされると化学反応が起こり，さびとして知られる酸化鉄の赤茶色の層が鉄の表面にできる．このよく知られた化学反応によって，パイプ，自動車，バイク，ビル，橋をはじめ，鉄の構造物すべてが損傷を受ける．バイクを持っていれば，年を経るにつれてバイクの表面に赤茶色の点が広がっていくのを見たことがあるだろう．マクロな視点で目に見えることは，赤茶色の層の下にある金属が犠牲になって赤茶色の層が広がっていくということだが，この現象は分子のことを考えれば理解できる．湿度が高かったり塩を含むと早くさびる理由も，分子のことを考えれば理解できる．驚くべきことに，さびる原理を分子の言葉で説明することは，懐中電灯に使う一般的な乾電池が動く原理を説明するのと同じになる．

鉄がさびることと電池が動くことは，どちらも**酸化還元反応**（レドックス反応）という特定の化学反応が関係している．酸化還元反応では，一方の物質からもう一方の物質へと電子が移動する．鉄がさびるときは電子を弱く引きつけていた鉄原子が電子を放出し，電子を強く引きつける酸素が電子を受取ることで，電子が移動する．酸化された鉄原子（電子を失った鉄原子）は還元された酸素原子（電子を受取った酸素原子）と結合し，さびとよばれる酸化鉄になる．

後でわかるように，さびるという現象の元になる化学反応には，水も関係している．つまり，鉄が乾燥したまま保たれていればさびは防げる．鉄がさびるためには電荷の伝導が必要だ．その結果，良い伝導体である食塩水があると早くさびることになる．

酸化還元反応は，一般的に起こる多くの出来事の原因だ．たとえば，炭化水素の燃焼は炭化水素が酸化される酸化還元反応だ．呼吸は人体がエネルギーを得るために糖を酸化する酸化還元反応だ．鉄の精錬は鉄鉱石から鉄を取出すために鉄鉱石を還元する酸化還元反応だ．そして，せっかく還元して鉄の酸化を防ぐように努力しても，結局は酸化されてしまうことになる．塗装や，金属や，いくつかのプラスチックは，年月を経るにつれて酸化のために輝きを失う．

老化に関する理論では，酸化が老化の原因だと考えられている．ふつうの鉄でみられるさびという現象は，新しいピカピカの車を古いボロボロの車に変えてしまうが，若者が年老いて老人になることと同じことなのかもしれない．

さびは鉄の酸化によって生じる．鉄原子は酸素原子と反応して酸化鉄(Fe_2O_3)を生成し，酸化鉄は一般にさびとして知られている．

14・2 酸化と還元の定義

この本ではすでに酸化還元反応が出てきている．熱やエネルギーを生み出すために行われる燃焼反応は，実のところ酸化還元反応である．たとえば，つぎの化学反応式で表される石炭の燃焼は，酸化還元反応だ．

$$C + O_2 \longrightarrow CO_2$$

天然ガスの燃焼も酸化還元反応だ．

$$CH_4 + 2O_2 \longrightarrow CO_2 + 2H_2O$$

そのほかに，鉄がさびる現象も酸化還元反応だ．

$$4Fe + 3O_2 \longrightarrow 2Fe_2O_3$$

時に爆発的になることもある水素と酸素の反応も，酸化還元反応だ．

$$2H_2 + O_2 \longrightarrow 2H_2O$$

上にあげた反応ではそれぞれの物質が酸素と反応していて，最初の反応では炭素が反応し，2番目，3番目，4番目の反応では，メタン，鉄，水素がそれぞれ反応する．どの物質もそれぞれ酸素と反応して，酸化される．酸化の定義の一つは，単純に"酸素を受取る"ことだ．これらの反応で矢印の向きを逆にすれば，名前のあがった元素はどれも酸素を失い，還元される．還元の定義の一つは，"酸素を失う"ことだ*1．

2番目の逆反応をよく見ると，酸化と還元の性質について別の面を見ることができる．

$$CO_2 + 2H_2O \longrightarrow CH_4 + 2O_2$$

この反応で，炭素は酸素を失い（還元され），水素を受取る．水素を受取ることは還元反応の特徴だ．そして，反対に水素を失うことは酸化反応の特徴だ．

酸化と還元の最も一般的な定義では，酸素や水素の移動ではなく，電子の移動が関係する．ナトリウムの酸化について，ルイス構造を考えてみよう．

$$4Na\cdot + \ddot{\underset{\cdot\cdot}{O}}=\underset{\cdot\cdot}{\ddot{O}} \longrightarrow 2[Na]^+[\ddot{\underset{\cdot\cdot}{O}}\vdots]^{2-}[Na]^+$$

ナトリウムと酸素が反応して酸化ナトリウムが生成する場合に，各ナトリウム原子は電子を一つ酸素へ渡す．ルイス構造を見ると，ナトリウムが電子を失ったこと（酸化）と，酸素が電子を受取ったこと（還元）がはっきりとわかる．広義での酸化の定義は"電子を失う"ことで，広義での還元の定義は"電子を受取る"ことだ．この定義を使うと，酸素が関与していない反応でも酸化還元反応になりうる．ナトリウムと塩素の反応を，ルイス構造式を使って表してみよう．

$$2Na\cdot + \ddot{\underset{\cdot\cdot}{Cl}}-\underset{\cdot\cdot}{\ddot{Cl}}\vdots \longrightarrow 2[Na]^+[\ddot{\underset{\cdot\cdot}{Cl}}\vdots]^-$$

ナトリウムと塩素が反応して塩化ナトリウムが生成する場合，各ナトリウム原子は塩素原子へ電子を一つ与える．ナトリウムは酸化され，塩素は還元される．

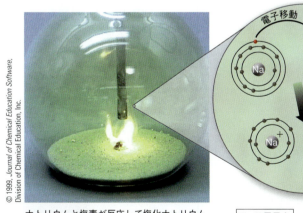

ナトリウムと塩素が反応して塩化ナトリウムを生成する場合，各ナトリウム原子から塩素原子へ電子が一つ移動する．ナトリウムは電子を失うので酸化される．塩素は電子を受取るので還元される．

Na は電子を1個失い，酸化される

Cl は電子を1個受取り，還元される

---

*1 酸化と還元はどちらも定義がいくつかあるが，どの定義も役に立つ．

Na₂O や NaCl のようにイオン結合が生成する場合に，電子の移動ははっきりしていて，一つまたはそれ以上の数の電子が金属から非金属へと移動する．金属は酸化され，非金属は還元される．しかし，酸化還元反応はイオン結合が関係する必要はない．共有結合では電子の移動は局所的に起こるだけで，同じ定義があてはまる．たとえ局所的に起こるのであっても，電子を失う原子は酸化され，電子を受取る原子は還元される．

ある物質が電子を失えば，別の物質が電子を受取る必要があるので，酸化と還元は必ず同時に起こる．酸化還元反応ではある物質は酸化され，別の物質は還元されるのだ．酸素や塩素の単体のように，電子を受取りやすい物質のことを**酸化剤**という．酸化剤は別の物質を酸化し，それ自体は還元される．同様に，ナトリウムやカリウムの単体のように，電子を失いやすい物質のことを**還元剤**という．還元剤は別の物質を還元し，それ自体は酸化される．

以上をまとめると，つぎのようになる．

酸化の定義:
- 酸素を受取ること
- 水素を失うこと
- 電子を失うこと（最も基本的な定義）

酸化される物質は還元剤だ．

還元の定義:
- 酸素を失うこと
- 水素を受取ること
- 電子を受取ること（最も基本的な定義）

還元される物質は酸化剤だ．

酸化と還元は必ず同時に起こる．酸化または還元の一方だけが起こることはない．

復習 14・1 酸化還元反応で酸化剤自体はどうなるか？
(a) 酸化される．
(b) 還元される．
(c) 酸化も還元もされない．

例題 14・1　酸化されるものと還元されるものの識別

つぎの酸化還元反応で，酸化される元素と還元される元素はそれぞれ何だろうか？

(a) $2NO + 5H_2 \longrightarrow 2NH_3 + 2H_2O$

NO の窒素は水素を受取るので還元される．H_2 の水素は酸素を受取るので酸化される．

(b) $4Li + O_2 \longrightarrow 2Li_2O$

リチウムは酸素を受取るので酸化され，酸素はリチウムを酸化し，それ自体は還元される．

(c) $2Al + 3Zn^{2+} \longrightarrow 2Al^{3+} + 3Zn$

アルミニウムは電荷をもたない状態から正電荷をもつように変化する．アルミニウムは電子を失うので，酸化される．亜鉛イオンは正電荷をもつ状態から電荷をもたない状態に変化する．亜鉛イオンは電子を受取り，還元される．

(d) $2Fe + 3S \longrightarrow Fe_2S_3$

金属の鉄が非金属の硫黄と化合する．鉄は酸化され，硫黄は還元される．金属と非金属の反応では，金属は常に酸化され，非金属は還元される．

[解いてみよう]

つぎの酸化還元反応で，酸化される元素と還元される元素はそれぞれ何だろうか？

$CuO + H_2 \longrightarrow Cu + H_2O$

例題 14・2　酸化剤と還元剤の識別

つぎの酸化還元反応で，酸化剤と還元剤はそれぞれ何だろうか？

(a) $2NO_2 + 7H_2 \longrightarrow 2NH_3 + 4H_2O$

H_2 は酸化されるので，還元剤だ．NO_2 の窒素は水素を受取るので，還元される．したがって，NO_2 は酸化剤だ．

(b) $2K + Cl_2 \longrightarrow 2KCl$

この反応で非金属の塩素(Cl_2)は還元される．したがって，塩素は酸化剤だ．この反応で金属のカリウム(K)は酸化される．したがって，カリウムは還元剤だ．

[解いてみよう]

つぎの酸化還元反応で，酸化剤と還元剤はそれぞれ何だろうか？

$V_2O_5 + 2H_2 \longrightarrow V_2O_3 + 2H_2O$

分子の視点

Box 14・1　自動車の塗装の色あせ

新車の塗装は輝いていて，光沢がある．しかし，何年も経つと，新しかった塗装は色あせて輝きを失う．塗装の色あせの少なくとも一部は，塗料の中の分子が空気中の酸素により酸化されることで起こる．定期的に塗装にワックスをかけることで塗装の色あせを防げるので，そうしている自動車は新車当時の輝きを長年保つことができる．

問題: なぜワックスをかけると塗料の酸化が防げるのだろうか？ 分子のことを考えて，その理由を説明できるだろうか？

年月を経ることでの塗装の色あせは酸化還元反応によって起こる．

14・3 一般的な酸化剤と還元剤

最も一般的な酸化剤は酸素である。第11章で学んだように、酸素は空気の組成の約20%を占める。火で木を燃やすことや、自動車のエンジンでガソリンを燃焼させることなど、酸素は日常的な酸化還元反応の多くに関係している。炭素を含む物質が燃えると、常にエネルギーを生み出す。人間の身体も酸素を使ってエネルギーを生み出していて、呼吸することで酸素を取込み、酸素を使って糖を酸化してエネルギーを取出している。

強い酸化剤は微生物を殺すことができ、**殺菌剤**や**消毒薬**として使用される。殺菌剤は感染を防ぐために皮膚や切り傷の消毒に使用される。一般的な殺菌剤には過酸化水素(H_2O_2)や、過酸化ベンゾイル$(C_6H_5CO)_2O_2$や、ヨウ素(I_2)などがある。消毒薬は消毒によって衛生的にするために使用される。一般的な消毒薬には飲料水の消毒に使用される塩素(Cl_2)や、家庭用漂白剤にも使用される次亜塩素酸ナトリウム(NaOCl)の水溶液がある。

これらの酸化剤は色の原因となる多くの分子と反応できるので、酸化剤は衣類や紙の漂白のほかに、食品の漂白にも使用される。塩素(Cl_2)や過酸化水素(H_2O_2)は漂白剤としても使われる。家庭用漂白剤は5.25%濃度の次亜塩素酸ナトリウム水溶液だ。

還元剤は家庭用製品としてはそれほど一般的ではないが、多くの工業過程で重要だ。単純ではあるが最も一般的な還元剤は、おそらく水素だろう。**ハーバー・ボッシュ法**において大気中の窒素からアンモニアへの還元(窒素固定)を行う際に、水素が使われるのだ。

$$3H_2 + N_2 \longrightarrow 2NH_3$$

窒素が水素と結びついてアンモニアが生成するので、この場合に窒素は還元される。アンモニアは、化学肥料や火薬など多くの重要な化成品を製造する際の原料なので、空気中の窒素ガスからアンモニアを合成することは重要だ。

ほかにも重要な還元剤の例として、金属鉱石の還元で使われるコークスの主成分である炭素の単体がある。たとえば、炭素は酸化銅を銅に還元する。

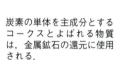

$$Cu_2O + C \longrightarrow 2Cu + CO$$

一酸化炭素も金属の還元過程で使われる。たとえば、鉄鉱石(酸化鉄)を鉄へと還元するときに一酸化炭素が使

炭素の単体を主成分とするコークスとよばれる物質は、金属鉱石の還元に使用される。

この分子に注目

Box 14・2 過酸化水素

化学式：H_2O_2
分子量：34.02 g/mol
融　点：-0.43 ℃
沸　点：152 ℃
構造式：H—Ö—Ö—H

三次元構造：

過酸化水素はかなり不安定な無色の液体で、通常は3%水溶液として市販されている。強力な酸化剤で、色素や染料をはじめとする多くの有機化合物を酸化する。その結果、過酸化水素は毛髪を脱色するのに優れた脱色剤で、食品、小麦粉、絹や織物材料を漂白するのに優れた漂白剤だ。

メラニンは茶色や黒色の毛髪の色のもとになる分子だが、過酸化水素はメラニンを酸化することで毛髪を脱色する。他の色素と同様に、メラニンは炭素-炭素単結合と二重結合が交互にある構造を含む。過酸化水素は二重結合を切断し、過酸化水素中の酸素原子の一つを、二つの炭素原子の間に挿入する。二重結合が壊れると、メラニンの色が失われる。

歯を白くするのに役立つということで、少量の過酸化水素を含む歯磨き粉もある。しかし、歯磨き粉に含まれるそれだけ少量の過酸化水素が、実際に何か役に立つかどうかは不明だ。過酸化水素は小さな泡を出し、その泡は何かが起こっていると思わせる。しかし、実際に歯が白くなるかどうかは今後の実証が待たれる。

過酸化水素は消毒薬としても使われる。皮膚や切り傷に過酸化水素をつけると、感染を起こすような微生物を殺してくれる。

過酸化水素は毛髪中の色素のメラニンを酸化できるので、脱色剤としてよく使用される。

われる.

$$Fe_2O_3 + 3CO \longrightarrow 2Fe + 3CO_2$$

14·4 呼吸と光合成

動物も植物も生命体は,呼吸と光合成という一連の酸化還元反応によって生きている. ヒトも含めて動物は,エネルギーを得ようと食べたものを酸化する際に**呼吸**を使っている. 食べたものを完全に消化するには何段階か必要だが,グルコース($C_6H_{12}O_6$)の酸化で二酸化炭素と水が生成することでエネルギーが得られる.

$$C_6H_{12}O_6 + 6O_2 \longrightarrow 6CO_2 + 6H_2O \quad (呼吸)$$

上の反応式の左辺のグルコースでは炭素原子1個につき酸素原子1個の割合だが,右辺の二酸化炭素では炭素原子は酸素原子2個と結合している. この反応で炭素は酸素と結びつき,水素を失う. つまり,呼吸することで炭素は酸化される. 呼吸は発熱的であり,動物が生きていくために必要なエネルギーを提供する.

光合成は植物がグルコースをつくる作用であり,呼吸と逆のことを行っている. 光合成では植物が炭素を還元して,グルコースと酸素をつくる.

$$6CO_2 + 6H_2O \xrightarrow{光} C_6H_{12}O_6 + 6O_2 \quad (光合成)$$

この場合,炭素は酸素を失い,水素と結びつく. つまり,炭素は還元される. この反応は吸熱的で,太陽光からもたらされるエネルギーを吸収して,グルコースをつくり出す.

このように,自然界では太陽エネルギーを吸収し,化学結合のかたちでエネルギーを貯蔵する. 動物が植物を食べるときに,動物は呼吸によって放出されるエネルギーを使う.

このように,動物と植物は生きていくために相互に依存している. 動物は炭素を酸化するために酸素を使い,植物は炭素を還元するために水を使う.

復習14·2 呼吸での酸化剤はどの物質だろうか?

14·5 電池: 化学でつくる電気

電池の原理は,ある物質から別の物質へ電子が移動しやすい傾向に基づいている. 言い換えれば,電池の原理は酸化還元反応をもとにしている. 酸化還元反応がビーカーの中や空気中で起こる場合には,分子や原子が直接接触し,ある原子や分子から別の方へと電子が直接移動する. 酸化還元反応を起こす二つの物質が物理的に隔てられている場合は,外部回路を通じて電子を電流として移動させることができる.

たとえば,銅イオンを含む溶液に亜鉛の金属片を浸すと,酸化還元反応が起こる(図14·1). 亜鉛は電子を失い(酸化され),銅イオンは電子を受取る(還元される).

$$Zn + Cu^{2+} \longrightarrow Zn^{2+} + Cu$$

金属の亜鉛の固体が亜鉛イオンへと変化するにつれて,亜鉛は溶液中に溶け出す. その一方で,溶解していた銅イオ

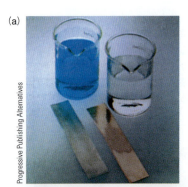
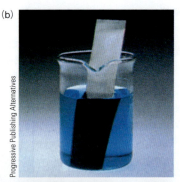

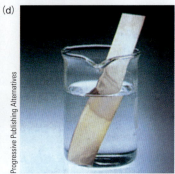

図14·1 (a) Cu^{2+}(青色)を含む硝酸銅の溶液, Zn^{2+}を含む硝酸亜鉛の溶液, 亜鉛の金属片, 銅の金属片. (b) 亜鉛を硝酸銅の溶液に浸すと, 銅イオンは直ちに還元されて銅になり, 銅の固体は亜鉛表面上に暗色の薄膜として現れる. 金属亜鉛は亜鉛イオンになるが, その様子は目に見えない. (c) 数時間後, 銅の塊が目に見えるほど増え, 溶けていた銅イオンのせいで見えていた溶液の青色は薄くなる. 銅イオンの代わりに溶液中に溶けたものは何だろうか? (d) 銅の金属片を硝酸亜鉛溶液に浸しても, 何も反応が起こらない.

ンは固体の銅に変化するので，金属の銅が析出する．

電池は先に書いた反応でつくることができる．物理的に亜鉛金属と銅イオンを隔てて電線でつなぎ，電子が亜鉛から銅へ電線を通して動けるようにする．このような電池は，**化学電池**を使えばできる．図 14・2 の化学電池では，Zn^{2+} と NO_3^- からなる硝酸亜鉛の溶液に亜鉛の金属片が浸してある．もう一方の銅の金属片は，Cu^{2+} と NO_3^- からなる硝酸銅の溶液に浸してある．亜鉛と銅の金属片は電線でつながれていて，途中に電球や他の電気装置が接続してある．二つの溶液の間は塩橋がかかっているものの，物理的に隔てられている．

銅イオン(Cu^{2+})は亜鉛原子よりも電子に対する親和力が高いので，電子は亜鉛から電線を通って銅の方へと流れ，電流が発生する．銅に電子が流れると，溶液中の銅イオンと電子が結びつく．銅イオンは銅電極表面で固体の銅になって析出する．反応が進むにつれて，銅電極の質量が増大し，溶液中の銅イオンが少なくなる．それと同時に，亜鉛電極では亜鉛原子が電子を失い，溶液中に亜鉛イオン(Zn^{2+})として溶け出す．反応が進むにつれて，亜鉛電極は質量が減少し，溶液中の亜鉛イオンの濃度が増える．その一方で，負電荷の電子が亜鉛側から銅側へと流れるにつれて電荷の不釣り合いが生じるので，電荷を補うために硝酸イオン(NO_3^-)が塩橋を通じて銅側から亜鉛側へと流れる．

酸化還元反応を起こす物質（活物質とよぶ）を物理的に隔てることで，電子は電線を通るしかなくなり，電流が発生する．定義によると，酸化が起こる電極は電池の**負極**とよばれ，(−)で表す．一方，還元が起こる電極は電池の**正極**とよばれ，(+)で表す．電子は常に負極(−)から正極(+)に流れる．

なぜ電池に寿命があるのかが，今では理解できるだろう．電池の内部でこれまで述べてきたような酸化還元反応が進行するにつれて，活物質が消耗するのだ．亜鉛原子は酸化され，銅イオンは還元される．時間が経つにつれて，亜鉛電極は溶解していき，溶液中の銅イオン(Cu^{2+})がなくなっていく．そうなると電池はもはや電流をつくれなくなり，廃棄するしかない．充電式電池を充電する場合には，外部電源を使って電子を逆方向に流す．すると逆方向に反応が進行し，活物質が再生する．

自動車のバッテリー

自動車のバッテリーは，これまでの単純な電池と同様にして動く鉛蓄電池だ．負極は希硫酸(H_2SO_4)中に浸した多孔性の鉛板でできている（図 14・3）．負極ではつぎの反応式のようにして，鉛が酸化される．

$$Pb + SO_4^{2-} \longrightarrow PbSO_4 + 2e^- \quad (酸化)$$

正極は酸化鉛でできていて，こちらも希硫酸に浸してあり，つぎの反応式のようにして，還元反応が進行する．

$$PbO_2 + 4H^+ + SO_4^{2-} + 2e^- \longrightarrow PbSO_4 + 2H_2O \quad (還元)$$

全体の反応は，酸化反応と還元反応を単に足し合わせたものになる．

$$Pb + SO_4^{2-} \longrightarrow PbSO_4 + 2e^- \quad (酸化)$$
$$PbO_2 + 4H^+ + SO_4^{2-} + 2e^- \longrightarrow PbSO_4 + 2H_2O \quad (還元)$$
$$\overline{Pb + PbO_2 + 4H^+ + 2SO_4^{2-} \longrightarrow 2PbSO_4 + 2H_2O} \quad (全体の反応)$$

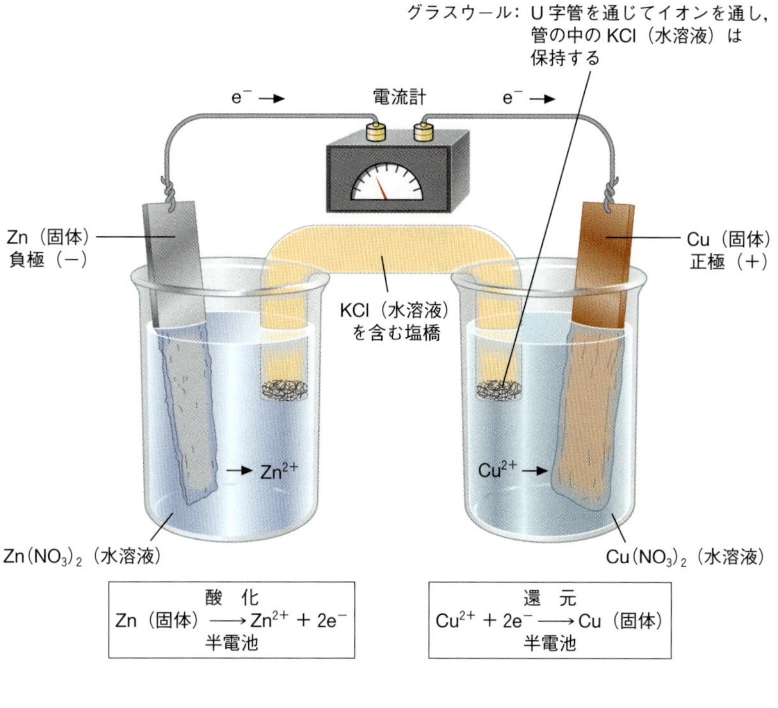

図 14・2 化学電池．この電池では負極の亜鉛電極から正極の銅電極に電子が流れる．亜鉛原子は酸化されて Zn^{2+} になり，Cu^{2+} は還元されて銅原子になる．

反応が進むにつれて，両方の電極はどちらも硫酸鉛で覆われ，溶液から硫酸イオンがなくなっていく．そのため，電池は放電した状態になる．充電するためには，外部電源によって逆方向へ電流を流す必要がある．すると，電子が鉛板の方へと流れていき，硫酸鉛を鉛と硫酸イオンへと戻し，そして電子が硫酸鉛から流れ出ることで，析出した硫酸鉛は酸化鉛と硫酸イオンへと戻る．このようにして，鉛蓄電池は何千回も放電と充電を繰返すことができる．

復習14・3 図14・1を見て，(d) の場合になぜ反応が起こらないかを説明せよ．

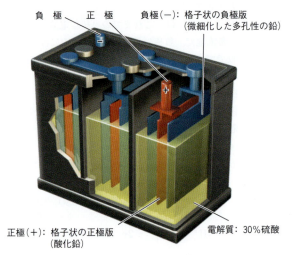

図14・3 鉛蓄電池．

一般的な乾電池

小売店で販売されている安価な懐中電灯用のマンガン乾電池は，図14・4に書いてあるようなルクランシェ電池とよばれる原理を使用している．電池の本体は負極として働く亜鉛でできている．つぎの反応式のようにして，亜鉛は酸化される．

$$Zn \longrightarrow Zn^{2+} + 2e^- \quad (酸化)$$

還元反応はさらに複雑だ．炭素棒が正極として働くが，実際に還元される物質は，乾電池の内部のペースト状電解液に混合してある二酸化マンガン(MnO_2)だ．二酸化マンガンは，つぎの反応のようにして酸化マンガン(III)(Mn_2O_3)に還元される．

$$2MnO_2 + H_2O + 2e^- \longrightarrow Mn_2O_3 + 2OH^- \quad (還元)$$

還元反応であることからわかるように，Mn_2O_3 のマンガン原子一つ当たりの酸素原子の数が MnO_2 の場合よりも少ないことに注意しよう．全体の反応は，酸化反応と還元反応を足し合わせることによって得られる．

$$\begin{aligned}
Zn &\longrightarrow Zn^{2+} + 2e^- \quad &(酸化)\\
2MnO_2 + H_2O + 2e^- &\longrightarrow Mn_2O_3 + 2OH^- \quad &(還元)\\
\hline
Zn + 2MnO_2 + H_2O &\longrightarrow Zn(OH)_2 + Mn_2O_3 \quad &(全体の反応)
\end{aligned}$$

マンガン乾電池よりも値段が高いアルカリ乾電池は，亜鉛の酸化に塩基を利用する少し違う反応を使用している．そのためにアルカリ乾電池とよばれている．アルカリ乾電池は長持ちで，電池としての寿命が長く，標準的なルクランシェ電池よりも腐食しにくい．

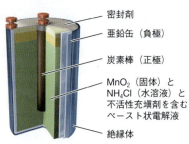

図14・4 安価な乾電池の断面図．

14・6 燃料電池

燃料電池は活物質を継続的に供給し続ける電池だ．通常の電池では活物質は時間とともに消耗する．一方，燃料電池では活物質が必要なだけ電池の中に流れ込むことで電気を生み出し，生成物は外に排出される．燃料電池は未来のエネルギー源として大きな可能性を秘めている．小さなものでは，ノートパソコンのように持ち運び可能な小型の電子機器や，自動車やバスの電力供給源となるだろう．大きなものでは電力供給網をつくるのに役立つだろう．

燃料電池の有効性は熱力学と関係する．エネルギーを変換するにはある程度のエネルギーが熱として周囲に放出されるため，どの段階でも多少のエネルギーを損失する．化石燃料の燃焼によって電気を生み出す場合には，つぎの三つの過程が必要である．燃焼による化学エネルギーから熱エネルギーへの変換，蒸気の力による熱エネルギーから運動エネルギーへの変換，発電機による運動エネルギーから

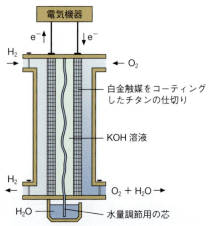

図14・5 米国の宇宙開発計画で使用された水素‐酸素燃料電池．

電気エネルギーへの変換の三つだ．電気化学反応では，化学エネルギーが電気エネルギーへと直接変換され，途中の段階を省略できる．結果として燃料電池は効率がとても高く，石炭を燃焼させた場合のエネルギー効率は 40% であるのに対して，燃料電池のエネルギー効率は 50〜80% にものぼる．

一般的な燃料電池は，水素と酸素からなる燃料電池だ（図 14・5）．水素と酸素の気体が穴のあいた電極を通って流れ，水酸化カリウム（KOH）水溶液と接触する．負極では，水素ガスが酸化されて水になる．

$$2H_2 + 4OH^- \longrightarrow 4H_2O + 4e^- \quad (酸化)$$

正極では，酸素ガスが還元されて水酸化物イオンになる．

$$O_2 + 2H_2O + 4e^- \longrightarrow 4OH^- \quad (還元)$$

還元で生成する水酸化物イオン（OH^-）の量は，酸化反応で使用される量と等しい．全体での反応は，単に水素と酸素から水をつくる反応になる．

$$2H_2 + O_2 \longrightarrow 2H_2O \quad (全体での反応)$$

宇宙計画では，宇宙船での発電のために水素–酸素燃料電池を使用する．有人宇宙飛行では，燃料電池の唯一の反応生成物である水は宇宙飛行士が消費する．水素–酸素燃料電池は，現在のところ，自動車産業に最適な燃料電池だ（Box 14・3 "燃料電池自動車"を参照）．

多くの燃料電池が現在はまだ開発段階だが，やがて化石燃料による電力生産と競合するようになるかもしれない．これまでに数メガワットの発電量の燃料電池発電所を開発した企業もある．燃料電池のなかでも，最も有望なものは溶融炭酸塩形燃料電池（MCFC）だ．MCFC では炭酸カリウムを電解質として使用し，メタンガスを燃料として使用するものだ．改質とよばれる最初の過程では，メタンガスが水と反応して二酸化炭素と水素を生成する．

$$CH_4 + 2H_2O \longrightarrow CO_2 + 4H_2$$

水素ガスは燃料電池の負極で酸化される．

$$4H_2 + 4CO_3^{2-} \longrightarrow 4CO_2 + 4H_2O + 8e^- \quad (酸化)$$

酸素は正極で還元される．

$$4CO_2 + 2O_2 + 8e^- \longrightarrow 4CO_3^{2-} \quad (還元)$$

全体の反応は，つぎの式のようになる．

$$CH_4 + 2O_2 \longrightarrow CO_2 + 2H_2O \quad (全体の反応)$$

このような MCFC で電力供給網ができる．

MCFC の発電効率は 54% から 85% の間で，どれだけ排熱を取込んで発電に再利用できるかに発電効率は依存する．MCFC で最も魅力的な点は，従来の発電設備と比べて大きさが比較的小さいことだ．発電量が 1 メガワットの MCFC は，標準的なトレーラーであれば簡単に運搬できるほどの大きさだ．MCFC の欠点は，化石燃料であるメタンガスを使わなければならないことだ．MCFC の発電効率は高く，硫黄酸化物や窒素酸化物の排出量は少ないが，供給が限られることや二酸化炭素を排出することなど，化石燃料を使用する場合のその他の問題は残ったままだ．しかし，MCFC 電池では，エタノールや二酸化炭素といっ

新しいテクノロジー

Box 14・3　燃料電池自動車

内燃機関は騒音が大きく，排気ガスが空気を汚すうえに，非効率的だ．石炭を燃やす蒸気機関のように，内燃機関はいずれ衰退していくだろう．わずか数年前には内燃機関から移行することは想像できなかったが，今や可能になりつつある．内燃機関に取って代わるものが正確に何であるかは現時点では不明だが，燃料電池が最有力候補だ．燃料電池は静粛で，クリーンで汚染ガスを出さず，効率が高い．エネルギーを生み出すために石油を爆発的に燃やす代わりに，燃料電池は水素と酸素を静かに結合させてエネルギーを生み出す．火花もなく，爆発もなく，水以外の廃棄物もない．燃料電池は電気を生み出し，静かな電気モーターに供給して，自動車を駆動する．

主要な自動車会社は，燃料電池自動車のプロトタイプを開発中か，またはすでに開発している．2007 年にホンダは次世代燃料電池車 FCX を発表した．FCX は圧縮水素ガスを使用して走行し，排出するのは水だけだ．航続走行距離は 380 km で，最高速度は時速 160 km に達し，大人 4 人が心地よく乗ることができる．今では南カリフォルニアで FCX がリース販売されている．現在，燃料電池自動車への水素ガスの補給は指定の水素ステーションでしか行えない．しかし，顧客自身の家の駐車場で水素補給できるように，ホンダは天然ガスを水素燃料へ変換する家庭用水素ステーションの開発も進めている．

ホンダ燃料電池自動車 FCX

た他の炭素含有燃料や，水素ガスをはじめとする水素含有燃料を燃料として使えるように変更できる．当然だが，これらの燃料の安価で再生可能な供給源を見つけることが，今後の課題だ．

14・7 腐食：さびの化学

電池の中で起こっている反応のように，鉄がさびるという現象は酸化還元反応の一つだ．鉄がさびる場合には，つぎの式のように鉄が酸化される．

$$2Fe \longrightarrow 2Fe^{2+} + 4e^- \quad (酸化)$$

一方，空気中の酸素は還元される．

$$O_2 + 2H_2O + 4e^- \longrightarrow 4OH^- \quad (還元)$$

この反応で水は重要な要素だ．経験的に知っているように，鉄の表面が濡れていたり，湿気の多い空気中で鉄はさびる．さびを防ぐためには鉄を乾燥したままにしておけばよい．鉄の酸化の反応は全体ではつぎのようになる．

$$2Fe + O_2 + 2H_2O \longrightarrow 2Fe(OH)_2 \quad (全体の反応)$$

生じた酸化鉄(Ⅱ)Fe(OH)$_2$ はさらに何段階かの反応を経て，酸化鉄(Ⅲ)(Fe$_2$O$_3$)を生成する．この酸化鉄(Ⅲ)こそが，さびとよんでいる赤茶色の物質である．鉄は硬く構造的にしっかりとしているが，酸化鉄は鉄とは違ってもろい．酸化鉄は鉄の金属表面から粉としてはがれ落ち，その結果として新たな金属表面が現れて，どんどんさびていく．条件がそろえば，鉄はすべてさびてしまう．

さびた鉄

米国で毎年製造される鉄の5分の1はさびた鉄を取替えるために使用されるので，防錆は工業的に重要な位置を占める．さびを防ぐための方法で完全に有効なものはないが，さびの進行を一時的に止めたり，遅らせることはできる．最も簡単にさびを防ぐ方法は，鉄の表面に塗料を塗り，表面を覆うことだ．塗装することで水が排除されるとともに，鉄が空気と接しないような防壁となる．しかし，塗装がさびの防止に有効なのは，あくまでも傷がついていない

鉄に塗装すると防壁となって湿気や酸素から鉄を守るが，塗装に傷がつくとそこからさびていく．

状態である場合だ．塗装した表面に亀裂ができたり，傷がついたりすると，そこから鉄が表に出てきてさびてしまう．

鉄のさびを防ぐもう一つの方法は，鉄よりも活性な金属を鉄に付けることだ．この方法は地下の鉄管のさびを防ぐためにしばしば使用されている（図14・6）．鉄より活性な金属は鉄よりも電子を失いやすい．亜鉛やマグネシウムは空気中でも安定で，さらに電子を失いやすい性質があるため，そのような用途によく使われる．活性な金属は鉄の代わりに酸化され，それによって鉄が酸化されるのを防ぐ．しまいには活性な金属の大分部は酸化され，交換が必要となる．しかし，活性な金属が残っている限りは，鉄はさびずに保護される．

図14・6 この地下のパイプには150〜300 mおきに亜鉛ワイヤーが取付けてある．亜鉛は鉄よりも電子を失いやすいので，鉄の代わりに酸化される．

鉄のさびを防止するには，酸化物が安定な構造となる他の金属を鉄と混合する方法や，そのような金属で鉄の表面を覆う方法もある．たとえば，アルミニウムなどの多くの金属は鉄と同様に空気中で酸化されるが，構造的に安定な酸化物を形成することも多い．酸化アルミニウム(Al$_2$O$_3$)が構造的に安定でしっかりとしていることは，アルミ缶が腐食に対して強いことからもわかるだろう．酸化アルミニウムは，その下にある金属が酸化しないように保護する丈夫な膜を形成する．鉄の**亜鉛めっき**の行程で，亜鉛は鉄の表面を覆う薄膜に使用される．亜鉛は鉄よりも活性が高い

亜鉛めっきされた釘は表面が亜鉛の薄膜で覆われている．内部の鉄の代わりに表面の亜鉛が酸化されるため，頑丈な酸化亜鉛の膜をつくることで，鉄が酸化されるのを防ぐ．

ので，亜鉛は表面下の鉄の代わりに酸化される．そして酸化亜鉛が保護膜を形成し，それ以上の酸化を防止する．この方法の長所は，たとえ表面を覆う被膜に亀裂ができたり，傷がついたりしても，亜鉛の保護膜がその下にある鉄の酸化を防止することだ．亜鉛は非常に電子を失いやすいので，亜鉛が鉄と接触している限りは亜鉛が先に酸化され，鉄は酸化されずに保たれることになる．

考えてみよう

Box 14・4　新テクノロジーの経済学と企業助成

　新興企業が新製品を開発するときは，長期にわたる赤字経営に耐えて生き残らなければならないことがしばしばある．投資家は新興企業が将来には利益を生み出す可能性に基づいて資金を投資する．燃料電池のような新エネルギー技術を開発する会社は，投資家を引きつけて開発期間を切り抜けるのに苦労する場合も多い．これにはいくつか理由がある．製品を市場に出すために解決しなければならない技術的問題が非常に多くあるか，または代替エネルギー技術を使用するための基盤が整備されていないのかのどちらかである場合が多い．たとえば，ある会社が水素燃料電池自動車を開発しようとすることを考えてみよう．燃料電池自動車に供給する水素を販売する水素ステーションが沿道にないので，現存する市場では売れないだろう．そのため，政府はしばしば新エネルギー技術を開発する企業に資金提供を行う．燃料電池技術を開発中のある株式会社は，販売するものがないにもかかわらず，数年にわたって黒字経営をしている．その会社の利益はどこから来ているのだろうか？　答えは政府が提供しているのだ．納税者はそのような企業の利益に貢献している．

　この種の企業助成は正当ではないと考える人がいる．このような会社も他の会社と同じように開かれた市場で競争するべきだと考えているからだ．彼らの主張は，もしも製品が良いものであれば製品はよく売れて利益を生み出すだろうというものだ．しかし，その一方で，代替エネルギー源を開発するために超えなければならない障壁はとても高く，開発が成功した場合の利益は莫大であるので，追加支援は正当だと信じる人もいる．その人たちの主張によれば，化石燃料による環境破壊と関連する費用の多くを政府が負担することによって，政府は現在のところ化石燃料技術に多額の助成金を支払っている．あるいは石油関係者を守る戦争を戦うことでも，政府は化石燃料技術に対して援助している．そのような観点からすると，政府の化石燃料に対する間接的な助成金は，新技術会社に対する助成金を大きく上回るというものだ．

　質　問：ここで書かれた内容について，あなたはどのように考えるだろうか？　もしも政府が中東和平の維持にかかる費用や，酸性雨による損害の費用を石油会社に実際に請求したら，どうなるだろうか？　その影響は石油会社の収益性にどのような影響を及ぼすだろうか？　政府は新エネルギー技術会社の利益を維持するべきだろうか？　もしも新エネルギー技術会社が独自には利益を生み出さず，政府の助成金だけで経営していくとしたら，どうなるだろうか？

14・8　酸化，老化，酸化防止剤

　酸化防止剤は今や一般的なビタミン剤となった．脂溶性のビタミンEや，水溶性のビタミンCや，ベータカロチンは酸化防止剤に含まれる．これらのビタミン剤はどれも還元剤で，還元を促進し，酸化を抑制する．たとえば，リンゴを切ると空気中の酸素がリンゴの表面の成分を酸化するので，時間が経つにつれて表面が茶色くなる．しかし，ビタミンCの水溶液をリンゴの表面に塗っておけば酸化が抑制され，リンゴはみずみずしいままだ．

　ヒトの細胞でも同様のことが起こっていることが，研究によってわかってきた．想定されている酸化剤は，**フリーラジカル**とよばれる不対電子をもつ原子や分子だ．食物，水，空気に含まれる汚染物質や毒素が酸素と反応することでフリーラジカルが生成すると，科学者は考えている．フリーラジカルは極度に反応性が高く，生体分子から電子を奪い取り，酸化する．酸化された生体分子はその機能を失い，病気を発症する．

　ある老化の理論では，老化の原因をつぎのように想定している．フリーラジカルが細胞膜中の巨大な分子から電子を引き抜く．電子を引き抜かれた分子は反応活性になり，別の分子と相互に結びついて細胞膜の性質が変化する．体内の免疫系はその細胞が体外のものであると誤解してしまい，その細胞を破壊する．細胞が破壊されることで，身体は新しい細胞をつくる必要があっても対応できなくなり，身体が衰弱して病気にかかりやすくなる．

　フリーラジカルは，DNAをはじめとする細胞中の他の分子も攻撃できる．DNAが変化すると細胞が不適切に機能することや，細胞分裂に異常をきたすことで，がんのような病気になる．酸化防止剤はフリーラジカルを不活性化する働きをするとともに，マグネシウムが鉄のさびを防止するのとほぼ同じようにして，生体分子の酸化を防止する

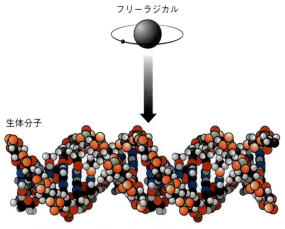

不対電子をもつ原子や分子であるフリーラジカルは，生体分子と反応して酸化する．

役割を果たす.

人間にとって酸化防止剤の最もよい供給源は,野菜と果物だ.多くの栄養士と医者の意見では,バランスのよい食生活をすることで必要なだけのビタミンを摂取できる.しかし,食事でとる酸化防止剤の量を補うために,栄養補助食品の摂取を勧める人もいる.栄養補助食品の使用について,医学的には最終的な答えはまだ出ていない.しかし,酸化防止剤の摂取量と疾病の間の相関関係を調べる研究は現在も続いている.

キーワード

酸化還元反応	ハーバー・ボッシュ法
レドックス反応	呼 吸
酸化剤	光合成
還元剤	化学電池
酸 化	負 極
還 元	正 極
殺菌剤	亜鉛めっき
消毒薬	フリーラジカル

章末問題

1. 分子的な観点から"さび"を説明せよ.
2. 酸化還元反応を含む一般的現象を記せ.
3. 還元の三つの定義を書け.
4. つぎの化学反応式でなぜ炭素が酸化されることになるのか(なぜ炭素は電子を失うことになるのか).
$$C + 2S \longrightarrow CS_2$$
5. 酸化剤とは何か.還元剤とは何か.
6. 呼吸と光合成を表す化学反応式を書き,各反応式で酸化されるものと還元されるものをそれぞれ書け.なぜこの反応は重要なのか.
7. 化学反応式を使って自動車のバッテリーの原理を表せ.正極と負極で起こる化学反応は何か.
8. 燃料電池とは何か.一般的な電池と何が違うか.
9. 水素-酸素燃料電池の動作原理を化学反応式で表せ.
10. 湿気を除くと鉄のさびにくくなる理由を化学反応式で表せ.
11. 老化と酸化はどう関係するか.
12. つぎの過程で化学的に似ている点は何か.
    (a) 自動車のエンジンでのガソリンの燃焼
    (b) 人体中での食物の代謝
    (c) 鉄のさび
13. つぎの化学反応式をルイス構造で表せ.酸化されるものと還元されるものは何か.
    (a) $C + O_2 \longrightarrow CO_2$
    (b) $2Na + Cl_2 \longrightarrow 2NaCl$
    (c) $Mg + I_2 \longrightarrow MgI_2$
14. つぎの化学反応で酸化される元素と還元される元素は何か.
    (a) $4Fe + 3O_2 \longrightarrow 2Fe_2O_3$
    (b) $NiO + C \longrightarrow Ni + CO$
    (c) $2H_2 + O_2 \longrightarrow 2H_2O$
15. つぎの化学反応で酸化される元素と還元される元素は何か.
    (a) $2Cr^{3+} + 3Mg \longrightarrow 2Cr + 3Mg^{2+}$
    (b) $Ni + Cl_2 \longrightarrow Ni^{2+} + 2Cl^-$
    (c) $2Cl^- + F_2 \longrightarrow 2F^- + Cl_2$
16. つぎの化学反応で酸化剤と還元剤は何か.
    (a) $C_2H_2 + H_2 \longrightarrow C_2H_4$
    (b) $H_2CO + H_2O_2 \longrightarrow H_2CO_2 + H_2O$
    (c) $Fe_2O_3 + 3CO \longrightarrow 2Fe + 3CO_2$
17. 光合成で酸化剤と還元剤は何か.
18. Mg と Cl_2 で酸化剤として優れているのはどちらか.
19. つぎの酸化と還元をまとめると全体での化学反応式はどうなるか.
    (a) $Zn \longrightarrow Zn^{2+} + 2e^-$(酸化);$Ca^{2+} + 2e^- \longrightarrow Ca$(還元)
    (b) $2Al \longrightarrow 2Al^{3+} + 6e^-$(酸化);$6H^+ + 6e^- \longrightarrow 3H_2$(還元)
20. ある化学者が鉄の小片2個のうち一方をストロンチウムの小片と接触させ,もう一方を硫黄と接触させた.室外にしばらく置くと一方のみがさびて,もう一方はさびなかった.さびたのはどちらか.(ヒント:金属と非金属の知識を使用)
21. 自動車のバッテリーの寿命に影響するのはつぎのどれか.
    (a) 硫酸の濃度
    (b) 多孔性の鉛板の大きさ
    (c) バッテリーケースの大きさ
22. 下図は図14・2を分子的な観点から見た化学電池の略図だ.この化学電池が長時間,発電して電気を流した後に起こる変化を示す図を分子的な観点から描け.

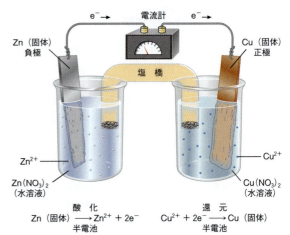

復習問題の解答

復習 14・1 (b) 酸化剤は別の物質を酸化し,それ自体は還元される.

復習 14・2 酸素

復習 14・3 図14・1 (a〜c) においてみられる傾向は,Znが電子を失ってCu^{2+}に電子を与えることだ.(d) では銅はCuとして存在し,亜鉛はZn^{2+}として存在する.銅はZn^{2+}には電子を与えない.(もしも銅が電子を失うと,図14・1(a〜c)でみられる傾向と逆のことになる)

章のまとめ

分子の概念

酸化の定義は，酸素を受取ること，水素を失うこと，または電子を失うことだ．酸化の逆反応である還元の定義は，酸素を失うこと，水素を受取ること，または電子を受取ることだ．酸化還元反応では，この二つの過程は同時に起こる．酸化剤は他の物質の酸化を促進し，それ自体は還元される．還元剤は他の物質の還元を促進し，それ自体は酸化される（§14・1〜14・3）．

二つの隔てられた活物質の間で酸化還元反応が起こると，電子は外部回路を通って動かなくてはならず，電池として機能する．電子の流れは電流となり，時計や，懐中電灯や，自動車ですら動かす（§14・5）．燃料電池は活物質が絶えず供給される電池で，燃焼よりもずっと効率的に発電するだけでなく，おそらく未来の重要な電力供給源となるだろう．発電量が最も有望な燃料電池は，溶融炭酸塩型燃料電池（MCFC）だ．発電量が1メガワットのMCFCは，妥当なコストで現在稼働中だ．しかし，もしも長期間にわたってこの燃料電池でエネルギー需要を解決しようとするのであれば，化石燃料への依存という問題を克服しなければならない（§14・6）．

多くの金属は空気中で酸化還元反応が進む．金属によっては，アルミニウムやスズのように酸化物が構造的に安定でしっかりとしていて，酸化物の下の金属を保護する層を形成し，金属のさらなる酸化を防ぐものもある．一方，他の金属では，鉄の場合のように金属酸化物がもろくてはがれ落ちてしまい，酸化されると新たに金属部分が表に出てきて，さらに酸化が進むものもある．表面を塗装して鉄が空気と水に接触しないようにするか，または鉄よりも活性な金属を鉄につけることで，鉄の酸化は防止できる（§14・7）．

社会との結びつき

酸化還元反応は，鉄のさびや，電池の動作や，人体中での食物のエネルギーの有効利用など，日常生活の多くの事柄の原因である．一般的な酸化剤としては，過酸化水素（殺菌剤と毛髪の脱色），ヨウ素（殺菌剤），家庭用漂白剤などがある．一般的な還元剤としては，水素（ハーバー・ボッシュ法に使用）や，炭素の単体（金属鉱石からの金属の還元に使用）などがある．

高い効率の電池を開発することや，さらに高い効率の燃料電池を開発することは，排気ガスを出さない電気自動車の開発につながる．燃料電池は電力供給網を形成する方法として，コスト競争にも耐えられるようになりつつある．燃料電池は従来の発電技術よりもクリーンで，効率が高く，環境にもやさしい．この環境に優しい新技術がもたらす変化を，われわれの社会は受入れるだろうか？　それともこれまでと同じように従来の技術を使い続けるのだろうか？

新しく製造される鉄のかなりの部分がさびた鉄と交換するために使用されるので，さびは重大な問題だ．しかし，鉄がさびることは防止できて，さびた鉄の交換費用を抑えることができる．

付録 1. 有 効 数 字

付録 1・1 不確かさを表す数字の書き方

"朝食で卵を 3 個食べた"と誰かに言ったとき，何を言いたいかについて疑いの余地はほとんどない．卵の数は整数で表され，卵を 3 個と言えば卵 3 個のことだ．実際に食べた卵は 3.4 個だったとは考えにくい．一方で，朝食で牛乳を 1.5 杯飲んだと言うときには，意味がやや曖昧になる．実際に飲んだ牛乳の量はどの程度正確に量るかによって変わり，何を使って量ったのかでも変わってしまう．卵や牛乳の量が多少違っていてもおそらく重大な問題にはならないが，科学的計測とそれにまつわる不確かさは重大な問題である．科学者が数値を表す場合は，不確かさが確認できるようなやり方を用いる．たとえば，計量の確かさが反映されるような牛乳の量の表し方を考えてみよう．もし大雑把に量ったのであれば，牛乳 1.5 杯と書いてもよいだろう．しかし，もし一杯の 10 分の 1 まで目盛りのついた正確な計量カップを使って，注意深く量ったのであれば，牛乳 1.50 杯と書くだろう．100 分の 1 まで目盛りが付いている非常に正確な計量カップを使ったのであれば，牛乳 1.500 杯と書いてよいだろう．<u>一般に，科学で取扱う数値を表す場合は，最後の桁は不確かさを含んだ数字が書かれるが，それ以外の桁には確かな数が書かれる</u>．牛乳の量を表す例についていえば，1.5 杯と書いた場合は，2 杯でないことは確かだが，1.4 杯かもしれないし 1.6 杯かもしれない．同様に，1.50 杯と書いた場合は，1.1 杯ではないことは確かだが，1.49 杯や 1.51 杯であるかもしれない．測定結果を表す数値の桁数は**有効数字**とよばれ，測定がどの程度正確に行われたかを示す．有効数字の桁数が大きいほど，測定がより確からしいことを表す．

付録 1・2 有効数字の決め方

0.0340 といったような任意の数値の有効数字が何桁かを知るには，どうしたらよいだろうか？ この数字の有効数字は 5 桁であると誤って答えるかもしれないが，実際はそうではない．ある数値の有効数字つまり有効数字の桁数は，つぎの手順に従って決める．

1. 0（ゼロ）ではない桁は有効数字に含める．
2. 0 ではない数字で挟まれた 0 は有効数字に含める．
3. 小数点以下の末尾の 0 は有効数字に含める．
4. 一番大きい位にある 0 ではない数字を探し，それよりも左にある 0 は有効数字に含めない．その場合の 0 は単に小数点の位置を表すために書かれている．
   0.0003 の有効数字は一桁だけだ．
5. 0 ではない数字の最後が 1 の位よりも大きい位にある場合，小数点よりも前の 0 は有効数字に含める場合と含めない場合がある．指数を使った科学的記数法を使えば，そのような場合でも曖昧にならずに済む．
   たとえば，350 の有効数字は 2 桁と 3 桁のどちらだろうか？ この数値を 3.5×10^2 と表せば有効数字は 2 桁であることを示し，3.50×10^2 と表せば有効数字は 3 桁であることを示す．
6. 正確な数の有効数字や，その等価体の有効数字の桁数は無限である．
   たとえば，原子 2 個は原子 2.000000… 個を表す．100 cm と 1 m は等価であり，100.00000… cm, つまり 1.0000000… m を表す．

付録例題 1・1 有効数字の決め方

つぎの数値の有効数字は何桁か？

0.0340
→ この数字の 3 と 4 は有効数字に含めるが，それ以外に末尾の 0 も有効数字に含める．左にある二つの 0 は小数点の位置を示しているだけで，有効数字に含めない．したがって，有効数字は 3 桁だ．

1.05
→ すべての数字を有効数字に含めるので，有効数字は 3 桁だ．

8.890
→ すべての数字を有効数字に含めるので，有効数字は 4 桁だ．

0.00003
→ 左にある 0 は小数点の位置を示しているだけで，有効数字に含めない．したがって，3 という数字だけが有効数字に含まれ，有効数字は 1 桁だ．

3.00×10^2
→ すべての数字を有効数字に含めるので，有効数字は 3 桁だ．

[解いてみよう]
つぎの数値の有効数字は何桁か？
0.0087
4.50×10^5
45.5
164.09
0.98850

付録1・3 計算での有効数字

測定した量を表す数値を使った計算では、計算の途中で確かさが増減しないように注意深く行う必要がある*。

有効数字の丸め方

ある数を丸めて有効数字を合わせるには、一番小さな桁の数字が4以下の数であればその数字を切り捨て、5以上の数であれば切り上げて上の位に1を加える。たとえば、

3.864 ⟶ 3.86　　3.867 ⟶ 3.87　　3.865 ⟶ 3.87

かけ算と割り算

かけ算または割り算の解の有効数字は、因数のなかで有効数字が最も小さな数値の有効数字と同じ桁数に合わせる。

$$3.100 \times 8.01 \times 8.977 = (222.91\cdots) = 223$$
有効数字　4桁　　3桁　　4桁　　　　　　　　　3桁

カッコでくくった計算途中の解は、8.01 という因数の有効数字である3桁に合わせて、有効数字3桁に丸める。

割り算の場合も同様にして有効数字を取扱う。

$$3.344 \div 5.6 = (0.59714\cdots) = 0.60$$
有効数字　4桁　　2桁　　　　　　　　　　2桁

足し算と引き算

足し算と引き算の解の有効数字は、小数点以下の桁数が最も小さな数値に合わせて、小数点以下の桁数を決める。たとえば

```
   2.0175
   4.98
 + 0.482
 ─────────
  (7.4795) = 7.48
```

小数点以下の桁数が最も小さな 4.98 では小数点以下が2桁なので、カッコでくくった計算途中の解の小数点以下を2桁に丸めて解を表す。引き算の場合も同様に行う。

```
   4.7
 - 2.324
 ─────────
  (2.376) = 2.4
```

付録例題 1・2　かけ算と割り算の有効数字

つぎの計算を行い、解を丸めて適切な有効数字で表そう。

$$0.98 \times 0.686 \times 1.2 \div 1.397 = (0.57747\cdots) = 0.58$$

確かさが最も小さな数字（1.2 と 0.98）の有効数字である2桁に合わせて、カッコでくくった計算途中の解を有効数字2桁に丸めて解を表す。

[解いてみよう]

つぎの計算を行い、解を丸めて適切な有効数字で表そう。

$$3.45 \times 0.2007 \times 0.867 \times 0.008 \div 2.8$$

付録例題 1・3　足し算と引き算の有効数字

つぎの計算を行い、解を丸めて適切な有効数字で表そう。

$$0.987 + 0.1 - 1.22$$

計算途中の解は -0.133 だが、小数点以下の桁数が最も小さな数値（0.1）は小数点以下の桁数が1桁で、それに合わせて小数点以下1桁に丸めるので、解は -0.1 だ。

[解いてみよう]

つぎの計算を行い、解を丸めて適切な有効数字で表そう。

$$4.342 + 2.8703 + 7.88 - 2.5$$

---

* 原著では有効数字の計算に一貫性がないところが散見されるが、本書では原著通りとした。
複数回の計算では、各計算の途中で有効数字を1桁多くとって計算を続け、最後にまるめて有効数字をそろえるとよい。

付録2．章末問題の解答

第 1 章

1. 私たちの目に見えるあらゆる自然現象は，目に見えない分子の相互作用の結果である．例をあげればきりがない．たとえば以下のようなものがある．
(a) 氷が溶けて水になる．
(b) マッチをこすると火が付く．
(c) シャツを洗ったり日光を当てるとしだいに色あせていく．

2. (a) カーペットの明るい色はカーペットに含まれる特定の分子に起因する．太陽光の粒子，つまり光子（フォトン）がカーペットにあたって明るい色の分子を破壊したり，別の分子に変化させる．
(b) 水の分子は塩の分子に引きつけられるので，水は塩の結晶を破壊し，塩分子のそれぞれを取囲む．これが塩の溶解現象として観察される．

3. 科学的な方法では，まず自然の**観察**を行って**規則性**を見つける．その規則性から，**科学法則**とよばれる広く適用可能な一般則を導き出す．自然の振舞いを説明できる**理論**やモデルをつくる．理論はさらなる実験によって検証され，必要に応じて修正される．

4. 創造性と観察という点において，科学と芸術は似ている．両者の違いは，観察によって何をするのか，観察の結果をどのように評価するのか，という点にある．科学者は観察を行って，現実のモデルをつくる．そして，その妥当性を実験で評価する．芸術家は観察を行って，絵画や彫刻をつくる．作品は創造性や技量で評価を受ける．

5.
ガリレオ（宗教裁判）
デモクリトス（原子）
ドルトン（原子論）
ヴェサリウス（人体解剖図）
エンペドクレス（四つの基本的な要素）
プルースト（定比例の法則）
コペルニクス（地動説）
ラザフォード（原子核）
タレス（すべては水）
ラボアジェ（質量保存の法則）
ボイル（ギリシャ人による四元素説の批評）

6. 科学革命は1543年に始まった．そのきっかけをつくったのは2冊の著書だった．1冊目はコペルニクスによって書かれた地動説に関する著書である．2冊目はヴェサリウスによって書かれた正確な人体解剖図に関する著書である．この2冊の著書が科学革命のさきがけとなったのは，コペルニクスとヴェサリウスが，純粋な理性によってでなく，観察によって自然を理解しようとしたためである．

7. 純粋な物質は，沪過やクロマトグラフィー，結晶化，蒸留といった物理的な方法では，それ以上に単純な物質に分けることができない．混合物には二つかそれ以上の純粋な物質が含まれる．そして，適切な物理的手法を用いることにより，それぞれの構成要素に分けることができる．

8. 物質の三つの状態は，分子間にはたらく相互作用の強度と分子の熱エネルギーとの相対的な関係によって決まる．（簡潔のため，ここでは分子についてのみふれるが，物質は分子のみならず，原子やイオンで構成されることがあることを憶えておこう．）分子間相互作用の相対強度は固体，液体，気体の順に減少する．固体ではこの相互作用が強い．分子の自由な動きが妨げられ，格子状の配置に固定されている．液体では，分子間相互作用によって固定されない程度に，分子がエネルギーをもっている．ただ，その分子間相互作用は，分子の動きをコントロールするのには十分である．

9. ドルトンは，ラボアジェの法則とプルーストの法則，および彼自身の実験データを用いながら，さまざまなアイディアを結びつけて**原子論**を定式化した．ドルトンの原子論はつぎの三つからなる．

- それぞれの元素は原子という粒子でできている．原子は生み出したり破壊することができない．
- 同じ元素の原子はすべて同じ重さと性質をもっている．この性質はそれぞれの元素に特有である．元素が異なると，性質も異なる．
- 異なった種類の原子は，単純な整数比で結合して化合物をつくる．たとえば，二酸化炭素という化合物は炭素原子一つと酸素原子二つからできている．1と2という数字は単純な整数である．

10. 金箔を用いた実験の結果から導き出されるのは，原子のほとんどの部分には何も存在しないという新しい原子モデルである．このような原子構造のため，アルファ粒子の多くは，ほとんど，もしくはまったく軌道がそれずに，金箔の中を直進したのだ．しかし同時に，原子の中央には，原子の質量のほとんどが集積したような，高密度で，正電荷を帯びた核がある．実験結果は，アルファ粒子が核に近づいたり正面衝突した場合に，アルファ粒子が大きな反発力を受けて散乱されたことを示している．さらに，原子は電気的に中性なので，原子に含まれる正電荷と負電荷（電子）は同数である．のちに，原子に含まれる正電荷の正体は，プロトンであることが明らかになった．ラザフォードは，電子は核の外側にあることを見いだしたのだ．

11. (a) "水が沸騰すると小さな気泡が発生し，その気泡は表面に向かって上昇する"というのは観察である．

(b) "2 gの水素と16 gの酸素が反応して18 gの水が生成する"というのも観察といえる．おそらく1回の実験の結果だろう．
(c) "塩素とナトリウムは容易に反応して多量の熱と光を放出する"というのも観察である．
(d) "元素の特性は原子の質量とともに周期的に変化する"というのは法則である．元素の性質と大きさの関係性は数多くの観察に基づいている．この関係性は周期律とよばれている．

12．(a) 銀の硬貨は元素の銀でできている．
(b) 空気は異なる気体の均一な混合物である．
(c) コーヒーは多くの異なる物質からなる均一な混合物である．
(d) 土は不均一な混合物である．土には泥や砂，石が含まれており，これらは異なった組成をもった領域として分離できる．

13．(a) レモネード

14．(a) 物理的性質．物質の物理的状態の変化は化学的変化につながらない．
(b) 化学的性質．物質の燃焼性は化学的変化に基づいている．
(c) 物理的性質．物質の物理的状態の変化は化学的変化につながらない．
(d) 物理的性質．物質のにおいには物質の蒸発が必要である．液体が気体に変わるとき，その組成は変化しないので，物理的変化である．もちろん，においの検出には，身体や脳の中の複雑な化学的過程がかかわっている．

15．物理的な変化と化学的な変化は，組成の変化が起こるかどうかで区別できる．
(a) 塩の粉砕は物理的変化である．組成の変化は起こらない．
(b) 鉄のさびつきは化学的変化である．さびは鉄と酸素が反応して酸化鉄ができることが原因である．
(c) コンロでの天然ガスの燃焼は化学的過程である．燃焼によって空気中の酸素と天然ガスに含まれる炭素や水素の反応が起こる．この反応で放出されるエネルギーによって，私たちが利用するすべての熱は生成されている．
(d) ガソリンの揮発は物理的変化である．状態の変化はすべて物理的変化である．分子間力は変化するが，物質の原子間の化学結合は変化しない．ガソリンは，気体であろうが液体であろうが，ガソリンである．気体のガソリンは，凝縮すれば液体のガソリンと区別できなくなる．

16．自動車のエンジンの中でガソリンが燃焼するとき，酸素の存在が重要である．ガソリンと酸素との反応により，エネルギー，水，二酸化炭素，一酸化炭素が生成する．生成物の質量は，反応物質のガソリンと酸素の質量と等しい．

17．(a) 6 gの水素と48 gの酸素が反応して54 gの水が生成する．これは質量保存の法則と矛盾しない：6 g + 48 g = 54 g.

(b) 10.0 gのガソリンが4.0 gの酸素と反応して9.0 gの二酸化炭素と5.0 gの水が生成する．こちらも質量保存の法則と矛盾しない：10 g + 4.0 g = 9.0 g + 5.0 g.

18．反応は質量保存の法則に従う．

22 gのナトリウム + 28 gの塩素 ⟶
　　　46 gの塩化ナトリウム + 4 gのナトリウム（余剰分）

生成した塩化ナトリウムは46 gである．

19．定比例の法則によれば，炭素と酸素の比は常に一定である．

(a) $\dfrac{12\,\text{gの炭素}}{32\,\text{gの酸素}} = 0.38$

(b) $\dfrac{4.0\,\text{gの炭素}}{16.0\,\text{gの酸素}} = 0.25$

(c) $\dfrac{1.5\,\text{gの炭素}}{4.0\,\text{gの酸素}} = 0.38$

(d) $\dfrac{22.3\,\text{gの炭素}}{59.4\,\text{gの酸素}} = 0.38$

bが定比例の法則と矛盾するので間違っている．

20．ラザフォードの原子模型では，原子は電気的に中性であるため，電子の数は核の中の陽子の数（原子番号）と等しい．
(a) ナトリウム原子には電子が11個ある．
（ナトリウムの原子番号 = 11）
(b) カルシウム原子には電子が20個ある．
（カルシウムの原子番号 = 20）

第 2 章

1．科学には好奇心が重要である．なぜなら，科学者には自然について学びたい，知りたいという強い欲望が必要なのだ．科学は"なぜ"という疑問から始まる．物理的な世界に関して，体系化された知識を積み重ねるために，科学的な方法が用いられる．科学者の好奇心は満たされることがない．もし科学者に好奇心がなければ，今日のように科学は進歩しなかったかもしれない．

2．数値の最後の数字に不確定性が含まれるように，測定量は記述される．たとえば，30.0 mLと書く場合，その体積は29.9～30.1 mLの範囲にあることを意味する．

3．どんな測定量も，数値と適切な単位で記述される．単位を見れば，何が測定されたのか，どのような尺度が使われたのかがわかる．科学では，国際単位系（SI単位）が一般的に利用される．

4．さまざまな解答がありうる．質量の単位として，グラム，ミリグラム，キログラムがある．以下に例を示す．
硬貨の質量：グラム（g）
針の質量：ミリグラム（mg）
水が入ったバケツの質量：キログラム（kg）

5. さまざまな解答がありうる．質量の単位として，ミリリットル，キロリットル，リットルがある．以下に例を示す．
紙パックに入ったジュースの体積：ミリリットル(mL)
プールの体積：キロリットル(kL)
ペットボトルに入った炭酸飲料の体積：リットル(L)

6. グラフは異なる量の間の関係を表現するうえで，非常に便利かつ強力である．

7. 密度は単位体積当たりの質量と定義される．密度を表す一般的な単位は g/cm^3（固体の場合によく使われる）と g/mL である．

8. (a) 8.51×10^{-4}, (b) 3.6961664×10^7, (c) 2.9979×10^8, (d) 3.0700655×10^8

9. (a) 149,000,000 km, (b) 0.000000000079 m, (c) 4,540,000,000 年, (d) 6,400,000 m

10. (a) 4.0075×10^7 m, (b) 24,901 マイル, (c) 1.3148×10^8 フィート

11. 12 液量オンスは 355 mL

12. 43 km/ガロン

13. (a) 4332 mm = 4.332 m
(b) 1.76 kg = 1760 g
(c) 4619 mg = 4.619×10^{-3} kg
(d) 0.0117 L = 11.7 mL

14. 1.552×10^{-3} km^2

15. (a) 10^6 m^2
(b) 2.83×10^4 cm^3
(c) 0.84 m^2

16. 52.8 分

17. 3.17 マイル/L，5.10 km/L

18. (a) 4.1 ppm, (b) 0.23 ppm/年, (c) 68%, (d) 3.8%/年

19. チタンの密度 = 4.50 g/cm^3

20. グリセロールの密度 = 1.26 g/cm^3

21. (a) $38.5 \text{ mL} \times \dfrac{1 \text{ cm}^3}{1 \text{ mL}} \times \dfrac{1.11 \text{ g}}{1 \text{ cm}^3} = 42.7 \text{ g}$

(b) $3.5 \text{ kg} \times \dfrac{1000 \text{ g}}{1 \text{ kg}} \times \dfrac{1 \text{ cm}^3}{1.11 \text{ g}} \times \dfrac{1 \text{ L}}{1000 \text{ cm}^3} = 3.2 \text{ L}$

22. (a) $V = \pi r^2 h = 3.14 \times (0.55 \text{ cm})^2 \times 2.85 \text{ cm} = 2.7 \text{ cm}^3$

$d = \dfrac{m}{V} = \dfrac{24.3 \text{ g}}{2.7 \text{ cm}^3} = 9.0 \text{ g/cm}^3$

(b) 銅

第 3 章

1. 原子は物質の構成要素だ．マクロな視点で元素の性質を理解しようとするならば，はじめにミクロな視点で原子の性質を知らなくてはならない．原子レベルでわかる性質は，マクロな視点での元素の性質に直接関係する．

2. 元素とは，どんな化学的方法でもそれ以上単純な物質に分けることができない物質だ．天然に存在する元素のうち，最も重い元素である 92 番元素のウランの存在比は比較的多いので，天然に存在する元素は 92 個あると思われるかもしれないが，実際は 90 個しかない．43 番元素のテクネチウムと 61 番元素のプロメシウムは，天然には地球上に存在しない．

3.

元素記号	元素名	原子番号
H	水素	1
He	ヘリウム	2
Li	リチウム	3
Be	ベリリウム	4
B	ホウ素	5
C	炭素	6
N	窒素	7
O	酸素	8
F	フッ素	9
Ne	ネオン	10
Na	ナトリウム	11
Mg	マグネシウム	12
Al	アルミニウム	13
Si	ケイ素	14
P	リン	15
S	硫黄	16
Cl	塩素	17
Ar	アルゴン	18
Fe	鉄	26
Cu	銅	29
Br	臭素	35
Kr	クリプトン	36
Ag	銀	47
I	ヨウ素	53
Xe	キセノン	54
W	タングステン	74
Au	金	79
Hg	水銀	80
Pb	鉛	82
Rn	ラドン	86
U	ウラン	92

4.

	質量(g)	質量(amu)	電荷
陽子	1.67×10^{-24}	1	+1
中性子	1.67×10^{-24}	1	0
電子	9.11×10^{-28}	0	−1

5. メンデレーエフの近代化学に対する最大の貢献は，元素の周期表に元素を配置し，周期律を見いだしたことだ．彼は元素を原子番号順に配列することで，"ある種の性質は周期的に繰返す"ことに気づいた．この考えをもとに，未発見の元素や化合物の化学的性質と物理的性質を予想した．

6. 完全に答えるには長い説明が必要だが，量子力学モデルの特徴はつぎのように表せる．エネルギーは連続するのではなく，量子とよばれる個々の量を単位として運ばれ

る．たとえば，光は光子とよばれるまとまりに束ねられて（量子化されて）運ばれる．量子力学モデルでは，粒子がとても小さなサイズになると特殊な性質もみられる．小さな粒子では波の性質が無視できなくなる（ド・ブロイの波動と粒子の二重性）．粒子の位置と速度を同時に正確に決めることはできない（ハイゼンベルグの不確定性原理）．原子軌道（正確ではないが，電子が最も見つけやすい空間のある領域）は，当然だが量子力学モデルに従う．

二つのモデルのおもな違いは，ボーアのモデルでは電子がニュートンの古典力学に従って動く古典的な粒子と見なされるのに対して，量子力学モデルでは電子は波として扱われることだ．ボーアの原子モデルで電子が特定の軌道にだけ存在しうることは，電子の波という性質によって合理的に説明できる．

7. 二原子分子として存在する元素はつぎの7個だ．水素(H_2)，窒素(N_2)，酸素(O_2)，フッ素(F_2)，塩素(Cl_2)，臭素(Br_2)，ヨウ素(I_2)．

8. (a) 1+ 　(b) 1− 　(c) 2+

9. (a) 陽子19個，電子18個
(b) 陽子9個，電子10個
(c) 陽子7個，電子10個
(d) 陽子13個，電子10個

10. (a) 炭素，$Z=6$，$A=14$
(b) アルミニウム，$Z=13$，$A=27$
(c) アルゴン，$Z=18$，$A=38$
(d) 銅，$Z=29$，$A=65$

11. (a) $^{60}_{27}Co$ 　(b) $^{32}_{15}P$ 　(c) $^{131}_{53}I$ 　(d) $^{35}_{16}S$

12. 陽子6個，中性子8個

13.
(a) 陽子11個，電子10個，中性子12個
(b) 陽子35個，電子36個，中性子46個
(c) 陽子8個，電子10個，中性子8個

14.
(a) B: $n=1$, $2e^-$; $n=2$, $3e^-$
(b) Si: $n=1$, $2e^-$; $n=2$, $8e^-$; $n=3$, $4e^-$
(c) Ca: $n=1$, $2e^-$; $n=2$, $8e^-$; $n=3$, $8e^-$; $n=4$, $2e^-$
(d) F: $n=1$, $2e^-$; $n=2$, $7e^-$
(e) Ar: $n=1$, $2e^-$; $n=2$, $8e^-$; $n=3$, $8e^-$

最も反応性が高い元素はフッ素(F)だ．電子を1個受取りさえすれば2番目の電子殻が満たされ，希ガスと同じ電子配置になるからだ．それと同じ理由で，最も反応性が低い元素はアルゴン(Ar)だ．最外殻軌道はすでに満たされていて，電子の増減は起こりにくい．

15. 問14の元素の価電子はつぎのとおりだ．
(a) B: 価電子3個
(b) Si: 価電子4個
(c) Ca: 価電子2個
(d) F: 価電子7個
(e) Ar: 価電子8個

16.
(a) Li
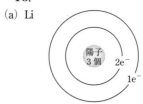

(b) C
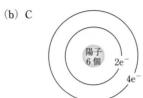

(c) F
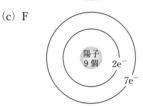

(d) P
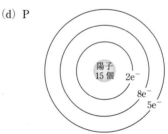

17. MgとCaが最も性質が似ている．この二つの元素は元素の周期表で同じ族に属し，どちらもアルカリ土類金属元素だ．

18. Cl^- 　$n=1$ 　$2e^-$
　　　　　$n=2$ 　$8e^-$
　　　　　$n=3$ 　$8e^-$

塩化物イオン(Cl^-)は最外殻電子がオクテットの電子配置をとるため，中性の塩素原子(Cl)よりもずっと安定で反応性が低い．ナトリウム(Na)とナトリウムイオン(Na^+)の反応性の場合も同じように考えることができて，ナトリウムイオンは最外殻電子がオクテットの電子配置をとるため，ナトリウムよりも反応性が低い．

19. (a) Cr: 金属，(b) N: 非金属，(c) Ca: 金属
(d) Ge: 半金属，(e) Si: 半金属

20.
原子量＝(同位体1の存在比)×(同位体1の質量)＋
　　　　(同位体2の存在比)×(同位体2の質量)＋
　　　　(同位体3の存在比)×(同位体3の質量)

原子量＝(0.9051)×(19.992 amu)＋(0.0027)×
　　　　(20.993 amu)＋(0.0922)×(21.991 amu)

Neの原子量＝20.18 amu

21. (a) すべての同位体の存在比をすべて足し合わせ

ると100％になる．同位体1の存在比は33.7％なので，同位体2の存在比は100％−33.7％＝66.3％となる．

(b) 同位体1の質量をxとする．

原子量＝(同位体1の存在比)×(同位体1の質量)＋
　　　　(同位体2の存在比)×(同位体2の質量)

xも含めて数値を代入する．

$$29.5 \text{ amu} = (0.337 x) + (0.663) \times (30.0 \text{ amu})$$
$$29.5 \text{ amu} - 19.9 \text{ amu} = 0.337 x$$
$$x = \frac{9.6 \text{ amu}}{0.337}$$
$$x = 28.5 \text{ amu} = 同位体1の質量$$

22. チタンの物質量は 2.59 mol

23.

(a) $\text{Ag } 45 \text{ mg} \times \dfrac{\text{Ag } 1 \text{ g}}{\text{Ag } 1000 \text{ mg}} \times \dfrac{\text{Ag } 1 \text{ mol}}{\text{Ag } 107.9 \text{ g}}$
$= \text{Ag } 4.2 \times 10^{-4} \text{ mol}$

(b) $\text{Zn } 28 \text{ kg} \times \dfrac{\text{Zn } 1000 \text{ g}}{\text{Zn } 1 \text{ kg}} \times \dfrac{\text{Zn } 1 \text{ mol}}{\text{Zn } 65.38 \text{ g}}$
$= \text{Zn } 4.3 \times 10^{2} \text{ mol}$

(c) $\text{He 原子 } 8.7 \times 10^{27} \text{ 個} \times \dfrac{\text{He } 1 \text{ mol}}{\text{He 原子 } 6.022 \times 10^{23} \text{ 個}}$
$= \text{He } 1.4 \times 10^{4} \text{ mol}$

(d) $\text{He 原子 1 個} \times \dfrac{\text{He } 1 \text{ mol}}{\text{He 原子 } 6.022 \times 10^{23} \text{ 個}}$
$= \text{He } 1.661 \times 10^{-24} \text{ mol}$

24.

$\text{Ag } 21.3 \text{ g} \times \dfrac{1 \text{ mol}}{\text{Ag } 107.87 \text{ g}} \times \dfrac{\text{Ag 原子 } 6.022 \times 10^{23} \text{ 個}}{\text{Ag } 1 \text{ mol}}$
$= \text{Ag 原子 } 1.19 \times 10^{23} \text{ 個}$

25.

$1.8 \text{ cm}^3 \times \dfrac{\text{Au } 19.3 \text{ g}}{1 \text{ cm}^3} \times \dfrac{\text{Au } 1 \text{ mol}}{\text{Au } 197.0 \text{ g}} \times \dfrac{\text{Au } 6.022 \times 10^{23} \text{ 個}}{\text{Au } 1 \text{ mol}}$
$= \text{Au 原子 } 1.06 \times 10^{23} \text{ 個}$

26. はじめに球の体積を求める．

$$V = \frac{4}{3}\pi r^3$$
$$= \frac{4}{3}\pi (3.4 \text{ cm})^3 = 164.5 \text{ cm}^3$$

つぎに，鉄(Fe)の密度を使って重量を計算し，鉄原子の個数を求める．

$164.5 \text{ cm}^3 \times \dfrac{\text{Fe } 7.86 \text{ g}}{1 \text{ cm}^3} \times \dfrac{\text{Fe } 1 \text{ mol}}{\text{Fe } 55.85 \text{ g}} \times \dfrac{\text{Fe } 6.022 \times 10^{23} \text{ 個}}{\text{Fe } 1 \text{ mol}}$
$= \text{Fe 原子 } 1.39 \times 10^{25} \text{ 個}$

27. 原子量について元素(a)は(b)よりも小さく，元素(c)は(b)よりも大きい．元素(b)が175 gあると，その個数は原子 84個だ．

第 4 章

1. 原子が他の原子と結合せずにいることはほとんどない．ほとんどの原子は最外殻軌道が完全なオクテットになっていないので，反応性が高い．そのため，他の原子と反応して化合物をつくる．すべての物質は原子でつくられている．化合物の中に原子があり，化合物がいくつか混ざることで混合物になる．したがって，すべての物質は原子からできているということと，ありふれた物質のほとんどは化合物か混合物だということは矛盾しない．

2. 化学式は化合物や分子を表す．元素記号はその中に含まれる元素の種類を表し，添え字は原子の相対的な数を表す．

3. イオン結合は金属と非金属の間での価電子の受渡しによって生成する．イオン結合は正電荷を帯びたイオン(金属イオン)と負電荷を帯びたイオン(非金属イオン)の間に働く静電引力の結果である．陽イオンと陰イオンが並ぶ結果，結晶構造ができる．共有結合は2個の非金属原子が価電子を一つずつ提供し，共有することで生成する．分子性化合物は，相互に結合した複数の原子団がさらに結合して分子を形成することででき上がる．

4. 分子の形や構造，原子の種類，結合の種類によって，分子性化合物の性質が決まる．

5. イオン性化合物は陽イオン(通常は金属)と陰イオン(非金属または多原子イオン)を含む．イオン性化合物を名付ける場合は，陰イオンを先にして，単原子イオンである場合は元素名の語尾を"○化"というように変える．陽イオンはその後にして，元素名をそのまま用いる．塩化ナトリウムがよい例だ．化学式では添え字で書かれているイオンの個数は，化合物名では言及されない．

6. 2種類の元素からなる分子性化合物を名付ける場合は，電気陰性度が大きい元素が先に来て，語尾を"○化"というように変える．電気陰性度が小さい元素は後に来て，語尾を変化させない．化合物名に各元素の個数を含めることも必要だ．後に書く元素の個数が1個だけの場合は例外で，その元素の接頭辞は省略する．

7. 左右で釣り合いのとれた化学反応式では，反応物と生成物の数の相対的な関係が係数で表される．化学反応式の添え字と同じように，この係数は換算係数を表す．つぎの反応式を例にとると，係数を見ることでCH_4 1 molと酸素 2 molが化合して，CO_2 1 molとH_2O 2 molが生成することがわかる．

$$CH_4 + 2O_2 \longrightarrow CO_2 + 2H_2O$$

このような換算係数を使えば，ある反応に必要な反応物の量と生じる生成物の量を予測できる．

8. 化学反応では，原子が生じることもなくなることもない．反応物の中にある原子は生成物の中にもなければならない．言い換えると，反応の矢印の左右にある反応物と生成物で，各元素の原子数は一致しなければならない．あ

る反応の化学反応式を釣り合いがとれているようにすることで，この規則に従っているかどうかを確認できる．

9. (a) CaF_2: Ca 原子 1 個，F 原子 2 個
(b) CH_2Cl_2: C 原子 1 個，H 原子 2 個，Cl 原子 2 個
(c) $MgSO_4$: Mg 原子 1 個，S 原子 1 個，O 原子 4 個
(d) $Sr(NO_3)_2$: Sr 原子 1 個，N 原子 2 個，O 原子 6 個

10. (a) KCl: イオン性化合物
(b) CO_2: 分子性化合物
(c) N_2O: 分子性化合物
(d) $NaNO_3$: イオン性化合物

11. (a) フッ化ナトリウム，(b) 塩化マグネシウム，(c) 酸化リチウム，(d) 酸化アルミニウム，(e) 炭酸カルシウム

12. (a) 三塩化ホウ素，(b) 二酸化炭素，(c) 一酸化二窒素

13. (a) NO_2，(b) $CaCl_2$，(c) CO，(d) $CaSO_4$，(e) $NaHCO_3$

14. (a) CO 28.01 amu，(b) CO_2 44.01 amu，(c) C_6H_{14} 86.17 amu，(d) HCl 36.46 amu

15. 分子式は C_3H_8

16. 0.239 mol

17. 1.665×10^{-3} mol

18. 1.19×10^{24} 個

19. $C_{12}H_{22}O_{11}$ 7.5 g $\times \dfrac{C_{12}H_{22}O_{11}\ 1\ mol}{C_{12}H_{22}O_{11}\ 342\ g}$
$\times \dfrac{C_{12}H_{22}O_{11}\ 6.02 \times 10^{23}\ 個}{C_{12}H_{22}O_{11}\ 1\ mol}$
= スクロース 1.3×10^{23} 個

20.
(a) CCl_4 分子 124 個 $\times \dfrac{Cl\ 原子\ 4\ 個}{CCl_4\ 分子\ 1\ 個}$ = Cl 原子 496 個

(b) HCl 分子 38 個 $\times \dfrac{Cl\ 原子\ 1\ 個}{HCl\ 分子\ 1\ 個}$ = Cl 原子 38 個

(c) CF_2Cl_2 分子 89 個 $\times \dfrac{Cl\ 原子\ 2\ 個}{CF_2Cl_2\ 分子\ 1\ 個}$
= Cl 原子 178 個

(d) $CHCl_3$ 分子 1368 個 $\times \dfrac{Cl\ 原子\ 3\ 個}{CHCl_3\ 分子\ 1\ 個}$
= Cl 原子 4104 個

21. (a) 1.4 mol
(b) 4.52 mol
(c) 1.55 mol
(d) 2.37 mol

22. 2.4 g の Na を含む NaCl は 6.1 g だ．

23. Fe_2O_3 34.1 kg の中の Fe は 23.9 kg だ．

24. (a) $4\,HCl + O_2 \longrightarrow 2\,H_2O + 2\,Cl_2$
(b) $3\,NO_2 + H_2O \longrightarrow 2\,HNO_3 + NO$
(c) $CH_4 + 2\,O_2 \longrightarrow CO_2 + 2\,H_2O$

25. (a) $4\,Al + 3\,O_2 \longrightarrow 2\,Al_2O_3$
(b) $2\,NO + O_2 \longrightarrow 2\,NO_2$
(c) $3\,H_2 + Fe_2O_3 \longrightarrow 2\,Fe + 3\,H_2O$

26. (a) $2\,H_2 + O_2 \longrightarrow 2\,H_2O$

(b) O_2 2.72 mol $\times \dfrac{H_2O\ 2\ mol}{O_2\ 1\ mol}$ = H_2O 5.44 mol

(c) H_2O 10.0 g $\times \dfrac{H_2O\ 1\ mol}{H_2O\ 18.0\ g}$ = H_2O 0.556 mol

(d) H_2 2.5 g $\times \dfrac{H_2\ 1\ mol}{H_2\ 2.016\ g} \times \dfrac{H_2O\ 1\ mol}{H_2\ 1\ mol} \times \dfrac{H_2O\ 18.02\ g}{H_2O\ 1\ mol}$
= H_2O 22 g

27.
(a) CH_4 2.3 mol $\times \dfrac{CO_2\ 1\ mol}{CH_4\ 1\ mol} \times \dfrac{CO_2\ 44\ g}{CO_2\ 1\ mol}$
= CO_2 1.0×10^2 g

(b) CH_4 0.52 mol $\times \dfrac{CO_2\ 1\ mol}{CH_4\ 1\ mol} \times \dfrac{CO_2\ 44\ g}{CO_2\ 1\ mol}$
= CO_2 23 g

(c) CH_4 11 g $\times \dfrac{CH_4\ 1\ mol}{CH_4\ 16\ g} \times \dfrac{CO_2\ 1\ mol}{CH_4\ 1\ mol}$
$\times \dfrac{CO_2\ 44\ g}{CO_2\ 1\ mol}$ = CO_2 30 g

(d) CH_4 1.3 kg $\times \dfrac{1000\ g}{1\ kg} \times \dfrac{CH_4\ 1\ mol}{CH_4\ 16\ g} \times \dfrac{CO_2\ 1\ mol}{CH_4\ 1\ mol}$
$\times \dfrac{CO_2\ 44\ g}{CO_2\ 1\ mol}$ = CO_2 3.6×10^3 g

第 5 章

1. ナトリウム原子と塩素原子はどちらも最外殻軌道が満たされていない電子配置をとるため，いずれも反応性が高い元素だ．その反応性の高さから生体系にとっては有毒な元素だ．ナトリウムは価電子を 1 個もち，塩素は価電子を 7 個もつ．つまり，どちらの元素もオクテット則を満たしていない．ナトリウムは電子を 1 個失い，塩素は電子を 1 個受取ることで，化学結合ができる．そうするとどちらの原子も最外殻軌道がオクテットで安定になる．したがって，ナトリウムと塩素が結合すると比較的無毒になる．

2. 金属のルイス構造式から非金属のルイス構造式へ点を動かしてどちらの元素もオクテットになるようにすると，イオン結合ができる．元素の周りの点は価電子を表す．そうすることで最外殻のボーアの軌道は満たされ，各元素はオクテットになるので安定な電子配置になる．金属も非金属もともに電荷を帯びる．反対の符号の電荷は互いに引き寄せ合うので，イオンの間に引力が働く．

付録2. 章末問題の解答 241

3. ルイスの理論を使えば，なぜ元素が結合する割合が実際に観測されるような割合になるのかがわかり，元素を組合わせた場合に何の分子ができるかを予想できるので，ルイスの理論は有用だ．たとえば，ルイスの理論から予想されるように，自然界ではフッ素，塩素，臭素，ヨウ素はどれも二原子分子として実際に存在し，フッ化マグネシウムはフッ素原子2個とマグネシウム原子1個からできている．

4. Na・ Ȧl: :P̈: :C̈l: :Är:
反応性が最も高い元素はNaとClで，最も低い元素はArだ．Arの価電子はオクテットになる．

5. 分子の形は，物質の性質を決めるにあたり最も重要だ．多くの点で重要な極性という性質は，分子の形に大きく依存する．化学結合の極性はその結合における電荷の分布によって決まるが，分子全体の極性は結合がどのように配置されるかで決まる．もしも各結合の極性が打ち消されると分子は無極性になるが，結合の極性が打ち消されなければ分子は極性になる．分子の形しだいで極性が打ち消されるかどうかが決まるのだ．

6. 水は多くの点で特徴的な物質で，しかもその特徴の多くは地球上の生命にとって必須のものだ．他の非金属の水素化物は気体だが，水は室温で液体だ．たいていの物質では固体の方が液体よりも比重が大きいが，氷は水に浮く．水の蒸発熱はとても高く，そのために優れた冷却剤として利用される．水の比熱は異常なほど大きいので，水を加熱する場合には大量の熱を吸収し，水を冷却する場合には大量の熱が放出されることを意味する．

このような性質の一つ一つはどれも異常だが，どれも水素結合で説明できる．これらの性質をすべて合わせると水という特別な性質をもつ物質を生み出す．水素結合はO–H結合の極性から生じる一種の分子間力を表す．水分子の場合ほど強くはないが，水素結合はN–H結合やF–H結合をもつ分子でもみられる．水分子ではO原子の非共有電子対が2組あり，どちらも水素結合に関与する．2組の非共有電子対それぞれが，隣のH_2O分子のH原子1個と相互作用する．その結果，水分子のO原子はH原子2個と相互作用することになるので，水分子の水素結合はとても強い．水分子の水素結合のネットワークは水分子を相互に結びつけるので，各H_2O分子の2組の非共有電子対とH原子2個を最も効率的に利用した水分子のネットワークが広がる．

7. 状態変化が起こるためには，分子の熱エネルギーが分子間力に勝る必要がある．分子間力の強度が増すにつれて，融点や沸点も高くなる．極性分子は無極性分子よりも沸点や融点が高い傾向にある．なぜなら小さな正電荷をもつ原子と負電荷をもつ原子の間に働く静電引力のために，分子間力がより大きくなるからだ．

8. (a) ・Ċ・ (b) :N̈e: (c) :Ca (d) :F̈・
Neが化学的に最も安定だ．

9.
(a) $[K]^+ [:Ï:]^-$ (b) $[:B̈r:]^- [Ca]^{2+} [:B̈r:]^-$
(c) $[K]^+ [:S̈:]^{2-} [K]^+$ (d) $[Mg]^{2+} [:S̈:]^{2-}$

10.
(a) $[Na]^+ [:F̈:]^-$　　　　NaF
(b) $[:C̈l:]^- [Ca]^{2+} [:C̈l:]^-$　　$CaCl_2$
(c) $[Ca]^{2+} [:Ö:]^{2-}$　　　CaO
(d) $[:C̈l:]^- [Al]^{3+} [:C̈l:]^-$　　$AlCl_3$
　　　$[:C̈l:]^-$

11.
(a) :Ï—Ï: (b) :F̈—N̈—F̈:
　　　　　　　　　|
　　　　　　　　:F̈:

(c) :C̈l—P̈—C̈l: (d) :C̈l—S̈—C̈l:
　　　　|
　　　:C̈l:

12.
(a) イオン性化合物　$Mg^{2+} [:S̈:]^{2-}$

(b) 分子性化合物
　　　　　:Ï:
　　　　　|
　　:Ï—P—Ï:

(c) イオン性化合物　$[:C̈l:]^- Sr^{2+} [:C̈l:]^-$

(d) 分子性化合物
　　　　　:O:
　　　　　‖
　　H—C—C̈l:

13. (a) CaとOはともにイオン結合をつくるべきで，共有結合はつくらない．正しいルイス構造式はつぎのとおり．
$$[Ca]^{2+} [:Ö:]^{2-}$$

(b) 酸素と塩素の間の結合はどちらも単結合であるべきで，最初の塩素–酸素結合を二重結合で表すべきではない．正しいルイス構造式はつぎのとおり．
$$:C̈l—Ö—C̈l:$$

(c) P原子が完全なオクテットになっていない．正しいルイス構造式はつぎのとおり．
$$:F̈—P̈—F̈:$$
$$\quad |$$
$$:F̈:$$

(d) 全体の電子数が多すぎる．窒素原子の電子は5個しかないので，窒素原子2個では総電子数は10個のはずだ．正しいルイス構造式はつぎのとおり．
$$:N≡N:$$

14. (a) I_2の場合，共有電子対の総数は1なので，分子の形は直線構造だ．この場合に非共有電子対は影響しな

(b) NF₃ の場合，結合に使用される共有電子対が3，非共有電子対が1なので電子対の総数は4だ．電子を含む構造は四面体構造だが，電子対のうちの1組は非共有電子対なので，分子の構造は三角錐構造だ．

(c) PCl₃ の場合，結合に使用される共有電子対が3，非共有電子対が1なので電子対の総数は4だ．電子を含む構造は四面体構造だが，電子対のうちの1組は非共有電子対なので，分子の構造は三角錐構造だ．

(d) SCl₂ の場合，結合に使用される共有電子対が2，非共有電子対が2なので電子対の総数は4だ．電子を含む構造は四面体構造だが，電子対のうちの2組は非共有電子対なので，分子の構造は折れ線構造だ．

15. (a) ClNO の場合，結合に使用される共有電子対が2，非共有電子対が1なので，ルイス構造式の電子対の総数は3だ．電子を含む構造は四面体構造だが，電子対のうちの2組は結合に使われ，1組は結合に使われずに残るので，電子を含む構造は平面三角形構造で，分子の構造は折れ線構造だ．

:Cl̈—N̈=Ö:

(b) C₂H₆ の場合，ルイス構造式の電子対の総数は7で，すべて結合に使用される．2個の炭素原子両方について，電子を含む構造と分子の構造はどちらも四面体構造だ．

(c) N₂F₂ 分子の場合，2個の窒素原子両方について，ルイス構造式の電子対の総数は3だ．窒素原子間に二重結合が1本あり，電子対のうちの2組は結合に使われる．電子を含む構造は平面三角形構造だが，1組は非共有電子対なので，2個の窒素原子両方について分子の構造は折れ線構造だ．

:F̈—N̈=N̈—F̈:

(d) N₂H₄ の場合，2個の窒素原子両方について，ルイス構造式の電子対の総数は4だ．3組は結合に使われ，1組は非共有電子対だ．電子を含む構造は四面体構造だが，1組は非共有電子対なので，2個の窒素原子両方について分子の構造は三角錐構造だ．三次元構造はつぎのようになる．

16. 四面体構造．極性分子

17. (a) HBr: 極性分子，(b) ICl: 極性分子，(c) I₂: 無極性分子，(d) CO: 極性分子

18. (a) NH₃: 極性分子，(b) CCl₄: 無極性分子，(c) SO₂: 極性分子，(d) CH₄: 無極性分子，(e) CH₃OH: 極性分子

第 6 章

1. 有機化学は炭素を含む化合物の学問だ．

2. 炭素原子を中心として4本の結合の先が四面体の頂点となる立体配置をとる．

3. 生命力が広く信じられるようになったのは，かつて科学者が有機化合物を作れなかったからだ．つまり，生命体は"生命力"をもち，それによって有機化合物を作れると信じられていた．

4. 炭化水素とは炭素と水素でできた化合物である．官能基をもつ炭化水素とは，違う種類の元素の原子ないし原子団をもつ炭化水素分子である．これらの官能基があると分子の性質が大きく変わる．同じ官能基をもつ炭化水素は，性質も似てくる．

5. ペンタンの構造式はつぎのとおり．

結合を省略した構造式はつぎのとおり．

CH₃CH₂CH₂CH₂CH₃

メチル基は CH₃ で，メチレン基は CH₂ だ．

6. 炭素鎖が長くなるにつれて分子間力が増し，アルカンの沸点が高くなるから．

7. アルカンのおもな性質の一つは燃えることで，もう一つは無極性であることだ．

8. 2 C₄H₁₀ + 13 O₂ = 8 CO₂ + 10 H₂O

9. エチレンは果物の熟成に使われる．アセチレンは溶接用のバーナーに使用される．

10. 短く答えるならノーだ．異性体は同じ性質をもたない．異性体の種類と，原子配置の違いの程度によって，性質がほんのわずかしか違わないこともあれば，大きく違うこともある．炭化水素の異性体は沸点のわずかな違いによって特徴づけられるが，エチルアルコールとその異性体であるジメチルエーテルでは物理的性質も化学的性質も大きく違う．

11. (a) アルデヒド

(b) ケトン

(c) カルボン酸

R—C(=O)—OH   CH₃—C(=O)—OH   CH₃CH₂—C(=O)—OH

(d) エステル

R—C(=O)—OR   CH₃—C(=O)—OCH₃   CH₃CH₂—C(=O)—OCH₃

(e) エーテル

R—O—R   CH₃—O—CH₃   CH₃CH₂—O—CH₃

(f) アミン

R—N(R)—R   CH₃—N(CH₃)—H   CH₃CH₂—N(CH₃)—H

12. DDTは塩素原子を含む炭化水素で優れた殺虫剤だが，人間にとっては比較的無害だ．しかし，抵抗力をもつ昆虫が増えてDDTが効かなくなった．DDTは化学的にきわめて安定であるために土壌中で濃縮され，ゆくゆくは食物連鎖に入り，アメリカハクトウワシも含めて鳥や魚が死ぬという問題が生じた．

13. エタノールは中枢神経系の鎮静剤として働く．アルコールを過剰に摂取すると身体が思うように動かせなくなり，意識不明に陥り，しまいには死に至る．

14. ホルムアルデヒドは細菌に対して有毒なので，生体標本の防腐剤に使用される．

15. ベンズアルデヒドは扁桃油に含まれ，シンナムアルデヒドはシナモンに含まれる．

16. 2-ヘプタノンはチョウジに含まれ，イオノンはラズベリーに含まれ，ブタンジオンはバターや体臭に含まれる．ブタンジオンは皮膚の上に繁殖する細菌が汗を摂取したときの排出物として放出される．

17. 酪酸エチルはパイナップルに含まれ，酪酸メチルはリンゴに含まれ，ギ酸エチルはラムの人工香料に含まれ，酢酸ベンジルはジャスミンのアロマオイルに含まれる．

18. [構造式: ペンタンおよび分岐異性体の構造]

19. [構造式: 1-ヘプテンの構造]

あと二つの異性体が考えられる．（訳注：二重結合の配置が異なるシス-トランス異性体を含めて考えると，全部で四つの異性体が考えられる.)

20. (a) 2-メチルブタン
(b) 4-エチル-2-メチルヘキサン
(c) 2,4-ジメチルヘキサン
(d) 2,2-ジメチルペンタン

21. (a) 2-ブテン
(b) 4-メチル-2-ペンテン
(c) 2-メチル-3-ヘキセン

22. (a) プロピン
(b) 3-ヘキシン
(c) 4-エチル-2-ヘキシン

23.
(a) CH₃CHCH₂CH₂CH₃ (CH₃枝)
(b) CH₃CH₂CHCH₂CH₃ (CH₃枝)
(c) CH₃CHCHCH₃ (H₃C, CH₃枝)
(d) CH₃CHCHCH₂CH₃ (CH₃枝, CH₂CH₃枝)

24.
(a) H₂C=CH—CH(CH₃)—CH₂—CH₃
(b) H₃C—CH=C(CH₂CH₃)—CH₂—CH₂—CH₃
(c) HC≡C—CH₂—CH₂—CH₂—CH₂—CH₃
(d) H₃C—CH=CH—CH₂—CH₃

25. ブタン．CH₃CH₂CH₂CH₃

26. (a) エーテル
(b) 塩素化炭化水素
(c) アミン
(d) アルデヒド

27. (a) カルボン酸
(b) 芳香族炭化水素
(c) アルコール
(d) アミン

28. プロパノールはOH基があるので極性分子で，プロパンは炭化水素で無極性分子だ．無極性分子では分子同士が離れて気体になりやすいが，極性分子では分子間力がはたらいて引き合うので，気体として離れることを分子間力が妨げる傾向にあるからだ．

29. 書かれている構造ではほとんどのH原子が他の原子2個と結合する．H原子は1本しか結合をもたず，そのような構造は不可能なので，CH₃CH₂CH₃という化学式は書かれている構造を表さない．

第7章

1. 白色光には赤色,オレンジ色,黄色,緑色,青色,藍色,紫色が含まれている.

2. 磁場は磁石の周りに形成され,その力が及ぶ領域のことをいう.電場は荷電粒子の周りに形成され,その力が及ぶ領域のことをいう.

3. 波長によって,その光の色が決まる.さらに波長によって,その光を構成するフォトンのエネルギーが決まる.波長とエネルギーは反比例の関係にある.波長が長くなるとエネルギーは小さくなるのだ.

4. 紫外線をカットするサングラスや日焼け止めには,PABAのように紫外線を効率良く吸収する化合物が含まれている.

5. X線は光の一形態である.しかし,通常の光を遮断するような不透明な物質の中にX線は侵入することができる.振動数が大きく,波長が短く,エネルギーが高い電磁波がX線である.

6. 暗視装置では,暗所で物体を検知して"見えるようにする"ために赤外線検出器が使われている.人間のように,熱をもった物体はすべて赤外線を放射している.したがって,もし私たちの目が赤外線を見ることができれば,人間は電球のように見えるだろう.電子レンジがうまくはたらくのは,マイクロ波が水に吸収され,水を温めることができるからである.ほとんどの食材に水が含まれているので,マイクロ波は素早くかつ簡単に食べ物を温めることができる.

7. 光と物質との相互作用を利用する方法が分光法である.分光に基づく分析法は,科学者が物質を同定するために利用される.物質に吸収される光や,物質が放射する光の波長を観察することにより,物質を同定するのだ.

8. 磁気共鳴画像(MRI)装置では,検体を勾配磁場の中に置く.結果として,検体に含まれる水素原子の核は,それぞれわずかに異なる磁場を感じることになる.一連の周波数をもったラジオ波を検体に照射すると,水素原子の核が共鳴する(反転する).検体に含まれる核は,それぞれが感じる磁場の強度に応じて,それぞれわずかに異なる周波数で反転する.周波数ごとに核の反転をプロットしたグラフを作成すれば,検体の画像を表すスペクトルとなる(図7・17).私たちの体には水素原子が豊富に含まれるので,この技術は医療画像を取得するうえで非常に有用である.

9. レーザーはつぎの三つの部分でできている.一つ目はレーザー媒質,二つ目はレーザー媒質を挟む2枚のミラー(片方は半透性),三つ目はレーザー媒質とミラーを入れるレーザー共振器である.レーザーのスイッチを入れると,レーザー媒質の中の分子や原子が光エネルギーや電気エネルギーによって励起される.このとき,分子や原子の中の電子が高エネルギーの軌道に遷移する.この電子が低エネルギーの軌道に緩和するとき,光(フォトン)が放出される.放出されたフォトンはレーザー共振器の中を移動してミラーに衝突し,再びレーザー媒質の中に戻る.そして別のフォトンの放出を促す(誘導放出).このとき放出されたフォトンは,最初のフォトンとまったく同じ波長と配向をもっている.このような過程が繰返されることにより,レーザー共振器の中で膨大な数のフォトンが増幅される.このフォトンの一部を半透性のミラーを使ってレーザー共振器から取出す.このようにして,強度が高く単色のレーザービームをつくることができる.

10. 色素レーザーの特徴は,その波長可変性にある.適切な色素を選び,レーザー共振器を正しく構成することにより,可視光域のどんな波長でも放射することができる.

11. 外科用のメスの代わりにレーザービームを使用すると,つぎのような利点がある.(a) 周囲の組織へのダメージを最小限にして,皮膚や組織を正確に切ることができる.(b) 手が届きにくい箇所に光ファイバーケーブルを送り込んで手術できる.(c) 手術の種類に応じてさまざまな波長を利用できる.

12. 8.3 分.

13. 4.1×10^{13} km.

14. 虹色の光(白色光)が赤い物体に吸収されて,赤い光が反射される様子がわかるように図を描く.

15. 波長はb>a>cの順なので,フォトンのエネルギーはb<a<cの順である.

16. c. 理由:紫外光が最もエネルギーが大きい.

17. 紫外光,X線,ガンマ線から二つ.

18. 図7・6のような図を描く.可視光の波長は紫外光よりも長く,赤外光よりも短い.

19. エネルギーが最も大きな電磁波はX線である.エネルギーが最も小さい電磁波はマイクロ波である.

20. 3.21 m

21. 0.353 m

22. ナトリウム (Na)

23. ヘリウムと水素

24. 青色のレーザーはこのタトゥーに吸収されず,反射されるだろう.青色以外であれば,どの色のレーザーでもこの手術に適切である.

第8章

1. 放射能は核の不安定性の結果である.不安定な核は崩壊し,安定性を獲得する.この過程で,核の一部が放出される.放出された核の一部は物質と衝突し,大量のイオンを生成する.このイオンが生体に含まれる分子にダメージを与える.

2. アルファ粒子は2個の陽子と2個の中性子からなる.つまりヘリウムの原子核なのだ.ベータ粒子はエネルギーが高く速度の速い電子である.アルファ粒子とベータ粒子

はいずれも物質である．一方，ガンマ線は電磁波である．電離能の点で，放射線を比較するとつぎのようになる：α粒子＞β粒子＞γ線．透過力の点で，放射線を比較するとつぎのようになる：γ線＞β粒子＞α粒子．

3. ラドンガスはウラン鉱床の周辺の土壌や大気に含まれる．ラドンはウラン崩壊系列の中の不安定な中間体なので，危険性が高い．

4. アインシュタインはルーズベルト大統領に手紙を書き，核分裂が非常に強力な爆弾の開発につながることを説明した．米国の科学者たちは，核分裂を発見したナチスドイツが核分裂爆弾を最初に開発するのではないかと恐れた．ルーズベルト大統領はアインシュタインの説明に納得し，米国が爆弾を開発してドイツを打ち負かさなくてはならないと決断した．

5. (a) ニューメキシコ州ロスアラモス．米国最高の科学者たちが集められ，原子爆弾が設計された場所．
(b) ワシントン州ハンフォード．プルトニウムが生産された場所．
(c) テネシー州オークリッジ．ウランが処理された場所．
(d) ニューメキシコ州アラモゴード．最初の原子爆弾の実験が行われた場所．

6. フェルミによって行われた核分裂反応では臨界質量のウランが用いられ，核分裂反応が持続して起こることが確認された．この核分裂反応は制御されていたことになる．一方，原子爆弾では，核分裂反応が指数関数的に急上昇し爆発をひき起こすように設計されている．

7. マンハッタン計画で働く科学者たちは，原子爆弾は米国の手で開発した方が人類の役に立つと，計画を正当化した．原子爆弾を使う場合も，ナチスドイツよりは米国の方がよく考えて使うだろうと信じた．

8. 実験的に測定した核の質量と，陽子と中性子の質量の総和との差が質量欠損である．質量欠損に関係し，核子同士をつなぎ止めるエネルギーが原子核結合エネルギーである．

9. チャイナシンドロームとは，核燃料が融解し，その熱のために原子炉の底を突き抜けて，さらには地面をも突き抜けて，果ては地球の裏側の中国まで達するというブラックジョークを意味する．

10. 現在，核廃棄物はすべて，原子力発電所に貯蔵されている．米国政府は核廃棄物の永久的な処分場の建設計画を進めている．

11. 核融合とは，軽い原子核同士が結合し重い原子核が形成される反応のことである．重い原子核の方が安定なので，核融合反応ではエネルギーが放出される．以下のような核反応式で核融合反応を記述できる．

$$^{2}_{1}H + ^{3}_{1}H \longrightarrow ^{4}_{2}He + ^{1}_{0}n$$

12. Qは核融合反応で生産された電力と消費された電力の比である．現在のQの最高記録は1.25である．

13. 低レベルの放射線被曝によって，体の細胞にはいくらかダメージがある．しかし，このような細胞はダメージを修復できるので，悪い影響にはつながらない．高レベルの放射線被曝を受けると，細胞はダメージを修復できない．それによって死ぬ細胞もあれば，細胞が変質する場合もある．このような変質によって，細胞の異常増殖が起こり，がん性腫瘍につながることがある．小腸の粘膜の損傷が起こることもある．免疫機能が損傷を受け，感染しやすくなることもある．

14. 両方の年代測定法とも，半減期が既知の放射性核の崩壊を利用している．年代測定が可能な時間枠は，半減期で決まっている．炭素-14の場合は数千年，ウラン-238の場合は数十億年である．炭素-14年代測定法は，放射性同位体である炭素-14の放射能を利用している．
炭素-14は以下のように崩壊し，ベータ粒子を放出する．

$$^{14}_{6}C \rightarrow ^{0}_{-1}e + ^{14}_{7}N$$

炭素-14(C-14)は，大気圏で窒素-14(N-14)が高エネルギーの中性子と衝突することによって，定常的に生成している．C-14の崩壊と生成の速度はほとんど同じなので，大気圏におけるC-14の量はほぼ一定に保たれている．植物が光合成によって二酸化炭素を吸収し，C-14を含む炭素が植物の中の分子に取込まれる．植物が生きている間は，植物の体内のC-14とC-12の比は大気と同じである．しかし，植物が死ぬとC-14は補充されなくなる．C-14は崩壊する一方なので，C-14とC-12の比は減少する．遺物に含まれるC-14とC-12の比を調べることにより，その年代を調べることができるのだ．

地質学者は地球の地質学的な年代を調べるためにウラン-238を利用する．ウラン-238が崩壊すると，安定同位体の鉛-206になる．ウランと鉛の比を利用すれば，岩石の年代を調べることができる．このようにウランを含む岩石には，必ず鉛も含まれる．

15. 焦点を絞って放射線を照射することにより，放射線が当たる領域を身体のほんの一部に限定することができる．また，特定の組織や器官に選択的に取込まれる放射性化合物を利用することもできる．

16. (a) $^{230}_{90}Th \rightarrow ^{226}_{88}Ra + ^{4}_{2}He$

(b) $^{210}_{84}Po \rightarrow ^{206}_{82}Pb + ^{4}_{2}He$

(c) $^{234}_{90}Th \rightarrow ^{234}_{91}Pa + ^{0}_{-1}e$

(d) $^{218}_{84}Po \rightarrow ^{218}_{85}At + ^{0}_{-1}e$

17. (a) $^{233}_{91}Pa$, (b) $^{233}_{91}Pa$, (c) $^{0}_{-1}e$

18. $^{214}_{84}Po \xrightarrow{\alpha} ^{210}_{82}Pb \xrightarrow{\beta} ^{210}_{83}Bi \xrightarrow{\beta} ^{210}_{84}Po \xrightarrow{\alpha} ^{206}_{82}Pb$

19.
$$^{223}_{87}Fr \rightarrow ^{223}_{88}Ra \rightarrow ^{219}_{86}Rn \rightarrow ^{215}_{84}Po$$
$$+ \qquad + \qquad +$$
$$^{0}_{-1}e \qquad ^{4}_{2}He \qquad ^{4}_{2}He$$

20. 1.27 g
21. 8.88×10^{22} アルファ粒子
22. $^{235}_{92}U + ^{1}_{0}n \rightarrow ^{137}_{52}Te + ^{96}_{40}Zr + 3^{1}_{0}n$
23. $^{2}_{1}H + ^{2}_{1}H \rightarrow ^{3}_{2}He + ^{1}_{0}n$
24. 67.1%
25. 17,190 年
26. 5730 年
27. 9.0×10^{9} 年
28. 18 時間
29. 空欄は陽子（赤色）が 5 個，中性子（灰色）が 7 個．
$^{16}_{7}N \rightarrow ^{12}_{5}B + ^{4}_{2}He$

第 9 章

1. 熱くなればなるほど，物体の中で分子が速く動いている．冷たくなればなるほど，分子はゆっくり動いている．
2. 熱は分子や原子のランダムな動きである．仕事は原子や分子を，ランダムにではなく，規則正しく動かすためのエネルギーの利用である．
3. 米国では年間におよそ 10^{20} J のエネルギーが消費されている．
4. エントロピーは無秩序さの指標である．エントロピーは自発的な過程が起こるために重要である．エネルギーを継続的に投入することなく起こる自発的過程のすべてで，宇宙のエントロピーが増大している．世界は自発的に無秩序になるように動いている．
5. 永久機関とは，エネルギーを投入しなくても継続的にエネルギーを生産する機関のことをいう．熱力学第一法則によれば，エネルギーは生み出すこともなくすこともできないので，永久機関は存在しえない．
6.
(a) 熱とは，原子や分子のランダムな動きのことである．
(b) エネルギーとは，仕事をするための能力のことである．
(c) 仕事とは，力を加えて物体を動かすことである．
(d) 系とは，特に注目している部分のことである．
(e) 外界とは，系以外のことである．
(f) 発熱反応とは，エネルギーを外界に放出する化学反応のことである．
(g) 吸熱反応とは，エネルギーを外界から吸収する化学反応のことである．
(h) 反応エンタルピーとは，化学反応によって吸収，もしくは放出される熱量のことである．単位として，kcal/g，kJ/g，kcal/mol，kJ/mol が一般に使われる．
(i) 運動エネルギーとは，動きによるエネルギーのことである．
(j) ポテンシャルエネルギーとは，位置によるエネルギーや貯蔵されたエネルギーのことである．
7. 発熱反応では系の温度が上がるが，吸熱反応では系の温度は下がる．

8. 物質の熱容量とは，一定量の物質の温度を 1℃ 変化させるのに必要な熱エネルギー量のことである．熱容量の大きな物質は，多くの熱を吸収してもそれほど温度が上がらない．熱容量の小さな物質は，多くの熱を吸収すると，大きく温度が上昇する．
9. 石油：43 年，天然ガス：61 年，石炭：129 年，核燃料：85 年，バイオマス：無限，水力：無限．
10. 火力発電所では，燃焼によって生まれる熱を利用して水を沸騰させ，蒸気を生み出す．これによって発電機のタービンを回し，電力を生産する．この電力を送電線で建物に送って利用する．典型的な火力発電所では 1 ギガワット（1 ギガ = 10^{9}）の電力を生産している．これは 100 万戸の家庭に必要な電力である．
11. 二酸化窒素（NO_2）：目や肺を刺激する．オゾン（O_3）と PAN（$CH_3CO_2NO_2$）：目や肺を刺激したり，呼吸困難をひき起こす．またゴム製品を劣化させたり，穀物にダメージを与える．一酸化炭素（CO）：血液の酸素運搬能を低下させるため有毒である．
12. 酸性雨は，火力発電所のように化石燃料の燃焼によって生成した二酸化硫黄（SO_2）の放出に原因がある．一酸化窒素（NO）と二酸化窒素（NO_2）も酸性雨に寄与している．
13. 地球の大気は太陽からの可視光に対して透明である．可視光は地表で吸収されると，赤外線として大気中に放出される．この赤外線が大気中の二酸化炭素（CO_2）や水（H_2O）によって吸収される．これにより，実質的に，大気がエネルギーを捕捉することになる．このような気体は，まさに温室のガラスのように，地球を温めている．
14. 化石燃料の燃焼によって大量の二酸化炭素が大気中に放出されている．二酸化炭素は大気中でエネルギーを捕捉するので，地球は温められる．二酸化炭素の増加によって地球の温度が上昇するため，地球温暖化といわれている．過去 100 年間にわたって，地球の平均気温が上昇していることを示す科学的データがある．このため，地球温暖化が実際に起こっているといえる．
15. 二酸化炭素は前世紀から 20% 増加した．気温は約 1℃ 上昇した．この温度上昇は二酸化炭素の濃度上昇に対応している．
16. (a) 1.456 kcal
(b) 1.88×10^3 J
(c) 1.7×10^7 cal
17. 0.23 kWh，138 分
18. 1 kWh 当たりの電力を 15 セントとする．
(a) $ 2.25 (b) $ 64.80 (c) $ 54.00 (d) $ 0.75
19. (a) 100℃ (b) −321 ℉ (c) 298 K (d) 311 K
20. −62℃，211 K
21. (a) 1.1×10^6 kJ
(b) 5.6×10^7 kJ
(c) 1.5×10^6 kJ

22. (a) 137 kJ
(b) 990 kcal
(c) 2.5×10^4 kJ
(d) 2.9×10^9 kJ
23. (a) 天然ガス：1.3×10^2 g　(b) 石炭：7.4×10^2 g
24. (a) 3.6×10^2 g CO_2　(b) 4.0×10^3 g CO_2
25. (a) $2 C_8H_{18} + 25 O_2 \longrightarrow 16 CO_2 + 18 H_2O$
(b) 393 mol C_8H_{18}
(c) 138 kg CO_2
26. (a) 消費の総増加量は 6.8×10^{19} J，年平均増加量は 1.1×10^{18} J．
(b) 生産の総増加量は 4.3×10^{19} J，年平均増加量は 7.2×10^{17} J．
(c) -2.2×10^{19} J
(d) 両者の隔たりは -2.9×10^{19} J になる．

第10章

1. 太陽のエネルギーを利用する際の最大の障害は単位時間当たりのエネルギーの密度が低いことである．
2. ダムから水が流れると，発電機のタービンが回って電力が生まれる．
3. 空気が太陽によって温められると，膨張して上昇する．温められた空気が上昇すると，冷たい空気がその隙間を埋めるように流れ込み，風が生まれる．この風がタービンを回して電力が生産される．
4. 太陽熱発電タワーの周辺には数百個の太陽追尾ミラーが設置されており，タワーの最上階の集熱器に太陽光を集光している．集熱器では集光された太陽エネルギーによって断熱貯蔵タンクの中を循環する溶融塩に熱が与えられる．必要な時に溶融塩を取出し，タービンを回すための蒸気をつくって発電を行う．
5. 太陽熱発電の最も不利な点はそのコストである．化石燃料の燃焼に比べて発電にコストがかかるだけでなく，維持管理にも大きなコストがかかる．太陽熱エネルギーの密度が薄いこと，制御不可能な天候に依存していることも不利な点である．太陽熱発電が有利な点には効率の高さ，再生可能なこと，大気汚染物質を放出しないことがあげられる．
6. 半導体は電気伝導性を制御できる物質である．n型ケイ素半導体にはヒ素のように電子が豊富な元素がドープされている．n は負(negative)を意味する．p型ケイ素半導体にはホウ素のように電子が不足した元素がドープされている．p は正(positive)を意味する．
7. 太陽電池には二つの不利な点がある．一つ目はコストである．半導体の生産にも太陽電池の製造にもコストがかかる．二つ目は，入射エネルギーを電力に変換する際の太陽電池の効率が低いことである．太陽電池には，可動部がない，騒音が出ない，環境に対する悪影響がないなどの有利な点がある．

8. バイオマスエネルギーは，トウモロコシやサトウキビのような植物から容易に得られる．そのような植物を発酵させるとエタノールを生産できる．エタノールは輸送が簡単で，クリーンに燃焼することができる．もう一つの有利な点は，バイオマスエネルギーが地球温暖化に寄与しないことだ．エタノールの燃焼の過程で放出される CO_2 の量は，植物が吸収した CO_2 の量とまったく同じなのだ．バイオマスエネルギーのおもな問題は，植物を育てるために十分な面積の耕作地が必要なことである．

9. 原子力発電所では基本的にはウランを燃料とした水蒸気発電が行われている．燃料として石炭やその他の化石燃料の代わりにウランを利用する利点は，ウランの場合，化石燃料の場合のような大気汚染物質が生成しないことである．燃料の単位量当たりに取出せるエネルギーが大きく，化石燃料に比べて燃料を採掘する際の土地へのダメージが小さい．しかし，原子力発電が不利な点として，放射性廃棄物の廃棄が困難なこと，核燃料が有限の資源であること，事故が起こると大気中に放射性廃棄物が放出されてしまうことがあげられる．化石燃料の供給量の減少や化石燃料の燃焼が気候に及ぼす悪影響が問題になっているので，原子力発電に再び注目が集まっている．核融合研究の進展も注目されている．

10. 輸送のために自動車を使う代わりに自転車を利用したり，相乗り，徒歩，公共交通機関を利用することができる．家庭でエネルギーを節約する方法として断熱したり，温度調節器を下げたり，セーターをもう一枚着たり，ブランケットを利用することがあげられる．

11. エネルギーの浪費をやめて限りあるエネルギーを節約することは，私たちの社会にとって重要なことである．エネルギー源が枯渇すれば，需要と供給の関係から，エネルギーのコストは上昇するだろう．エネルギー利用の無駄をなくして効率的に利用するのは重要である．消費者は浪費されたエネルギーではなく，利用されたエネルギーに対してお金を払っている．節約によってエネルギー利用が減少すればコストは一定に保てるだろう．

12. コストは 12/15 の割合で減少するので，毎月の支払いは 156 ドルである．
13. 1633 kWh，5.88×10^9 J
14. 11.6%
15. 238 W
16. 28 m^2
17. 地球に降り注ぐ太陽光エネルギーは年間 3×10^{24} J である．世界のエネルギー消費量（4.9×10^{20} J）は，地球に降り注ぐ太陽光エネルギーの 0.015% である．
18. 十分である．温水浴槽は十分なエネルギーを得ることができる（1月当たり 620 kWh）．
19. 0.67 m^2
20. (a) 6.5×10^{19} J．1.4×10^{18} J/年
(b) 186%増加．毎年 4.15%

第 11 章

1. 圧力とは，気体分子とそれを取囲む壁の表面との定常的な衝突の結果である．

2. 高度が高くなると圧力が低下する．この圧力の低下が耳の痛みの原因である．気体分子は定常的に耳の中で壁に衝突している．通常この圧力は耳の外の圧力と同じである．鼓膜の両側に同じ数の分子が衝突するので圧力が同じになるのだ．しかし，気圧が変化すると，鼓膜の両側で分子の衝突頻度が異なるようになる．このため，鼓膜がストレスを受け痛みを感じるのだ．

3. 大気中の水銀柱の高さは天候や高度によって変化する．高気圧の地域は荒天を吹き飛ばす傾向があるため，晴れになりやすい．一方，低気圧の地域は荒天を呼び込む傾向があるため，雨になりやすい．風は異なる地理的領域間の気圧差の直接の結果である．大気分子は高気圧領域から低気圧領域に動く．

4. 気体の体積は温度に比例して大きくなる．さらに厳密にいうと，気体の体積は圧力一定の条件下で絶対温度（ケルビン度）に直接比例する．

5. 熱気球はシャルルの法則に基づいて浮力を得ている．気球の内外の気圧は同じであるため，気球の中の空気が熱せられると気球の体積は膨張する．このとき気球の中の空気の密度が減少し，気球の浮力が増加する．海岸地域で午後に吹く風はシャルルの法則の直接の結果である．内陸地域の空気は太陽によって熱せられると膨張し上昇する．一方，海の高い熱容量のため，海岸地域の空気は冷たいままである．したがって海岸地域の空気が内陸地域に流れ込み，風が発生する．

6.

気 体	体積存在率
窒素（N_2）	78%
酸素（O_2）	21%
アルゴン（Ar）	0.9%
二酸化炭素（CO_2）	0.04%
ネオン（Ne）	0.0018%
ヘリウム（He）	0.00052%

7. 酸素は細胞がグルコースからエネルギーを得るための呼吸に重要である．

$$C_6H_{12}O_6 + 6O_2 \longrightarrow 6CO_2 + 6H_2O + エネルギー$$

8. 植物は二酸化炭素と水を使ってグルコースを生成する．この反応は上述の呼吸の逆反応である．

$$6CO_2 + 6H_2O + エネルギー \longrightarrow C_6H_{12}O_6 + 6O_2$$

さらに，大量の CO_2 が海洋に吸収され，最終的には岩石や土壌に含まれる炭酸塩になる．しかし，炭素原子はそのような場所に永久にとどまるわけではない．CO_2 は植物の腐敗，岩石の風化，火山の噴火，動物の呼吸といった自然のサイクルの中で大気に戻っていく．地球上の炭素原子は，このように大気と植物，動物，岩石の間を定常的にサイクルし，再び大気に戻っていく．私たちの身体では約 20 回，炭素のサイクルが起こる．

9. 大気がなくなると，空は真っ暗になり，生命は存在できなくなる．

10. 6 種類の主要な汚染物質とその発生源は以下の通りである．

汚染物質	発生源
SO_2	電力事業，精錬事業
PM-10	農業耕起，建築，未舗装道路，火事
CO	自動車（間接的）
O_3	自動車，電力事業
NO_2	自動車，精錬，バッテリー工場
Pb	自動車

11. オゾンは以下の化学反応式で示すように紫外光を吸収する．

$$O_3 + 紫外光 \longrightarrow O_2 + O$$
$$O_2 + O \longrightarrow O_3 + 熱$$

12. CFC は規制前は冷媒，電気産業の溶媒，泡立て物質として利用されていた．

13. 1979 年以来，北半球の中緯度地域ではオゾンは 6% 減少している．赤道に近くなるほど，オゾンの減少量は小さくなる．

14. HFC とはハイドロフルオロカーボンのことである．HFC には塩素が含まれないので，オゾン層を減少させることはない．

15. 古いモデルの自動車に設置されたエアコンのフロンを交換する際に，一般的な消費者は CFC の規制の影響を感じるだろう．

16. 100 g/mol を超える分子量をもつ CFC が空気よりも重いのは事実である．しかし，だからといって CFC が大気と混ざらないのであれば，同様の理由で，私たちは純粋な酸素で呼吸をしていることになってしまう．しかし大気は激しくかき混ぜられている．結果として，大気中の気体分子の分布はそれぞれの分子量とは相関しない．1970 年代以降，数多くの成層圏の大気サンプルで CFC が検出されている．CFC は人間がつくった化合物なので，天然の起源から発生した CFC が成層圏に出現することはありえないのだ．

17. $0.31 \text{ atm} \times \dfrac{760 \text{ mmHg}}{1 \text{ atm}} = 2.4 \times 10^2 \text{ mmHg}$

18.

(a) $725 \text{ mmHg} \times \dfrac{760 \text{ Torr}}{760 \text{ mmHg}} = 725 \text{ Torr}$

(b) $725 \text{ mmHg} \times \dfrac{1 \text{ atm}}{760 \text{ mmHg}} = 0.954 \text{ atm}$

(c) $725 \text{ mmHg} \times \dfrac{1 \text{ atm}}{760 \text{ mmHg}} \times \dfrac{101{,}325 \text{ N/m}^2}{1 \text{ atm}}$
$= 9.67 \times 10^4 \text{ N/m}^2$

19. ボイルの法則を適用すると，

$$V_2 = \frac{P_1 V_1}{P_2}$$

$$V_2 = \frac{0.60 \text{ atm} \times 2.5 \text{ L}}{1.0 \text{ atm}} = 1.5 \text{ L}$$

20. ボイルの法則を適用すると，

$$V_2 = \frac{P_1 V_1}{P_2}$$

$$V_2 = \frac{760 \text{ mmHg} \times 0.35 \text{ L}}{245 \text{ mmHg}} = 1.1 \text{ L}$$

21. シャルルの法則を適用する．ただし，温度はすべてケルビン度を使うこと（℃+273 = K）．

$$V_2 = \frac{V_1 T_2}{T_1} = \frac{2.5 \text{ L} \times 77 \, K}{298 \, K} = 0.65 \text{ L}$$

22. シャルルの法則を適用する．ただし，温度はすべてケルビン度を使うこと（℃+273 = K）．

$$25 + 273 = 298 \text{ K} = T_1$$
$$35 + 273 = 308 \text{ K} = T_2$$
$$V_2 = \frac{V_1 T_2}{T_1} = \frac{1.3 \text{ L} \times 308 \, K}{298 \, K} = 1.34 \text{ L}$$

23. 統合した気体の法則を適用すると，

$$T_1 = 80 + 273 = 353 \text{ K}$$
$$T_2 = 40 + 273 = 313 \text{ K}$$
$$V_2 = \frac{P_1 V_1 T_2}{T_1 P_2} = \frac{700 \text{ torr} \times 0.40 \text{ L} \times 353 \, K}{313 \, K \times 200 \text{ torr}} = 1.6 \text{ L}$$

24. 33.0 psiはゲージ圧である．70.0 ℃で体積が10.1 Lに増加すると，ゲージ圧は41.6 psiになる．これは最大定格を超えている．

25. 体積が減少すると，分子は小さな空間に押し込められることになる．その結果，分子と壁との衝突回数が増え，圧力が増加する．

第12章

1. 凝集力のため，液体の形状は球になる．分子同士の接触を最大にするために，液体は球状の形状をもつ．球は表面積と体積の比が最小である．球になることにより，それぞれの分子を取囲む分子の数を最大化できる．

2. 気体，液体，固体の違いは分子間の相互作用にある．分子間の相互作用は，分子の種類のみならず，分子間の距離にも依存する．気体は分子間の距離が大きいので，分子間の引力は弱い．分子間の引力は液体から固体になるにつれどんどん大きくなる．これは分子間の距離がどんどん近くなるからである．

3. (a) 沸点は液体が沸騰する温度である．凝集力による束縛から自由になり，分子が液体状態ではなくなると沸騰が起こる．

(b) 融点は固体が融解する温度である．融点は固体を構成する原子や分子の間に働く凝集力の強さに依存する．

(c) 凝集力は原子や分子の間にはたらく引力である．凝集力の大きさは原子や分子の種類，およびそれらの距離に依存する．

4. (a) 分散力は原子や分子の中の電子雲のわずかな変動の結果である．この変動の結果，原子や分子の中の電子の分布が不均一になり，瞬間双極子ができる．

(b) 双極子相互作用は異なる電気陰性度をもつ原子が原因である．この場合，結合を形成する原子間で電子が不均等に共有され，極性結合が形成される．この結果，結合を形成する二つの原子に部分負電荷と部分正電荷が生じる．しかし，分子の極性結合は，分子全体の極性につながることもあれば，つながらないこともある．これは分子の構造による．

(c) 水素結合はまさに双極子相互作用のように分子間にはたらく凝集力である．電気陰性度の違いにより，F，O，Nに結合した水素原子をもつ分子は特に極性が大きく，強い双極子相互作用をもつ．このため，特に水素結合とよばれる．

分散力＜双極子相互作用＜水素結合

5. 石けんの分子は水に溶ける極性の部分と，汚れや油脂に溶ける無極性の部分をもつ．無極性の部分は油脂と結合するが，極性の部分は水と結合したままだ．このような石けんの性質のため，油汚れは水に溶けて排水溝に流れ，服や顔，手がきれいになる．

6. 汗腺が水を分泌すると，その水が皮膚から蒸発する．蒸発によって身体の熱が奪われるので，汗をかくと身体の温度が下がる．

7. 水は珍しい液体である．分子量はたった18.0 g/molなのに，大きな分子のような特徴をもつ．室温で液体であったり，高い沸点をもつ特徴は，水に含まれる極性結合と，水分子同士が水素結合を形成するという事実で説明できる．さらに，ほとんどの液体は凍ると収縮するが，水は凍ると膨張する．その結果，氷は液体の水よりも密度が小さいので，水に浮かぶ．水のこの性質は，水が完全に凍結するのを防いでいる．このことは海洋生物が冬季に生存するために重要である．水のもう一つの特徴は，多くの有機化合物や無機化合物を溶解できることだ．この性質のおかげで，水は生命に重要なほとんどの化学物質を溶かす溶媒になれる．もし水がなければ，私たちは死んでしまうだろう．

8. 水は常に地球上で循環している．水循環とは，海洋のように大きな水のリザーバーから雲のような大気への蒸気の移動のことである．雲は凝結して雨や雪になり，主と

して海洋に降る．陸に降った雨や雪は一時的に陸にたまり，やがて海洋に戻る．陸水は再び蒸発することもある．このように水循環が完結する．

9.

分類	硬度（ppm $CaCO_3$）
非常に硬度が低い	<15
硬度が低い	15〜50
中程度の硬度	50〜100
硬度が高い	100〜200
非常に硬度が高い	>200

10.

汚染物質	例
生物学的	ジアルジア，レジオネラ
無機	水銀，鉛
有機	ベンゼン（揮発性），クロロベンゼン（不揮発性）
放射性	ウラン，ラドン

11. 水を使う前に，蛇口をひねってしばらく水を流し，水が冷たくなるまで待って採水する．これにより，配管の中に長くとどまって鉛を含んだ水を流しきることができる．さらに，熱い水道水を飲み水として利用するのを避ける．

12. 自治体による水処理にはつぎの五つの段階がある：大まかな沪過，沈殿，砂を利用した沪過，エアーレーション，殺菌

13. (a) 活性炭フィルターは，化学的に処理した炭素に不純物を吸着させ，水に含まれる不純物を取除く．活性炭フィルターは有機化合物や塩素を取除くには最も有効である．有機物や塩素は水道水の不快な味とにおいの原因である．

(b) 硬水軟化装置はゼオライトとよばれるイオン交換物質を利用する．ゼオライトは水に含まれるカルシウムイオンとマグネシウムイオンをナトリウムイオンに交換する．カルシウムイオンとマグネシウムイオンがなくなると水は軟化する．

(c) 水道水の表面に圧をかける水処理法である．不純物を通さない目の細かい半透膜に塩水を通して純粋な水を得るのだ．分離を効率的にするために，表面積の大きな膜が利用される．

14. ブタンはヘキサンより分子量が小さいので，ブタンの方が分散力が小さい．つまり，ブタンの方が凝集力が弱い．したがって，ブタンは室温で気体なのに，ヘキサンは揮発性の液体なのだ．

15. $CH_3CH_2CH_2OH$ は三つのうち，OH 基を含む唯一の化合物である．OH 基は分子間で水素結合を形成するため強い凝集力を生み出す．

16. アセトンには OH 基がないので水素結合がはたらかない．アセトンが最も揮発性が高い．

17. (a) 極性
(b) 無極性
(c) 極性
(d) 無極性
(e) 無極性

18. 香水産業は香水に入れる物質を決める際に物質の蒸気圧を尺度として利用している．香水に含まれる物質は揮発しなくてはならない．

19. 0.62 M

20. 2100 g

21. 5.2 g NaCl

22. 800 ppm，この硬水に含まれる $CaCO_3$ の濃度は 200 ppm を超えているので，非常に硬度が高い硬水に分類できる．

23. 8×10^{-4} g NaF

24. 0.01 mg/L，安全ではない．

25. 水を煮沸しても，鉛の濃度を下げることはできない．鉛は揮発性物質ではないし，熱によって鉛を分解することもできないからだ．水を煮沸するのが有効なのは，微生物を破壊する場合である．

第13章

1. 食品は酸性度が高くなればなるほどすっぱく感じる．

2. 塩基の特徴は滑りやすい感覚と苦味である．塩基には酸と反応する性質があり，赤いリトマス試験紙を青に変える特徴がある．

3.
塩酸：金属の洗浄，食品の調理，鉱物の精錬
硫酸：化学肥料や爆薬，接着剤の製造
硝酸：化学肥料や爆薬，色素の製造
リン酸：化学肥料や界面活性剤の製造，食品や飲料の風味付け
酢酸：酢に入っている．プラスチックやゴムの製造，食品の保存，樹脂や油の溶媒として利用

4.
水酸化ナトリウム：酸の中和剤，石油処理，石けんやプラスチックの製造
水酸化カリウム：石けんの製造，綿の処理，電気メッキ，ペンキ除去剤
炭酸水素ナトリウム：制酸剤，消火剤，洗浄剤
アンモニア：界面活性剤，シミの除去，植物色素の抽出，化学肥料や爆薬，合成繊維の製造

5. ブレンステッド-ローリーの酸はプロトン供与体である．ブレンステッド-ローリーの塩基はプロトン受容体である．

6. pH の数値が 1 変わるごとに，$[H_3O^+]$ は 10 倍ずつ変わる．pH4 の水溶液の $[H_3O^+]$ は 1×10^{-4} M であるが，pH が 3 の水溶液は 10 倍酸性度が高く，その $[H_3O^+]$ は 1×10^{-3} M である．

7. クエン酸

8. 酢やサラダドレッシング

9. 塩酸（HCl）は高い濃度で胃液に含まれている．リン

酸はしばしばソフトドリンクやビールに酸味を加えるために添加される．炭酸はすべての炭酸飲料に含まれる．

10. アルカロイドは窒素を含んだ有機化合物である．塩基性であり，有毒な場合がある．

11. 制酸剤は過剰な胃酸を中和する物質である．一般的に制酸剤には，水酸化アルミニウム，炭酸カルシウム，水酸化マグネシウム，炭酸水素ナトリウムなどの塩基性物質が，単独もしくはいくつかの組合わせで含まれている．制酸剤は酸を中和する．

$$酸 + 塩基 \longrightarrow 塩 + 水$$

12. 化石燃料の燃焼の過程で，SO_2，NO_2 といった気体が生成する．このような気体が酸性雨の原因になっている．

13. 米国に降る雨のpHは4.1から6.1の間にある．この酸性雨の多くは中西部の火力発電所から放出される大気汚染物質に原因がある．

14. 湖や河川の酸性度が高くなりすぎると，水生生物が絶滅する可能性が高くなる．酸性雨は森林や建築物の素材にもダメージを与える．

15. $HI + NaOH \longrightarrow H_2O + NaI$
　　　$H^+ + OH^- \longrightarrow H_2O$

16.
(a) $HClO_2 + H_2O \longrightarrow H_3O^+ + ClO_2^-$
　　　酸　　　塩基
(b) $CH_3NH_2 + H_2O \longrightarrow OH^- + CH_3NH_3^+$
　　　塩基　　　酸
(c) $HF + NH_3 \longrightarrow NH_4^+ + F^-$
　　　酸　塩基

17.

$$H-\ddot{O}-H + H-\underset{H}{\overset{H}{N}}-H \longrightarrow :\ddot{O}-H + H-\underset{H}{\overset{+\,H}{N}}-H$$

　　酸　　　　塩基

18. 0.01 M の CH_3COOH 水溶液のpHは2よりも大きい．これは CH_3COOH 分子の大部分が解離せずに残っているためである．CH_3COOH 水溶液には，多くの CH_3COOH が含まれている．水溶液に含まれる H_3O^+ の濃度は低いので，pHは2より大きくなる．

19. (a) pH = 2（酸性）
(b) pH = 9（塩基性）
(c) pH = 7（中性）
(d) pH = 5（酸性）

20. $[H_3O^+] = 10^{-4}$ M

21. (a) $NaHCO_3 + HCl \longrightarrow NaCl + H_2O + CO_2$
(b) $Mg(OH)_2 + 2HCl \longrightarrow MgCl_2 + 2H_2O$

22. 0.21 g $Mg(OH)_2$

23. $2SO_2 + O_2 + 2H_2O \longrightarrow 2H_2SO_4$

24. HFは弱酸である．溶質がほとんどイオン化していない．

第 14 章

1. 鉄の小片のさびは鉄原子から酸素原子へ電子が移動することで起こる．酸化された鉄原子（電子を失った鉄原子）は還元された酸素原子（電子を受取った酸素原子）と結合し，酸化鉄（さび）を形成する．つまり，さびが起こるためには電子の移動が必要となる．

2. 酸化還元反応を含む一般的な現象には，石炭の燃焼，電池の働き，食物の代謝，金属の腐食などがある．

3. 還元の定義は酸素を失うこと，水素を受取ること，電子を受取ることの三つで，三つ目の定義が最も基本的な定義だ．

4. 炭素は4個の価電子を硫黄原子2個と共有する．そういう意味で価電子は完全に炭素原子に属すわけではない．炭素原子は部分的に価電子を放出し，正電荷を帯びる．与えられた化学反応式で炭素原子は部分的に電子を失うので，酸化されることになる．

5. 酸化剤は電子を受取り，自らは還元される物質だ．酸化剤は他の物質を酸化する．還元剤は電子を失い，自らは酸化される物質だ．還元剤は他の物質を還元する．

6. 呼吸：$C_6H_{12}O_6 + 6O_2 \longrightarrow 6CO_2 + 6H_2O$
　　　　酸化される　還元される
　　光合成：$6CO_2 + 6H_2O \longrightarrow C_6H_{12}O_6 + 6O_2$
　　　　還元される　酸化される

これらの酸化還元反応は，動物や植物が生きるために相互に依存しているという事実を示すものだ．動物は酸素を使って炭素を酸化し，植物は水を使って炭素を還元して元に戻し，一つのサイクルとなる．

7. 自動車のバッテリーは，負極の金属鉛と正極の酸化鉛のほかに，濃硫酸でできている．H_2SO_4 の解離は完全には進行しないので，HSO_4^-（水溶液）と SO_4^{2-}（水溶液）の両方が存在する．しかし，概して二つの半反応式や全体での反応式は SO_4^{2-}（水溶液）を使ってつぎのように表される．

酸化（負極）：
　Pb（固体）$+ SO_4^{2-}$（水溶液）$\longrightarrow PbSO_4$（固体）$+ 2e^-$

還元（正極）：
　PbO_2（固体）$+ 4H^+$（水溶液）$+ SO_4^{2-}$（水溶液）$+ 2e^-$
　　　　$\longrightarrow 2PbSO_4$（水溶液）$+ 2H_2O$

全　体：
　Pb（固体）$+ PbO_2$（固体）$+ 4H^+$（水溶液）$+ 2SO_4^{2-}$（水溶液）
　　　　$\longrightarrow 2PbSO_4$（固体）$+ 2H_2O$

鉛板から酸化鉛板へと電子は流れる．鉛（Pb）は酸化されて鉛イオン（Pb^{2+}）を生成し，溶液中で硫酸イオン（SO_4^{2-}）と反応して硫酸鉛（$PbSO_4$）の固体ができる．酸化鉛（PbO_2）は還元され，これも硫酸イオン（SO_4^{2-}）と反応して $PbSO_4$ の固体ができる．

8. 燃料電池は活物質を継続的に供給し続ける電池で，より正確な表現ではエネルギー変換装置だ．通常の電池で起こる化学反応では，活物質が電池の中に蓄えられ，時間

とともに消耗する．しかし，燃料電池では発電したいときに活物質が供給され，反応の生成物は電池から放出される．

9. H_2-O_2 燃料電池では，つぎの反応式に従って H_2（気体）と O_2（気体）が塩基性媒体中で反応し，H_2O（液体）ができる．

酸化：$2H_2(気体) + 4OH^-(水溶液) \longrightarrow 4H_2O + 4e^-$

還元：$O_2(気体) + 2H_2O + 4e^- \longrightarrow 4OH^-(水溶液)$

全体：$2H_2(気体) + O_2(気体) \longrightarrow 2H_2O$

10. 鉄の酸化ないし鉄のさびについて全体の反応はつぎのようになる．

$2Fe(固体) + O_2(気体) + 2H_2O \longrightarrow 2Fe(OH)_2(固体)$

$Fe(OH)_2$ は最後には私たちがさびとよんでいる Fe_2O_3（酸化鉄(III)）になる．全体の反応からさびが生じるには水が必要なことがわかる．したがって，湿気を除くと鉄がさびることを防げる．

11. 老化と酸化に関係する理論では，フリーラジカルが細胞膜の中にある大きな分子から電子を奪い，その分子を酸化し，反応活性な状態にするといわれている．大きな分子が互いに反応して細胞壁の性質が変化すると，結果として身体が弱く傷つきやすくなる．フリーラジカルは不対電子をもつ原子または分子で，不対電子は容易に他の分子から電子を引き抜いて酸化する．食物や水や空気中に存在する汚染物質や毒素が酸素とともに燃焼することで，フリーラジカルは生成する．

12. ガソリンの燃焼，食物の代謝，鉄のさびといったものは化学的にはいずれもある物質から別の物質への電子の移動が行われる過程だ．したがって，これらの過程はすべて酸化還元反応に分類される．

13.

(a) $\cdot \ddot{C} \cdot + \ddot{O} = \ddot{O} \longrightarrow \ddot{O} = C = \ddot{O}$
　　酸化される　還元される

(b) $2Na\cdot + :\ddot{C}l - \ddot{C}l: \longrightarrow 2Na^+ [:\ddot{C}l:]^-$
　　酸化される　還元される

(c) $\dot{M}\dot{g}\cdot + :\ddot{I} - \ddot{I}: \longrightarrow [:\ddot{I}:]^- Mg^{2+} [:\ddot{I}:]^-$
　　酸化される　還元される

14. (a) Fe 酸化される，O_2 還元される

(b) C 酸化される，Ni 還元される

(c) H_2 酸化される，O_2 還元される

15. (a) Mg 酸化される，Cr^{3+} 還元される

(b) Ni 酸化される，Cl_2 還元される

(c) Cl^- 酸化される，F_2 還元される

16. (a) C_2H_2 酸化剤，H_2 還元剤

(b) H_2O_2 酸化剤，H_2CO 還元剤

(c) Fe_2O_3 酸化剤，CO 還元剤

17. 炭素が酸化されるので CO_2 が酸化剤，酸素が還元されるので H_2O が還元剤だ．

18. Cl_2

19. (a) $Zn + Ca^{2+} \longrightarrow Zn^{2+} + Ca$

(b) $2Al + 6H^+ \longrightarrow 2Al^{3+} + 3H_2$

20. 硫黄は金属ではないので，硫黄で覆われた鉄の小片はさびる．したがって，硫黄は酸化されやすいというよりも還元されやすい．この場合，大気中の酸素による鉄の小片の酸化を防げない．ストロンチウムは反応性がより高い金属なので，鉄をストロンチウムで覆うとさびない．この場合は，ストロンチウムが酸化されることで鉄の酸化が防がれる．鉄を腐食から守るためには，反応性が高く優先的に酸化される金属を使わなければならない．

21. (a) 硫酸の濃度は自動車のバッテリーの寿命に影響する．バッテリーの中の硫酸の濃度が高くなるにつれて，つぎの反応が起こって酸化還元反応に使用できる硫酸イオンの濃度も高くなる．

$$H_2SO_4 \longrightarrow 2H^+ + SO_4^{2-}$$

(b) 多孔性の鉛板の大きさも影響を与える．鉛板が大きくなれば，それだけ多くの鉛が酸化過程に使用できる．（鉛は負極で電子を失う．）鉛が多ければ多いほど，溶液中で鉛イオンが生成する．

(c) バッテリーケースの大きさは必ずしも鉛蓄電池の寿命には影響しない．自動車の型式によってさまざまな大きさのバッテリーケースが選べるが，最も重要な点は中にある硫酸の濃度と，鉛板および酸化鉛板の大きさだ．

22. 左側の半電池では Zn^{2+} イオンが増え，負極の Zn 原子が減り，右側の半電池では Cu^+ イオンが減り，電極の Cu 原子が増えた状態を表す略図になる．

付録3. 例題［解いてみよう］の解答

第1章

1・2 (a) 化合物，(b) 元素，(c) 不均一な混合物，(d) 均一な混合物

1・3 マッチの質量の大部分は気体に変わって空気中に消えた．空気中で増加した質量を測定できれば，それは消えた質量と同じになるだろう．

1・4 炭素/水素 = 6.0, 酸素/水素 = 8.0，二つの砂糖のサンプルともこの比が同じなので，定比例の法則に一致する．

第2章

2・1 2.3×10^{-6}

2・2 13.4 インチ

2・3 51 オンス

2・4 (a) 160, (b) 12.3, (c) 15.5%, (d) 1.19%

2・5 プールの長さ96個分

2・6 0.765 立方メートル

2・7 0.84 g/mL

2・8 2.93×10^3 mm³

第3章

3・1 陽子12個，電子10個

3・2 $Z = 14, A = 28$

3・3 陽子17個，中性子18個，電子18個

3・4 24.31 amu

3・5 0.24 g

3・6 5.2×10^{22} 個

第4章

4・1 (a) Cが1個，Clが4個．(b) Alが2個，Sが3個，Oが12個

4・2 臭化カリウム

4・3 炭酸カルシウム

4・4 四酸化二窒素

4・5 44.02 amu

4・6 1.50×10^{22} 個

4・7 9.72 mol

4・8 1.8 g

4・9 $4\,HCl + O_2 \longrightarrow 2\,H_2O + 2\,Cl_2$

4・10 12.9 mol

4・11 1.99×10^5 g

第5章

5・1 [:Cl̈:]⁻ Be²⁺ [:Cl̈:]⁻

5・2 ルイス構造式: Li⁺ [:Ö:]²⁻ Li⁺
化学式: Li_2O

5・3 :C̈l—P̈—C̈l:
           |
         :C̈l:

5・4 :Ö=C=Ö:

5・5 H—C≡C—H

5・6 電子分布を含む構造は四面体，分子構造は三角錐

5・7 四面体

5・8 三方平面型

5・9 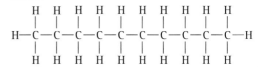 直線

5・10 極性分子

第6章

6・1 分子式: $C_{10}H_{22}$

構造式:

```
    H H H H H H H H H H
    | | | | | | | | | |
H—C—C—C—C—C—C—C—C—C—C—H
    | | | | | | | | | |
    H H H H H H H H H H
```

結合を省略した構造式:

CH₃CH₂CH₂CH₂CH₂CH₂CH₂CH₂CH₂CH₃

または

CH₃(CH₂)₈CH₃

6・2

```
      H H            H H
      | |            | |
H—C≡C—C—C—H   または   H—C—C≡C—C—H
      | |            | |
      H H            H H
```

6・3 例： CH₃
           |
  CH₃—CH—CH₂—CH₂—CH₂—CH₂—CH₃
  CH₃—CH₂—CH₂—CH₂—CH₂—CH₂—CH₂—CH₃

（オクタンの異性体であれば，この2種類以外の構造式であってもよい）

6・4 CH₂=CH—CH₂—CH₂—CH₂—CH₃
     CH₃—CH=CH—CH₂—CH₂—CH₃
     CH₃—CH₂—CH=CH—CH₂—CH₃

（どの二つの異性体の組合わせでもよい）

第 7 章

7・1 357 m

第 8 章

8・1 $^{226}_{88}\text{Ra} \longrightarrow {}^{222}_{86}\text{Rn} + {}^{4}_{2}\text{He}$
8・2 $^{214}_{82}\text{Pb} \longrightarrow {}^{214}_{83}\text{Bi} + {}^{0}_{-1}\text{e}$
8・3 16.0 mg；1.35×10^{21} 個放出
8・4 5730 年
8・5 ウランの存在量が半減していないので，この岩石の年代は 4.5×10^9 年に満たない．この岩石の正確な年代を求めることは可能だが，この教科書の範囲を超えるので，自習されたい．

第 9 章

9・1 2.14 kJ
9・2 \$10.95
9・3 261 °F
9・4 1.4×10^4 kJ
9・5 $2\text{C}_4\text{H}_{10} + 13\,\text{O}_2 \longrightarrow 8\text{CO}_2 + 10\text{H}_2\text{O}$

第 10 章

10・1 22%
10・2 24 W

第 11 章

11・1 0.50 L
11・2 1.2 L
11・3 0.34 L

第 12 章

12・1 $\text{C}_{10}\text{H}_{22}$
12・2 HF，CH_3Cl，と $\text{CH}_3\text{CH}_2\text{OH}$ が極性分子．それ以外は無極性分子．
12・3 NH_3
12・4 M = 0.58 M
12・5 43 g
12・6 1.1 ppm
12・7 0.55 mg/L
12・8 5.0×10^{-2} g NaF
12・9 2.8×10^3 mg または 2.8 g

第 13 章

13・1 $\text{H}_2\text{SO}_4 + 2\text{NaOH} \longrightarrow 2\text{H}_2\text{O} + \text{Na}_2\text{SO}_4$
13・2 塩基：$\text{C}_5\text{H}_5\text{N}$（ピリジン）．酸：$\text{H}_2\text{O}$

第 14 章

14・1 H_2 は酸化され、CuO は還元される．
14・2 還元剤は H_2．酸化剤は V_2O_5．

付録 1

付録 1・1 2 桁，3 桁，3 桁，5 桁，5 桁
付録 1・2 0.002 または 2×10^{-3}
付録 1・3 12.6

索引

あ

IR → 赤外光
アイスクリームメーカー 190
IUPAC（国際純正・応用化学連合） 86
アインシュタイン（Albert Einstein）
　　　　　　　　　　　　　123, 127
亜　鉛　228
亜鉛めっき　228
アクロレイン　92
アスタチン　119
アスピリン　49, 77, 213, 214
アスベスト　200
アセチルサリチル酸　49, 213
アセチレン　84
アセトン　93
アディロンダック山地　148
アニリン　211
アボガドロ（Amadeo Avogadro）　42
アボガドロ定数　42
p-アミノ安息香酸　103
アミン　96
アラモゴード　117, 124
アリザリン　88
アリストテレス　4, 6
アルカディア　161
アルカリ乾電池　226
アルカリ金属　39
アルカリ土類金属　40
アルカロイド　210, 214
アルカン　80
アルキン　83
アルケン　83
アルコール　90
アルコールプルーフ　91
アルゴン　176
アルゴンイオンレーザー　111
アルデヒド　92
アルファ線　118, 120, 129
アルファ崩壊　119, 120
アルファ粒子　11, 121, 129
アレニウス（Svante Arrhenius）　209
アレニウス塩基　209
アレニウス酸　209
アレニウスの定義　209
安息香酸　211
安定核　121
アンフェタミン　96

アンモニア　49, 67, 163, 181, 209, 211,
　　　　　　　　　　　　　　　　223

い

イヴァンパ（Ivanpah）　158
イエス・キリスト
　　──の遺骸　131
硫　黄　163
イオノン　93
イオン　31, 48
イオン化　118
イオン結合　48, 63
イオン性化合物　48
　　──の命名　50
胃　酸
　　──の中和　215
異性体　84
位　相　110
イソオクタン　143
イソプロピルアルコール　91
一酸化炭素（CO）　50, 146, 163, 179, 182
一酸化窒素（NO）　146, 147
遺伝子異常　130
遺伝子工学　56
違法ドラッグ　96
色　99
陰イオン　31, 51
インチ（in）　20
インペルアルバレー・ソーラー 2　159
飲料水
　　──の最大汚染濃度　202
飲料水安全法（米国の）　201

う

ヴェサリウス（Andreas Vesalius）　6
ウェーラー（Friedrich Wöhler）　79
海　198
ウラン　117, 122, 127
ウラン-235　122, 124, 126, 163
ウラン-238　119, 122, 132, 163
　　──の半減期　121
ウラン鉱床　121, 130
ウラン線　118
ウラン・鉛年代決定法　132
ウラン燃料棒　125
ウラン爆弾　124

運動エネルギー　138

え

AIDS治療薬　70
エアバッグ　170
エアロゾル　148
永久機関　140
永久双極子　192
amu（原子質量単位）　29
液化石油ガス（LPガス）　81
液　体　8, 189
SI単位（国際単位系）　19
SO_2 → 二酸化硫黄
エステル　94
エタノール　90, 162
エタン　80, 144
エチルアミン　211
エチレン　83
X線　103, 105, 118, 133
HIV（ヒト免疫不全ウイルス）　70
H^+イオン　210
atm（大気圧）　172
エーテル　95
NASA　183
NMR（核磁気共鳴）　88, 107
NO → 一酸化窒素
NO_2 → 二酸化窒素
n型シリコン　160
エネルギー　122, 128, 136, 138, 155
　　──のコスト　161
エネルギー状態　104
エネルギー消費　137
　　家電ごとの──　165
　　住宅での──　164
エネルギー変換
　　──の効率　140
MRI → 磁気共鳴画像法
LPガス（液化石油ガス）　81
エレクトロニクス産業　181
塩　208
塩化ナトリウム　47, 48, 208
塩　基　207, 214
　　──の性質　209
　　──の定義　210
塩基性　208
塩　橋　225
塩　酸　208, 211, 213
塩　素　40, 41, 61
　　オゾンと──の反応　182

索引

お

塩素化炭化水素　89
鉛蓄電池　225
煙道ガス洗浄器　218
エントロピー　139
エンペドクレス　4

O₃ → オゾン
欧州トーラス共同研究施設　128
オクタン　49, 144, 149
オクテット　63
オクテット則　62
オークリッジ　124
オゾン(O₃)　41, 68, 102, 146, 177, 179, 181, 202
　——の測定　183
オゾン全量分光器　183
オゾン層　41, 90
　——の破壊　181
　——の破壊に関する迷信　185
　北極圏の——　183
オゾンホール　41, 182
オッペンハイマー(J. R. Oppenheimer)　124, 125
オバマ政権　126
オール-trans-レチナール　113
オーロラ　178
温室効果ガス　125, 148, 151
オンス(oz)　20
温水器　164

か

外界　138, 143
　——のエントロピー　140
『懐疑的化学者』　6
ガイザー　163
改正大気浄化法(米国の)　179, 184, 217
外部磁場　107
化学　1, 2
化学エネルギー　138
科学革命　6
化学結合　105
『化学原論』　10
化学式　47, 48
科学者　2
化学浸透　204
化学の汚染
　水の——　200
化学的性質　9
科学的な表記法　18
化学的変化　9
科学的方法　3
化学電池　225
化学反応　2, 54
化学反応式　54
科学法則　3, 17
化学量論　55
核　12

核医学　117, 132
核化学　116
核子　127
核磁気共鳴(NMR)　88, 107
核燃料　125, 126
核燃料貯蔵プール　127
核廃棄物　125, 164
核廃棄物処分場　126
核爆弾　123, 124
核爆発　117, 123, 126
核反応式　118
核分裂　122, 129
核分裂反応　123
核兵器　116
角膜　112
核融合　128, 164
化合物　7, 47
過酸化水素　223
可視光　102, 103, 148
華氏度(℉)　142
ガス　8
ガス浄化装置　146
苛性ソーダ　209
化石燃料　116, 144, 155, 164
　——からの電力　145
　——による環境問題　148
仮説　3, 4, 17
ガソリン　77, 80, 82, 143, 144, 149
活性炭　202
活性炭フィルター　203
カップ　21
活物質　225
家電
　——の年間消費電力量　165
価電子　37
カドミウム　125
カフェイン　214
火力発電所　125, 145, 147, 159, 178
ガリレオ(Galileo Galilei)　6
軽石　24
カルコゲン　40
カルシウム　199, 215
カルボニル基　92
カルボン　92
カルボン酸　93
カロテン　100
カロリー(cal)　140
ガロン(gal)　20
環境汚染　163
環境大気質基準　178, 179
環境ワーキンググループ　203
還元
　——の定義　221, 222
還元剤　222
幹細胞　5
観察　3, 6, 16
がん性腫瘍　130
完全燃焼　146
桿体　113
乾電池　226
官能基　80, 88
ガンマ線　103, 120, 132
慣用名　50

緩和　108
　電子の——　106
緩和時間　109

き

気圧　172
気圧計　173
気温　18
気温観測所　18
希ガス　39
気候変動　151
ギ酸　91, 93, 211
ギ酸エチル　94
気象　177
キセノン　127
気体　8, 172, 189
気体レーザー　111
基底状態　104
軌道　37
揮発性　195
揮発性有機物質　200
逆浸透　204
吸収スペクトル　108
急速冷凍　197
吸熱反応　143, 144
キュリー, ピエール(Pierre Curie)　118
キュリー, マリー(Marie Sklodowska Curie)　30, 118
強塩基　211
凝固点降下　190
強酸　211
凝集力　189, 190, 192, 194
京都議定書　151
共鳴　68
共鳴構造式　68
共鳴周波数　107, 108
共有結合　48, 64
共有電子対　65
極域成層圏雲　182
極渦　182
極性
　結合の——　72
極性結合　72, 192
極性分子　72, 192, 195
極光　178
魚道　156
ギリシャ人　6
キログラム(kg)　19
キログラム原器　19
キロメートル(km)　19
キロワット時(kWh)　141
均一な混合物　8
近赤外　103
金属　40
金箔　11

く

空気　170
　——の組成　176

索　引

く

クエン酸　94, 212, 213
クォーク　32
クオート（q）　20
腐った魚
　　——の臭い　96
クラック　210
グラフ　21
グラファイト　7, 12, 29
グラム（g）　20
クリプトン　127
グルコース　144, 162, 176
クローン化　5
クロロフィル　100
クロロフルオロカーボン（CFC）　41, 90, 181
　　——の規制強化　183

け

系　138, 140, 143
蛍光　106
蛍光灯　165
ケクレ（Friedrich August Kekulé）　87
結合エネルギー　128
結晶
　　NaClの——　48
結晶格子　48
結晶構造　190
結晶性固体　190
決定論　38
ケトン　92
ゲラニオール　95
ケルビン度（K）　142
原子　4, 7, 28
　　——の内部構造　11
　　——を見る　12
原子価殻電子対反発（VSEPR）理論　62, 68
原子核　13, 116, 118
　　——の結合エネルギー　127
原子核理論　12
原子質量単位（amu）　29
原子数　43
原子時計　20
原子爆弾　116, 117, 123
原子番号　28, 33, 119
原子量　33, 43
原子力発電　116, 117, 125, 163
原子力発電所　125
原子炉　125
　　——の構造図　126
原子論　3, 6, 10, 12
元素　6, 7, 28
元素記号　29, 33
元素組成　28
元素の周期表　30, 34, 39
原発事故　126

こ

光化学スモッグ　146, 179
光合成　144, 162, 176, 224
硬水　199
香水　194
硬水軟化装置　199, 203
構造式　80
抗体　132
硬度　199
勾配磁場　108
高分子　95
氷　8, 190
　　——の構造　74
　　——の膨張　197
　　——の融点　190
コカイン　210, 214
コカイン塩酸塩　210
呼吸　176, 224
国際キログラム原器　19
国際純正・応用化学連合（IUPAC）　86
国際単位系（SI単位）　19
国際度量衡局　19
コークス　223
固体　8, 189
固体レーザー　111
骨粗鬆症　215
コペルニクス（Nicholas Copernicus）　6
孤立電子対　65
コレステロール　49
混合物　6, 8

さ

最外殻軌道　36
再生可能エネルギー　155
　　——の消費量の推移　156
再生可能燃料　155
細胞
　　——の修復　129
酢酸　94, 208, 211, 212
酢酸ベンジル　94
殺菌剤　223
砂糖　47, 77, 78
サトウキビ　162
さび　220, 228
サリチル酸　213
酸　207
　　——の性質　208
　　——の定義　210
　　発酵による——　213
酸化
　　——の定義　221, 222
酸化アルミニウム　228
酸化還元反応　220
酸化剤　222
酸化鉄　228
酸化防止剤　229
三重結合　66, 83
酸性　208
酸性雨　23, 125, 147, 178, 216, 218
酸性化
　　土壌や水の——　216
酸素　176
　　——の反応　221

酸素族　40

し

ジアルジア　200
CFC　→　クロロフルオロカーボン
CO　→　一酸化炭素
CO_2　→　二酸化炭素
塩　→　塩化ナトリウム
紫外　103
紫外（UV）光　102, 105, 106, 113, 117, 118, 179, 181, 183, 202
紫外線　41
視覚　113
時間　20
磁気共鳴画像法（MRI）　107, 109
色素レーザー　111
式量　52
ジクロロジフェニルトリクロロエタン（DDT）　89
ジクロロメタン　89
指向性　110
仕事　137, 138
仕事率　141
視細胞　113
磁石　101
指数部分　18
実験　3, 6, 17
質量　19, 43
質量欠損　127
質量数　32, 33, 119
質量保存の法則　3, 10
CDプレーヤー　112
磁場　101, 108
自発的な過程　139
シーベルト（Sv）　129
シミの治療　113
ジメチルエーテル　95
弱塩基　211
弱酸　211
ジャスミン
　　——の香り　94
シャルルの法則　175
周期表　30, 34, 39
重水素　32
重曹　93, 209, 214, 215
ジュウテリウム　128
集熱器　158
重量　19
重量百分率　195
重力　188
重力場　13
酒石酸　213
シュトラスマン（Fritz Strassmann）　122
腫瘍　113
ジュール（J）　140
ジュール（James Joule）　140
シュレーディンガー（Erwin Schrödinger）　38
瞬間双極子　191
純粋物質　6
松果腺　110

蒸気圧　195
硝　酸　208, 211
硝酸イオン　200
少数部分　18
使用済み核燃料　126
消毒薬　223
消毒用アルコール　77, 91
鍾乳石　51
鍾乳洞　51
蒸　発　190, 195
食　塩 → 塩化ナトリウム　47
触　媒　146
除光液　93
シラード(Leo Szilard)　123
シリコン　160
神経伝達物質　210
腎臓結石　113
人　体
　　──の元素組成　28
振動数　102
振動波　101
シンナムアルデヒド　93

す

酢　93
水　銀　200
水酸化アルミニウム　214, 215
水酸化カリウム　209
水酸化ナトリウム　209
水酸化マグネシウム　214, 215
水質汚染　200
水質基準　201
水　素　127, 161, 162
　　──の反応　221
水素結合　194, 197
水素-酸素燃料電池　227
水素ステーション　167
水素貯蔵システム　167
水素燃料　167
水素爆弾　117, 128
水素爆発　127, 161
錐　体　113
水道水　199
水道法　201
水力発電　156
スキューバダイビング　173
スクロース　49
スプレー　181
スペクトル
　電磁波の──　103
　光の──　102
スペースシャトル　161
スモッグ　145, 146
スリーマイル島　126

せ

聖骸布　130
生化学　79
正　極　225

制御棒　125
生気論　79
制酸剤　209, 214
性　質
　物質の──　9
生成物　55
成層圏　177, 179, 181
静電場　101
生物学的汚染　202
　水の──　200
生物濃縮　90
生命の起源　79
生命力　79
ゼオライト　203
赤外(IR)光　104, 148
石　筍　51
石　炭　143, 144, 148, 149, 178
　　──の燃焼　147
石　油　144
セシウム原子時計　20
石灰岩　218
石灰中和　218
石けん　193, 209
摂氏度(℃)　142
絶対零度　142
接頭乗数　19
遷　移　107
　電子の──　104
遷移金属　40
閃光レーザー　112
洗浄剤　209, 215
センチメートル(cm)　19

そ

双極子　72
双極子相互作用　192, 195
相互作用　100
走査型トンネル顕微鏡(STM)　12, 88
増殖炉　163
族　39
測　定　16, 17
測定値　16
組織名　50
ソビエト連邦　5
ソーラー・ツー(Solar Two)　158
ソーラー・ワン(Solar One)　158
素粒子　33

た

ダイオードレーザー　112
大気圧(atm)　172
大気汚染　125, 178
大気汚染物質　178
大気汚染防止法　179
大気圏　171, 176
大気浄化法(米国の)　23, 179, 217
体　積　20
体積百分率　195
ダイヤモンド　8

太陽エネルギー　155
　　──の貯蔵　161
太陽光発電　160
太陽電池　155, 160
太陽熱発電所　157
太陽熱発電タワー　158
大理石　217
対流圏　177, 181
多環芳香族炭化水素　87
多原子イオン　51
多重結合　65
脱臭剤　93
タービン　125, 145
ダ　ム　156
タリウム-208　120
タレス　4
単　位　16, 19
　　──の変換　17, 20
炭化水素　80, 144
炭化水素燃料　151
炭酸カルシウム　51, 214, 215
炭酸水素イオン　214, 216
炭酸水素ナトリウム　209, 214, 215
炭酸マグネシウム　214
胆　石　113
炭　素　7, 29, 77, 78
炭素-14　131
　　──の半減期　121
炭素年代測定　130
断熱貯蔵タンク　158
タンパク質　48, 56

ち

チアノーゼ　200
チェルノブイリ　116, 127
地下水
　　──の汚染　200
地　球
　　──の元素組成　28
地球温暖化　18, 22, 148
窒　素　67, 171, 176
　　──の固定　67
窒素固定　176, 223
地動説　6
地熱エネルギー　163
地熱発電　163
チャイナ・シンドローム　126
中間圏　178
虫垂炎　132
中性子　13, 31, 33, 118, 119, 122, 127, 164
中性子吸収物質　125
中性子星　13
中　和　208, 218
　胃酸の──　214, 215
超短パルスレーザー　112

て

DNA　229
ディッシュ式太陽熱発電　159

索　引

DDT　89
定比例の法則　10
デカルト　110
テクネチウム-99m　132
データ　21
鉄
　　——のさび　220
テトラヒドロカンナビノール（THC）　85
デモクリトス　4, 6, 10
テルペン　92
電　荷　29, 30, 33
電解質溶液　48
電気陰性度　72
電気伝導性　160
電気分解　161
典型元素　40
電　子　11, 30, 33, 119
電子緩和　106
電子遷移　104
電磁波　99, 102, 120
　　——のスペクトル　103
電子配置　36
電子レンジ　104, 165
電　池　224
天動説　6
天然ガス　144, 149, 164, 165
天然資源保護協議会　203
電　場　101
電離圏　178
電離能　118
電　流　224
電　力　141

と

銅　8
銅イオン　208
同位体　31, 119, 122
同位体元素　121
同　定　106
動　脈　113
トウモロコシ　162
トカマク型装置　128
塗　装　222
ドーパント　160
ドープ　160
ドブソン単位　183
トラフ式太陽熱発電　158
トリウム-230　119
トリウム-234　119
トリクロロエチレン（TCE）　199, 203
トリチウム　128
トリノの聖骸布　130
トリメチルアミン　96
ト　ル（Torr）　172
ドルトン（John Dalton）　3, 10
トルーマン大統領　124

な　行

長　崎　124

NASA　183
ナチスドイツ　125
ナチス優生政策　5
ナトリウム　37, 40, 61
ナフタレン　87
鉛　179, 200
南　極　182

二原子分子　41
二元論者　110
ニコチン　214
二酸化硫黄（SO_2）　23, 147, 148, 178, 181, 216
　　——の排出量　217
二酸化炭素（CO_2）　22, 146, 148, 151, 162, 176, 215, 216
二酸化炭素レーザー　111
二酸化窒素（NO_2）　146, 147, 179, 216
二重結合　65, 83
二重窓　164
乳　酸　94
ニュートン（Issac Newton）　99

ネオン　176
熱　106, 140, 142, 148
熱エネルギー　138, 139, 142, 190, 194
熱　税　140, 164
熱損失　165
熱容量　142
　　水の——　142, 164
熱力学　138
熱力学系　138
熱力学第一法則　138, 139
熱力学第二法則　139
燃　焼　10, 143, 144, 148, 149
燃焼エンタルピー　143, 149
燃焼熱　143
燃焼反応　82, 221
年代測定法　132
燃　料　143
燃料電池　161, 226
燃料電池自動車　166, 227

濃縮ウラン　126
濃硝酸　208
濃　度　195
農　薬　89
ノーベル賞　12, 107, 112, 118

は

葉
　　——の色　100
胚
　　——のクローン化　5
バイオマスエネルギー　162
排気ガス　146, 166, 178
排出権　218
排出権取引制度　218
ハイドロクロロフルオロカーボン
　　　　　　　　　　　（HCFC）　184
ハイドロフルオロカーボン（HFC）　184

パイナップルの甘い香り　94
ハイブリッド電気自動車　164, 166
爆　縮　124
白色光　99
白内障　112, 181
白熱電球　165
バーコード　112
パスカル（Pa）　172
ハチ刺され　93, 215
波　長　101, 102
発　酵　162
　　——による酸　213
バッテリー　161
　　自動車の——　225
発　電　128, 145
発熱反応　143
ハーバー・ボッシュ法　223
バラの香り　95
バリウム　127
ハロゲン　40
ハーン（Otto Hahn）　122
半減期　121, 132
半導体　160
半導体レーザー　111, 112
半透膜　204
反応エンタルピー　143, 149
反応物　55
ハンフォード　124

ひ

PS10, PS20　158
pH　211
p-n 接合　160
PM-2.5　178, 181
p 型シリコン　160
光　99, 101, 106
　　——の速度　101
光ファイバー　112
光分解　105, 106
非共有電子対　65
非金属　40
ビスマス　121
ビスマス-212　120
ヒト免疫不全ウイルス（HIV）　70
ヒトラー　5, 125
ピナツボ火山　185
被　曝　116, 129, 133
ppm（百万分率）　22
皮膚がん　181
百万分率（parts per million）　22
日焼け止め　103
秒（s）　20
ピリジン　211
肥　料　67
ピレン　87
広　島　124

ふ

ファットマン　124

索引

V. I. レーニン原子力発電所　116
VSEPR 理論　62, 68
フィート (ft)　20
風力発電　157
フェニル基　87
フェネチルアルコール　95
フェムト秒化学　112
フェルミ (Enrico Fermi)　122
フォトン　101, 102, 104, 112, 113
不快臭　96
不完全燃焼　146, 163
不揮発性　195
不揮発性有機物質　200
負　極　225
不均一な混合物　8
福島第一原子力発電所　127
腐　食　228
ブタン　84
ブタンジオン　93
フッ化物イオン　63
物　質　6
物質量　42, 43, 57
ブッシュ大統領　184
フッ素　202
沸　点　191, 194
　　アルカンの——　192
　　希ガスの——　192
沸　騰　191
物理的性質　9
物理的変化　9
プトレシン　96
部分正電荷　192
部分負電荷　192
不飽和炭化水素　83
プライス　161
ブラックホール　13
ブラックライト　106
プラトン　4
プラムプディングモデル　11
プリズム　99, 107
フリーラジカル　229
プルースト (Joseph Proust)　10
プルトニウム　126
プルトニウム-239　124, 164
プルトニウム爆弾　124
プルーフ　91
フレックス燃料車　163
ブレンステッド-ローリー塩基　210
ブレンステッド-ローリー酸　210
ブレンステッド-ローリーの定義　209
プロゲステロン　85
プロスタグランジン　213
プロトアクチニウム　119
プロトアクチニウム-234　121
プロトン　210
プロトン供与体　210
プロトン受容体　210, 214
プロパン　49, 77, 81
　　——の燃焼エンタルピー　149
フロン-11　181
フロン-12　181, 184
分光法　106
分散力　191

分　子　2, 8, 12, 46, 48
分子間力　72
分子構造　69
分子式　48
分子性化合物　48
　　——の命名　52
分　類
　　物質の——　6

へ

米国エネルギー省　151
米国環境保護庁　130, 148, 178, 200, 201, 217
ベーキングパウダー　215
ベクレル (Antoine-Henri Becquerel)　117
β カロテン　101
ベータ線　118, 120
ベータ崩壊　119, 120, 122, 164
ベータ粒子　119
2-ヘプタノン　93
ヘモグロビン　48, 146, 200
ヘリウム　29, 37, 42, 176
ヘリウム-4　127
ヘリウム-ネオンレーザー　111
ヘリオスタット　158
ペルオキシアセチルニトラート (PAN)　146
ヘルツ (Heinrich Hertz)　104
変換因子　21, 23
　　——としての密度　25
変換係数　53, 55
ベンズアルデヒド　93
ベンゼン　48, 87, 88
便　秘　215

ほ

ボーア (Niels Bohr)　35, 38
ボーアのダイアグラム　36
ボーアのモデル　35
ボイル (Robert Boyle)　6
ボイルの法則　173
芳香環　87
芳香族炭化水素　87
放射壊変　130
放射性汚染物質
　　水の——　201
放射性元素　131
放射性廃棄物　163
放射性物質　127
放射性崩壊　118, 121
放射線　117, 121, 129
放射線治療　133
放射線被曝　129
放射能　118, 127, 129
放射崩壊系列　120
防　錆　228
ホウ素　125
法　則　4

防腐剤　208
飽和炭化水素　83
北極圏
　　——のオゾン層　183
ポテンシャルエネルギー　138, 157
ポリエステル　95
ボールダーシティ　161
ホルムアルデヒド　92
ポロニウム　118, 119
ポロニウム-212　120
ポンド (lb)　20

ま

マイクロ波　103, 104
マイトナー (Lise Meitner)　122
マイル (mi)　20
マウナロア観測所　22
マグネシア乳　215
マグネシウム　199
マラリア　89
マリファナ　85
マロラクティック発酵　213
マンガン乾電池　226
マンハッタン計画　123, 125

み

水　47, 49, 196
　　——の凝固点　190
　　——の特殊性　197
　　地球の——　198
水循環　198
水処理　202
水処理施設　202
密　度　24
　　変換因子としての——　25
南アフリカ　5
ミュラー (Paul Hermann Müller)　89
ミラー (Stanley Miller)　79
ミリメートル水銀 (mmHg)　172
ミリリットル (mL)　20

む〜も

無極性分子　72, 192
虫　歯　202
　　——の予防　63
無重力　188
ムッソリーニ　123
命名法　50
　　炭化水素の——　86
メタノール　91
メタノール中毒　91
メタン　54, 80, 144, 149
メタンフェタミン　96
メチル基　80
メチレン基　81
メートル (m)　19

メートル法 19
メラニン 223
メルトダウン 126
メンデレーエフ（Dmitri Mendeleev） 34

網膜 112, 113
モハベ・ソーラーパーク 159
モル（mol） 42
モル質量 43, 52
モル濃度 196
モルヒネ 214
モントリオール議定書 183

や 行

ヤード（yd） 20

融解 191
有機化合物 78, 80
有機化合物の種類 88
有効数字 233
融点 191
誘導放出 109
雪 74
ユダヤ人 122
ユッカマウンテン 126
UV → 紫外光
UV-A 181
UV-B 181

陽イオン 31
溶液 195
ヨウ化ナトリウム 112
陽子 13, 28, 33, 118, 119, 127
溶質 195
溶媒 89, 195
溶融塩 158

溶融炭酸塩形燃料電池 227

ら

ライミング 218
酪酸エチル 94
ラザフォード（Ernest Rutherford） 11, 118
ラジウム 118
ラジウム-226 121
ラジオ波 102, 104, 107, 103
ラドン 121, 129, 130
ラドン-222 121
ラドン被曝 130
ラボアジェ（Antoine Lavoisier） 3, 10

り

理性 4, 6
リットル（L） 20
立方センチメートル（cm^3） 20
立方メートル（m^3） 20
リトマス試験紙 208, 209
リトルボーイ 124
硫酸 209, 211
硫酸エアロゾル 217
硫酸ナトリウムアルミニウム 215
量子数 35
量子力学 38
量子力学モデル 37
緑内障 112
理論 3, 4
臨界質量 123, 124
リンゴの香り 94
リン光 106, 117, 118
リンゴ酸 213
リン酸水素カルシウム 215

る〜わ

ルイス（G. N. Lewis） 62
ルイス構造式 62, 63, 64
ルイスの理論 62
ルクランシェ電池 226
ルーズベルト，フランクリン 123
ルビーレーザー 111

励起 104
　電子の── 106
励起状態 105, 106
冷媒 89
レーザー 109, 112
レーザー共振器 110
レーザー媒質 110
レーザーポインター 112
レジオネラ 200
レーシック 112
11-cis-レチナール 113
レチナール 113
レドックス反応 220
錬金術 4
錬金術師 5
レントゲン（Wilhelm Roentgen） 103

老化 229
炉心 125
炉心溶融 126
ロスアラモス 124
ローマ・カトリック教会 6
ローレンス・リバモア国立研究所 128
ロンドン改正 184
ロンドン力 191

ワイン 212, 213
ワット（W） 141

狩　野　直　和
　　　1971 年　東京都に生まれる
　　　1993 年　東京大学理学部 卒
　　　1998 年　東京大学大学院理学系研究科博士課程 修了
　　　現 東京大学大学院理学系研究科 准教授
　　　専門 典型元素化学
　　　博士(理学)

佐　藤　守　俊
　　　1973 年　岡山県に生まれる
　　　1996 年　東京大学理学部 卒
　　　2000 年　東京大学大学院理学系研究科博士課程 中退
　　　現 東京大学大学院総合文化研究科 准教授
　　　専門 分子イメージング，ケミカルバイオロジー，分析化学
　　　博士(理学)

第1版 第1刷 2015年3月18日 発行

トロウ化学入門
(原著第5版)

© 2015

訳　者　　狩　野　直　和
　　　　　佐　藤　守　俊

発行者　　小　澤　美　奈　子

発　行　　株式会社 東京化学同人
東京都文京区千石3丁目 36-7(〒112-0011)
電話 (03) 3946-5311・FAX (03) 3946-5316
URL: http://www.tkd-pbl.com/

印刷・製本　　株式会社 アイワード

ISBN 978-4-8079-0878-3
Printed in Japan
無断転載および複製物（コピー，電子
データなど）の配布，配信を禁じます．

元素一覧 （元素名順）

日本語	English	記号	番号	日本語	English	記号	番号
アインスタイニウム	einsteinium	Es	99	鉄	iron	Fe	26
亜　鉛	zinc	Zn	30	テルビウム	terbium	Tb	65
アクチニウム	actinium	Ac	89	テルル	tellurium	Te	52
アスタチン	astatine	At	85	銅	copper	Cu	29
アメリシウム	americium	Am	95	ドブニウム	dubnium	Db	105
アルゴン	argon	Ar	18	トリウム	thorium	Th	90
アルミニウム	aluminum (aluminium)	Al	13	ナトリウム	sodium	Na	11
				鉛	lead	Pb	82
アンチモン	antimony	Sb	51	ニオブ	niobium	Nb	41
硫　黄	sulfur	S	16	ニッケル	nickel	Ni	28
イッテルビウム	ytterbium	Yb	70	ネオジム	neodymium	Nd	60
イットリウム	yttrium	Y	39	ネオン	neon	Ne	10
イリジウム	iridium	Ir	77	ネプツニウム	neptunium	Np	93
インジウム	indium	In	49	ノーベリウム	nobelium	No	102
ウラン	uranium	U	92	バークリウム	berkelium	Bk	97
エルビウム	erbium	Er	68	白　金	platinum	Pt	78
塩　素	chlorine	Cl	17	ハッシウム	hassium	Hs	108
オスミウム	osmium	Os	76	バナジウム	vanadium	V	23
カドミウム	cadmium	Cd	48	ハフニウム	hafnium	Hf	72
ガドリニウム	gadolinium	Gd	64	パラジウム	palladium	Pd	46
カリウム	potassium	K	19	バリウム	barium	Ba	56
ガリウム	gallium	Ga	31	ビスマス	bismuth	Bi	83
カリホルニウム	californium	Cf	98	ヒ　素	arsenic	As	33
カルシウム	calcium	Ca	20	フェルミウム	fermium	Fm	100
キセノン	xenon	Xe	54	フッ素	fluorine	F	9
キュリウム	curium	Cm	96	プラセオジム	praseodymium	Pr	59
金	gold	Au	79	フランシウム	francium	Fr	87
銀	silver	Ag	47	プルトニウム	plutonium	Pu	94
クリプトン	krypton	Kr	36	フレロビウム	flerovium	Fl	114
クロム	chromium	Cr	24	プロトアクチニウム	protactinium	Pa	91
ケイ素	silicon	Si	14	プロメチウム	promethium	Pm	61
ゲルマニウム	germanium	Ge	32	ヘリウム	helium	He	2
コバルト	cobalt	Co	27	ベリリウム	beryllium	Be	4
コペルニシウム	copernicium	Cn	112	ホウ素	boron	B	5
サマリウム	samarium	Sm	62	ボーリウム	bohrium	Bh	107
酸　素	oxygen	O	8	ホルミウム	holmium	Ho	67
シーボーギウム	seaborgium	Sg	106	ポロニウム	polonium	Po	84
ジスプロシウム	dysprosium	Dy	66	マイトネリウム	meitnerium	Mt	109
臭　素	bromine	Br	35	マグネシウム	magnesium	Mg	12
ジルコニウム	zirconium	Zr	40	マンガン	manganese	Mn	25
水　銀	mercury	Hg	80	メンデレビウム	mendelevium	Md	101
水　素	hydrogen	H	1	モリブデン	molybdenum	Mo	42
スカンジウム	scandium	Sc	21	ユウロピウム	europium	Eu	63
ス　ズ	tin	Sn	50	ヨウ素	iodine	I	53
ストロンチウム	strontium	Sr	38	ラザホージウム	rutherfordium	Rf	104
セシウム	cesium (caesium)	Cs	55	ラジウム	radium	Ra	88
				ラドン	radon	Rn	86
セリウム	cerium	Ce	58	ランタン	lanthanum	La	57
セレン	selenium	Se	34	リチウム	lithium	Li	3
ダームスタチウム	darmstadtium	Ds	110	リバモリウム	livermorium	Lv	116
タリウム	thallium	Tl	81	リ　ン	phosphorus	P	15
タングステン	tungsten	W	74	ルテチウム	lutetium	Lu	71
炭　素	carbon	C	6	ルテニウム	ruthenium	Ru	44
タンタル	tantalum	Ta	73	ルビジウム	rubidium	Rb	37
チタン	titanium	Ti	22	レニウム	rhenium	Re	75
窒　素	nitrogen	N	7	レントゲニウム	roentgenium	Rg	111
ツリウム	thulium	Tm	69	ロジウム	rhodium	Rh	45
テクネチウム	technetium	Tc	43	ローレンシウム	lawrencium	Lr	103

元素一覧（原子番号順）

1	H	水　素		60	Nd	ネオジム
2	He	ヘリウム		61	Pm	プロメチウム
3	Li	リチウム		62	Sm	サマリウム
4	Be	ベリリウム		63	Eu	ユウロピウム
5	B	ホウ素		64	Gd	ガドリニウム
6	C	炭　素		65	Tb	テルビウム
7	N	窒　素		66	Dy	ジスプロシウム
8	O	酸　素		67	Ho	ホルミウム
9	F	フッ素		68	Er	エルビウム
10	Ne	ネオン		69	Tm	ツリウム
11	Na	ナトリウム		70	Yb	イッテルビウム
12	Mg	マグネシウム		71	Lu	ルテチウム
13	Al	アルミニウム		72	Hf	ハフニウム
14	Si	ケイ素		73	Ta	タンタル
15	P	リン		74	W	タングステン
16	S	硫　黄		75	Re	レニウム
17	Cl	塩　素		76	Os	オスミウム
18	Ar	アルゴン		77	Ir	イリジウム
19	K	カリウム		78	Pt	白　金
20	Ca	カルシウム		79	Au	金
21	Sc	スカンジウム		80	Hg	水　銀
22	Ti	チタン		81	Tl	タリウム
23	V	バナジウム		82	Pb	鉛
24	Cr	クロム		83	Bi	ビスマス
25	Mn	マンガン		84	Po	ポロニウム
26	Fe	鉄		85	At	アスタチン
27	Co	コバルト		86	Rn	ラドン
28	Ni	ニッケル		87	Fr	フランシウム
29	Cu	銅		88	Ra	ラジウム
30	Zn	亜　鉛		89	Ac	アクチニウム
31	Ga	ガリウム		90	Th	トリウム
32	Ge	ゲルマニウム		91	Pa	プロトアクチニウム
33	As	ヒ　素		92	U	ウラン
34	Se	セレン		93	Np	ネプツニウム
35	Br	臭　素		94	Pu	プルトニウム
36	Kr	クリプトン		95	Am	アメリシウム
37	Rb	ルビジウム		96	Cm	キュリウム
38	Sr	ストロンチウム		97	Bk	バークリウム
39	Y	イットリウム		98	Cf	カリホルニウム
40	Zr	ジルコニウム		99	Es	アインスタイニウム
41	Nb	ニオブ		100	Fm	フェルミウム
42	Mo	モリブデン		101	Md	メンデレビウム
43	Tc	テクネチウム		102	No	ノーベリウム
44	Ru	ルテニウム		103	Lr	ローレンシウム
45	Rh	ロジウム		104	Rf	ラザホージウム
46	Pd	パラジウム		105	Db	ドブニウム
47	Ag	銀		106	Sg	シーボーギウム
48	Cd	カドミウム		107	Bh	ボーリウム
49	In	インジウム		108	Hs	ハッシウム
50	Sn	ス　ズ		109	Mt	マイトネリウム
51	Sb	アンチモン		110	Ds	ダームスタチウム
52	Te	テルル		111	Rg	レントゲニウム
53	I	ヨウ素		112	Cn	コペルニシウム
54	Xe	キセノン		113	Uut	ウンウントリウム
55	Cs	セシウム		114	Fl	フレロビウム
56	Ba	バリウム		115	Uup	ウンウンペンチウム
57	La	ランタン		116	Lv	リバモリウム
58	Ce	セリウム		117	Uus	ウンウンセプチウム
59	Pr	プラセオジム		118	Uuo	ウンウンオクチウム

元素一覧（元素記号順）

89	Ac	アクチニウム		25	Mn	マンガン
47	Ag	銀		42	Mo	モリブデン
13	Al	アルミニウム		109	Mt	マイトネリウム
95	Am	アメリシウム		7	N	窒　素
18	Ar	アルゴン		11	Na	ナトリウム
33	As	ヒ　素		41	Nb	ニオブ
85	At	アスタチン		60	Nd	ネオジム
79	Au	金		10	Ne	ネオン
5	B	ホウ素		28	Ni	ニッケル
56	Ba	バリウム		102	No	ノーベリウム
4	Be	ベリリウム		93	Np	ネプツニウム
107	Bh	ボーリウム		8	O	酸　素
83	Bi	ビスマス		76	Os	オスミウム
97	Bk	バークリウム		15	P	リン
35	Br	臭　素		91	Pa	プロトアクチニウム
6	C	炭　素		82	Pb	鉛
20	Ca	カルシウム		46	Pd	パラジウム
48	Cd	カドミウム		61	Pm	プロメチウム
58	Ce	セリウム		84	Po	ポロニウム
98	Cf	カリホルニウム		59	Pr	プラセオジム
17	Cl	塩　素		78	Pt	白　金
96	Cm	キュリウム		94	Pu	プルトニウム
112	Cn	コペルニシウム		88	Ra	ラジウム
27	Co	コバルト		37	Rb	ルビジウム
24	Cr	クロム		75	Re	レニウム
55	Cs	セシウム		104	Rf	ラザホージウム
29	Cu	銅		111	Rg	レントゲニウム
105	Db	ドブニウム		45	Rh	ロジウム
110	Ds	ダームスタチウム		86	Rn	ラドン
66	Dy	ジスプロシウム		44	Ru	ルテニウム
68	Er	エルビウム		16	S	硫　黄
99	Es	アインスタイニウム		51	Sb	アンチモン
63	Eu	ユウロピウム		21	Sc	スカンジウム
9	F	フッ素		34	Se	セレン
26	Fe	鉄		106	Sg	シーボーギウム
114	Fl	フレロビウム		14	Si	ケイ素
100	Fm	フェルミウム		62	Sm	サマリウム
87	Fr	フランシウム		50	Sn	ス　ズ
31	Ga	ガリウム		38	Sr	ストロンチウム
64	Gd	ガドリニウム		73	Ta	タンタル
32	Ge	ゲルマニウム		65	Tb	テルビウム
1	H	水　素		43	Tc	テクネチウム
2	He	ヘリウム		52	Te	テルル
72	Hf	ハフニウム		90	Th	トリウム
80	Hg	水　銀		22	Ti	チタン
67	Ho	ホルミウム		81	Tl	タリウム
108	Hs	ハッシウム		69	Tm	ツリウム
53	I	ヨウ素		92	U	ウラン
49	In	インジウム		23	V	バナジウム
77	Ir	イリジウム		74	W	タングステン
19	K	カリウム		54	Xe	キセノン
36	Kr	クリプトン		39	Y	イットリウム
57	La	ランタン		70	Yb	イッテルビウム
3	Li	リチウム		30	Zn	亜　鉛
103	Lr	ローレンシウム		40	Zr	ジルコニウム
71	Lu	ルテチウム				
116	Lv	リバモリウム				
101	Md	メンデレビウム				
12	Mg	マグネシウム				